ドイツ・イギリス・アメリカ編

文／田村尚也
イラスト／野上武志
戦車図版／田村紀雄

イカロス出版

もくじ

文・イラスト監修／田村尚也　イラスト・マンガ／野上武志　戦車図版／田村紀雄
写真提供／U.S.Army、IWM、wikimedia commons、イカロス出版
作画スタッフ／松田重工、木村榛名、清水誠
協力／Anastasia.S.Moreno、から、カワチタケシ、黒葉鉄、兼光ダニエル真、日野カツヒコ、ぶきゅう、松田未来
むらかわみちお、吉川和篤（50音順）

生徒心得

本書は、拙著「萌えよ！戦車学校」シリーズのいわば出張編といえる雑誌連載に、あらたに書き下ろし分を加えてまとめたものだ。具体的には、第二次世界大戦時のドイツ、イギリス、アメリカのおもな戦車に加えて、戦車部隊や戦車駆逐部隊に配備された装甲戦闘車両も一部とり上げている。

その多くは、すでに既刊の「戦車学校」シリーズでも解説したものなので、本書では開発の背景や配備先の部隊編制の詳細など、既刊とはちがった切り口の情報を盛り込むように努めた。その意味では、既刊の「戦車学校」シリーズの「補講」ともいえるだろう(いわゆる「赤点」による補講ではなく、従来の講義の内容をおぎなうという本来の意味での補講)。

もちろん、この本だけを読んでも面白いように構成し、その上で既刊には無い情報を盛り込んだつもりだ。ただし、戦車一般をもっと基礎的なところから理解したいのであれば、「戦車学校」シリーズの第1巻や第2巻(Ⅱ型)を参照していただきたい。また、戦歴については第3～8巻(Ⅲ～Ⅷ型)を参照していただきたい。そして、今回とり上げていない日本やソ連(ロシア)、フランスやイタリアなどの戦車についても、いずれまとめてみたいと考えている。

なお、文中では、わかりやすさを優先して専門用語を一般的な表現に変えたり、説明を端折ったりした部分があることをご了承いただきたい。また、文中の説明を理解する上で必要な基礎的な知識については、「萌えよ！戦車学校」の第1巻を参照していただきたい。

では、授業開始！

初出一覧

第1講…Jグランド EX No.1
第2講…Jグランド EX No.2
第3講…Jグランド EX No.8
第4講…Jグランド EX No.9
第5講…ミリタリー・クラシックス VOL.71
第6講…ミリタリー・クラシックス VOL.74
第7講…書き下ろし
第8講…Jグランド EX No.3
第9講…Jグランド EX No.4
第10講…Jグランド EX No.5
第11講…Jグランド EX No.6
第12講…Jグランド EX No.7
第13講…ミリタリー・クラシックス VOL.72
第14講…ミリタリー・クラシックス VOL.73
第15講…ミリタリー・クラシックス VOL.75
第16講…ミリタリー・クラシックス VOL.76
第17講…ミリタリー・クラシックス VOL.77
第18講…ミリタリー・クラシックス VOL.78
第19講…ミリタリー・クラシックス VOL.79

用語解説

■徹甲弾と榴弾

　戦車砲から発射される弾丸は、発煙弾などの特殊な弾薬を除くと、戦車などの装甲目標用と歩兵などの非装甲目標用の二種類に大きく分けることができる。

　このうち、装甲目標には、おもに金属の塊を装甲板に叩きつけて貫通し、車内を跳ね回って乗員や内部の機器を破壊する「徹甲弾」が使われる。

「被帽付徹甲弾（Armor Piercing Capped 略してAPC）」は、傾斜した装甲板に命中した時に弾丸が滑ってそれたり、表面の固い装甲板に当たった時に弾丸の先端部が砕けたりしないように、徹甲弾の弾頭部に装甲板にへばりつくような柔らかい金属のキャップをつけたものだ。

「徹甲芯弾（Armor Piercing Composite Rigid 略してAPCR）」は、弾丸の中心部にタングステンなどの重く硬い金属の弾芯を仕込んだもので、この種の弾丸をアメリカ軍では「高速徹甲弾（Hyper-Velocity Armor Piercing 略してHVAP）」と呼ぶ。

「成形炸薬弾（High Explosive Anti-Tank 略してHEAT）」は、命中した瞬間に弾丸に内蔵された中央部が凹んだ形状の炸薬が爆発し、炸薬の表面に貼り付けられた金属を高温高圧で融解させて炸薬の凹みの中心軸に収束させ、超高速で装甲板に叩きつけて貫通する。

代表的な対戦車砲弾

AP（徹甲弾）

APC（被帽付徹甲弾）
被帽

APCR（徹甲芯弾）
弾芯

APDS（装弾筒付徹甲弾）
装弾筒
弾芯

HEAT（対戦車榴弾）＝（成形炸薬弾）
炸薬

成形炸薬弾（HEAT）の効果の模式図

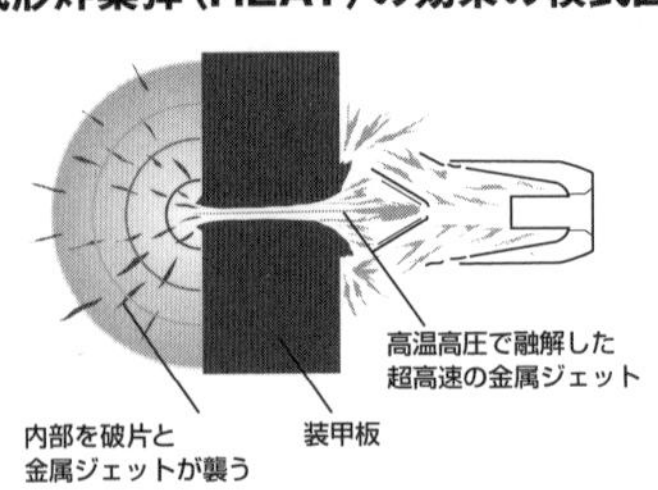

　一方、対歩兵用には「榴弾（High Explosive 略してHE）」が使われる。内部には炸薬が充填されていて、地面などにぶつかると信管が作動して炸裂し、周囲に爆風や砲弾の破片をまき散らす。ちょっとした装甲があれば爆風や弾片程度なら防げるので、よほどの大口径弾でない限り装甲目標に対しては効果が小さい。

■装輪車／装軌車／半装軌車

　一般の乗用車のように車輪で走る車両を「装輪」車、無限軌道（いわゆるキャタピラ）で走る車両を「装軌」車、と呼ぶ。また、前が車輪、後ろが無限軌道の車両を「半装軌」車、英語で「ハーフトラック（Half-track）」と呼ぶ＊。トラックとは軌道のこと（貨物自動車のTruckではない）で、半分が無限軌道なので「ハーフトラック」というわけだ。

■装甲擲弾兵と自動車化狙撃兵

　第二次大戦後半のドイツ軍では、士気の向上などを狙って、一般の歩兵をプロイセン時代のエリート歩兵にちなんで「グレナディアー（Grenadier）」と改称し、ふつうは「擲弾兵」と訳される。また、ソ連軍の歩兵部隊（стрелковые войска）は「狙撃兵部隊」または「狙撃部隊」と訳されることが多い。

　また、一般に、トラックや野戦用の大型乗用車などに乗る歩兵を「自動車化歩兵」、装甲兵員輸送車などに乗る歩兵を「機械化歩兵」と呼ぶが、大戦後半のドイツ軍では「パンツァーグレナディアー（Panzergrenadier）」と呼び、ふつうは「装甲擲弾兵」と訳される。また、ソ連軍の自動車化ないし機

＊＝後ろが車輪で前がキャタピラの半装軌車も存在する。

械化された歩兵部隊（Мотострелковые войска）は、「自動車化狙撃兵部隊」または「自動車化狙撃部隊」と訳されることが多い。

■戦闘団と支隊

第二次大戦中のドイツ軍では、歩兵や戦車の連隊などを基幹として、砲兵や工兵などの支援部隊を組み合わせて臨時編成した小振りな部隊を「カンプグルッペ（Kampfgruppe＝戦闘団）」と呼んだ。

また、日本軍では、臨時に編成された、ふつうは師団よりも小さい部隊を「支隊」と呼んだ。歩兵連隊を基幹として編成されることが多く、歩兵3個連隊を基幹とする「3単位師団」では歩兵団長の指揮下に置かれることが多かった。

同様にアメリカ軍では、戦闘部隊の連隊を基幹として編成された部隊を「RCT（Regimental Combat Team の略＝連隊戦闘団）」と呼び、イギリス軍は旅団（数個大隊からなり他国軍の連隊規模）を基幹としていくつかの支援部隊を組み合わせた部隊を「ブリゲード・グループ（Brigade Group＝旅団群）」と呼んだ。

このように呼び方は国ごとに異なっていたが、第二次大戦では各国軍が、状況に応じて連隊程度の規模を持つ戦闘部隊を基幹として、さまざまな支援部隊を組み合わせた、小振りな諸兵種連合部隊を臨時に編成して戦った。これらの部隊は、師団よりも規模は小さいが、師団と同じように諸兵種連合部隊としての強みを発揮することができたのだ。

■編制と編成

編制とは、正規に定められた永続的な部隊の構成のことをいう。また、編成とは、編制に基づかずに臨時に定める部隊の構成のこと、あるいは必要に応じて所定の編制をとらせることをいう。例えば「師団の編制を崩して、臨時に支隊を編成する」といった使い方をする。逆に「臨時に編制する」とか「正規編成の師団」といった使い方は、厳密にはまちがいだ。

同じ発音の両者を区別して、編制を「へんだて」、編成を「へんなり」と呼び分けたりすることもある。また、正規の部隊編制を「建制」、臨時の部隊編成を「軍隊区分」ということもある。

軍隊組織の上下関係

部隊	戦車部隊の場合
軍集団あるいは方面軍など	
軍（*1）	
軍団（日本軍には軍団は無い）	
師団（*2）兵員10,000～20,000名	
（旅団）兵員5,000～10,000名	
連隊（*3）兵員1,000～5,000名	戦車約30～200両
大隊 兵員500～1,000名	戦車約25～100両
中隊 兵員約100～250名	戦車5～22両
小隊 兵員約20～50名	戦車3～5両

＊1…戦車や機械化歩兵を主力とする「軍」を、ドイツでは装甲軍、ソ連では戦車軍と呼んだ。
＊2…戦車を主力とする師団を、一般にドイツ軍やイタリア軍では装甲師団、アメリカ軍やイギリス軍では機甲師団、ソ連軍や日本軍では戦車師団と呼称した。
＊3…大隊規模でも、連隊と呼称される場合あり。たとえば日本軍やイギリス軍の戦車連隊は大隊結節がなく、中隊の上が連隊だった。

■主要参考文献■

ヴァルター.J.シュピールベルガー（木村義明訳）『重駆逐戦車』1994年、（津久部茂明訳）『ティーガー戦車』1998年、（高橋慶史訳）『突撃砲』1997年、（高橋慶史訳）『パンター戦車』1999年、大日本絵画
オスプレイ・ミリタリー・シリーズ『世界の戦車イラストレイテッド』各巻 2000年～ 大日本絵画
Thomas L.Jentz編『Germany's Panther Tank』1995年、『Germany's Tiger Tanks - VK45.02 to TigerⅡ』1997年、『Germany's Tiger Tanks:D.W.to TigerⅠ』2000年、『Panzer Truppen 1』『Panzer Truppen 2』1996年、Shiffer Publising Ltd.
Fred W. Crismon『U.S. Military Tracked Vehicles』1992年、Motorbooks International Publishers & Wholesalers
David Doyle『Valentine Tank』2010年、Squadron/Signal Publications
Robert S.Cameron『Mobility,Shock,and Firepower』2008年、U.S.Army Center of Military History
Christopher R.Gabel『Leavenworth Papers No.12 Seek,Strike,and Destroy』1985年、U.S.Army Command and eneral Staff College Combat Studies Institute
『ミリタリー・クラシックス』各号 イカロス出版
『歴史群像』『第二次大戦欧州戦史シリーズ』各号 学研／学研パブリッシング
『グランドパワー』各号 デルタ出版／ガリレオ出版
『戦車マガジン』 各号 戦車マガジン、デルタ出版
『PANZER』各号 サンデーアート社／アルゴノート
『アーマーモデリング』各号 大日本絵画

第1講 Ⅳ号戦車
名戦車列伝スタート！

第二次世界大戦の独英米の主要な戦車について学びを深めましょう
ということで今回はドイツのⅣ号戦車を見ていきます！

某ガ●パンで西○どのが乗ってるアレですナ！

戦車バブルにのっかる姿勢キライじゃないデス
本来の意味での補講だね！

これぞゲルマン魂の象徴！

バージョンアップを繰り返して、最後まで主力戦車としてがんばったすごい戦車なのよ！

ヒルダうるさい・・・！

もうスペースがないから続きは本文で～

第1講 ドイツ軍の軍馬 Ⅳ号戦車

諸兵科連合の機械化部隊への道

第一次世界大戦で敗北したドイツは、連合国との講和条約である「ヴェルサイユ条約」で、陸軍の総兵力を10万人に制限されたうえに、戦車の製造や輸入も禁止された。

それでもドイツ軍は、連合国による監視の目をかいくぐって、1920年代後半から「大型トラクター(Grosstraktor)」と「軽トラクター(Leichttraktor)」の秘匿名称で重戦車と軽戦車の開発を密かに進めていった。

だが、これらの戦車は、第一次世界大戦中の古くさい運用思想や設計思想を引きずっており、量産されずに終わることになる。

これに先立って、ドイツ軍のハインツ・グデーリアン大尉(当時)は、1922年にトラックを主力とする輸送部隊である第7自動車大隊での勤務を経て、国軍省[*1]で交通兵科を所掌する交通兵監部の自動車輸送課に配属されると、図上演習や実兵演習を指導して自動車部隊の運用研究を重ねていった。そしてグデーリアン自身の回想録によると、1929年には、戦車部隊を単独で行動させたり、歩兵部隊を主力として戦車部隊に支援させたりするのではなく、快速の戦車部隊を主力として、それを支援する歩兵、砲兵、工兵などの各兵科の部隊に戦車部隊と同等の機動力を与えて編合した、諸兵科連合の装甲師団を編制すべき、と考えるようになったという。

一方、陸軍兵器局で各種車両の開発を所掌していた兵器局第6課は、1930年に「小型トラクター(Kleintraktor)」の開発を検討し、偵察や火砲の運搬、牽引などを行う多用途車両として開発することを決定。車重3t以内で2cm[*2]機関砲を搭載する軽戦車の開発も決まった。

同年、第3自動車大隊の大隊長に任命されたグデーリアンは、交通兵監部の幕僚長であるオズヴァルト・ルッツ大佐(当時)の援助を得て、同大隊の第1中隊に装輪(タイヤ)式の装甲車、第2中隊に訓練用の模擬戦車、第3中隊に模擬対戦車砲、第4中隊にオートバイをそれぞれ配備した。本来は輸送部隊である自動車大隊を諸兵科連合の機械化部隊に改編したのだ。

こうしてドイツ軍は、軽戦車を含む装軌(いわゆるキャタピラ)式多用途車両の開発を進めるとともに、諸兵科連合の機械化部隊の編成へと進んでいったのだ。そして1931年には、ルッツは自動車兵科(交通兵科を改称)のトップである自動車兵総監となり、グデーリアンは同兵監部の高級部員となる。

ただし、兵器局第6課は重戦車の開発を完全に断念しておら

*1=1935年の再軍備宣言以降のReichskriegsministerium(国防省)と区別してReichswehrministeriumを「国軍省」と訳した。
*2=ドイツ軍の火砲の公式名称は基本的にcm単位で表記される。

ず、1932年に「大型トラクター」の発展型の開発に着手し、のちに「新型車両（Neubaufahrzeug 略してNbFz）」と名付けられる。しかし、この戦車は、機動力を活かして戦う装甲師団の運用思想にそぐわない大型の多砲塔戦車であり、大量生産されずに終わることになる。

I号、II号戦車からIII号、IV号戦車へ

1933年、前述の軽戦車に「農業用トラクター（Landwirtschaftliche Schlepper 略してLaS）」の秘匿名称が与えられ、まず車台（シャシー）を量産した後に、車体上部や砲塔を搭載するかたちがとられることになった。そして、2cm機関砲を装備する砲塔の搭載も計画されたが、開発に時間を要することから、機関銃2挺を装備する砲塔が搭載されることになった。これがのちのI号戦車だ。

そして、このI号戦車の開発の進展にともなって、既述の「軽トラクター（Leichttraktor）」の秘匿名称を持つ軽戦車の大量生産は中止となった。

一方、1933年にドイツの首相となったアドルフ・ヒトラーは、軍隊の自動車化に強い興味を持ち、グデーリアンによる機械化部隊の実験演習を見て「これこそ私の長い間望んでいたものだ」と叫んだことが伝えられている。こうした周辺状況も、軍の

機械化を考えていたルッツやグデーリアンらにとって追い風となった。

翌1934年、騎兵科をはじめとする軍内の抵抗がある中で、新たに自動車兵団司令部が創設され、ルッツが同兵団の司令官を兼務することになり、グデーリアンが同兵団司令部の幕僚長となった。

また、同年には「100hpエンジン搭載農業用トラクター(LaS100)」の秘匿名称で、Ⅰ号戦車(LaS)よりもやや大型で2cm機関砲を搭載する軽戦車の開発が本格的に始められ、1935年には最初の量産車が発注されることになる。これがのちのⅡ号戦車だ。

しかし、ルッツやグデーリアンらは、非力なⅠ号戦車やⅡ号戦車に満足しておらず、より大型の軽戦車と中戦車の開発を考えていた。

7.92mm機関銃2挺のみを持つⅠ号戦車。ドイツでは第一次世界大戦後初の戦車だったが、武装が機関銃のみではさすがに非力すぎた

機関銃よりも強力な2cm機関砲を装備するⅡ号戦車だったが、それでも本格的な対戦車戦闘任務や敵対戦車砲の制圧任務には力不足だった

このうちの軽戦車は、戦車部隊の主力として、小口径だが高初速の対戦車砲を搭載することになっていた。

これに対して中戦車は、大口径だが短砲身で低初速の榴弾砲を搭載することになっていた。そのため、一見すると、他国の短砲身の榴弾砲を搭載する歩兵支援用戦車と同じ、歩兵支援用の戦車に思える。

だが、この戦車のおもな任務は、歩兵部隊の直接支援ではなく、敵の対戦車砲を制圧したり軽戦車では撃破できない目標を砲撃したりして、軽戦車を支援することにあった。つまり、「歩兵を支援する戦車」ではなく、「戦車を支援する戦車」なのだ(付け加えると、ドイツ軍では、歩兵部隊の直接支援任務は突撃砲の担当となる。第6講を参照のこと)。

そして、軽戦車には「小隊長車(Zugführerwagen 略し

てZW）」、中戦車には「随伴車両（Begleitwagen 略してBW）」という秘匿名称が与えられ、いずれも1934年に本格的な開発が始められた。ZWがのちのⅢ号戦車、BWがⅣ号戦車である。

1935年、ヒトラーは「ヴェルサイユ条約」の破棄と再軍備を宣言。続いて同年に、ドイツ軍は3個の装甲師団を正式に編成し、グデーリアンは第2装甲師団の師団長に任命されることになる。

Ⅳ号戦車の初期型の構造と機能

BWの開発は、クルップとラインメタルの両社に発注されたが、ラインメタル社は試作車の製作のみに終わった。一方、クルップ社が1936年に製作した2種類の試作車、すなわち下部転輪が8個のBWⅠと同6個のBWⅡのうち、BWⅠをベースにしたものが採用されて、1937年11月にⅣ号戦車の名称で量産が始められた。

Ⅳ号戦車の主砲は、最初の量産型であるA型からF型まで、短砲身の24口径7・5㎝砲が搭載された。この砲の弾薬は、当初は徹甲弾、榴弾、発煙弾が使用され、D型を生産中の1940年春以降に成形炸薬弾が登場する。

この砲は、初速が低く弾道が山なりなので、戦車のような移動目標への射撃には適していないが、榴弾の火力はⅢ号戦車に搭載された46口径3・7㎝砲よりもはるかに大きく、敵の対戦車砲など非装甲目標に対する制圧能力が高い。

ここで、戦車部隊の主力と考えられていたⅢ号戦車の懸架装置(サスペンション)に目を向けると、A型がコイル・スプリング式、B〜D型がリーフ・スプリング(板バネ式)、最初の本格的な量産型であるE型以降がトーションバー(ねじり棒)式といった具合に、最良の形式を求めて試行錯誤が繰り返されている。

実はⅣ号戦車も、1937年6月時点ではB型の生産終了後にⅢ号戦車E型の車台と共通化する計画だったが、そのE型の懸架装置の開発遅延などから共通化を断念。火力支援を主任務とするⅣ号戦車は最後まで一貫してリーフ・スプリング式が採用されることになる。Ⅳ号戦車の古くさいリーフ・スプリング式の懸架装置は、Ⅲ号戦車E型以降の近代的なトーションバー式の懸架装置に比べると、乗り心地などは劣っていたが、火砲のプラットフォームとしての安定性では優っていた。

次にⅣ号戦車の装甲を見ると、A型は最大14・5㎜、B型やC型は最大30㎜、D型の初期生産車は最大35㎜になった(Ⅲ号戦車の初期型の装甲も大差ない)。ちなみにイギリス軍の歩兵戦車Mk.Ⅱマチルダは最大78㎜、フランス軍の歩兵支援用の軽戦車ルノーR35は最大40㎜で、Ⅳ号戦車よりも重装甲だった。一般論を言

Ⅳ号戦車の初期型の構造と機能

Ⅳ号戦車D型

車長用展望塔(キューポラ)
砲塔
防盾
砲手用ハッチ
24口径7.5cm砲
7.92mm機関銃
前照灯
上部転輪
フェンダー(泥除け)
操向機・最終減速機点検ハッチ
起動輪
履帯(トラック、いわゆるキャタピラ)
操縦手用視察口
転輪
誘導輪
板バネ式サスペンション
Ⅳ号戦車の初期型の主砲は24口径7.5cm砲、サスペンションはちょっと旧式の板バネ式ね
みょん

うと、戦車は装甲を厚くすれば重量が増えるので機動力が低下する。つまり、英仏の歩兵支援用の戦車よりも装甲の薄いⅣ号戦車(やⅢ号戦車)は、防御力よりも機動力を重視していたのだ。

事実、Ⅳ号戦車の最高速度は、変速機が前進5速だったA型は32・4㎞／hだが、変速機が前進6速になったB型以降は42㎞／hとされている(Ⅲ号戦車も大差ない)。これに対して、マチルダⅡの最高速度は24㎞／h、フランスのルノーR35のそれは20㎞／hとされているから、Ⅳ号戦車が機動力を重視していたことがよくわかる。より正確にいうと、Ⅳ号戦車(やⅢ号戦車)が機動力を重視していたというよりは、ドイツ軍の装甲師団の運用思想が機動力を活かす戦い方を重視していたのだ。

もっとも、のちに第二次世界大戦が勃発して、Ⅳ号戦車がポーランド戦で実戦に投入されると、防御力の不足が判明。そこで1938年10月から生産中のD型の途中から車体下部前面の装甲が50㎜に強化され、それ以外のⅣ号戦車にも車体前面に30㎜、側面に20㎜の増加装甲が取り付けられた。次に1942年10月から生産が始められたE型では最初から車体前面下部が50㎜となり、その次に1941年5月から生産が始められたF型では車体前面上部や砲塔前面も50㎜になった上に車体前面の上部と下部に30㎜の増加装甲が取り付けられて計80㎜になるなど、各部の装甲の強化が進められていく(同様にⅢ号戦車でも装甲の強化が進め

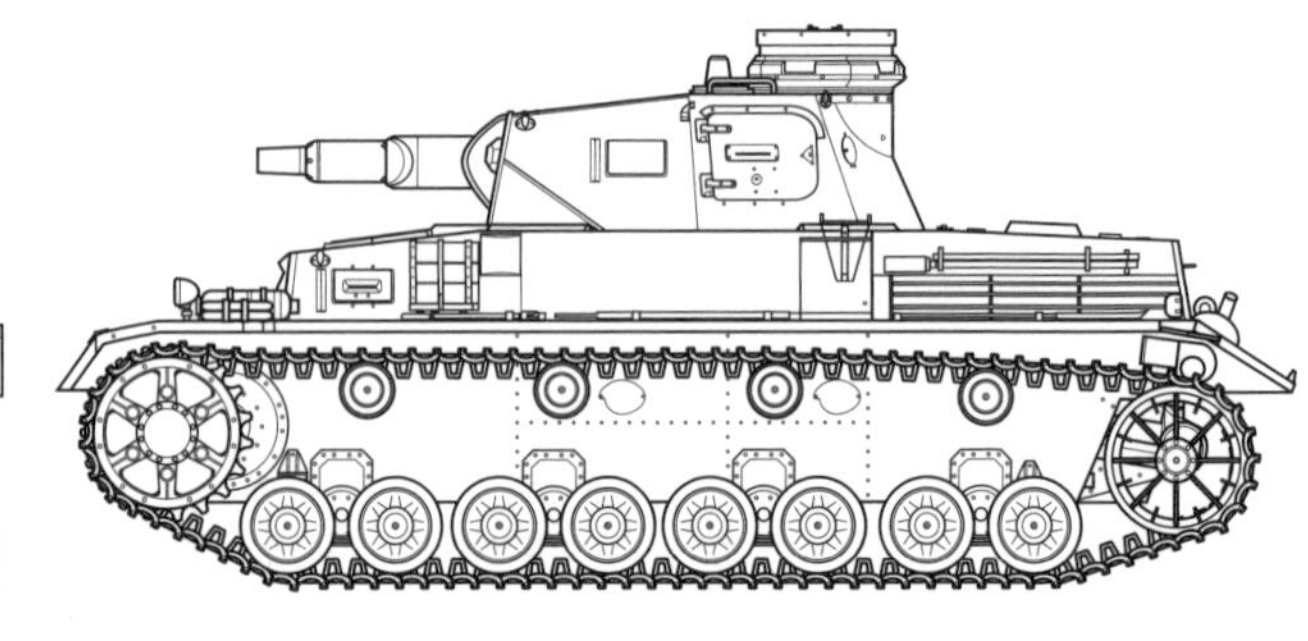

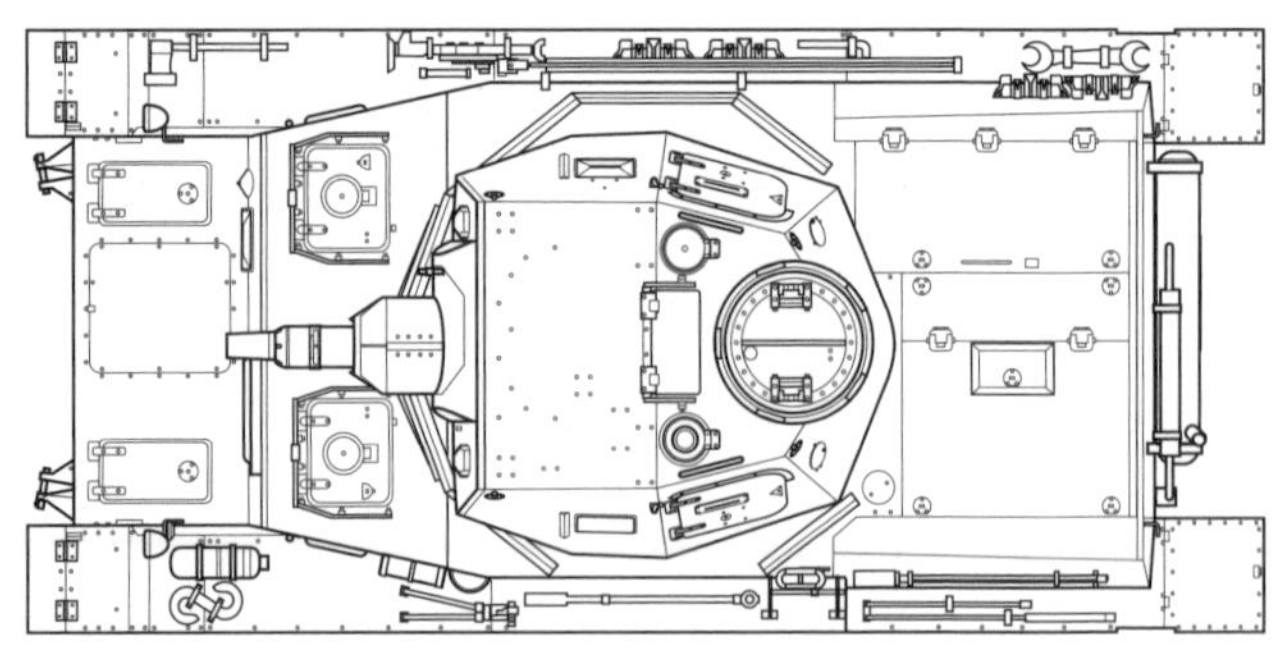

図はⅣ号戦車B型。最初のA型の問題点に改良を加えた型といえる

Ⅳ号戦車B型

重量	18.8t	全長	5.92m
全高	2.83m	全幅	2.68m
乗員	5名		
主武装	KwK37 24口径7.5cm戦車砲		
副武装	7.92mm機関銃×2		
エンジン	マイバッハHL120TRM 12気筒ガソリン		
出力	300hp	最大速度	42km/h
航続距離	140km		
装甲厚	10mm〜30mm		

※＝車体上部の張り出し部の底面は8mm厚だが、車体下部底面(床面)の10mmを最小値とした。以下同じ。

られていく)。

Ⅳ号戦車の初期型の部隊編制と運用

1939年9月1日に第二次世界大戦が勃発した時点で、ドイツ軍には、臨時編制のケンプフ装甲師団を含めて計7個の装甲師団があった。また、この他に、隷下に戦車大隊1個が含まれている軽師団が4個と、師団に編入されなかった戦車大隊が3個あった(17ページのコラム参照)。

当時の装甲師団の編制はまだ統一されていなかったが、基本的には、師団司令部以下、戦車旅団(戦車2個大隊を基幹とする戦車連隊2個基幹)、自動車化狙撃兵[*3]旅団（自動車化狙撃兵連隊とオートバイ狙撃兵大隊基幹）、自動車化砲兵連隊、自動車化対戦車大隊、自動車化偵察大隊、自動車化通信大隊、自動車化工兵

大戦序盤のイギリスの歩兵戦車Mk.Ⅱマチルダ。重量は26.5トン。最大装甲厚78mmと非常に重装甲だが、最大速度は24km/h、主砲は長砲身40mm砲で、榴弾が撃てず歩兵や対戦車砲を制圧できなかった

大戦序盤のフランスの歩兵戦車ルノーR35。重量は9.8トン。こちらも最大装甲厚は40mmとⅣ号より厚いが、速力は20㎞/h、主砲は非力な短砲身37mm砲だった

車体前面下部の装甲が50mm厚となり、車体前面上部の装甲厚が30mm+30mm、車体側面が20mm+20mmとなったⅣ号戦車E型

*3=他国軍でいう自動車化歩兵のこと。

大隊を基幹としていた。快速の戦車部隊を主力として、それを支援する歩兵、砲兵、工兵などの各兵科の部隊にも高い機動力を与えて編合した、諸兵科連合の機械化部隊である（自動車化狙撃兵はのちに装甲擲弾兵に改称される）。

この時点での戦車の配備数は、Ⅰ号戦車が１４４５両、Ⅱ号戦車が１２２３両で、これらが数の上での主力であり、Ⅲ号戦車は98両、Ⅳ号戦車は２１１両に過ぎなかった。そのため、装甲師団に所属するほぼすべての戦車大隊が、Ⅰ号およびⅡ号戦車の混成の軽戦車中隊2個と、Ⅲ号およびⅣ号戦車の混成の軽戦車中隊（「軽戦車中隊ａ」と呼ばれた）1個の計3個中隊を基幹とする編制を採っていた。つまり、数の上での主力であるⅠ号およびⅡ号戦車を、Ⅲ号およびⅣ号戦車が支援する、という編制をとらざるを得なかったのだ（なお、この他に、チェコスロバキアで開発された３・７㎝砲搭載の35（ｔ）戦車２０２両と、38（ｔ）戦車を78両保有していたが、正規の装甲師団には配備されず、軽師団などに配備されていた）。

その後、臨時編制のケンプフ装甲師団が無くなり、軽師団4個が装甲師団に改編されたため、１９４０年5月10日にフランスを主敵とする西方進攻作戦が始まった時点では、装甲師団は10個に増えていた。

同時点での戦車の配備数は、Ⅰ号戦車が１０７７両、Ⅱ号戦車

Ⅳ号戦車の初期型の部隊編制と運用

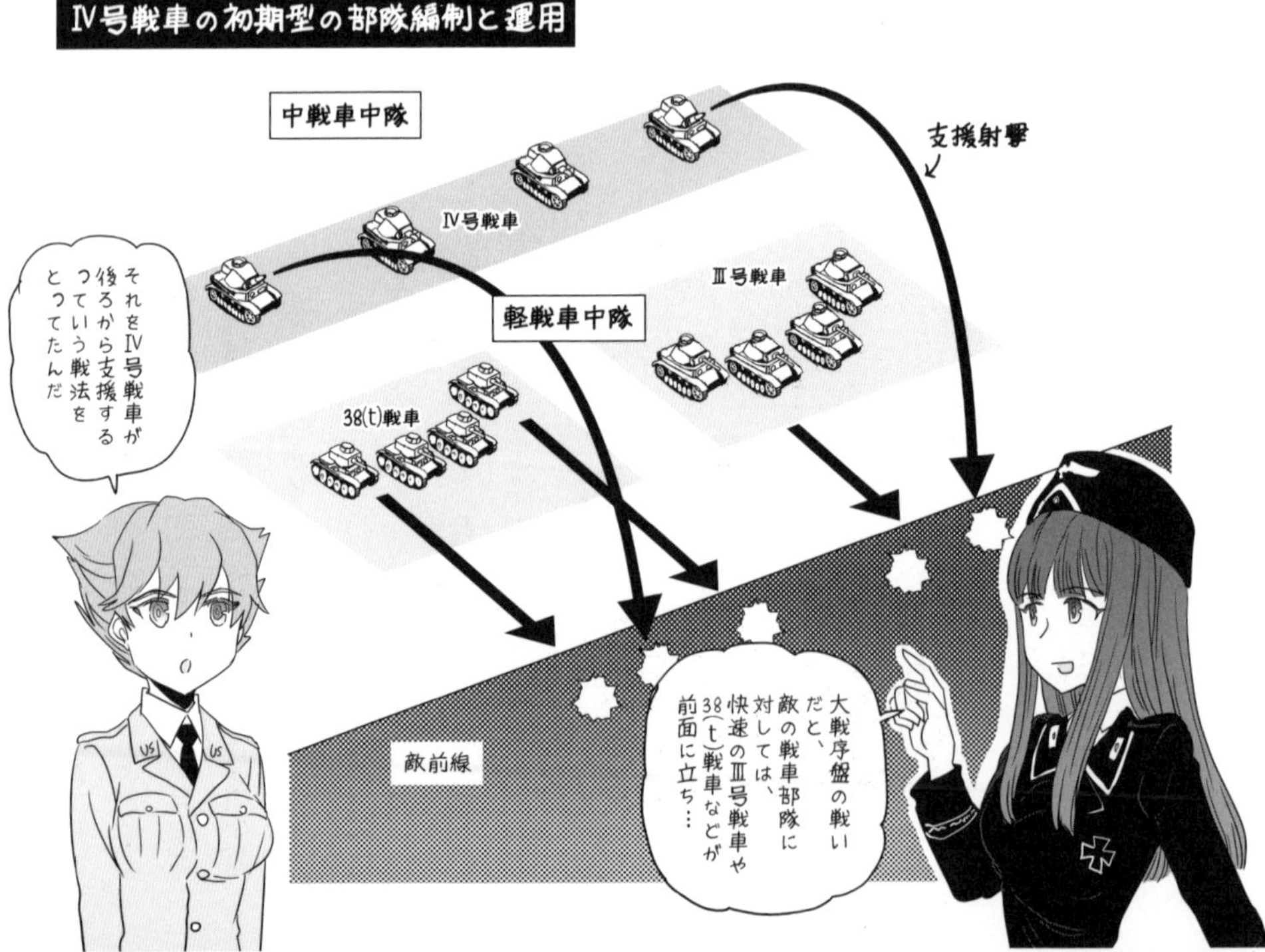

コラム 独立の戦車旅団と軽師団

第二次世界大戦前の1930年代半ば、ドイツ軍の参謀本部は、歩兵師団を半自動車化して機動力を向上させることを考えていた。

また、予備役を含む全師団に戦車大隊を1個ずつ配備することを理想としており、実現可能な案として、平時の12個軍団にそれぞれ戦車連隊(戦車大隊3個基幹)1個を配備して、それらを独立の戦車旅団にまとめることを提案していた。これらの戦車大隊は歩兵支援を主任務としており、こうした運用構想に基づいて、1937年に独立の第4戦車旅団が、翌1938年に同じく独立の第6戦車旅団が、それぞれ新編された。

これについてグデーリアンは、回想録の中で「陸軍参謀総長の方針である、歩兵に対する協力を主目的とする戦車旅団の新設案に押し切られ」たと回顧している。

また、ドイツ軍は、1938年末までに、主力側面の警戒や偵察、追撃など、従来の騎兵部隊と大差無い任務を担当する軽師団を4個新編した。この軽師団の基本的な編制は、装備する戦車を大型トラックおよびトレーラーに搭載可能で路上を高速で移動できる戦車大隊に加えて、騎乗狙撃兵(騎兵科所属の自動車化歩兵)連隊2個、自動車化偵察連隊、自動車化砲兵連隊、自動車化対戦車大隊、自動車化工兵大隊、自動車化通信中隊各1個などを基幹とするものだった。

これについてもグデーリアンは、回想録で「自動車化部隊の新編成に刺激された古い騎兵連中の圧迫に屈服」したと批判している。

このうち、独立の戦車旅団は、1939年9月1日に始まるポーランド戦の前に、新設の装甲師団の基幹部隊となって分割改編されるか、軽師団に編合されたが、第25戦車連隊第I大隊など計3個大隊だけが装甲師団や軽師団に編入されずに軍団などの直轄部隊とされた。

さらにポーランド作戦後には、すべての独立の戦車大隊が装甲師団に編入されるとともに、すべての軽師団が装甲師団に改編された。

つまり、ドイツ軍の機甲部隊は、最初から装甲師団に一本化されていたわけではなく、それ以前には歩兵支援を主任務とする独立の戦車旅団や、騎兵師団の機械化といえる軽師団を置いていた時期があるのだ。

が1092両に減少し、Ⅲ号戦車が381両、Ⅳ号戦車が290両に増えた。また、35(t)戦車が143両、38(t)戦車が238両あった。

そして、従来のⅠ号およびⅡ号戦車混成の軽戦車中隊に加えて、Ⅲ号戦車または35(t)戦車や38(t)戦車を主力とする軽戦車中隊が増加し、Ⅳ号戦車を主力とする中戦車中隊も増加して、Ⅲ号およびⅣ号戦車混成の「軽戦車中隊a」は消滅。その結果、すべての戦車大隊が、本部中隊以下、軽戦車中隊2個と中戦車中隊1個の計4個中隊を基幹とする編制となっていた。

実戦における運用では、対戦車戦闘能力の低いⅠ号およびⅡ号戦車を装備する軽戦車中隊でも、十分な対戦車火器を持たない歩兵部隊などが相手ならば相当の威力を発揮できた。しかし、強力な戦車部隊を相手にする場合には、対戦車戦闘能力の高いⅢ号戦車や35(t)戦車、38(t)戦車を装備する軽戦車中隊が先頭に立ち、その後方から中戦車中隊のⅣ号戦車が支援する、といった戦術がとられた。

西方進攻作戦後、ドイツ軍は装甲師団を20個に倍増させたが、各装甲師団隷下の戦車旅団は解隊されて、戦車1個連隊のみとなった(なお、1941年2月には第5軽師団が急遽編成されて北アフリカ戦線に送られ、同年8月に第21装甲師団に改編される)。また、装甲師団隷下の自動車化狙撃兵旅団は、基本的に自動車化狙撃兵連隊2個とオートバイ狙撃兵大隊1個を基幹とすることになった。これらの改編によって、各装甲師団の戦車数は減少したが、戦車と歩兵の比率はより使いやすいものになった。それまでの装甲師団は歩兵に対して戦車が多すぎたのだ。

そして、1941年6月22日にソ連進攻作戦を開始した時には、Ⅰ号戦車が877両、Ⅱ号戦車が1074両に減少し、Ⅲ号戦車が1440両、Ⅳ号戦車が517両に増えた。また、チェコ製の35(t)戦車が170両、38(t)戦車が754両あった。このうちⅢ号戦車には、後述する5㎝砲の搭載車が1090両も含まれており、戦車部隊全体では対戦車戦闘能力がさらに向上していた。

Ⅳ号戦車の後期型の構造と機能

Ⅲ号戦車では、当初の46口径3・7㎝砲に代わって、G型の途中[*4](1940年6月ないし7月)から42口径5㎝砲が搭載されるようになり、さらにJ型の途中(1942年12月)から60口径5㎝砲が搭載されて(のちにL型に含まれることになった)、対戦車火力が強化された。そして、3・7㎝砲搭載のⅢ号戦車や35(t)戦車、38(t)戦車を主力とする軽戦車中隊は減少し、5㎝砲搭載のⅢ号戦車を主力とする軽戦車中隊が増えていった。しかし、この辺りでⅢ号戦車の改良による性能の向上は限界に達してしまう。

一方、Ⅳ号戦車は、F型の途中(1942年3月)から長砲身の43口径7・5㎝砲が搭載されるようになり、一時期は長砲身型をF2型と呼んで区別したが、のちにG型に含まれることになった。そしてG型の途中(1942年8月)から、さらに長砲身の48口径7・5㎝砲が搭載されるようになった。ただし、当初は従来の43口径7・5㎝砲と並行して搭載され、48口径7・5㎝砲に完全に切り替えられたのは1943年4月初旬のことだ。

これら長砲身の7・5㎝砲は、従来の短砲身の7・5㎝砲と同等の大きな榴弾火力を発揮できる上に、前述のⅢ号戦車L型に搭載された60口径5㎝砲を大幅に上回る強力な対戦車火力を発揮できた。

これによってドイツ軍は、小口径高初速の対戦車砲を搭載する主力戦車(初期のⅢ号戦車)と、大口径だが低初速の榴弾砲を搭載する支援戦車(初期のⅣ号戦車)の二車種を、長砲身の大口径砲を搭載する主力戦車(Ⅳ号戦車の改良型)一車種に統合できるようになったのだ。言い方を換えると、Ⅳ号戦車は長砲身の7・5㎝砲を搭載することによって、それまでの支援戦車からⅢ号戦車に

*4=1940年6月25日付の報告書に記載されている生産予定によると、5cm砲搭載のF型が6月中に5両生産されることになっており、7月中に軍の受領審査に供されているので、生産は6月から、引き渡しは7月からと思われる。

代わる主力戦車に生まれ変わったのである。

編制面では、装甲師団に所属する各戦車大隊では、すべての戦車中隊に長砲身7・5㎝砲搭載のⅣ号戦車が配備されるようになり、5㎝砲搭載のⅢ号戦車を主力とする軽戦車中隊が減少して、Ⅳ号戦車を主力とする中戦車中隊に一本化されていった。

これにともなって、戦車大隊の戦術も、それまでの前方に展開する軽戦車中隊を後方から中戦車中隊が支援する、といったものから、すべての中戦車中隊が互いに支援し合うものへと変化していった。

ちなみに、Ⅲ号戦車の最後の量産型で1942年7月から引き渡されたN型には、Ⅳ号戦車の初期型と同じ短砲身の24口径7・5㎝砲が搭載され、かつてのⅣ号戦車と同じ火力支援任務に転用されて、独立の重戦車大隊など

装甲と主砲の強化

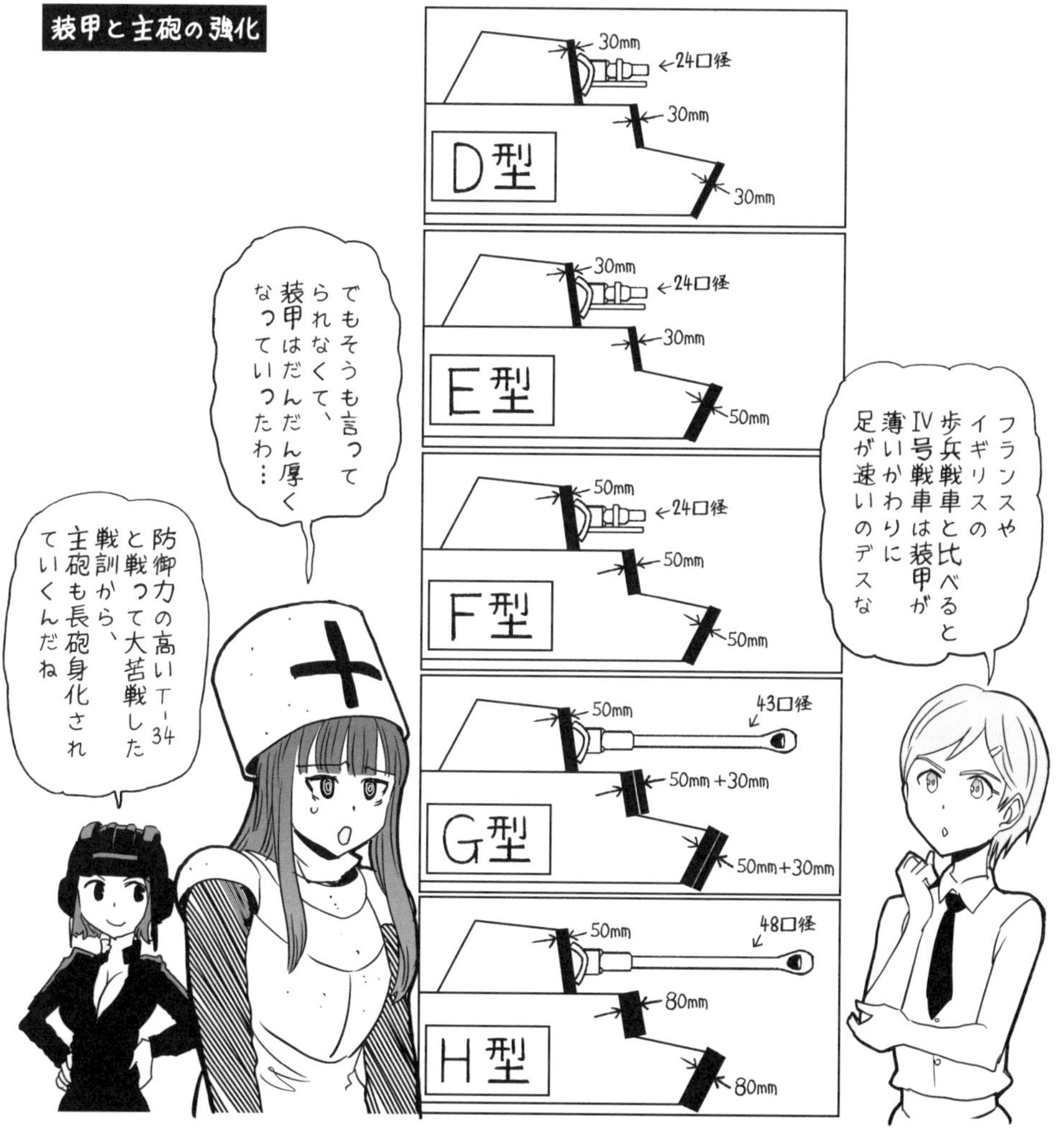

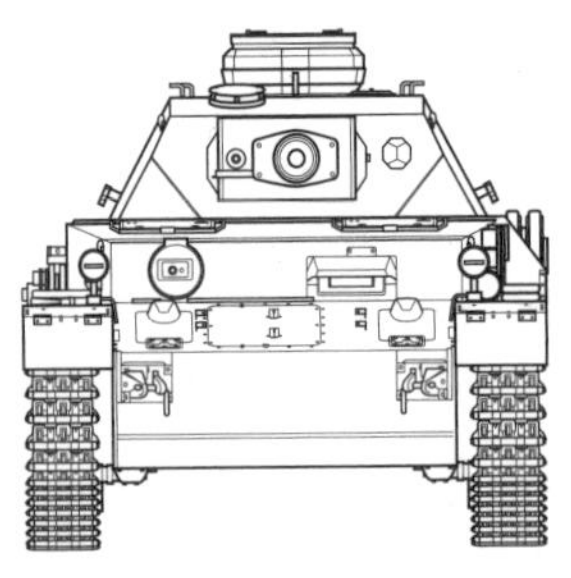

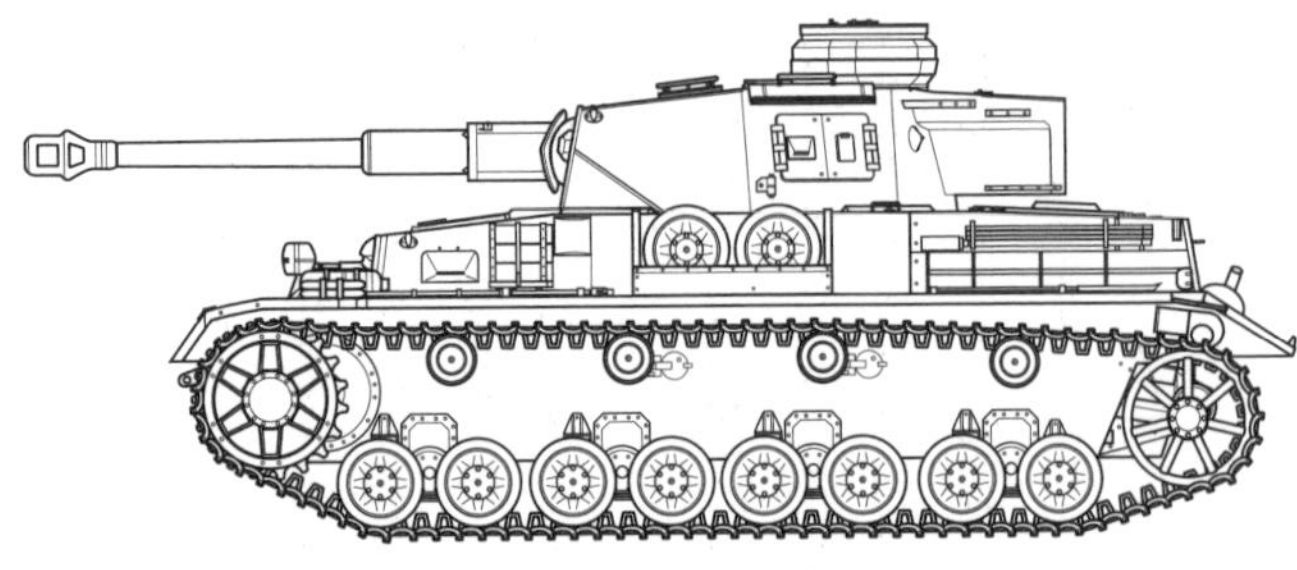

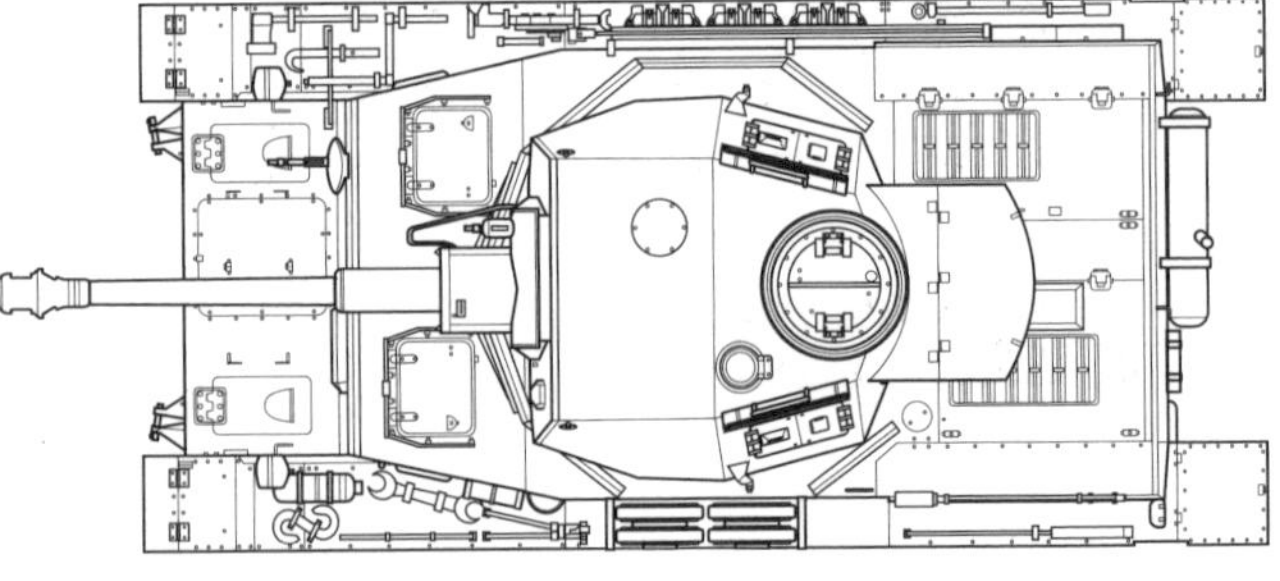

Ⅳ号戦車G型

重量	23.5t	全長	6.62m
全高	2.88m	全幅	2.68m
乗員	5名		
主武装	KwK40 48口径7.5cm戦車砲		
副武装	7.92mm機関銃×2		
エンジン	マイバッハHL120TRM 12気筒ガソリン		
出力	300hp	最大速度	40km/h
航続距離	210km		
装甲厚	10mm～80mm		

長砲身の43口径7.5cm砲を搭載したⅣ号戦車G型。車体前面の装甲厚は50mmだったが、途中から30mm厚の装甲板を追加でボルト留めするようになった

Ⅳ号戦車の後期型の構造と機能

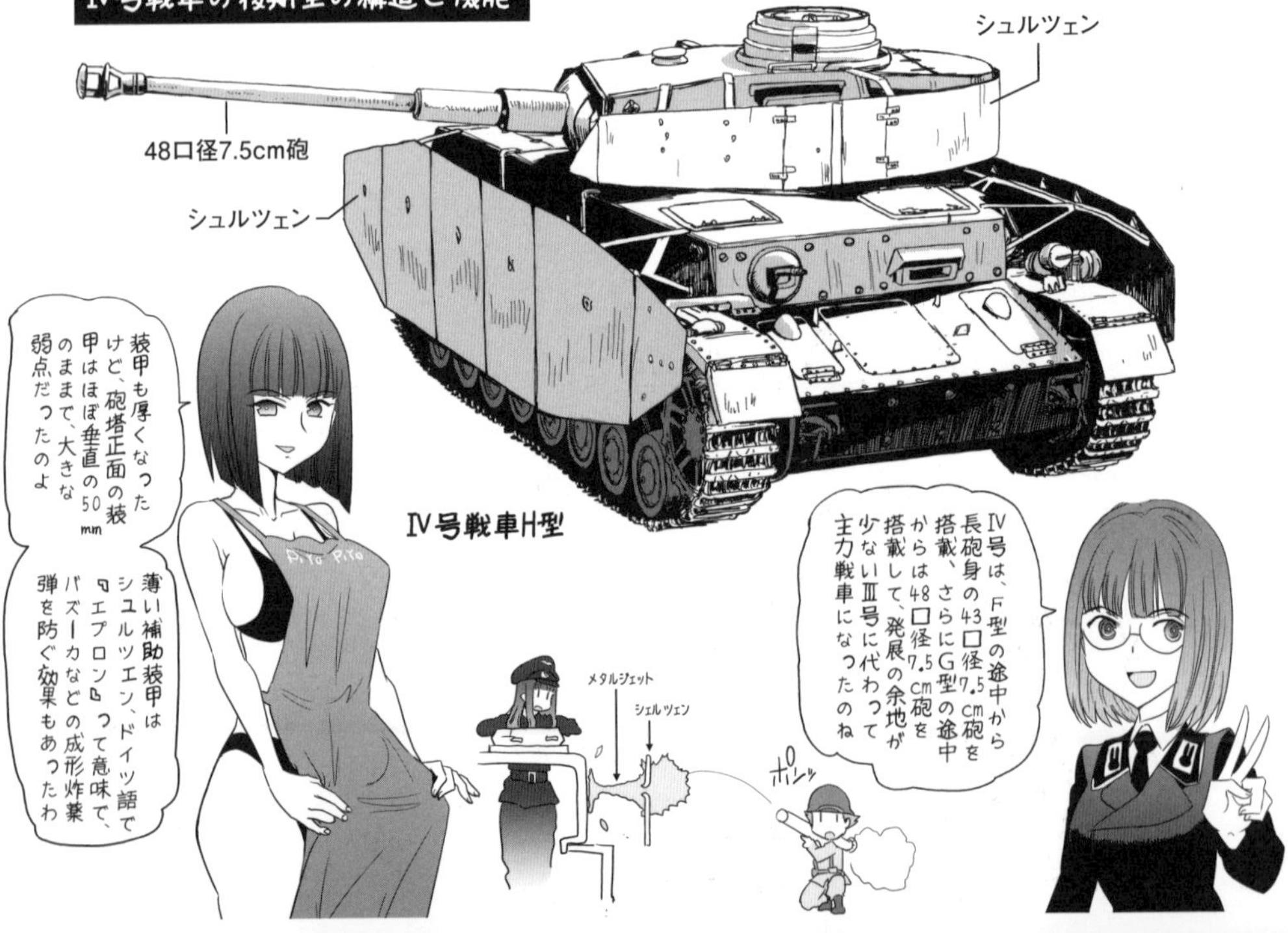

シュルツェン

48口径7.5cm砲

シュルツェン

Ⅳ号戦車H型

装甲も厚くなったけど、砲塔正面の装甲はほぼ垂直の50mmのままで、大きな弱点だったのよ

薄い補助装甲はシュルツェン、ドイツ語で『エプロン』って意味で、バズーカなどの成形炸薬弾を防ぐ効果もあったわ

メタルジェット

シェルツェン

ポシュッ

Ⅳ号は、F型の途中から長砲身の43口径7.5cm砲を搭載、さらにG型の途中からは48口径7.5cm砲を搭載して、発展の余地が少ないⅢ号に代わって主力戦車になったのね

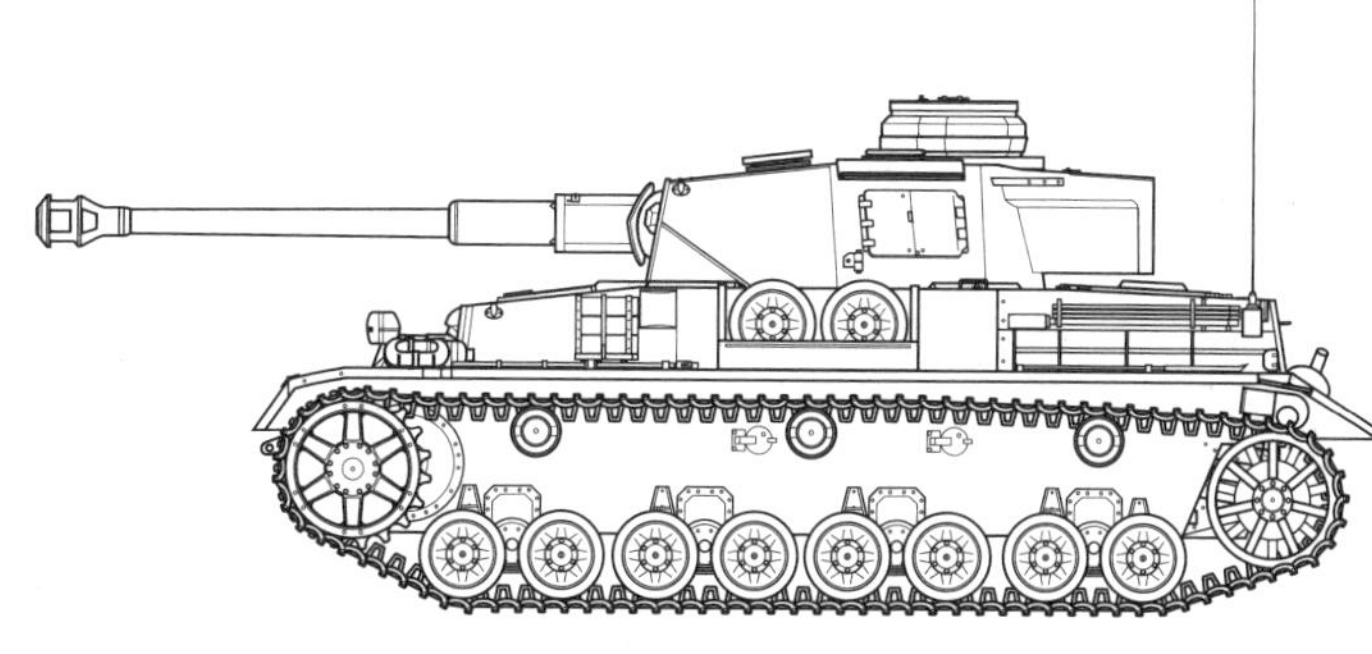

シリーズの決定版となったⅣ号戦車H型では主砲がさらに長くなり、48口径7.5cm砲となった。車体前面装甲も一枚板の80mmとなり、防御力も向上した

に配備されている。

話をⅣ号戦車に戻すと、1943年5月から生産されたH型では、改良による重量増に対処するため最終減速比が落とされて最高速度は38km/hに低下したが、航空攻撃に備えて砲塔上面の装甲が従来の10mmから前半部が16mm、後半部が25mmに強化され、生産途中の早い時期に車体前面上部の装甲が従来の50mm+増加装甲30mmの組み合わせから80mmの一枚板となるなどの改良が加えられた。

さらにドイツ軍は、新型の主力戦車としてⅤ号戦車パンターを開発し、Ⅲ号戦車が支援戦車へと生まれ変わる直前、すなわち最後の60口径5cm砲搭載型となったⅢ号戦車M型の生産が打ち切られる前月の1943年1月から量産に着手していた。

パンターに搭載された超長砲身の70口径7・5cm砲は、後述するⅥ号戦車E型ティーガーⅠに搭載された56口径8・8cm砲に匹敵する非常に高い貫通力を誇っていた。また、パンターの装甲は、砲塔前面が100mmとⅣ号戦車F型以降の2倍に達し、車体前面上部はⅣ号戦車H型以降と同じ80mmながら、ここを含めて車体各部に敵弾を逸らす避弾経始の良い傾斜装甲が採用されていた。パンターのサスペンションはトーションバー式で、下部転輪には履帯の接地圧[*5]をより均一にする挟み込み式転輪が(詳しくは第3講を参照)採用され、最高速度は45~55km/hでⅣ号戦車のH型以降の38km/hより高速だった。

しかし、高性能のパンターは生産に手間がかかり、その生産数は常に不足気味だった。そのため、旧式化しつつあったⅣ号戦車の生産を打ち切ることができず、パンターと並行して生産が継続された。

そのⅣ号戦車は、1944年2月から生産が始められて最後の量産型となったJ型では、砲塔の動力旋回装置を廃止して手動旋回とするなど、生産性のさらなる向上が図られた。

付け加えると、ドイツ軍は、第二次世界大戦前の1937年から堅陣突破用の「突破車両(Durchbruchswagen 略してDW)」の開発を始めており、その発展型で56口径8・8cm砲搭載のⅥ号戦車E型ティーガーⅠが量産されて1942年8月から引き渡しが始められていた。また、さらに重装甲で71口径8・8cm砲を搭載するⅥ号戦車B型ティーガーⅡが開発され、1944年1

*5=履帯が地面に接している長さ(接地長)×履帯幅、すなわち接地面積で車重を割ったものを接地圧と呼ぶ。単位はkg/㎠が使われることが多い。基本的には接地圧が低ければ低いほど、泥濘地や湿地などにはまりにくいので軟弱地での行動能力が高い。

月に量産が始められた。だが、これらの重戦車は生産数が限られており、ごく一部を除いて装甲師団には配備されず、基本的には独立の重戦車大隊に配備されている（詳しくは第4講を参照）。

Ⅳ号戦車の後期型の部隊編制と運用

ドイツ軍の装甲師団の編制は、第二次世界大戦半ばの1943年9月に基本的に統一された。

この「43年型装甲師団」の編制は、師団司令部以下、戦車連隊（戦車2個大隊基幹）、装甲擲弾兵連隊2個（装甲擲弾兵4個大隊基幹。うち1個大隊は半装軌装甲兵車に乗車）、装甲砲兵連隊（砲兵3個大隊基幹。うち1個大隊は自走砲）、装甲偵察大隊、戦車駆逐大隊、自動車化対空砲兵大隊、装甲通信大隊、装甲工兵中隊を基幹としていた。基本的には、戦車連隊は2個大隊編制で、第Ⅰ大隊には場合によってはパンターが配備されることになっていた。

次いで、およそ1年後の1944年8月付で改定された「44年型装甲師団」の編制表を見ると、基本的には、戦車連隊は2個大隊編制で、第Ⅰ大隊にパンター、第Ⅱ大隊にⅣ号戦車が配備されることになっていた。つまり、この時点の編制表上でも戦車連隊の装備戦車がパンターに統一されず、半分はⅣ号戦車のままだったのだ。その上、実際にはパンターもⅣ号戦車も消耗に補充が追いつかず、前線の戦車連隊の中には、1個大隊が欠けており、唯一の戦車大隊は

砲塔と車体に薄い増加装甲板であるシュルツェンを装備したⅣ号戦車H型。H型は2,322両が生産された

Ⅳ号戦車とパンター各2個中隊の混成という連隊もあった。

また、大戦末期の1945年3月付で改定された「45年型装甲師団」の編制表では、基本的には、戦車連隊は戦車大隊と装甲擲弾兵大隊各1個を基幹とし、戦車大隊の第1および第2中隊にはパンターが、第3および第4中隊にはⅣ号戦車が、それぞれ配備されることになっていた。戦局の悪化と戦車の不足に対応して、装甲師団の戦車部隊が大幅に縮小されることになったのだ。そして、ドイツ軍は大戦終結まで編制表上でも装甲師団の主力戦車をパンターに統一できなかったのである。それどころか、大戦末期の装甲師団ではⅣ号戦車さえ十分に配備されず、Ⅲ号戦車ベースの突撃砲やⅣ号戦車ベースの駆逐戦車で代用されることもめずらしくなかった。

こうしてⅣ号戦車は、大戦終結までパンターと並ぶ装甲師団の柱として配備が続けられることになった。Ⅳ号戦車の総生産数は8500両余りに達し、ドイツ戦車の中でもっとも生産数が多い戦車となった。しかも、Ⅳ号戦車の各形式の中でいちばん生産数が多かったのは、パンターの量産開始後に生産が始められたH型だった。

つまり、Ⅳ号戦車は、当初の支援戦車から主力戦車へと生まれ変わることで、第二次世界大戦中のドイツ軍の装甲師団で最後まで活躍することができたのだ。

Ⅳ号戦車の後期型の部隊編制と運用

支援射撃
敵
敵
大戦中盤〜後半になると、長砲身のⅣ号戦車同士、あるいはⅣ号とパンターが相互に支援し合って、敵陣を突破したり敵戦車部隊を攻撃するようになったのよ
ティーガーやパンターなどの有名な戦車は多いけど、ドイツ戦車隊でいちばん大きな働きを見せたのはⅣ号戦車でしょうね
Ⅳ号戦車は派手じゃないけど、戦争のはじめから終わりまでがんばったんだね〜!

ドイツ軍戦車大隊の編制表の変遷

ドイツ軍の編制表はK.St.N.(Kriegsstärkenachweisungの略)と呼ばれるもので「戦力定数指標」などと訳される。各種部隊の編制や装備、人員の数、役職などの定数を指定した表だが、ここでは戦車のみを示した。定められた日付で有効となり、各種部隊にそれぞれのK.St.N.が適用されて、編成や補充が行われる。装備や戦術の変化などに対応して頻繁に変更された。

ドイツ軍戦車部隊の編制例(1938年10月~)

軽戦車中隊

- 中隊本部(小型装甲指揮車×1、Ⅱ号戦車×3)
  - 第1小隊(Ⅱ号戦車×1、Ⅰ号戦車×4)
  - 第2小隊(第1小隊と同じ)
  - 第3小隊(第1小隊と同じ)
  - 第4小隊(Ⅱ号戦車×5)

軽戦車中隊a

- 中隊本部(小型装甲指揮車×1、Ⅳ号戦車×2、Ⅱ号戦車×1)
  - 第1小隊(Ⅱ号戦車×3)
  - 第2小隊(第1小隊と同じ)
  - 第3小隊(Ⅲ号戦車×3)
  - 第4小隊(Ⅳ号戦車×3)

1938年10月1日に有効となった編制表のもの。通常の「軽戦車中隊」(K.St.N.1171)は、Ⅰ号戦車を主力とする3個小隊をⅡ号戦車の1個小隊が支援する編制であった。一方、「軽戦車中隊a」(K.St.N.1175)は、数の上での主力はⅡ号戦車の2個小隊で、Ⅲ号戦車、Ⅳ号戦車の各1個小隊との混成だった。

ドイツ軍戦車部隊の編制例(1939年6月~)

軽戦車中隊(特別)

- 中隊本部(Ⅲ号戦車×2)
  - 軽小隊(Ⅱ号戦車×5)
  - 第1小隊(Ⅲ号戦車×5)
  - 第2小隊(第1小隊と同じ)
  - 第3小隊(第1小隊と同じ)

中戦車中隊(特別)

- 中隊本部(Ⅳ号戦車×2)
  - 軽小隊(Ⅱ号戦車×5)
  - 第1小隊(Ⅳ号戦車×4)
  - 第2小隊(第1小隊と同じ)
  - 第3小隊(第1小隊と同じ)

公式には1939年9月1日付の編制表のもので、編制表番号の末尾に特別(Sonder)編制を意味する「(Sd.)」が付与されていた。実際は同年6月に起案されており、戦車教導大隊や第1戦車連隊など一部の戦車部隊で先行して適用された。この編制表でようやく本来の構想どおり、「軽戦車中隊(特別)」(K.St.N.1171(Sd.))はⅢ号戦車を、「中戦車中隊(特別)」(K.St.N.1175(Sd.))はⅣ号戦車を、それぞれ主力とする編制になったのだ。

ドイツ軍戦車部隊の編制例(1939年3月~)

軽戦車中隊

- 中隊本部(小型装甲指揮車×1、Ⅱ号戦車×1、Ⅰ号戦車×2)
  - 第1小隊(Ⅱ号戦車×3、Ⅰ号戦車×2)
  - 第2小隊(第1小隊と同じ)
  - 第3小隊(第1小隊と同じ)
  - 第4小隊(Ⅱ号戦車×5)

軽戦車中隊a

- 中隊本部(小型装甲指揮車×1、Ⅰ号戦車×7、)
  - 第1小隊(Ⅲ号戦車×3)
  - 第2小隊(Ⅳ号戦車×6)

1939年3月1日に有効となった編制表のもの。「軽戦車中隊」(K.St.N.1171)は、それまでⅠ号戦車が主力だった第1小隊から第3小隊が、Ⅰ号戦車とⅡ号戦車との混成となった。一方、「軽戦車中隊a」(K.St.N.1175)は、Ⅱ号戦車の小隊がなくなり、Ⅲ号戦車とⅣ号戦車が各1個小隊、計2個小隊基幹となった。

ドイツ軍戦車部隊の編制例(1940年2月~)

軽戦車中隊

- 中隊本部(Ⅲ号戦車×1、Ⅱ号戦車×2、小型装甲指揮車×1)
  - 第1小隊(Ⅱ号戦車×3、Ⅰ号戦車×2)
  - 第2小隊(第1小隊と同じ)
  - 第3小隊(Ⅲ号戦車×3)
  - 第4小隊(第3小隊と同じ)

中戦車中隊

- 中隊本部(Ⅳ号戦車×1、Ⅱ号戦車×1、小型装甲指揮車×1)
  - 軽小隊(Ⅱ号戦車×5)
  - 第1小隊(Ⅳ号戦車×4)
  - 第2小隊(Ⅳ号戦車×3)

ポーランド戦後の1940年2月21日に、さらに第2戦車連隊などいくつかの戦車部隊にも、1939年9月1日付の特別編制表(K.St.N.1171(Sd.)とK.St.N.1175(Sd.))が適用されることになった。だが、Ⅲ号戦車やⅣ号戦車の生産数の不足から、実際には図のような編制になっていた(中戦車中隊では第1小隊が4両、第2小隊が3両で、戦車数に差があった!)。このように、編制表に記された理論上の編制と実際の編制は、生産や補充の不足などから必ずしも合致しないことが少なくない。

ドイツ軍戦車中隊の編制例(1941年2月～)

軽戦車中隊

- 中隊本部(Ⅲ号戦車×2)
  - 軽小隊(Ⅱ号戦車×5)
  - 第1小隊(Ⅲ号戦車×5)
  - 第2小隊(第1小隊と同じ)
  - 第3小隊(第1小隊と同じ)

中戦車中隊

- 中隊本部(Ⅳ号戦車×2)
  - 軽小隊(Ⅱ号戦車×5)
  - 第1小隊(Ⅳ号戦車×4)
  - 第2小隊(第1小隊と同じ)
  - 第3小隊(第1小隊と同じ)

1941年2月1日付で特別編制表(K.St.N.1171(Sd.)とK.St.N.1175(Sd.))に改訂が加えられたが、戦車以外の装備や人員等の変化で、戦車の定数に変化はなかった。

ドイツ軍戦車中隊の編制例(1943年11月～)

中戦車中隊a

- 中隊本部(Ⅳ号戦車×2)
  - 第1小隊(Ⅳ号戦車×5)
  - 第2小隊(第1小隊と同じ)
  - 第3小隊(第1小隊と同じ)
  - 第4小隊(第1小隊と同じ)

1943年11月1日付の編制表(K.St.N.1175a)のもの。48口径7.5cm砲への完全な切り替えの遅れを反映してか、表中のⅣ号戦車は43口径7.5cm砲の搭載車とされている。ちなみに、同日に有効となった「戦車連隊本部および本部中隊」の編制表(K.St.N.1103)では、所属する偵察小隊が43口径または48口径7.5cm砲搭載のⅣ号戦車を装備することになっていた。

ドイツ軍戦車中隊の編制例(1944年4月～)

戦車中隊パンターまたは戦車中隊Ⅳ(自由編制)

- 中隊本部(戦車×2)
  - 第1小隊(戦車×5)
  - 第2小隊(第1小隊と同じ)
  - 第3小隊(第1小隊と同じ)

1944年4月1日の編制表のもの(K.St.N.1177(f.G))。装備する戦車はⅣ号またはパンターで、各戦車小隊の定数は5両のままだが、3個小隊基幹となり、1個中隊計17両に削減された。この編制表の末尾には、非戦闘部隊を除いた編制すなわち「自由編制」を意味する「(f.G.)」が付与されていた。この編制は、トラックなどの不足に対応したもので、それまで各戦車中隊が保有していた輸送車両が、各戦車大隊所属の自動車化装甲補給中隊にまとめられた。

ドイツ軍戦車中隊の編制例(1943年1月～)

中戦車中隊a

- 中隊本部(Ⅳ号戦車×2)
  - 第1小隊(Ⅳ号戦車×5)
  - 第2小隊(第1小隊と同じ)
  - 第3小隊(第1小隊と同じ)
  - 第4小隊(第1小隊と同じ)

1943年1月25日付の「中戦車中隊a」の編制表(K.St.N.1175a)のもの。Ⅳ号戦車の生産数の増加に対応したもので、43口径7.5cm砲搭載のⅣ号戦車を装備する4個小隊基幹となり、各小隊5両編制、1個中隊計22両編制となった。

中戦車中隊パンター

- 中隊本部(Ⅴ号戦車パンター×2)
  - 第1小隊(Ⅴ号戦車パンター×5)
  - 第2小隊(第1小隊と同じ)
  - 第3小隊(第1小隊と同じ)
  - 第4小隊(第1小隊と同じ)

1943年月1日10日付の「中戦車中隊パンター」の編制表(K.St.N.1177)のもの。Ⅳ号戦車を装備する1943年1月25日付の「中戦車中隊a」と同じく、Ⅴ号戦車パンターを装備する4個小隊基幹で、各小隊5両編制、1個中隊計22両編制とされた。これを見てもわかるように、長砲身7.5cm砲搭載のⅣ号戦車の中隊と、パンターの中隊の運用構想に大きな差はなかった。

ドイツ軍戦車中隊の編制例(1944年11月～)

戦車中隊パンターまたはⅣ(戦車17両)

- 中隊本部(戦車×2)
  - 第1小隊(戦車×5)
  - 第2小隊(第1小隊と同じ)
  - 第3小隊(第1小隊と同じ)

戦車中隊パンターまたはⅣ(戦車14両)

- 中隊本部(戦車×2)
  - 第1小隊(戦車×4)
  - 第2小隊(第1小隊と同じ)
  - 第3小隊(第1小隊と同じ)

戦車中隊パンターまたはⅣ(戦車10両)

- 中隊本部(戦車×1)
  - 第1小隊(戦車×4)
  - 第2小隊(第1小隊と同じ)
  - 第3小隊(第1小隊と同じ)

1944年11月1日付で有効となった編制表。戦車不足の深刻化に対応して、1個中隊の戦車の定数が17両のもの(K.St.N.1177(fG)Ausf.A)、定数が14両のもの(K.St.N.1177(fG)Ausf.B)、さらには10両のもの(K.St.N.1177a(fG))が制定された。

第2講 Ⅲ号戦車
今回見ていくのは前回のⅣ号戦車の相方、Ⅲ号戦車よ！
Ⅲ号戦車は、車長・砲手・装填手が分業体制の3人乗り砲塔で無線機も搭載して僚車間の連携も取りやすく…
対戦車戦闘用の長砲身の主砲を持ち軽快で機動戦に向いた「主力戦車」として開発されたのね
どやあっ
どう？この先進的なコンセプト！
ガキン
ぐぐ、長砲身の7・5㎝砲が積めない…
たはは…お疲れっす先輩
でも英仏の歩兵戦車、んでソ連のT-34が思ってた以上に堅くて大苦戦…
大戦前半に発展の限界に達しちゃってⅣ号戦車に主力の座を明け渡したんだね
コンセプトは良かったんだけど、大戦後半はあんまり華々しい活躍はできなかったのか…

第2講 電撃戦の先鋒 Ⅲ号戦車

Ⅲ号戦車の開発着手

前講のⅣ号戦車の解説でも触れたが、ドイツ軍のハインツ・グデーリアンは、自身の回想録*1によると、第二次世界大戦前の1929年には、諸兵科連合の「装甲師団」の編成を考えるようになったという。第一次世界大戦中のように歩兵部隊を主力として戦車に支援させたり、戦車部隊を単独で行動させたりするのではなく、快速の戦車部隊を主力として、それを支援する歩兵、砲兵、工兵などの各兵科の部隊に戦車部隊と同等の機動力を与えて編合した、諸兵科連合の装甲師団だ。

また、グデーリアンらの先進的な将校は、戦車部隊の主力となる軽戦車と、それを支援する中戦車の開発を考えるようになった。そして軽戦車には「小隊長車(Zugführerwagen 略してZW)」、中戦車には「随伴車両(Begleitwagen 略してBW)」という秘匿名称が与えられ、いずれも1934年に本格的な開発が始められた。ZWがのちのⅢ号戦車、BWがのちのⅣ号戦車である。

このうちZWでは、車台はダイムラー・ベンツ、MAN(Maschinenfabrik Augsburg Nürnberg の略でアウグス

Ⅲ号戦車A型〜D型

A型は3.7cm砲を装備、転輪が5つ、サスペンションはコイルスプリング式、基本装甲厚は14.5mmね

Ⅲ号戦車って言ったら転輪6つのイメージだけど、D型までは足回りでかなり試行錯誤したのね。

A型

B型、C型、D型は転輪が8つ。サスペンションはリーフスプリング式よ

転輪が8つあるとⅣ号戦車みたい

みょん

みょん

B型

*1＝ハインツ・グデーリアン著(本郷健訳)『電撃戦グデーリアン回想録』中央公論新社(1999年)

ブルク・ニュルンベルク機械製作所の意）、ラインメタルの各社に、砲塔はラインメタルとクルップの両社に、それぞれ開発が発注された（なお、これまではクルップ社の試作戦車であるMKAはZWの試作車とも言われていたが、最近の説では同社が独自開発により1938年末または1939年初めに試作車を完成させた輸出用戦車とされている）。

そして同年中にクルップ製の試作砲塔が完成し、翌1935年にはダイムラー・ベンツ製の試作車台が完成。これらに改良を加えて組み合わせたものが1．ZW、すなわちⅢ号戦車A型となった。

初期のⅢ号戦車の主砲には、すでに生産中の3・7㎝対戦車砲をベースに開発された3・7㎝戦車砲が採用された。ZWの設計時には、グデーリアンらは、他国の戦車の装甲が強化されることを考慮して装甲の貫通力が大きい5㎝砲の搭載を求めた。だが、ドイツ陸軍の兵器開発を所掌する陸軍兵器局は、開発に手間がかからず多くのコンポーネンツを共通化できる3・7㎝砲の搭載を主張して対立。結局、当面は3・7㎝砲を搭載するが、将来の5㎝砲の搭載を見越して砲塔や砲塔リングをあらかじめ大きくしておくことで決着したのだった。

A型の副武装は7・92㎜機関銃3挺で、車体前部右側の銃座に1挺、主砲の右側に2挺が装備された。この主砲右側の機関銃の防盾は、主砲の防盾と連動して俯仰するだけでなく、独立して俯仰させることもできた。このように機関銃火力の発揮も重視された背景については後述する。

A型の基本的な装甲厚は14・5㎜で（最近の資料では砲塔前面と防盾は16㎜とされている）、小銃弾や機関銃弾に耐えられる程度の防御力しかない。足回りは、片側5個のやや大径の下部転輪を垂直に配置されたコイル・スプリングで懸架する方式で、最高速度は35・2㎞／hとされている。

そして、このⅢ号戦車A型の試作車台が完成した1935年には、ドイツ軍初の装甲師団である第1～第3装甲師団が正式に編成された。ただし、このA型の生産数はわずか10両に過ぎず、実質的には試作車であった。

歩兵師団の半自動車化と独立の戦車旅団の編成構想

Ⅲ号戦車は、前述のように開発当初から対戦車戦闘を重視して設計されていた。

しかし、当時のドイツ軍全体では、第一次世界大戦中と同じように、戦車を歩兵部隊の支援に用いる考え方がまだまだ強かった。例えば作戦用兵を統括する陸軍参謀本部は、3個装甲師団が編成された後の1935年末に、陸軍総司令官に以下のような報告書(Nr.2655/34)を提出している。

陸軍の攻撃力増強に関する提案

Ⅰ.現状の陸軍拡充計画と編制は、多正面戦争に必要な防御兵力を速やかに整備する必要性に基づいている。(中略)

Ⅱ.現在の我が陸軍の攻撃能力の拡充計画の検討によって、以下のような改善の可能性が明らかになった。

A.計画中の戦車部隊(現在の各装甲師団に所属する3個戦車旅団に加えて、3個戦車旅団12個戦車大隊)の増強は、戦時の陸軍に必要とされる攻撃兵力を確実なものとする。

B.歩兵師団の半自動車化師団への改編は作戦および戦術的機動性を増加させる。(中略)

Ⅳ.戦車

A.陸軍のすべての現役および予備役師団につき戦車大隊を各1個保有するのが理想の到達目標である。加えて、上級司令部は重要地点への展開または作戦上の利用のために十分な数の戦車旅団を保持しておくべきである。これを満たすには、計画された師団を網羅するだけで平時に66個戦車大隊の創設を必要とする。(中略)

B.達成可能かつ必至な現実的目標として、平時の各軍団に、2個戦車大隊を有する戦車連隊2個からなる戦車旅団1個を配備

歩兵支援用の独立の戦車旅団

するに十分な数の戦車大隊を創設することを計画する（12個軍団に対して48個戦車大隊の創設を意味する）、あるいは将来の動員時の24個軍団に対して戦車大隊を各1個創設し、加えて24個戦車大隊を陸軍直轄部隊として旅団あるいは連隊に集中することもあり得る。この場合もまた結果的に合計で48個戦車大隊となる。（中略）

C.平時の陸軍への提案

次の到達目標として、3個の装甲師団に加えて、平時の陸軍の各軍団に対して3個戦車大隊からなる戦車連隊1個を提供することを提案する。（中略）

このうち装甲師団に配属されない12個戦車連隊は、戦車旅団に集中される。（以下略）

冒頭のⅠに「防御兵力」とあり、次のⅡに「攻撃能力の拡充」とあるので、一見すると「防御」のためなのか「攻撃」のためなのか分かりにくいが、結論からいうと、当時の陸軍参謀本部は「防御のために攻撃能力を強化する」ことを考えていたのだ。

ドイツの陸軍では、装甲師団が攻撃兵力の主力になる前、すなわち歩兵師団が主力の時代から、陣地の防御力や火力を活かして戦う「陣地戦」ではなく、機動力を活かして戦う「運動戦」を基本としていた（ちなみに日本軍も歩兵師団による運動戦を基本としていた）。第一次世界大戦中の例をあげると、1914年8月に東部戦線で始まった「タンネンベルクの戦い」では、ドイツ軍が歩兵師団を主力として鉄道輸送を併用した運動戦を展開し、ロシア軍に大打撃を与えている。

こうした「運動戦」においては、防御時にも機動力を活かして敵の攻撃部隊を叩く「機動防御」[*2]のような戦術も用いられる。その局面だけをクローズアップすると攻撃になるので、「防御のために攻撃能力を強化する」という考え方も成り立つことになる。そして1930年代半ばの陸軍参謀本部は、歩兵師団を半自動車化して機動力を向上させることによって、運動戦における攻撃能力を拡充しようと考えていたのだ。

戦車部隊に関しては、すべての現役および予備役師団につき戦車大隊を各1個配属するため、66個戦車大隊の創設を理想としていたが、現実的な到達目標として48個戦車大隊の創設を考えていた。また、平時の提案として、3個装甲師団に加えて、全12個軍団に戦車連隊（＝戦車大隊3個）を各1個配備し、その装甲師団に所属しない12個戦車連隊を戦車旅団（2個戦車連隊編制なら計6個戦車旅団となる）にまとめることも提案されていた。

忘れてならないのは、装甲師団に所属しない戦車大隊の主任務が歩兵部隊の支援だったことだ。グデーリアンらの構想による装甲師団では戦車部隊が主力だったのに対して、陸軍参謀本

*2＝ただし1930年代のドイツ軍全体で「機動防御」の概念が明確に言語化されていたわけではない。

部は歩兵師団を主力として戦車大隊で支援することを考えていたのである。

独立の戦車旅団と軽師団の編成

当時のドイツ軍内で、戦車を歩兵部隊の支援用と見ていたのは、陸軍参謀本部だけではなかった。例えば、1936年1月22日付で陸軍総務局が陸軍参謀総長のルートヴィヒ・ベック大将に提出した報告書（Nr．5000／35）を見ると、以下のように記されている。

Ⅰ．戦車部隊

歩兵の攻撃が正面からであろうと包囲であろうと、その攻撃が徒歩によるものであろうと乗車によるものであろうと、戦車の主任務は、依然として歩兵攻撃の支援であり続ける。したがって、戦車では、活目標に対する戦闘が第一に優先される。敵戦車との戦闘は、敵が活目標を戦車によって支援する場合に初めて問題となる。

しかし、そのような状況は滅多にないと思われる。（中略の上、以下後述）

陸軍総務局は、ドイツ陸軍の装備開発全般に責任を持つ陸軍装備局長兼補充軍司令官の指揮下にあり、1940年2月までは同司令官が陸軍総務局長を兼務していた。つまり、ドイツ陸軍の装備開発を所掌する側は、戦車の主任務は歩兵支援であり続ける、と認識していたのだ。

この報告書にある「活目標」[*3]とは人員や馬匹等の生きている目標のことだ。陸軍総務局は、戦車対戦車の戦闘は、歩兵や騎兵などを支援する敵戦車との間に生起するものであり、その機会は滅多にない、と思っていたのだ。

さらに、この報告書には、こう記されている。

機関銃は活目標に対して、3・7cm砲は戦車に対して、もっとも効果的である。限界は明白だが、2cm砲は戦車に対して使用できる。それどころか、S．m．K．H（尖頭硬芯）弾が供給されれば、機関銃さえも戦車に対して使用できる。

3・7cm砲および2～3挺の機関銃を搭載する戦車は、あらゆる要求に応えるのにもっとも適しているように見える。しかし、このような戦車は、外形が大きくなりすぎるがゆえに標的面積が大きくなりすぎ、重量が大きくなりすぎ、また価格が高すぎるという欠点を持つ。（以下略）

つまり、人馬に対する射撃は機関銃がもっとも効果的であり、戦

*3＝英語では「live target」。日本陸軍では「活目標」と訳されることが多かったようなので、これに従った。

車に対する射撃は2㎝砲や機関銃でも尖頭硬芯弾を使えば可能、と主張しているのだ。また、3・7㎝砲と機関銃2～3挺を搭載する戦車は大きすぎ、重すぎ、価格が高すぎる、と指摘している。

前講で述べたように、ドイツ軍のⅠ号戦車は機関銃を2挺搭載しており、Ⅱ号戦車は2㎝機関砲と同軸機関銃を搭載していた（この2㎝機関砲は、装甲目標用の徹甲弾と非装甲目標用の榴弾の両方を発射できた）。また、Ⅲ号戦車は前述のように3・7㎝砲と機関銃2～3挺を装備しており、砲塔の機関銃2挺は独立して俯仰可能だった。要するに、この報告書は、Ⅲ号戦車を批判してⅠ号戦車やⅡ号戦車を推しているのだ。

たしかに、敵の人馬などの非装甲目標を射撃するのであれば、小口径の戦車砲よりも、連射できる機関銃や機関砲の方が効果的だ。したがって、戦車の主任務を歩兵支援とするならば、大型で高価なⅢ号戦車よりも、小型で安価なⅠ号戦車やⅡ号戦車を推す陸軍総務局の主張には一定の合理性がある。

実際、その後の生産状況を見ると、Ⅰ号戦車の生産数は約1600両にものぼる。また、Ⅱ号戦車の生産数は、まったく異なる車体と足回りを持つD型とE型を差し引いても、1700両以上にのぼる[*4]。グデーリアンの回想録には、Ⅰ号戦車は「訓練用」、Ⅱ号戦車は「中間的解決案」と記されているが、そういったレベルを超える大量生産が行われるのだ。

そして、前講のコラムでも述べたように、歩兵師団の支援を主任務とする戦車大隊をまとめた独立の戦車旅団として、1937年に第4戦車旅団が編成され、翌1938年には第6戦車旅団が編成された。これについてグデーリアンは、回想録で「陸軍参謀総長の方針である、歩兵に対する協力を主目的とする戦車旅団の新設案に押し切られ」たと批判している。

また、陸軍参謀本部では、歩兵支援を主任務とする装甲旅団とは別に、軽師団と呼ばれる軽快な自動車化部隊の新設を考えており、1936年6月15日に陸軍総司令官に宛てて以下のような書簡を発している。

Ⅰ．軽師団の新設の必要性は基本的に認められる。その編制と装備により、軽師団は従来の軍直轄騎兵部隊の任務を引き継ぐことができる。

陸軍参謀本部は、この種の軽師団3個が必要と考え、これらを先だっての増強計画に加えることを推奨する。3個の軽師団を特別の軍団司令部の下に合同させることを提案する。（以下略）

これも前講のコラムで述べたが、軽師団は、騎兵狙撃兵（騎兵科所属の自動車化歩兵）連隊2個、自動車化偵察連隊、自動車化砲兵連隊、戦車大隊、自動車化工兵大隊各1個などを基幹として

*4＝Ⅱ号戦車からⅢ号戦車に生産を切り替えた月の生産数が一部不明のため確定できない。なお、Ⅰ号戦車のC型以降やⅡ号戦車のG型以降は根本的に異なる発展型なので除外した。

おり、1938年末までに計4個が編成された。これについてグデーリアンは、回想録の中で「自動車化部隊の新編成に刺激された古い騎兵連中の圧迫に屈服」したと批判している。

ちなみにⅡ号戦車の中でもまったく異なる車体と足回りを持ち最高速度55㎞／hとされている高速のD／E型は、この軽師団隷下の戦車大隊に集中的に配備された（まったくの推測だが、後述するⅢ号戦車系列のZW．38も、この軽師団への配備が考えられていたのかもしれない）。

Ⅲ号戦車の試行錯誤

話をⅢ号戦車に戻すと、次のB型（2．ZW）では足回りを中心に改良が加えられて10両が生産された[*5]。具体的にいうと、A型のやや大径の片側5個の下部転輪をストロークの短い（可動範囲の小さい）コイル・スプリングで懸架する方式に代わって、小径で片側8個の下部転輪を2個1組のボギーとし、ボギー2組（＝下部転輪4個）を1セットとして前後計2セットをそれぞれ大きなリーフ・スプリングで懸架するものに変更されたのだ。

続くC型（3a．ZW）では、B型と同様のボギー式だが、前端と後端のボギーを小さなリーフ・スプリングで、中央の2組のボギーを大きなリーフ・スプリングで、それぞれ懸架するものに変更されるなどの改良が加えられ

転輪が8個で、中央の2組のボギーを大きなリーフ・スプリングで、前端と後端のボギーを小さなリーフ・スプリングで懸架するⅢ号戦車D型

ドイツ戦車の配備数

年月日	Ⅰ号戦車	Ⅱ号戦車	Ⅲ号戦車	Ⅳ号戦車	35(t)戦車	38(t)戦車	小型装甲指揮車	大型装甲指揮車
1935年8月1日	318							
1936年1月1日	720							
1936年6月1日	1065							
1936年10月1日	1212	5					40	
1937年5月1日	1411	115					72	
1937年10月1日	1468	238	12				163	
1938年1月1日	1469	314	23	3			180	
1938年4月1日	1468	443	43	30			180	
1938年7月1日	1468	626	56	46			180	
1938年10月1日	1468	823	59	76			180	2
1939年3月1日	1446	1094	60	137			180	30
1939年9月1日	1445	1223	98	211	202	78	180	35

*5＝加えてB型の車台5両が突撃砲の車台に転用されている。これにより余剰となったB型の上部車台と砲塔はD型の車台と組み合わされることになる。

て、15両が生産された。

次のD型(3b.ZW)では、C型とよく似た足回りだが、前後のボギーを懸架するリーフ・スプリングがそれぞれ前後に傾斜するかたちになるなどの改良が加えられ、1938年9月までに25両が生産[*6]された。

このようにⅢ号戦車のA~D型は、足回りを中心に試行錯誤が重ねられており、生産数も見てわかるように試作の域をなかなか脱することができなかった。

さらに1938年春頃には、近代的なトーションバー式の懸架装置と片側6個の下部転輪を備え、前進10速の半自動変速機を搭載し、エンジンをパワーアップするなどして、最高速度70km/hを目指したZW.38の試作車が製作されている。このZW.38の開発を主導したのは兵器局第6課のハインリヒ・E・クニープカンプ技師長(中佐相当の技術職)で、他のⅡ号戦車系列とまったく異なる構造の車体やトーションバー式懸架装置と大径転輪の足回りを持つⅡ号戦車D/E型の開発にも深く関わっていた。

しかし、このZW.38は変速操向装置などが量産に適さないと評価され、試作に終わった。その開発で得られた技術は次のE型(4.ZW)に生かされることになる。

こうしてⅢ号戦車の開発が長引く中で、前述したようにⅠ号戦車やⅡ号戦車の量産と配備が進んでいったわけだ。

装甲師団の増強と独立の戦車旅団の解隊

ところで、陸軍参謀総長のベック大将は、陸軍参謀本部の長でありながらも、前述の陸軍参謀本部の報告書とは異なる考えを持っていた。そして陸軍総務局に対して1936年1月30日付の報告書(Nr.162/36)で以下のように述べている。

> Ⅰ.戦車部隊
>
> 装甲部隊の編制と装備に対する小官の態度は、陸軍総務局の直近の意見を検討した後も変わっていない。
>
> 歩兵攻撃の支援は戦車の任務の一つでしかない。この結論は、より多くの経験を持つ他国軍からの情報によって支持されるであろう。装甲部隊の技術仕様や編制は、活目標や対戦車兵器との交戦に加えて、敵戦車との戦闘をベースにしなければならない。(中略)ゆえに小官は、軽戦車中隊の戦車の少なくとも3分の2は3・7cm砲を装備することを要求せざるを得ない。(中略)
>
> すでに述べたように、装甲部隊の任務の一つでしかない歩兵直協のために歩兵師団に1個戦車大隊を配属するのは考慮に値しない。(中略)小官は、昨年、装甲師団に多数の戦車大隊を集中したことが正しかったか間違っていたかどうか、最終的な結論

*6=加えてD型の車台にB型の上部車体と砲塔を持つ折衷型が5両生産された。

をまだ保留している。しかし、小官は、他国による発展はもちろん、ムンスター演習場での昨年夏の装甲部隊演習は、戦略的任務を達成する能力を持つ部隊として、平時の段階ですでに装甲師団の創設のための確かな基礎をもたらした、と証明されることを信じている。（中略）

ベック参謀総長は、対戦車戦闘を考慮して3・7cm砲の装備、すなわちⅢ号戦車の大量配備を要求しており、陸軍総務局より先進的な思想を持っていたことがわかる。また、陸軍参謀本部の考えていた各歩兵師団への戦車大隊の分散配備にも明確に反対しており、逆に多数の戦車大隊を集中配備した装甲師団の将来性に確信を持っていたことがわかる。

また、ベック参謀総長は、この報告書の中で歩兵師団の半自動車化についても述べている。

Ⅱ．半自動車化師団

小官による四個師団の半自動車化の要求は、第一に迅速安価で（フランス陸軍の自動車化師団のような）完全自動車化師団の入手に向けてのステップとなる。この種の師団は、迅速な接近行軍に必要であり、奇襲の機会を保証し、鉄道輸送への航空妨害を回避できるとともに、上級司令部の手元に迅速に機動する予備

隊をもたらす。（以下略）

つまり、ベック参謀総長は、陸軍参謀本部の考えていた全歩兵師団の半自動車化ではなく、完全自動車化師団へのステップとして四個師団の半自動車化を要求していたのだ。

陸軍参謀本部の長である陸軍参謀総長が、これだけはっきりと意思表示をした以上、歩兵師団を支援する戦車大隊の大量増設や歩兵師団の半自動車化といった陸軍参謀本部の構想は、事実上この時点で阻止されたと見ていいだろう。

実際、翌1937年の秋には、第2、第13、第20、第19歩兵師団の計4個歩兵師団が、ベック参謀総長の要望どおり完全な自動車化歩兵師団となった。

また、1938年3月のオーストリア併合を経て、同年11月にはオーストリア軍から加わった将兵を含めて第4装甲師団が編成された。これに先立って陸軍参謀本部は、同年10月に5番目の軽師団の編成を命じていたが、翌11月には命令が変更されて第5装甲師団として編成された。なお、ベック参謀総長は、ヒトラーによるブロンベルク国防相やフリッチュ陸軍総司令官の更迭に不満を持ち、同年8月に辞表を提出して10月に退役している。

さらに1939年2月付の報告書（Nr.500／39）を見ると、陸軍参謀本部が1939年秋に第1～第4軽師団を第6～第9

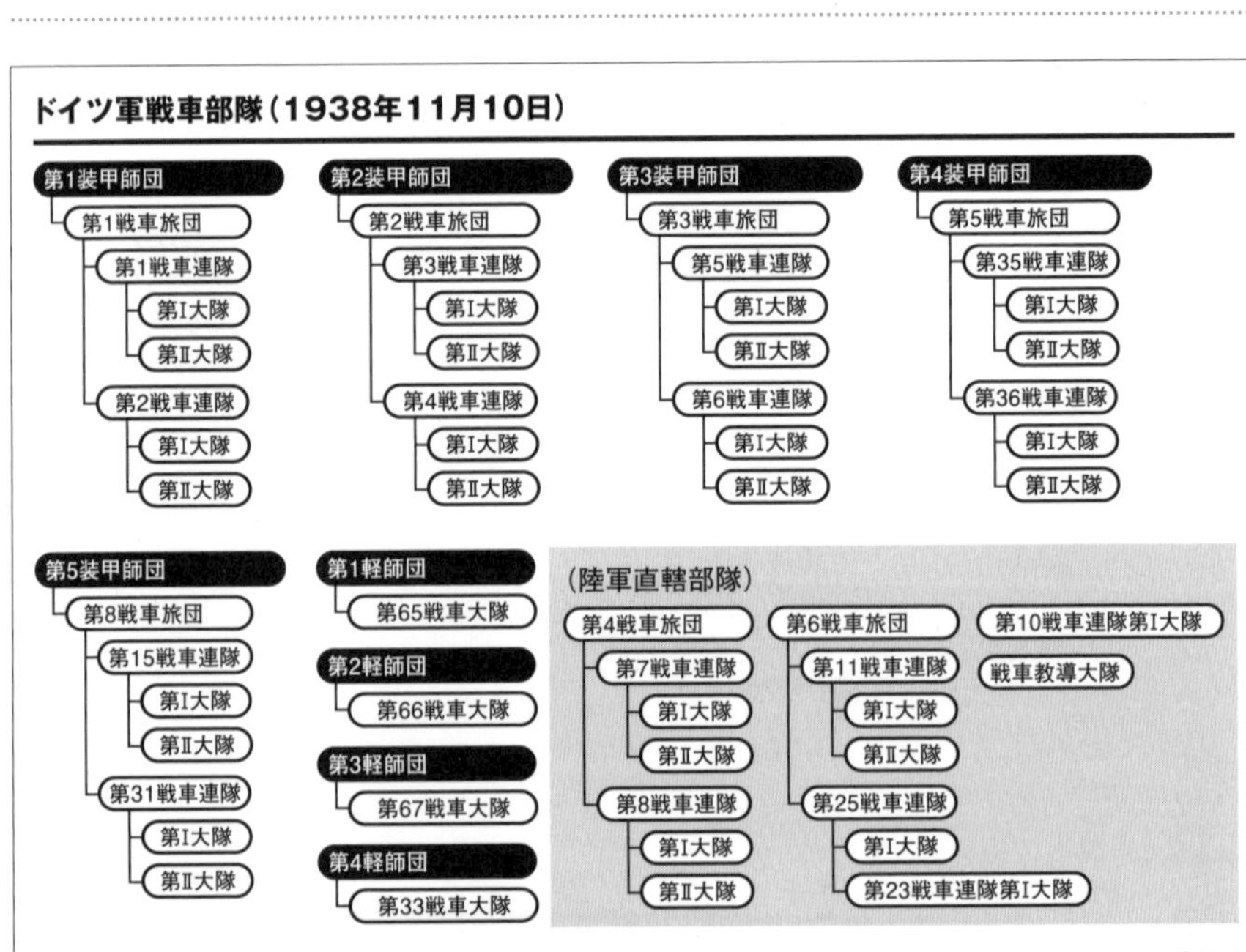

この時点では、軽師団4個と独立の戦車旅団2個が存在していた。なお、第10戦車連隊と第23戦車連隊の本部は存在せず、これらの連隊の第Ⅰ大隊のみが存在していた。

ポーランド作戦時のドイツ軍戦車部隊（1939年9月1日）

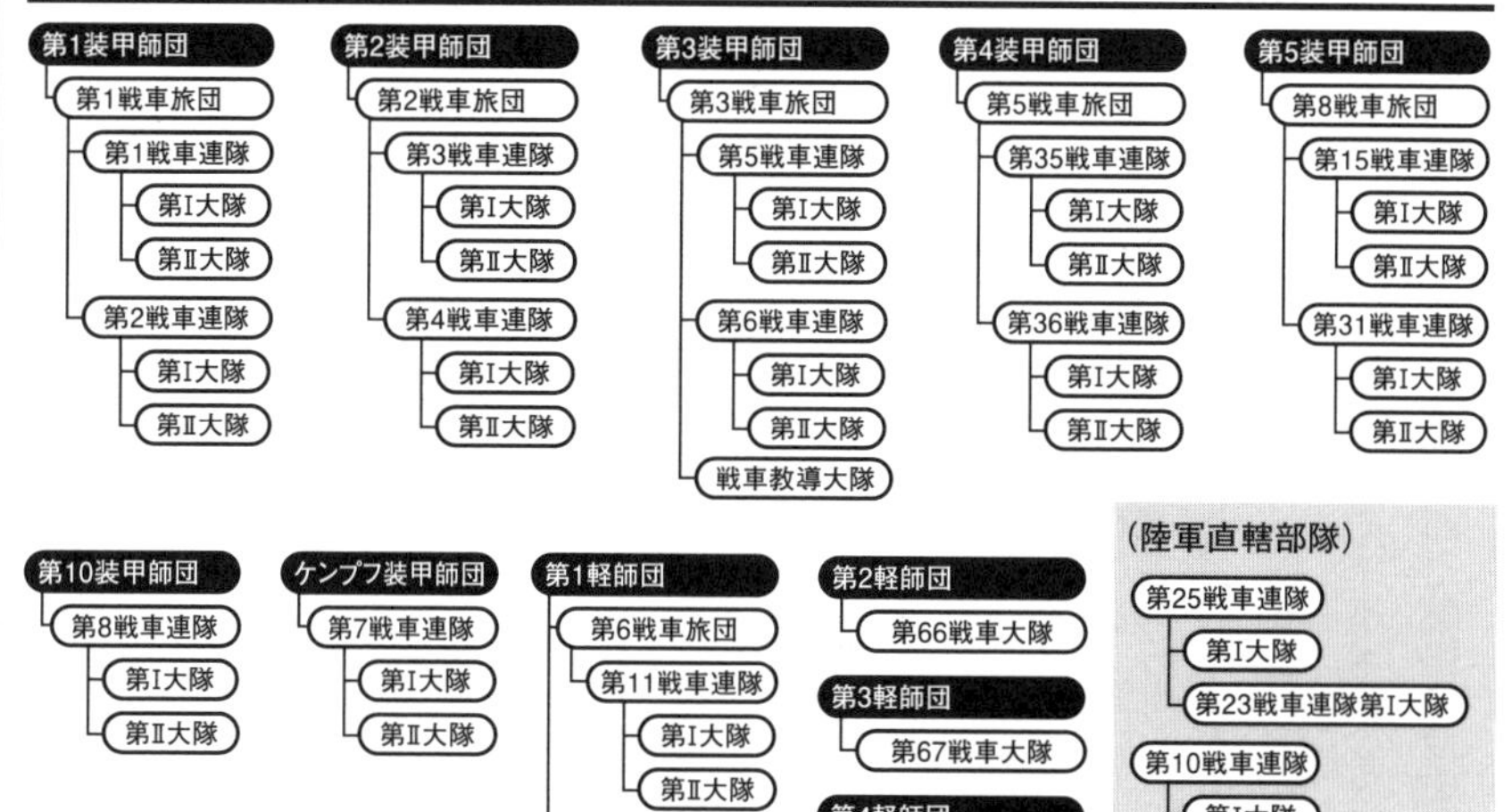

独立の戦車旅団は消滅し、3個戦車大隊を除いて、残りは軽師団や装甲師団に編入された。この時点でも、第10戦車連隊と第23戦車連隊の本部は存在せず、これらの連隊の第Ⅰ大隊のみが存在していた。また、戦車教導大隊は第3装甲師団に一時的に編入された。なお、ケンプフ装甲師団は臨時編成。

西方進攻作戦時のドイツ軍戦車部隊（1940年5月10日）

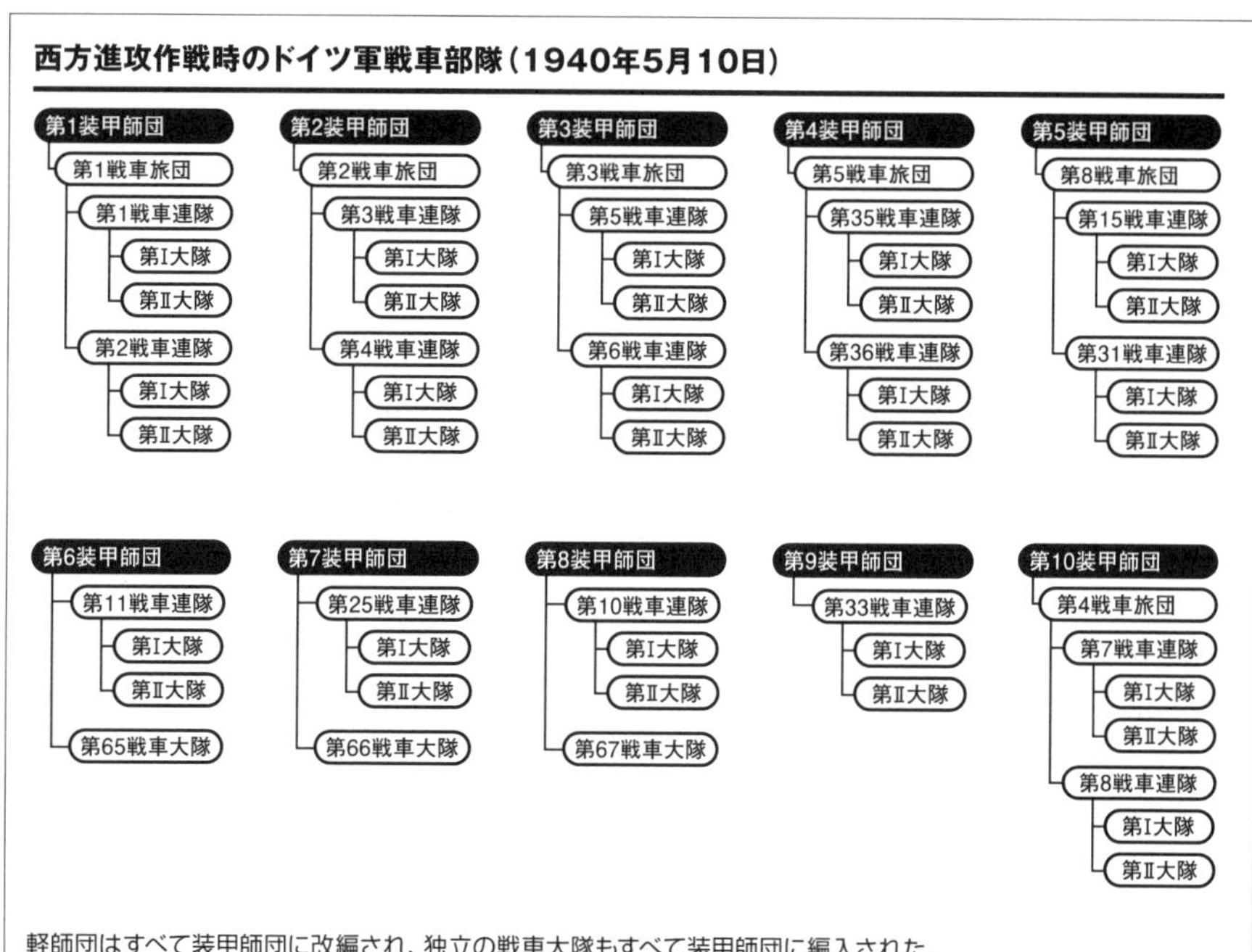

軽師団はすべて装甲師団に改編され、独立の戦車大隊もすべて装甲師団に編入された。

装甲師団に改編することを含む陸軍の拡張計画が記載されている。つまり、この時点で軽師団の全廃が計画されていたのだ。

また、1939年9月1日に始まるポーランド作戦前に、歩兵支援を主任務とする独立の戦車旅団は、新設の第10装甲師団の基幹部隊となって分割改編されるか軽師団に編合され、第25戦車連隊第Ⅰ大隊など計3個戦車大隊だけが軍団等の直轄部隊となった（加えてポーランド戦ではケンプフ装甲師団が臨時編成されている）。

そしてポーランド戦が終わると、歩兵支援を主任務としていた独立の戦車大隊のすべてが装甲師団に編入されるとともに、軽師団のすべてが装甲師団に改編された。

こうしてドイツ軍では、完全な自動車化歩兵師団が編成されるとともに、軽師団や独立の戦車旅団が姿を消し、装甲師団が増強されていったのだ。

Ⅲ号戦車の大量生産と改良

話をふたたびⅢ号戦車に戻すと、E型（4．ZW）では、ZW．38向けのパワーアップしたエンジンと半自動変速機を搭載し、トーションバー式の懸架装置を備え、基本的な装甲厚が30㎜に強化された。発注数は96両でようやく試作の域を脱したといえるが、変速機関係で問題が多発し、生産は当初の計画どおりに進ま

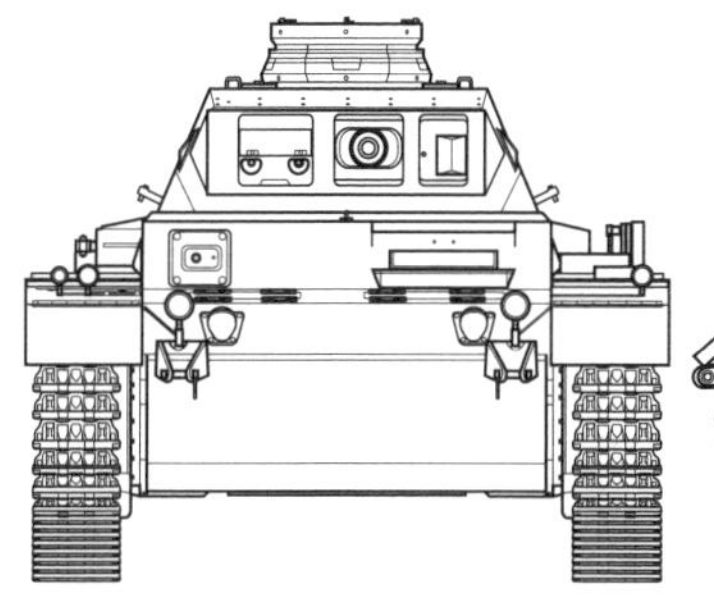

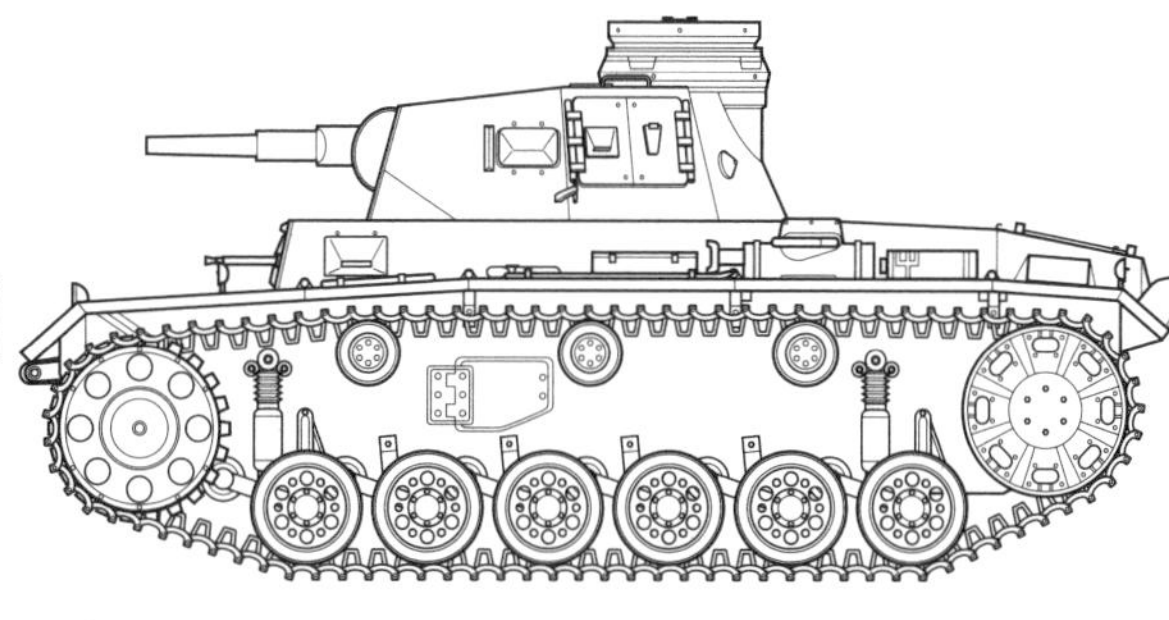

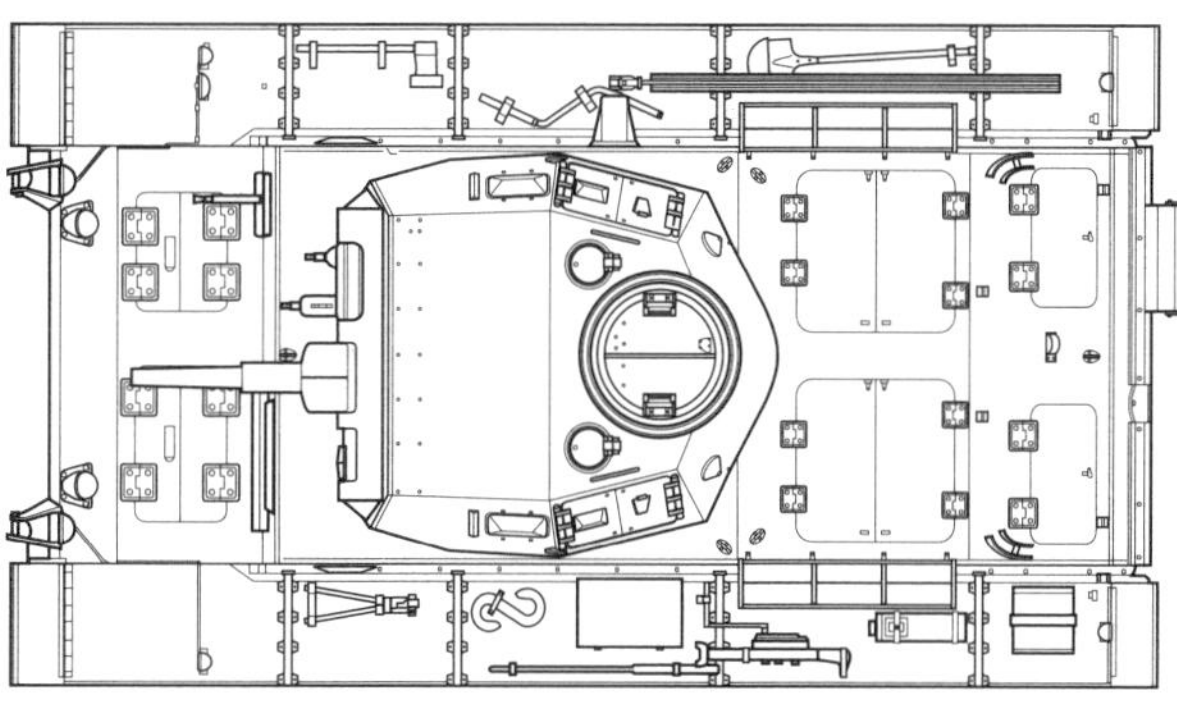

Ⅲ号戦車E型

重量	19.5t	全長	5.38m
全高	2.91m	全幅	2.44m
乗員	5名		
主武装	KwK37 46.5口径3.7cm戦車砲		
副武装	7.92mm機関銃×3		
エンジン	マイバッハHL120TR 12気筒ガソリン		
出力	300hp	最大速度	40km/h
航続距離	165km		
装甲厚	16mm～30mm		

3.7cm砲は30度傾けた装甲に対して、100mの距離で34mm厚、500mで29mm厚、1000mで22mm厚を貫通できた

なかった。それでも1939年末までに全車が生産されている。

続くF型(5．ZW)は、435両が発注された。エンジンの点火系に改良が加えられた以外はE型と同じで、1939年7月末ないし8月初めに生産が始められ、第二次世界大戦勃発直前の1939年秋頃から部隊への配備が始められている。そしてフランス降伏後の1940年7月末ないし8月初めから装甲の貫通力が大きい42口径5㎝戦車砲搭載車が生産されるようになり、これから述べるG型やH型と並行して1941年5月まで生産が続けられた。

以後、Ⅲ号戦車は、装甲師団の主力戦車として大量生産されるとともに、他国の戦車の性能向上に対抗して火力や防御力の強化が重ねられていくことになる。

次のG型(6．ZW)は、車台後面の装甲が強化されるなど一部を除いてF型の後期生産車と変わらず、当初は3・7㎝砲を搭載して生産された。800両が発注

北アフリカ戦線でのⅢ号戦車G型

Ⅲ号戦車G型(5cm砲)

42口径5cm砲は、100mで54mm厚、500mで46mm厚、1000mで36mm厚の30度傾いた装甲を貫通できるの。3.7cm砲より強力だけど、T-34の傾斜装甲に対してはきついわね。

F/G型

42口径5cm砲
車長用展望塔(キューポラ)
防盾
操縦手用視察口
雑具箱
砲手用ハッチ
7.92mm機関銃
ジャッキ
前照灯
上部転輪
フェンダー(泥除け)
操向機・最終減速機点検ハッチ
誘導輪
履帯(キャタピラ)
起動輪
転輪

F型やG型は途中から5cm砲を装備して、攻撃力が向上したのね。

フランス戦でⅢ号E型が仏英の重装甲の戦車に苦戦してましたからネエ(ニヤニヤ)

!?

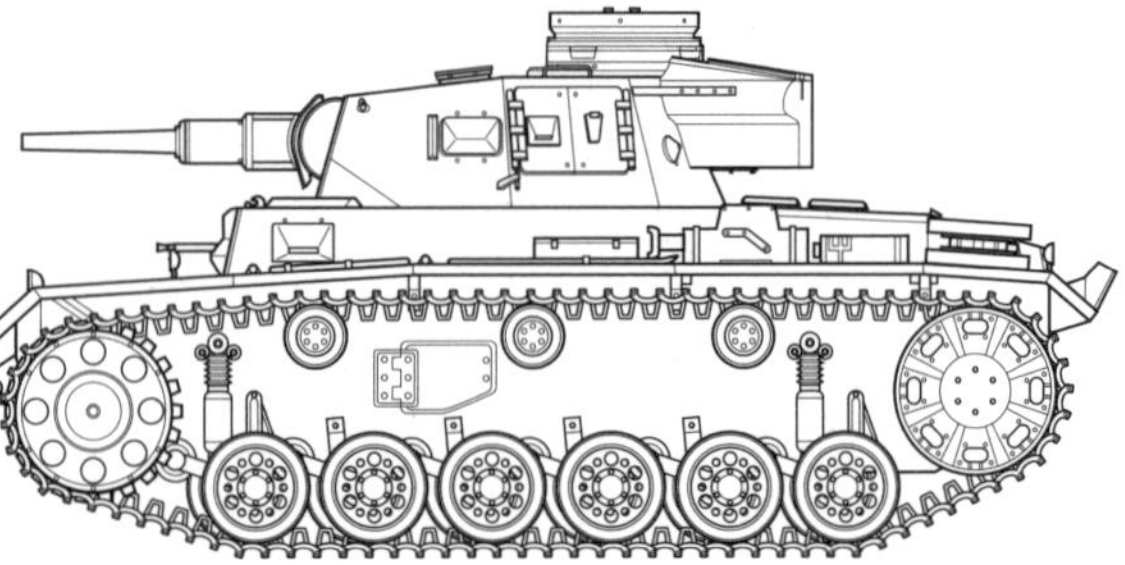

主砲が42口径5cm砲となり、攻撃力がアップしたG型

されて1940年2月頃から生産が始められたものの、変速機の問題が解決せず、のちに発注数が600両に減らされて1941年5月まで生産された[7]。なお、兵器局第6課は、1939年秋時点で次のH型から変速機を問題の多い半自動式から通常の手動式に変更することを決めている。

このG型では、F型に先立って[8]1940年6月頃から42口径5cm戦車砲の搭載車が並行生産されるようになり、同年10月頃には完全に5cm砲搭載車の生産に切り替わったようだ。付け加えると、設計図面や生産工場では、3・7cm砲搭載車は6a．ZW、5cm砲搭載車は6b．ZWと呼ばれて区別されている。また、1940年末の生産車から車体前面や後面に30mmの増加装甲が取り付けられるようになった。

さらに1940年9月には、既存のE型、F型、G型の3・7cm砲搭載車に5cm砲を搭載し、増加装甲を装着するなどの改修計画がまとめられた。そして同年中から1943年にかけて3・7cm砲搭載のⅢ号戦車424両が42口径5cm砲に換装されること

*7＝ただし、この中の6両は突撃砲の車台に転用された。付け加えると、完成したG型のうち20両は挟み込み式転輪を持つZW.40に改造されている。
*8＝前回の注にも記したが、1940年6月25日付の報告書に記載されている生産予定によると、5cm砲搭載のF型が6月中に5両生産されることになっており、7月中に軍の受領審査に供されているので、生産は6月から、引き渡しは7月からと思われる。

になる。

H型（7.ZW）は、当初から42口径5㎝戦車砲と前進6速の手動式変速機を搭載しており、砲塔の設計も改められて、車体前面や後面の30㎜の増加装甲を含めて各部の装甲が強化された。当初は759両が発注されて1940年10月に生産が始められたが、主砲の長砲身化が決まると発注数は286両に減らされ、1941年4月で生産が打ち切られた。なお、生産中に防盾の装甲厚が35㎜から50㎜に強化されている。

次のJ型（8.ZW）では、基本的な装甲厚が50㎜に強化されたが、砲塔前面は30㎜のままで、生産途中に50㎜に強化された。1941年3月から生産が始められ、J型として完成した車両は1602両といわれている。1941年9月には車体前面上部や防盾に20㎜の増加装甲を装着した車両が初めて製作され、翌10月頃から車体前面上部に、1942年3月頃から防盾に、それぞれ増加装甲を装着した車両が生産されるようになったようだ。さらに、この間の1941年12月から60口径5㎝戦車砲搭載車が並行生産されるようになり、1942年6月には60口径5㎝戦車砲搭載車に完全に切り替わった。

L型（8.ZW）は、当初から60口径5㎝戦車砲を搭載しており、1941年12月に生産が始められた（このL型や次のM型は8.ZWの発注の一部を振り替えるかたちで生産された）。

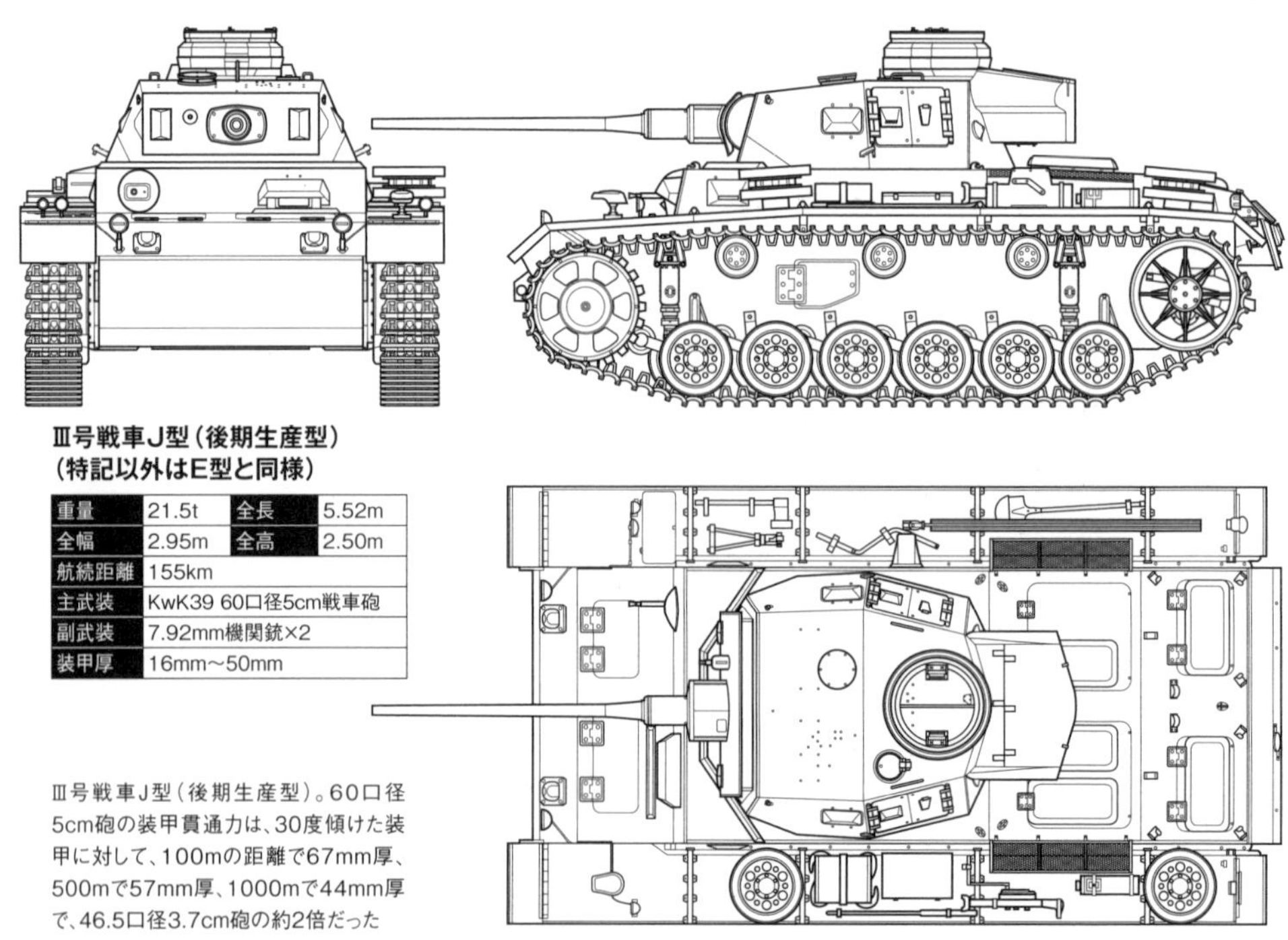

Ⅲ号戦車J型（後期生産型）
（特記以外はE型と同様）

重量	21.5t	全長	5.52m
全幅	2.95m	全高	2.50m
航続距離	155km		
主武装	KwK39 60口径5cm戦車砲		
副武装	7.92mm機関銃×2		
装甲厚	16mm〜50mm		

Ⅲ号戦車J型（後期生産型）。60口径5cm砲の装甲貫通力は、30度傾けた装甲に対して、100mの距離で67mm厚、500mで57mm厚、1000mで44mm厚で、46.5口径3.7cm砲の約2倍だった

もっとも、銘板以外はJ型の60口径5㎝戦車砲搭載車とまったく変わらず、J型の60口径5㎝戦車砲搭載車もまとめてL型と呼ばれることになった。ただし、L型の初期生産車の一部はJ型から導入された増加装甲が未装着だったようだ。最後のL型が完成したのは1942年10月で、最終的な生産数は（L型に改称されたJ型の60口径5㎝戦車砲搭載車を含めて）1470両とされている。このL型で、Ⅲ号戦車の対戦車火力や防御力の強化はほぼ限界に達したといえる。

次のM型（8.ZW）は、各部の水密性をあげて、渡渉（としょう）水深を従来の80㎝から160㎝としたものだ。1942年10月から生産が始められ、1943年2月まで生産された。生産数は最近の資料では517両とされている。

最後の生産型となったN型では、Ⅳ号戦車の初期型にも搭載された短砲身の24口径7・5㎝戦車砲が搭載された。これによって

装甲貫通力が大きい長砲身5cm砲を搭載したⅢ号戦車J型

Ⅲ号戦車N型

Ⅲ号戦車は、それまでの主力戦車から、他の戦車を支援する支援戦車に生まれ変わったのだ。このN型は、短期間生産ゼーリエ(ドイツ語でシリーズの意)として1942年7月から10月まで447両、M型の発注の一部を振り替えるかたちで残存新規生産ゼーリエとしてM型の車台を持つ折衷型が1943年2月から8月まで167両、計614両が生産された。このうち1943年5月の生産車から砲塔の周囲に5㎜厚、車体側面に10㎜厚のシュルツェンと呼ばれる補助装甲が取り付けられている。また、シュルツェンの改修キットも量産されて、各部隊で既存のⅢ号戦車に取り付けられるようになった。このN型は、ティーガーⅠを主力とする独立重戦車大隊などに配備されている。

Ⅲ号戦車は、開発時にはとくに足回りで苦労したが、やがて装甲師団の主力戦車となり、変速機の試行錯誤とともに火力や防御力の強化が重ねられていった。しかし、そうした改良が限界に達すると、最後は支援戦車に生まれ変わったのだ。

独立重戦車大隊所属の戦車中隊の編制例(1942年8月15日~)

重戦車中隊d
- 中隊本部(Ⅵ号戦車×1、Ⅲ号戦車×3)
  - 第1小隊(Ⅵ号戦車×2、Ⅲ号戦車×2)
  - 第2小隊(Ⅵ号戦車×2、Ⅲ号戦車×2)
  - 第3小隊(Ⅵ号戦車×2、Ⅲ号戦車×2)
  - 第4小隊(Ⅵ号戦車×2、Ⅲ号戦車×2)

1942年8月15日に有効となった編制表(Kriegsstärkenachweisungを略してK.St.N.と呼ばれるもので「戦力定数指標」などと訳される)のもの。独立重戦車大隊の主力である「重戦車中隊d」(K.St.N.1176d)は、Ⅵ号戦車E型ティーガーⅠの不足のため、Ⅲ号戦車との混成となった。

第3講 V号戦車パンター
パンターって
「黒豹」って意味だよー
今回のテーマは大戦後半のドイツの中戦車V号戦車パンターよ
真打ち登場ね！
カイン！
ずううううん
射距離1,000mで143mmの垂直装甲を貫通
超長砲身7.5cm砲による極めて高い攻撃力！
主砲ながーい！
キュボッ
分厚い傾斜装甲による高い防御力！
トーションバー式サスペンションと挟み込み式転輪による優れた機動力！
まさに第二次大戦最強の中戦車よ！
ひゃっほーい
ボボボボ
エンジンのトラブルは解消されたみたいだけど、起動輪に出力を伝える最終減速機とか、駆動系の故障が最後まで多かったみたいよ…
パンター車載消火器
燃えてるよ…
しょしょしょ、消火器！
頭フットーしてるときにアレだけど、ヒルダご自慢の豹戦車
パンターはデビュー戦のクルスク戦でエンジン火災が多発したんだよね
「中戦車」のくせに重戦車並みの45トンもありますからナァ…

第3講 第二次世界大戦最強の中戦車 V号戦車パンター

VK20系列の開発

第二次世界大戦前の1937年、ドイツ陸軍で戦車を含む各種車両の開発試験を所掌していた兵器局第6課（装甲および自動車化課）は、Ⅲ号戦車やⅣ号戦車の後継となる20t級の新型戦車の検討に着手した。

同課のハインリヒ・E・クニープカンプ技師長は、戦車の速度を非常に重視しており、具体的な技術としてはトーションバー式懸架装置や大直径の転輪などの導入を考えていた。また、この新型戦車の20t級という車体規模は、Ⅳ号戦車の初期型と大差無い。

これらを考え合わせると、少なくともこの時期のドイツ戦車は（主砲の換装や増加装甲の装着などにより生産中もある程度向上可能な）火力や防御力よりも、（生産中に大幅な変更が困難な足回りを中心とする）機動力の向上に目が向けられていたように感じられる。

そして、まずⅢ号戦車の開発メーカーであるダイムラー・ベンツ社（以下DB社と略記する）が、VK20.01（Ⅲ）と呼ばれる20t級の新型戦車の開発に着手した。名称中の「VK」はVollketten

VK20系列の開発

★ダイムラー・ベンツのVK20.01(D)

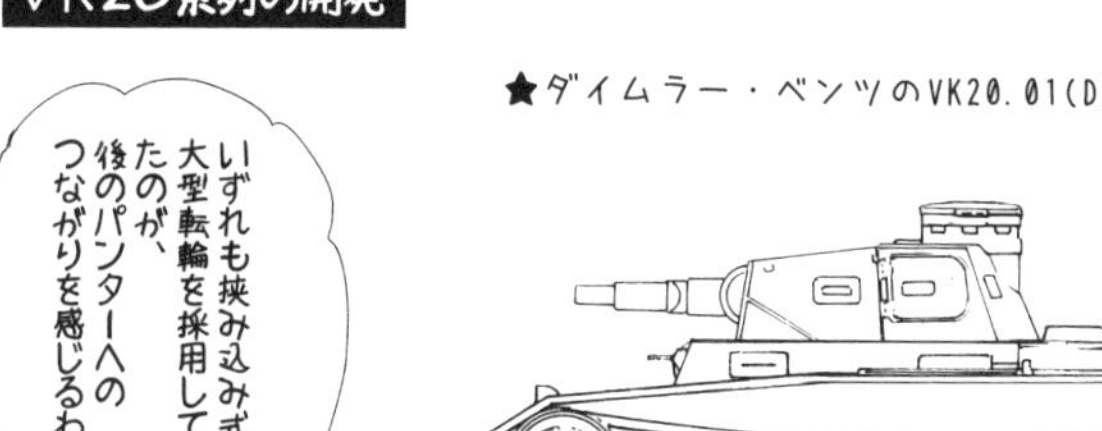

★MANのVK20.02(M)

の略で全装軌式車両を、数字の最初の2桁の「20」は20t級という車重を、次の2桁の「01」は開発順が1番目であることを、それぞれ意味している。

このVK20.01(III)は、トーションバー式懸架装置と下部転輪がたがい違いに重なりあう「シャハテラオフヴェルク」（日本では「挟み込み式」や「千鳥式」などと訳される）と呼ばれる足周りを備えた最初のドイツ戦車のひとつだ。加えて、これとほぼ同時期に、同じ様にトーションバー式懸架装置と挟み込み式の大径転輪を備えた戦車として、VK9.01（のちのII号戦車G型）の車台がMAN社で、またVK6.01（のちのI号戦車C型）の車台がクラウス・マッファイ社で、それぞれ開発が始められている。

ところが、DB社は、III号戦車E型の開発時にテストが不十分

III号戦車G型をベースに挟み込み式の大型転輪を導入したZW.40。VK20.01(M)も同様の足回りと思われる

の変速機やトーションバーの採用を強いた兵器局第6課に不満を持っていた。そして、そのような干渉を避けるため、第二次世界大戦が勃発した翌月の1939年10月に、車両設計の標準化を進める全権委員会の承認を得ると、GBK(Kampfwagen des Generalbevollmaechtigen、全権委員会戦車の意）の名称で新型戦車の開発を進めていった。

その後、GBKはVK20.01(D)に改称され、同社製のディーゼル・エンジンを搭載し、リーフ・スプリング式の懸架装置と挟み込み式で直径70㎝の大径転輪を備えるものとなった（名称末尾の(D)はDB社を意味する)。しかし、ソ連進攻作戦開始後の1941年12月22日時点の報告書では、対ソ戦の経験から時代遅れとされて、武装や装甲を強化した新型戦車の開発に移行することが記されている。こうしてVK20.01(D)は開発中止となった。

一方、IV号戦車の開発メーカーであるクルップ社も、大戦勃発直後の1939年9月15日に兵器局第6課と会議を開き、VK20.01（IV）の名称でIV号戦車の発展型の検討に着手した。そして、同年11月にはVK20.01(BW)に改称され、さらに翌12月にはBW.40に改められた（「BW」はBegleitwagenの略で随伴車両の意。IV号戦車の開発名称）。だが、西方進攻作戦開始直後の1940年5月16日には、戦時体制（おそらく対仏戦の長期化や既存のIV号戦車の増産など）を考慮してBW.40の開発は棚上げ

となった。

その一方で、同月には新たにVK20.01(K)の名称で新型戦車の開発が始まった(名称末尾の(K)はクルップ社を意味する)。また、同社は42口径(のちに60口径に変更)5cm砲を搭載する砲塔も設計することになる。さらにその後、同社は、トーションバー式懸架装置を持つVK23.01(K)や、VK20.01(K)に改良を加えたVK20.02(K)も試作することになった。

このうち、VK20.01(K)は、軟鉄製車体にリーフ・スプリング式懸架装置と直径70cmの大径転輪を備えた試作1号車が、ソ連進攻作戦開始後の1941年11月に完成したものの、車内容積の不足など数多くの問題が指摘されて量産されずに終わる。

また、その改良型のVK20.02(K)は、当初予定された60口径5cm砲から7.5cm砲の搭載を考慮して砲塔リング径を拡大し、さらに車体前面に傾斜装甲を採用するなど設計変更が相次ぎ、こちらも1941年12月に開発中止となる。

残るVK23.01(K)は、構成部品の共通化を進めるという兵器局第6課の要求に沿って、クニープカンプ技師長が設計しMAN社が開発したトーションバー式懸架装置と挟み込み式で直径88cmの大径転輪を備えることになった。しかし、変速操向装置の開発が難航する中で、1941年12月には他の設計作業を優先させるために開発中止となる。

ここで話はやや前後するが、クニープカンプ技師長は、既述のようにトーションバー式懸架装置を採用しないDB社やクルップ社に不満を持っており、兵器局第6課は20t級の新型戦車の開発でもMAN社を抜擢。同社は、1940年10月10日までにトーションバー式懸架装置と挟み込み式転輪を備えたVK20.01(M)の全体配置図を完成させた。さらに同社は、これに改良を加えたVK20.02(M)の開発契約を与えられ、1941年2月までに概要案をまとめた。その後、対ソ戦での戦訓を受けて傾斜装甲を採用するなどの変更が加えられたが、これも量産されずに終わる。

同社では、さらにVK24.01(M)への発展も考えられていたようだが、この車両に関する詳細な資料は見つかっていない。なお、大戦後に同社は、兵器局第6課の要求に基づいて研究されたVK20.01、VK24.01、VK30.01が傾斜装甲を採用して再設計され、のちのV号戦車パンターの設計に影響を与えたことを認めている。

付け加えると、クニープカンプ技師長は、1923年からMAN社で設計技師として勤務した経歴があり、その後ドイツ北部のロストックのエンジニアリング会社に短期間在籍したのち、1926年に陸軍に入って兵器局に配属されている。つまり、クニープカンプ技師長はMAN社のOBなのだ。

いずれにしても、この頃のドイツ軍の兵器局第6課、その中でもとくにクニープカンプ技師長と、トーションバー式懸架装置に否定的なDB社やクルップ社、逆に好意的なMAN社との間には、複雑な関係があったのだ。

V号戦車パンターの開発

ドイツ軍は、1941年6月22日に開始されたソ連進攻作戦で、ソ連軍の新型戦車であるT-34中戦車やKV-1重戦車に遭遇し、その性能の高さに衝撃を受けた。そして、その調査のために特別の戦車委員会が組織されて前線に派遣され、同年11月18日にはモスクワの手前で戦闘を続けていた第2装甲軍の司令官であるハインツ・グデーリアン将軍のもとに到着。グデーリアンから直接、敵戦車の有効射程外から敵戦車の装甲を貫徹できる火砲、改良された懸架装置と幅広の履帯、より強力なエンジンとより厚い装甲を備えた新型戦車を求められた。そして開発中のVK20.01(D)やVK20.02(K)は、前述のように相次いで開発中止となる。

その一方で、同年12月17日にベルリンで開かれた会議では、兵器局第6課長のゼバスティアン・フィヒトナー大佐は、24t級戦車の試作車が完成間近なこと、30t級戦車では生産数がより少なくなること、工兵部隊の架橋装備の重量限界を超えること、などを理由に24t級戦車の採用を主張した(もっとも工兵部隊の装備する16t浮橋は、車重約45tのパンターの荷重にも十分耐えられることがのちに判明する)。ここでいう24t級戦車とは、おそらくMAN社のVK24.01(M)を指しているのであろう。

しかし、兵器や弾薬の生産を所掌するフリッツ・トート兵器弾薬大臣(1943年9月に軍需大臣に改称される)は、こうした反対を無視して、より強力な30t級の新型戦車の開発を決定。これを受けた兵器局第6課は、DB社とMAN社に新たに30t級戦車の設計契約を与えるとともに、DB社の車両はVK30.01(D)、MAN社の車両はVK30.01(M)と呼ばれることになった。

このうち、MAN社のVK30.01(M)は、1942年2月にVK30.02(M)に改称されるが、その後もいくつかの書類で以前の名称が使われている。そしてMAN社の車両には、ヘンシェル社で開発中の重戦車VK45.01(H)向けにラインメタル社が開発していた70口径7・5cm砲搭載の砲塔が搭載されることになる(なおVK45.01(H)はのちにティーガーIとなる)。ただし、30t級戦車といっても、例えば1942年1月22日の兵器局第6課とMAN社の関係者会議では、同社から戦闘重量が従来の32・5tから約36tに増加することが報告されるなど、両社案ともさらに重量が増えることになる。

そして1942年1月23日にヒトラーの最高司令部での会議で両社の設計案の模型が展示されると、ヒトラーはDB社案の試作1号車を同年5月までに完成することを求めた。そのVK30・01(D)は、板バネ式の懸架装置と大直径の挟み込み式転輪を採用した以外は、後輪起動で車体前面などに傾斜装甲を採用し、砲塔を前方寄りに搭載するなど、全体的にT-34とよく似た設計だった。

しかし、兵器局第6課長のフィヒトナー大佐は、後輪起動は起動輪が泥を噛みやすいことや、トーションバー式の方が板バネ式よりも車内の幅を大きくできることなどを理由に、DB社案に反対。それでもトート兵器弾薬大臣はDB社案を支持した。

こうした状況の中で両社は最終案を提出し、1942年3月3日にベルリンで最後のプレゼンテーションが行われることになった。これに先立って、同年2月8日にトート兵器弾薬大臣が飛行機事故で死亡。その後任のアルベルト・シュペーア兵器弾薬大臣は、3月5日にヒトラーがDB社に200両の量産契約を与えたことを報告している。

その一方でヒトラーは、自動車化装甲部隊査閲官などからなる特別委員会を設置し、DB社案とMAN社案について調査することを命じた。そして同年5月13日に特別委員会からMAN社案を推す報告を受けると、翌日にはこれに同意し、MAN社案の量産が決まった。だが、装甲には不満を持っており、車体前面装甲が原案の50㎜から80㎜に強化されることになった。

パンターの開発

次いで5月19日には、前述のDB社への200両の発注が取り消された。DB社には、特別委員会側からMAN社案を推した理由として、同社の板バネ式懸架装置ではなくトーションバー式懸架装置を選んだこと、同社のディーゼル・エンジンの生産能力が要求に応えられないこと、MAN社案の砲塔が設計済みであるのに対して同社案はこれから開発しなければならないので量産開始が遅れること、などが伝えられている。DB社案は砲塔リング径が小さく、前述のラインメタル社の砲塔を搭載できなかったのだ。

そして同年6月4日の会議で、MAN、DB、ヘンシェル、MNH(Maschinenfabrik Niedersachsen Hannover の略でニーダザクセン・ハノーバー機械製作所の意)の各社で生産されることになった。これがのちのV号戦車パンターだ。

その後、1942年秋には試作1、2号車が完成。翌1943年夏の東部戦線での攻勢作戦に間に合わせるために量産開始が急がれたものの、MAN社で最初の量産車が完成したのは1943年1月のことだった。

D型からA型へ

パンターで最初に生産されたのはD型だ。なぜ最初の量産型が「D」型なのかは諸説あってハッキリしない。

D型の戦闘重量は44・8tに達した。主砲は、Ⅳ号戦車H型などに搭載された48口径7・5cm砲を上回る超長砲身の70口径7・5cm砲で、強力な対戦車火力を発揮できた。

D型の装甲は、車体前面上部が80mm、防盾や砲塔前面が100mmであった。車体前面装甲は55度も傾斜しており、とくに前面の防御力はⅣ号戦車よりも大幅に強化された。ところが、厚さ80mmの装甲板に対応したボール・マウント(球形銃座)が用意できず、車体前面上部右側に設けられた縦長の小ハッチを開いて7・92mm機関銃を発射するようになっていた。なお、この小ハッチには防弾ガラスや照準器などは備えられていない。

エンジンは、マイバッハ社製のV型12気筒液冷ガソリン・エンジンが搭載された。D型の250両目まではティーガーⅠに当初搭載されたHL210P45とほぼ同じHL210P30で、出力は650hp(3000rpm)。設計上の最高速度は55km/hとされているが(7速ギアでの最終到達速度)、実際は46km/h程度だったようだ。

D型の251両目以降は、シリンダーヘッドを軽合金製から鋳鉄製に変更し、シリンダーの内径を拡大して排気量を増やす一方で、最大回転数を落とし、出力を600hp(2600rpm)に、最大で700hp(3000rpm)とした改良型のHL230P30に変更された。同時期にティーガーⅠも同系列のHL2

左前方から見たパンターD型初期生産型ね。円筒形の車長用キューポラ、砲塔左側面の小ハッチ、三連装の発煙弾発射器などが特徴的だわ。

パンターD型

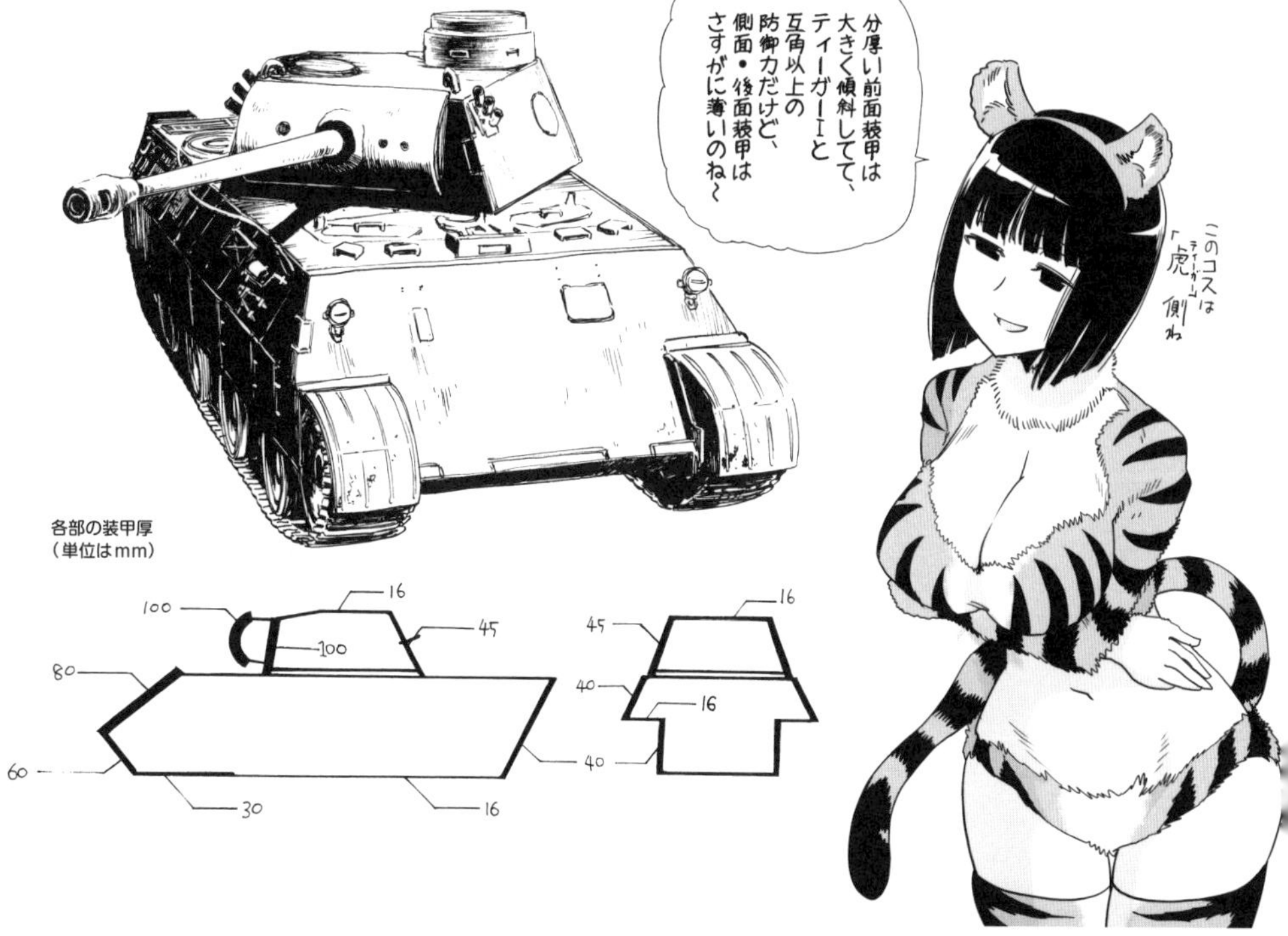

分厚い前面装甲は
大きく傾斜してて、
ティーガーIと
互角以上の
防御力だけど、
側面・後面装甲は
さすがに薄いのね〜

このコスは「虎（ティーガー）」側ね

各部の装甲厚
（単位はmm）

100
100
16
45
80
60
30
16
40

45
16
40
16
40

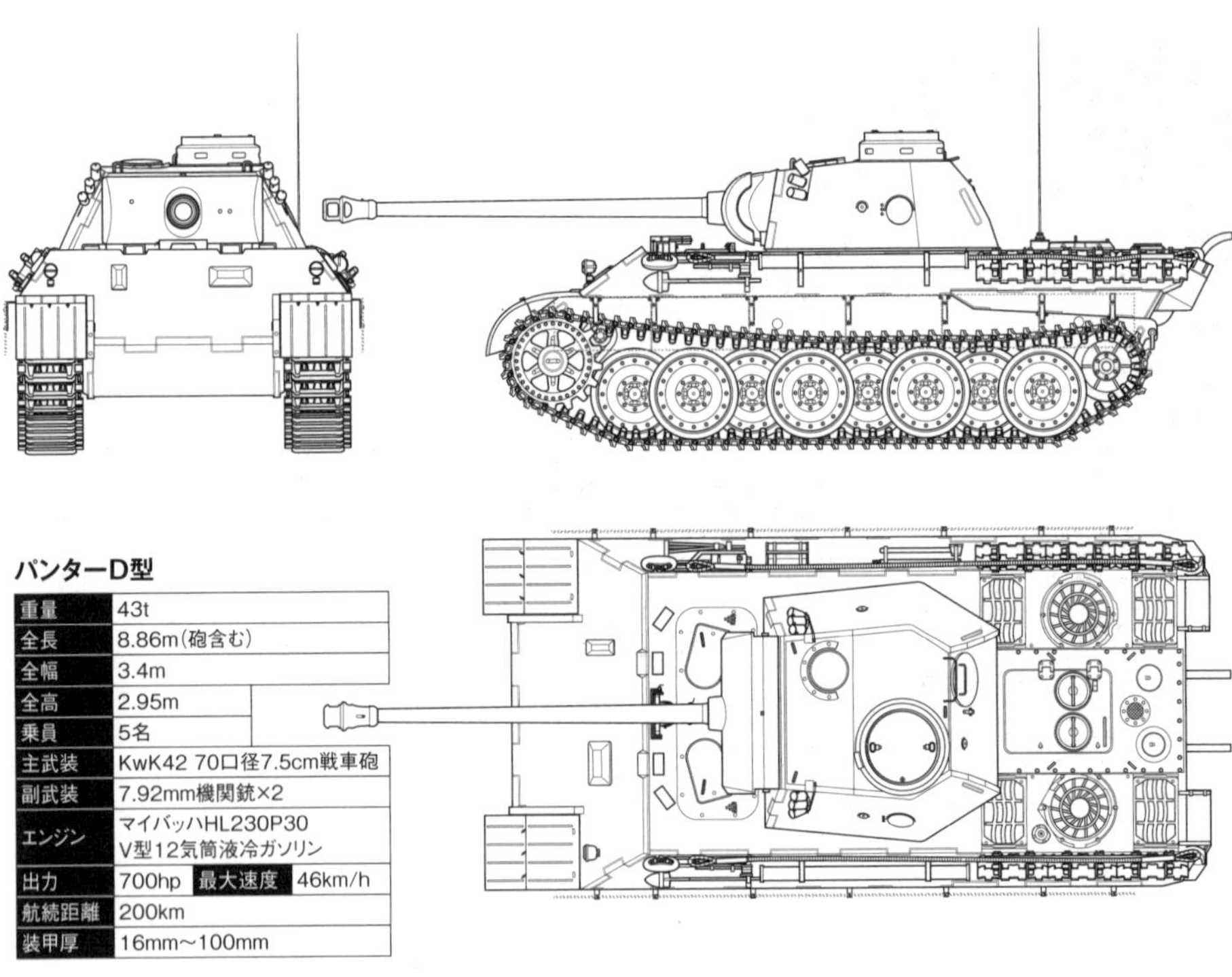

パンターD型

項目	諸元		
重量	43t		
全長	8.86m(砲含む)		
全幅	3.4m		
全高	2.95m		
乗員	5名		
主武装	KwK42 70口径7.5cm戦車砲		
副武装	7.92mm機関銃×2		
エンジン	マイバッハHL230P30 V型12気筒液冷ガソリン		
出力	700hp	最大速度	46km/h
航続距離	200km		
装甲厚	16mm～100mm		

30P45が搭載されるようになり、ティーガーⅡには同一のHL230P30が搭載されることになる。

しかし、同年夏の東部戦線での攻勢作戦に合わせて量産を急いだために、同年3月までに改修や変更を必要とする点が45カ所以上にのぼることが判明。部隊への引き渡し前に一旦回収されて、同年4月からベルリン西方のファルケンゼーにあるDEMAG(Deutschen Maschinen Aktiengesellschaft の略でドイツ機械株式会社の意)社の工場(もとはドイツ国鉄の整備工場)で一括して再組み立てが行われた。

それでも不具合はなくならず、同年6月からドイツ東部のグラーフェンヴェーア演習場(第一次世界大戦前のバイエルン王国軍の時代からあった)近くのエルランゲン(第7装甲師団隷下の第25戦車連隊の衛戍地でもあった)の工場でさらに改修が加えられた上で前線に送り込まれるようになったほどだ(そのグラーフェンヴェーアではパンター戦車への慣熟訓練も行われることになる)。

そして、パンターの初陣となった1943年7月の「ツィタデレ」作戦(いわゆる「クルスクの戦い」)では、エンジンなどのトラブルが多発することになる。

このD型は、1943年9月まで前述の4社で計842両が生産された(うち12両はウィンチを搭載しない簡易型の戦車回

A型は、D型から
砲塔が大きく
変わったわ。

すぐわかるD型との
外見上の違いは
キューポラが
ペリスコープ型に
変わったことよ

パンターA型

生産途中から車体
前面装甲右側に
ボールマウント式
機関銃を装備して、
また防盾左側の
照準眼鏡の穴が
2個から1個に
なってるわね

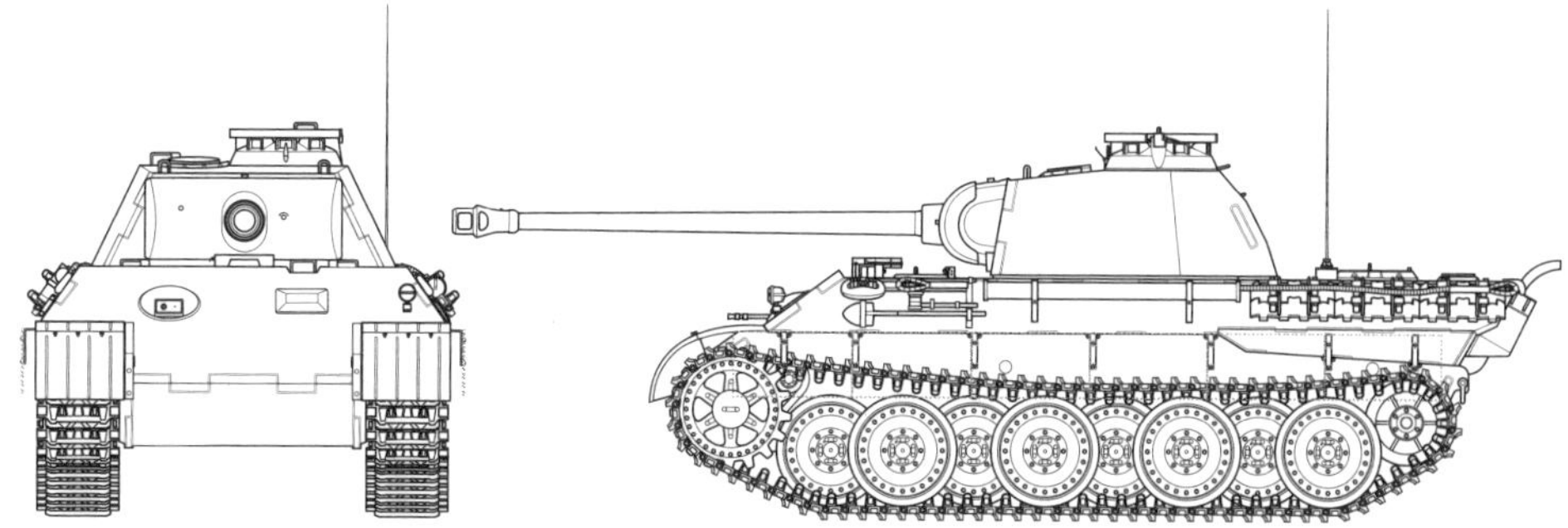

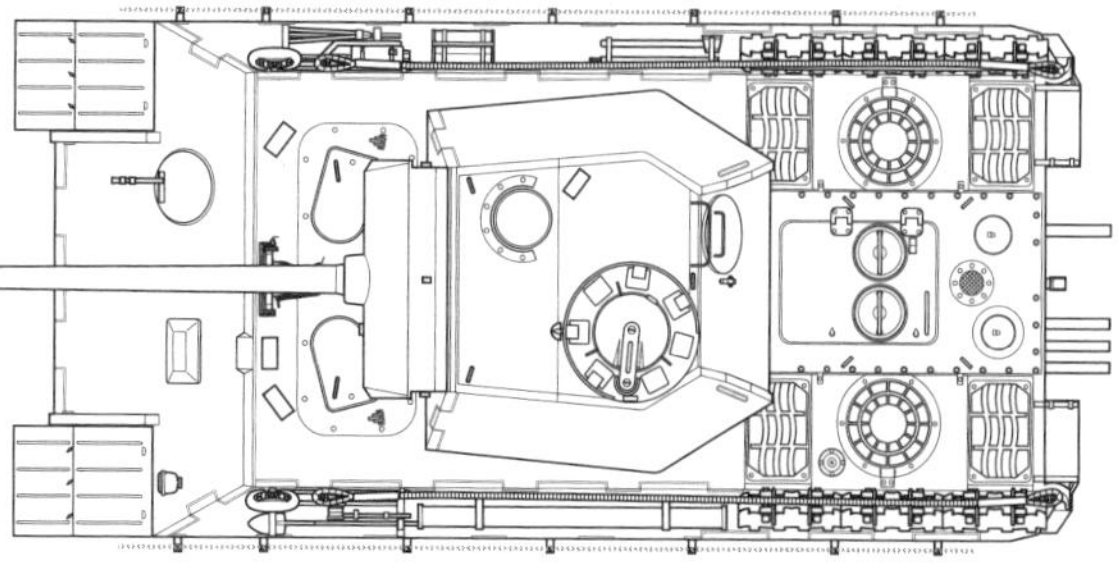

パンターA型

重量	44.8トン		
全長	8.86m(砲含む)		
全幅	3.42m		
全高	2.98m		
乗員	5名		
主武装	KwK42 70口径7.5cm戦車砲		
副武装	7.92mm機関銃×2		
エンジン	マイバッハHL230P30 V型12気筒液冷ガソリン		
出力	700hp	最大速度	46km/h
航続距離	200km		
装甲厚	16mm～110mm		

右はパンターD型、左はティーガーⅠ。横に並ぶと傾斜装甲と垂直装甲の違いがよく分かるわね。

装甲兵員輸送車のSd.Kfz.251と共に写るパンターA型。ペリスコープ付きのキューポラ、ボールマウント式の車体前方機関銃、単眼式照準器などが特徴的だね。

収車）。

そのＤ型の量産が始まった翌月の１９４３年２月18日には、砲塔を開発したラインメタル社と兵器局第６課の会議で改良型の生産が決まっていた。これが２番目の量産型となったＡ型だ。

基本的にはＤ型に新型の砲塔を搭載したもので、車体に関しては当初はＤ型と同じ図面を用いて生産された。その新型砲塔は、動力旋回が高低２段の切り替え式になり、防盾を拡幅するなどの改良が加えられた。そして生産中のごく早い段階で、車長用キューポラが筒状のビジョン・ポート（視察孔）式からペリスコープ（潜望鏡）式になった。また、生産の途中で、車体前面上部右側に機関銃のボール・マウントが備えられるようになり、照準眼鏡が双眼式から単眼式に変更されるなどの改良が加えられている。

このＡ型は、ＭＡＮ、ＤＢ、ＭＮＨの各社にＤＥＭＡＧ社が加わって、１９４３年８月から１９４４年７月まで２２００両が生産された。

パンターⅡからＧ型へ

ヒトラーは、１９４３年１月３日のシュペーア兵器弾薬大臣との会議で、将来的にパンターの装甲を車体前面１００㎜、同側面60㎜に強化した新型に切り替える案を承認した。同月22日付の報告書には、従来のパンターをパンター１とし、装甲を強化したパンターⅡに改称）。その後、開発中のティーガー３（のちのティーガーⅡ）との構成部品の共通化が決まったものの、その再設計などでパンターⅡの量産開始は逐次先送りされ、最終的には量産されずに終わる。ただし、パンターⅡの開発で得られたノウハウは、Ａ型の次に量産されたＧ型に取り入られることになる。

Ｇ型は、基本的にはＡ型の砲塔はそのままで車体だけを変更したものだが、その車体もＡ型と多くの共通部分があり、そこに関しては同じ図面を用いて生産された。おもな変更点としては、まず車体側面上部の張り出し部がより単純な形状になったことがあげられる。これにともなって鉄道限界を考慮して装甲板の傾斜がゆるくなり、それによる防御力の低下に対応して装甲厚が40㎜から50㎜に強化された。

また、その重量増を相殺するため、車体前面下部の装甲を60㎜から50㎜にするなどの変更が加えられた。加えて、操縦手用および無線手用ハッチが水平に旋回して開く方式から外側に開く方式となり、車体前面上部左側の操縦手用の視察バイザーが廃止されて操縦手用ペリスコープが旋回式になるなどの変更が加えられた。

さらに生産中には、断面が円弧状の防盾の下部に当たった敵

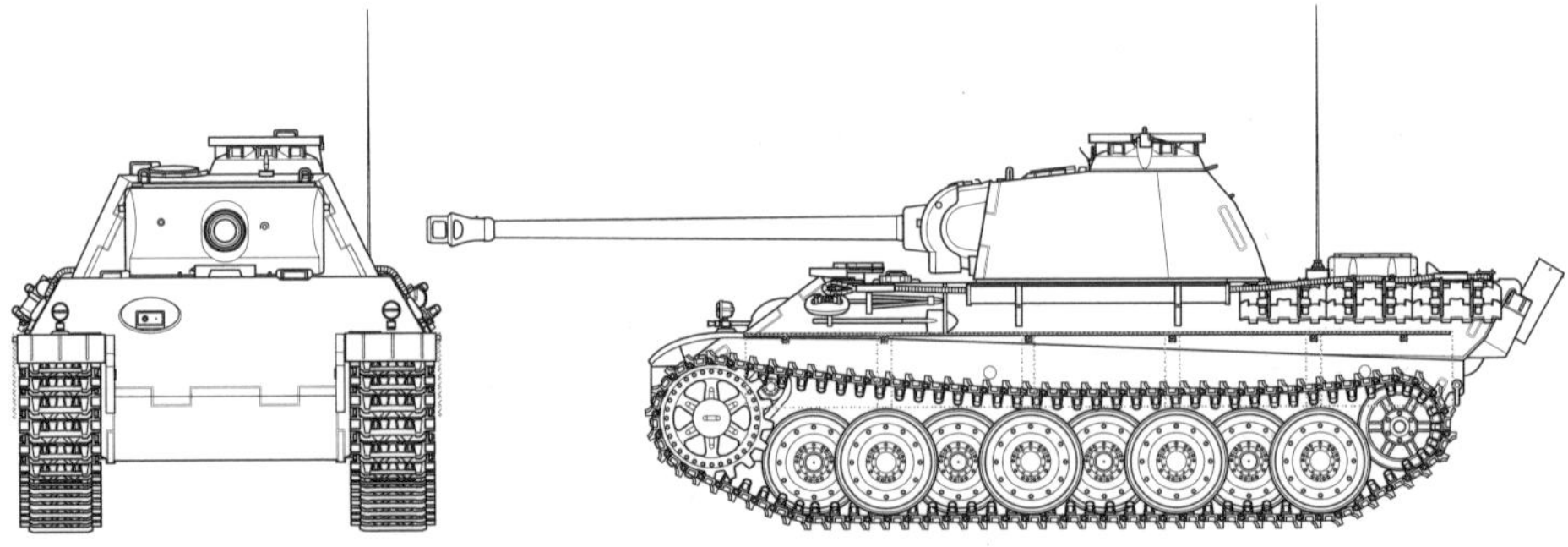

パンターG型

重量	45.5t		
全長	8.86m(砲含む)		
全幅	3.4m		
全高	2.98m		
乗員	5名		
主武装	KwK42 70口径7.5cm戦車砲		
副武装	7.92mm機関銃×2		
エンジン	マイバッハHL230P30 V型12気筒液冷ガソリン		
出力	700hp	最大速度	46km/h
航続距離	200km		
装甲厚	16mm～110mm		

パンターG型

弾がすぐ下の車体上面に跳弾して貫通するショット・トラップを防ぐために、防盾下部にアゴ状の平坦部分を設けた、いわゆるアゴ付防盾が導入されるなどの改良も加えられている。

このG型は、MAN、DB、MNHの各社で、1944年3月から1945年4月まで2953両が生産された。

最後に、試作に終ったF型にも触れておこう。ラインメタル社では、1943年中から新型砲塔の開発が進められており、同年12月7日の日付が入った「パンター2砲塔（幅狭絞り込み型）」という名称の前面120㎜の装甲やステレオ式測遠機を備えた図面が残されている。その後、新型砲塔の開発担当はDB社に移管され、新型の70口径7・5㎝砲を搭載し前面120㎜の装甲やステレオ式測遠機を備えた「シュマールトゥルム」（幅狭砲塔の意）とし

パンターG型の車台にF型の幅狭砲塔を搭載した試作車両

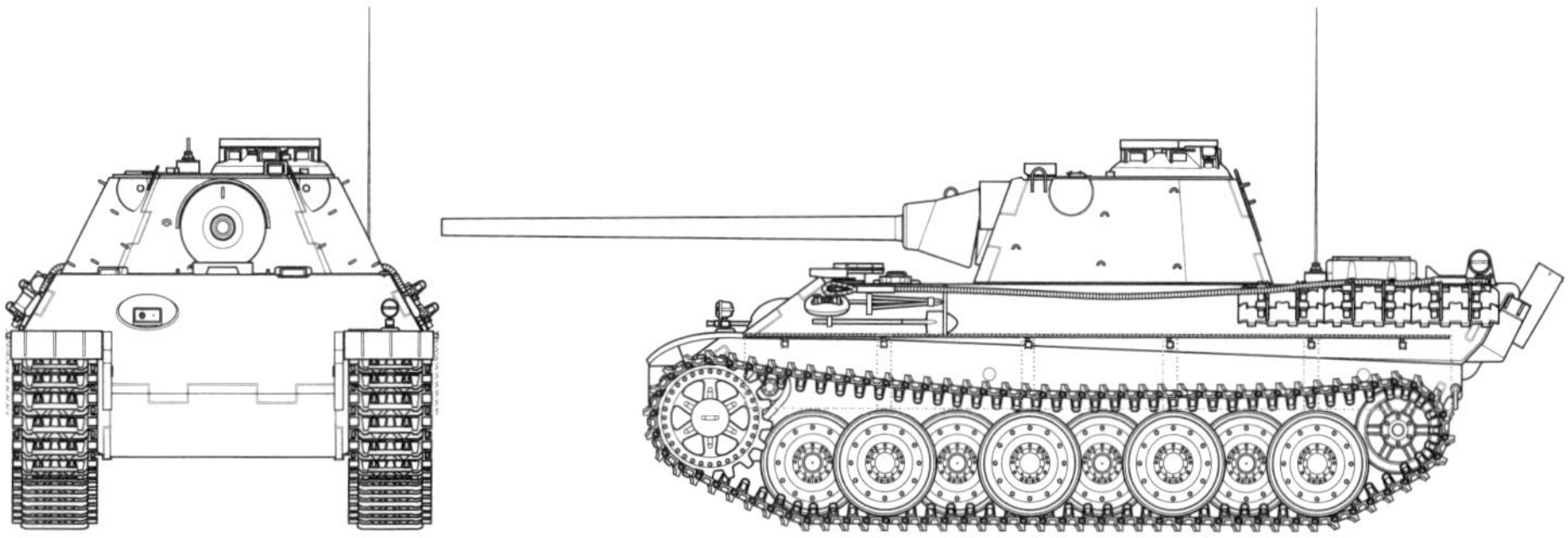

■パンターF型

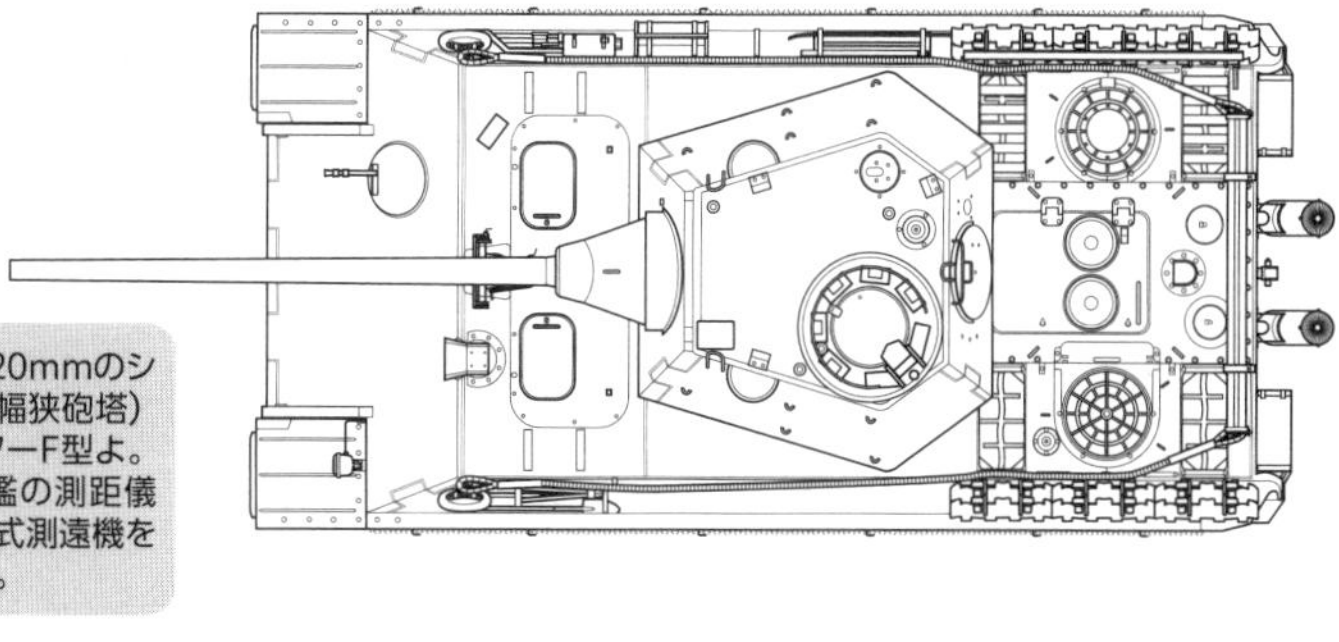

これが最大装甲120mmのシュマールトゥルム（幅狭砲塔）を搭載したパンターF型よ。砲塔の左右に軍艦の測距儀みたいなステレオ式測遠機を搭載しているわね。

て知られている新型砲塔が開発された。これをG型の車体に搭載したものがF型で、試作1号車の写真は1944年8月に撮影されている。その後、車体にも若干の改良を加えて量産の準備が進められたものの、量産車の完成前に大戦終結を迎えた。

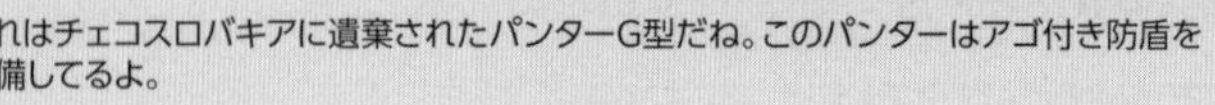

これはチェコスロバキアに遺棄されたパンターG型だね。このパンターはアゴ付き防盾を装備してるよ。

パンター部隊の編制

1943年1月、第9装甲師団隷下の第33戦車連隊第Ⅱ大隊が第51戦車大隊に改称されて最初のパンター大隊となり、次いで翌2月には第11装甲師団隷下の第15戦車連隊第Ⅰ大隊が第52戦車大隊に改称されて2番目のパンター大隊となって、前述のグラーフェンヴェーアで慣熟訓練が始められた。

また、第17装甲師団隷下の第39戦車連隊は、戦闘などの消耗により実戦力は同連隊第Ⅱ大隊指揮下の4個中隊のみになっており、同連隊の本部が第51および第52戦車大隊を指揮することになった。

そして、この第39戦車連隊は、7月4日に始まる前述の「ツィタデレ」作戦において、グロースドイッチュラント装甲擲弾兵師団を支援することになった。また、同師団隷下のグロースドイッチュラント戦車連隊と、この第39戦車連隊を統一指揮する第10戦車旅団司令部が置かれること、とされた。

しかし、第10戦車旅団司令部は編成の遅れから同月3日までベルリンから出発できず、同旅団長のカール・デッカー大佐の不在時には、グロースドイッチュラント戦車連隊の連隊長で「パンツァーグラーフ（戦車伯爵）」の異名を持つヒァツィント・グラーフ・シュトラハヴィッツ大佐が指揮を代行した。

ちなみに、この頃のドイツ軍の各装甲師団に所属する戦車連隊は、基本的には戦車大隊2個を基幹とする編制だったが、消耗して1個大隊のみになっていた連隊も少なくなかった。また、その残った1個大隊も、基幹となる戦車中隊4個のうち2~3個中隊がⅢ号戦車を装備する軽戦車中隊という大隊が多かった。

その後、（以下の説明は第1講と一部が重複するが）同年9月には、ドイツ軍の装甲師団の編制が基本的に統一された。この「43年型装甲師団」には戦車連隊が1個所属しており、その戦車連隊は基本的には2個大隊編制で、第Ⅰ大隊には場合によってはパンターが配備されることになっていた。そして実際の改編作業は、前線で消耗した戦車連隊のうち1個大隊だけを後方に下げてパンターを補充するかたちで行われることが多かった。

次いで、およそ1年後の1944年8月付で改定された「44年型装甲師団」の編制表では、基本的には、戦車連隊は2個大隊編制で、第Ⅰ大隊にパンター、第Ⅱ大隊にⅣ号戦車が配備されることになっていた。しかし、戦車の補充数は十分とはいえず、前線の戦車連隊の中には1個大隊が欠けており、唯一の戦車大隊はⅣ号戦車とパンター各2個中隊の混成という連隊も

パンター部隊の編制

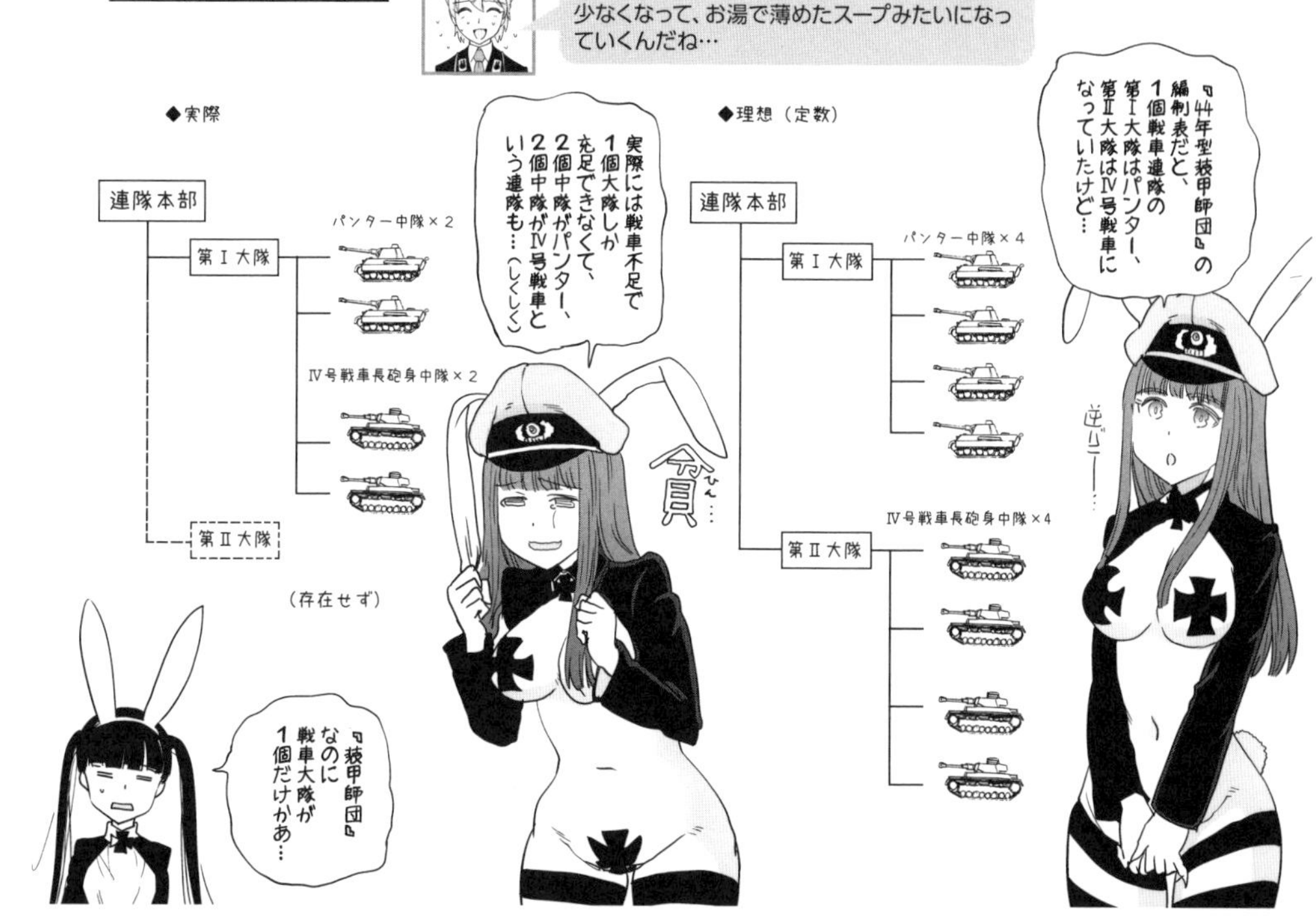

大戦後半のドイツ戦車部隊はどんどん戦車が少なくなって、お湯で薄めたスープみたいになっていくんだね…

あった。

　また、大戦末期の1945年3月付で改定された「45年型装甲師団」の編制表では、基本的には、戦車連隊は戦車大隊と装甲擲弾兵大隊各1個を基幹とし、戦車大隊の第1および第2中隊にはパンターが、第3および第4中隊にはⅣ号戦車が、それぞれ配備されることになっていた。しかし、実際にはパンターはおろかⅣ号戦車さえ十分に配備されず、Ⅲ号戦車ベースの突撃砲やⅣ号戦車ベースの駆逐戦車で代用されることもめずらしくなかった。つまり、パンターの生産数は最後まで大きく不足していたのだ。

1944年8月、フランスのオルヌに遺棄されたパンターG型。第116装甲師団第16戦車連隊の車体デスな。車体側面上部の張り出し部がシンプルな一枚板になっているのが分かりマス。

第39戦車連隊の編制（1943年7月1日）

- 第39戦車連隊
  - 連隊本部（パンター×8）
  - 第51戦車大隊
    - 大隊本部（パンター×8）
    - 第1中隊
      - 中隊本部（パンター×2）
      - 第1小隊（パンター×5）
      - 第2小隊（パンター×5）
      - 第3小隊（パンター×5）
      - 第4小隊（パンター×5）
    - 第2中隊（編制は第1中隊と同じ）
    - 第3中隊（編制は第1中隊と同じ）
    - 第4中隊（編制は第1中隊と同じ）
  - 第52戦車大隊（編制は第51戦車大隊と同じ）

ドイツ軍戦車部隊の編制例（1943年1月～）

- パンター戦車大隊本部中隊
  - 通信小隊（パンター指揮戦車×2、パンター×1）
  - 偵察小隊（パンター×5）

- パンター中戦車中隊
  - 中隊本部（パンター×2）
  - 第1小隊（パンター×5）
  - 第2小隊（パンター×5）
  - 第3小隊（パンター×5）
  - 第4小隊（パンター×5）

※1943年1月10日に有効となった編制表のもの。「パンター戦車大隊本部中隊」（K.St.N.1150a）には8両（うち2両は無線機を増載した指揮戦車）、「パンター中戦車中隊」（K.St.N.1177）には22両のパンターが配備されることになっていた。したがって、パンター1個大隊（パンター4個中隊基幹）のパンターの定数は96両となる。

「ツィタデレ」作戦直前のドイツ軍戦車部隊(1943年7月1日)

- 第2装甲師団
  - 第3戦車連隊
    - 第Ⅱ大隊
- 第3装甲師団
  - 第6戦車連隊
    - 第Ⅱ大隊
- 第4装甲師団
  - 第35戦車連隊第Ⅰ大隊
- 第5装甲師団
  - 第31戦車連隊
    - 第Ⅱ大隊
- 第6装甲師団
  - 第11戦車連隊
    - 第Ⅱ大隊
- 第7装甲師団
  - 第25戦車連隊
    - 第Ⅰ大隊
    - 第Ⅱ大隊
- 第8装甲師団
  - 第10戦車連隊
    - 第Ⅰ大隊
- 第9装甲師団
  - 第33戦車連隊第Ⅱ大隊
- 第11装甲師団
  - 第15戦車連隊
    - 第Ⅱ大隊
    - 第Ⅲ大隊
- 第12装甲師団
  - 第29戦車連隊
    - 第Ⅱ大隊
    - 第8大隊
- 第13装甲師団
  - 第4戦車連隊
    - 第Ⅰ大隊
    - 第Ⅱ大隊
- 第17装甲師団
  - 第39戦車連隊
    - 第Ⅱ大隊
- 第18装甲師団
  - 第18戦車連隊
- 第19装甲師団
  - 第27戦車連隊
    - 第Ⅰ大隊
    - 第Ⅱ大隊
- 第20装甲師団
  - 第21戦車大隊
- 第23装甲師団
  - 第201戦車連隊
    - 第Ⅰ大隊
  - 突撃自走歩兵砲中隊(33B突撃歩兵砲装備)
- 第16装甲擲弾兵師団
  - 第116戦車大隊
- グロースドイッチュラント装甲擲弾兵師団
  - グロースドイッチュラント戦車連隊
    - 第Ⅰ大隊
    - 第Ⅱ大隊
    - 第13中隊
- 親衛旗SSアドルフ・ヒトラーSS装甲擲弾兵師団
  - 第1SS戦車連隊
    - 第Ⅰ大隊
    - 第13中隊(ティーガーⅠ装備)
- ダス・ライヒSS装甲擲弾兵師団
  - 第2SS戦車連隊
    - 第Ⅱ大隊
    - 重戦車中隊(ティーガーⅠ装備)
    - 第2SS装甲猟兵大隊(戦車1個中隊含む)
- トーテンコプフSS装甲擲弾兵師団
  - 第3SS戦車連隊
    - 第Ⅰ大隊
    - 第9中隊(ティーガーⅠ装備)
    - 第Ⅱ大隊
- ヴィーキングSS装甲擲弾兵師団
  - 第5SS戦車連隊第Ⅰ大隊

(陸軍直轄部隊)

- 第39戦車連隊
  - 第51戦車大隊(パンター装備)
  - 第52戦車大隊(パンター装備)
- 第301無線操縦戦車大隊(重爆薬運搬車B.Ⅳ装備)
- 第221戦車中隊(短砲身Ⅲ号戦車装備)
- 第216突撃戦車大隊(突撃戦車ブルムベア装備)
- 第505重戦車大隊(ティーガーⅠ装備)
- 第503重戦車大隊(ティーガーⅠ装備)
- 第502戦車大隊第1中隊(ティーガーⅠ装備)

(駆逐戦車部隊、突撃砲部隊等は除く)
※基本的には、装甲師団隷下の各戦車連隊には戦車大隊が2個所属することになっていた。しかし、これを見ると、戦車大隊が1個しかない装甲師団も少なくなかったことがわかる。

第4講 Ⅵ号戦車E型ティーガーⅠ
今回のテーマはティーガーⅠ!! 世界でいちばん有名な戦車よ!
ずもも…
昔のプラモ御三家と言えば、大和、ゼロ戦、タイガー戦車だったのよね
ドロードロ ドロ ドロ
前面だけじゃなく側面や後面の装甲も分厚くて、強力な長砲身8・8cm砲を装備した、動く要塞よ!
まあ、伝説的な活躍をしたのはたしかだけど…
紆余曲折を経て「突破戦車」の名称で試作車が作られて、途中から長砲身の8・8cm砲を搭載して…
強力な対戦車戦闘能力を持つ戦車として完成したのよ
その代わり、重すぎて橋を壊したり、泥にはまったり…
トホホエピソードにも事欠かない戦車ね
ズブズブ…
ひえ〜〜!

第4講 圧倒的攻防力を誇った「無敵の虎」 Ⅵ号戦車E型 ティーガーⅠ

随伴車両（強化型）の開発

ドイツ軍における30t級戦車の歴史をさかのぼると、第二次世界大戦前の1938年2月末まで陸軍兵器局の局長を務めたクルト・リーゼ少将が、そのさらに2年あまり前の1935年10月末付（翌日の11月1日に中将に昇進）の報告書で述べた「攻勢防御用戦車」[*1]に行き着く。この報告書では、フランス軍のシャール2C、3CおよびD戦車に対抗するため、7・5㎝砲の初速を約650m／sまで引き上げる必要があることを指摘した上で、大雑把な推算では20㎜の装甲を備えると車重は少なくとも30tになる、と見ていた。

ちなみに、当時開発中でのちにⅢ号戦車となる軽戦車は15t級、のちにⅣ号戦車となる中戦車は20t級なので、当時のドイツ軍では30t級の戦車は重戦車といえる。さらに付け加えると、そのⅢ号戦車やⅣ号戦車の最初期型の装甲は最大14・5㎜（異説あり。第2講を参照のこと）、Ⅳ号戦車の初期型に搭載された24口径7・5㎝戦車砲の徹甲弾の初速は490m／sに過ぎなかった。

それからおよそ1年後の1936年11月、陸軍兵器局で戦車を含む各種車両の開発試験を所掌していた第6課（装甲および自動車化課。次ページコラム参照）は、のちのⅣ号戦車の開発メーカーでもあるクルップ社に対して、30t級の新型戦車に搭載される砲塔の概案設計を求めた。これを受けたクルップ社は、1937年2月に砲塔の概案を提出。その装甲厚は、砲塔の前面、側面、後面が50㎜、防盾が20㎜であった。

一方、30t級の新型戦車の車台は、1937年1月に、兵器局第6課のハインリヒ・E・クニープカンプ技師長が、老舗の機関車メーカーでⅠ号戦車の生産も分担していたヘンシェル社に対して車体の設計を求めた。そして、この戦車には、当初は「BW（verstaerkt）」すなわち「随伴車両（強化型）」の名称が与えられた（BWはBegleitwagenの略で、随伴車両の意）。

そもそも「BW」すなわち「随伴車両」という名称は、のちにⅣ号戦車となる中戦車に開発中から与えられた秘匿名称だ（第1講を参照）。その中戦車すなわちⅣ号戦車の初期型の主任務は、敵の対戦車砲を制圧したり軽戦車では撃破できない目標を砲撃したりして、戦車部隊の主力であり高初速の対戦車砲を搭載する軽戦車（のちのⅢ号戦車）を支援することだった。

*1＝ドイツ語では「Offensive Abwehr von Panzerwagen」（オフェンズィーヴェ・アブヴェーア・フォン・パンツァーヴァーゲン）。なお、当時の陸軍参謀本部は「防御のために攻撃能力を強化する」ことを考えていた（第2講のⅢ号戦車のP.30を参照のこと）。

コラム 陸軍兵器局開発試験部第6課

陸軍兵器局（Heereswaffenamt、略してWa A）の中で、各種兵器の開発や試験を担当していた開発試験部（Amtsgruppe für Entwicklung und Prüfung、略してWa Prüf）のうち、戦車を含む各種車両の開発試験を所掌していたのが第6課（Wa Prüf 6）、すなわち装甲および自動車化課（Panzer- und Motorisierungsabteilung）だ。この兵器局開発試験部の第6課は、国内の雑誌や書籍では「兵器局第6課」と記されることが多く、本稿もその慣例にしたがっている。

しかし、陸軍兵器局は（何度か改編があり、名称が変わることもあったが）この開発試験部のほかに、管理部門である兵器局中央部（Zentral-Amtsgruppe des Heereswaffenamt、略してWa Z）、兵器および器材の製造を所掌する軍備産業（兵器および器材）部（Amtsgruppe für Industrielle Rüstung -Waffen und Gerät、略してWa I Rü -Wu G）、主要な兵器部品等の設計や製造の指導などを担当する主任技師部（Amtsgruppe Chefingenieur、略してWa Chef Ing）、高射砲開発部（Amtsgruppe für Flakenwicklung）などがあった。

このうちの軍備産業（兵器および器材）部には、戦車や牽引車の生産を所掌する第6課（Wa I Rü 6）、すなわち戦車および牽引車課(Panzerkampfwagen und Zugkraftwagen Abteilung)があり、開発試験部の第6課（Wa Prüf 6）とまぎらわしいので、より正確を期すならば、それぞれ「軍備産業（兵器および器材）部第6課（戦車および牽引車課）」と「開発試験部第6課（装甲および自動車化課）」などと訳し分けるべきだろう。

30ｔ級の新型戦車に、その「随伴車両」の「強化型」という名称が与えられたところを見ると、この新型戦車の戦術的な役割はⅣ号戦車の初期型と同じ支援用であり、その装甲の強化を意図していたように感じられる。

ちなみにドイツ軍の7・5㎝砲で、リーゼ将軍が求めていた初速650ｍ／ｓを超えるのは、およそ3年後の1940年7月に試験されるクルップ社製の41口径重対戦車砲ｓＰａＫ Ｌ／41を待たなければならない。現実問題として、短砲身の24口径や28口径の7・5㎝砲は初速が遅く、重装甲の敵戦車との対戦車戦闘は荷が重かった。そのため、この30ｔ級戦車は、リーゼ将軍が考慮していた重装甲の敵戦車との対戦車戦闘ではなく、（おそらくは暫定的に）Ⅳ号戦車の初期型と同様に、軽戦車（のちのⅢ号戦車）の支援を主眼として開発されることになったのではないだろうか。

突破車両の開発

しかし、「ＢＷ（verstaerkt）」すなわち「随伴車両（強化型）」は、1937年3月には「ⅠＷ」（Infanteriewagen の略）すなわち「歩兵車両」に公式に改称され、歩兵支援用の戦車に用途が変更されたようにも感じられる。しかし、翌4月には、さらに「ＤＷ」（Durchbruchswagen の略）すなわち「突破車両」に改称された。

これはまったくの推測だが、この30ｔ級の新型戦車は、こうした名称の変化とともに戦術上の役割も変化し、開発当初のⅣ号

突破車両(DW)とVK30.01

戦車の初期型と同様の支援用戦車ではなく、最終的には敵の堅陣を突破する突破用戦車の名目で開発されることになったのではないだろうか（なお、Ⅲ号戦車やⅣ号戦車の後継車両の開発については、第3講を参照のこと）。

付け加えると、1937年中には、この30t級戦車の名称が変転の末に確定したⅢ号戦車の車台を流用した突撃砲の設計が進められている。つまり、歩兵支援用の装甲車両は、この30t級戦車とは別立てで開発されることになるのだ。

話をDWに戻すと、ヘンシェル社は、まずDW1と呼ばれる軟鉄製の試験車台を製作した。

この車台は、トーションバー式の懸架装置に下部転輪を左右各5個、上部転輪を左右各3個備えており、のちにⅢ号戦車のE型以降にも搭載されるマイバッハ社製で出力300hpのHL120V型12気筒液冷ガソリン・エンジンを搭載していた。主変速機はマイバッハ社で開発された半自動式の「ファリオレックス」と呼ばれるもの、操向装置は6つのブレーキと4つのクラッチを備えた3段階の旋回半径を持つ油圧によるアシスト付のクレトラック式で、のちに設計の不具合が判明する。主要部の装甲は50mmで、最高速度は35km／hとされている。

次いでヘンシェル社は、1938年9月にDW1の後継となる試作車台の開発を受注し、操向装置や最終減速機、起動輪、トーションバーなどに改良を加えたDW2を製作した。操向装置は、ZW・38（第2講のⅢ号戦車の記事を参照）に搭載されたものと同じで、電磁クラッチを備えた3段階の旋回半径を持つクレトラック式だった。しかし、路上走行時は良くても不整地走行時には問題があり、旋回半径の大きい2段分が取り除かれて、操向レバーで直接操作される1段分のみが残された。最高速度はDW1と同じ35km／hとされている。

VK30・01の開発

1938年9月、陸軍兵器局は、同第6課によるDWの試験結果を受けて30t級戦車の開発継続を認可した。

そして兵器局第6課は、1939年1月に行われたクルップ社との会議で、同社が開発を担当していた砲塔にⅣ号戦車の初期型と同じ24口径7・5cm戦車砲を搭載するよう規定した。より長砲身の主砲の搭載が断念された理由としては、30tという重量制限の中で十分な防御力を確保するのは困難と考えられていたことがあげられる。逆にいうと、この限られた重量の中で、主砲の強化（とそれにともなう対戦車火力の向上など）よりも装甲の確保が優先されたわけだ。

そしてヘンシェル社は、DW1とDW2の開発経験を生かして新たな試験車台を設計した。この車両には、従来のDWという名称に加えて、1940年10月までに「Ⅵ号戦車（7・5cm）」という名称が公式に与えられ、さらに「VK30・01」という名称も与えられた。これは前講も述べたことだが、「VK」はVollkettenの略で全装軌式車両を、数字の最初の2桁の「30」は30t級という車重を、次の2桁の「01」は開発順が1番目であることを、それぞれ意味している。また、後述するポルシェ社の設計によるVK30・01（P）と区別する場合には、ヘンシェル社の車両はVK30・01（H）と記される。

ヘンシェル社のVK30・01は、マイバッハ社製で出力300hpのHL116直列6気筒液冷ガソリン・エンジンを搭載していた。下部転輪はたがい違いに重なりあう挟み込み式で、懸架装置はトーションバー式。装甲は、前面、側面、後面とも50mmとされた。主変速機はDW1と同じファリオレックス、操向装置はヘンシェル社製で5つの湿式クラッチを備えた3段階の旋回半径を持つ油圧式のL320Cと呼ばれるもの。最高速度は35km／hとされている。また、他のエンジンや変速機、操向装置のテストも計画されていた。

ちなみに兵器局第6課は、これに先立つ1938年初めに、Ⅱ号戦車の新型として、走行性能の向上に重点を置いた系列と、装甲の強化に重点を置いた系列の二本立てで開発することを決定

している。

このうち重装甲の車両は、１９３９年１月に16ｔ級のＶＫ16・01の開発に着手し、車台の開発をＭＡＮ社が、車体上部と砲塔の開発をダイムラー・ベンツ社が、それぞれ担当。車体前面装甲が80㎜で、主砲に２㎝機関砲を搭載する新型Ⅱ号戦車Ｊ型が作られることになる。

また、兵器局第６課は、同じ１９３９年１月に車体前面装甲が80㎜の65ｔ級超重戦車であるＶＫ65・01の車台の開発契約[*2]をヘンシェル社と結んでいる。

つまり、兵器局第６課は、１９３９年１月に車体前面装甲が80㎜の各種戦車の開発に相次いで着手しているのだ。さらに兵器局第６課は、同年11月には18ｔ級のＶＫ18・01の車台の開発をクラウス・マッファイ社に発注。砲塔の開発はダイムラー・ベンツ社が担当し、車体前面装甲や砲塔の(上面を除く)全周が80㎜で、砲塔に７・92㎜機関銃２挺を搭載するⅠ号戦車Ｆ型が作られることになった。

要するに、ドイツ軍の戦車における重装甲の基準はこの頃に80㎜になったといえるだろう。そして、これらの新型戦車は、いずれもクニープカンプ技師長が推す「挟み込み式」の転輪を備えていた。

話をヘンシェル社のＶＫ30・01に戻すと、ポーランド進攻作戦後の１９３９年11月に、装甲車台（いわゆるドンガラ）の製造を担当するクルップ社と兵器局第６課との間で会議が行われ、その装甲厚の詳細が討議された。そしてクルップ社には、「ＶＫ

VK30.01の足回り。挟み込み式（千鳥式）転輪を採用していた

短砲身7.5cm砲を搭載したVK30.01の砲塔。台座部はトーチカとして地面に埋められてしまっている

*2＝ただし、VK65.01は、西方進攻作戦後の1940年8月に車体用装甲板の製造が中止されることになる。おそらくフランスがドイツ国境付近に築いた要塞線「マジノ線」の突破用という主な開発目的が失われたためであろう。そしてソ連進攻作戦開始後の1941年11月には車体前面装甲140mmの70t級重戦車であるVK70.01の開発が本格的に始められることになる。

30・01（旧型）」と呼ばれる射撃試験に供される装甲車台1両分と、「VK30・01（新型）」と呼ばれる試験車台3両分の製造契約が与えられた。この旧型と新型の大きな違いは、側面の装甲板が二分割式から一枚板になったことだ。

このうち、新型の3両分の装甲車台は1940年5月15日までに完成してヘンシェル社の組立工場に送られたが、旧型の装甲車台は1940年9月まで完成しなかった。そして新型の3両の車台は1940年中に組み立てが終わり、このうち2号車はドイツ降伏まで実験用車両として各種器材の試験などに用いられることになる。

さらにクルップ社は、1940年1月にVK30・01の増加試作車といえる0ゼーリエ（ドイツ語で「0シリーズ」の意）の装甲車台8両分と砲塔8基（砲塔関係の装甲パーツは翌2月）の製造契約を得ると、1941年8月には最初の装甲車台をヘンシェル社の組立工場に発送し、同年11月には最後の装甲車台をヘンシェル社に発送。クルップ社は、1942年9月末までに砲塔4基の組み立てが完了したことを報告している。

しかし、ヘンシェル社では組み立て作業の人手が足りず、1942年中に4両が完成したことまでは判明しているが、その後の状況ははっきりしない。どうやら0ゼーリエの生産は4両で打ち切られたようで、本格的な量産型である1ゼーリエ以降は生産されなかったと思われる。

なお、兵器局第6課は、1941年10月にクルップ社に対してVK30・01の主砲を34・5口径7・5cm砲に変更できないか問い合わせているが、同社は砲塔の設計変更無しには不可能と回答している。この主砲の長砲身化は、これに先立って同年6月に始まったソ連進攻作戦でT-34中戦車やKV重戦車に遭遇したことに対応したものであろう。

VK36・01の開発

さて、ここで話は若干前後するが、ポーランド進攻作戦前の1939年6月末に、兵器局第6課はクルップ社に対して「AW」（Artilleriewagen の略）すなわち「砲兵車両」の名称を持つ戦車用に、20口径から28口径の10・5cm砲を搭載し100mmの装甲を備えた砲塔の設計を要求。同社は、同年10月までに25口径10・5cm砲を搭載する砲塔の設計概案をまとめた。これを搭載する戦車の車重は80t以上に達する計画で、前述のVK65・01を上回る超重戦車であった。

だが、1940年5月に始まった西方進攻作戦後、兵器局第6課は、その作戦での経験も踏まえて、車重30t以上の戦車は主要な橋梁の通過が制限されるため価値が低いと見る一方で、10cm級の火砲を搭載する戦車の開発が重要と考えるようになった。

これを受けたクルップ社は、AWの砲塔をDWの車台に搭載するか、DWの砲塔に10・5㎝砲（当時の師団砲兵の主力火砲である10・5㎝軽野戦榴弾砲leFH18）を搭載することを考えた。このうち後者の案が採用されて、1941年5月にはクルップ社に砲塔4基が発注された。

一方、この砲塔を搭載するDWの車台は、この間の1940年半ばに兵器局第6課からヘンシェル社に対して新しい砲塔に対応した設計の変更が発注された。名称は、車重が36tに増大することに対応して「DW（VK36.01）」に改められた。

この車体の装甲は前面80㎜、側面および後面50㎜、足回りは上部転輪無しの挟み込み式で直径80㎝の大径転輪とトーションバー式の懸架装置を備えていた。エンジンと主変速機はともにマイバッハ社製で、出力450hp（3000rpm）のHL174V型12気筒液冷ガソリン・エンジンと、半自動式で前進8段後進4段の「オルファー」OG40 12 16変速機を搭載し、計算上の最高速度は50・5㎞／hとされていた。操向装置はヘンシェル社製で2段階の旋回半径を持つ油圧式のL600Cと呼ばれるもので、主変速機とともにのちのティーガーⅠに受け継がれていくことになる。

既述のように、DWすなわち「突破車両」は、もともと「BW（verstaerkt）」すなわち「随伴車両（強化型）」と呼ばれていたのだが、この時点でDW（VK36.01）は、短砲身の7・5㎝砲を搭載するⅣ号戦車の初期型を強化したような、短砲身の10・5㎝砲を搭載する戦車になったのだ。

ところが、ソ連進攻作戦開始直前の1941年5月26日の会議で、ヒトラーが、専用砲弾に必要とされるタングステンの備蓄量が十分であることを前提として7・5㎝「0725兵器」（口径漸減砲。いわゆるゲルリヒ砲）の搭載と、8・8㎝砲搭載の検討、（後述するポルシェ社設計の戦車も含めて）前面装甲を100㎜に強化することなどを要求した。

これによって、DW（VK36.01）は、短砲身で低初速の10・5㎝榴弾砲を搭載する戦車

VK36.01の試験車台。挟み込み式転輪やトーションバー式サスペンションを採用し、装甲厚は前面80mm、側面および後面50mmという重装甲の「突破車両」だったが、砲塔を搭載して完成した試作車はないと考えられている

VK36.01とVK65.01

から、小口径だが高初速のゲルリヒ砲を搭載する対戦車戦闘用の戦車へと、その性格を再び大きく変化させることになったのだ（かつてリーゼ将軍が求めていた高い対戦車戦闘能力を持つ戦車に原点回帰したともいえる）。

　これを受けた兵器局第6課は、同月中にクルップ社に砲塔の再設計を発注。また、ヘンシェル社に試験車台1両の製作と試作シリーズ6両の生産を発注した。

　だが、同年7月には、タングステンの備蓄量が不十分であり、0725兵器を大量配備できないことが判明。結局、VK36.01は、無砲塔の試験車台1両が完成したものの、試作シリーズが完成した記録は残っていない。

VK30.01(P)からVK30.01(P)へ

　一方、第二次世界大戦前から自動車の設計で実績をあげていたポルシェ社は、ポーランド進攻作戦後の1939年遅くに「100型」（Typ100）の社内呼称を持つ戦車の設計に着手していた。当時の同社は、現在のような自前の大規模な生産設備を持っておらず、部品の製造や組み立ては社外の各社に依存していたが、兵器局第6課から自由に設計することを許されていたのだ。

　この100型戦車（レオパルトとも呼ばれた）は、車体後部に同社が設計した出力220hp（2500rpm）のV型10気筒空

冷ガソリン・エンジンを2基並列に搭載し、それぞれに連結された発電機による電力で車体前部に搭載された左右の電気モーターを駆動する、という珍しい動力系を採用していた。懸架装置は、下部転輪2個を1組としたボギーに短いトーションバーを車体の前後方向に縦置きにして内蔵するというものだった。

その100型戦車の装甲車台3両分の製造を「VK30.01（P）」の名称で請け負ったクルップ社は、1941年2月に56口径8・8cm戦車砲を搭載する砲塔の設計をポルシェ社に提案し、同年4月に砲塔の詳細設計と6基の製造契約が結ばれた。

そして同年7月には、ヘルマン・ゲーリング国営製作所（ドイツ語でライヒスヴェルケ）傘下のオーバードナウ鉄工所で試験用の軟鉄製車台が1両製造され、シュタイアー社製のエンジン2基も完成。ニーベルンゲン製作所(ヴェルケ)（シュタイヤー・ダイムラー・プーフ社の所有）で組み立てられて、各種の試験が実施された。

次いでポルシェ社は、前述の1941年5月にヒトラーが表明した意向に沿って車体前面装甲を100mmに強化した「101型」（Typ101）の社内呼称を持つ戦車の開発に移行。この戦車には「VK30.01（P）」の名称が与えられた。これがいわゆる「ポルシェ・ティーガー」だ。

これにともなってクルップ社とのVK30.01（P）の装甲車台の製造契約はキャンセルされ、砲塔の詳細設計や製造契約はVK30.01（P）の契約に振り替えられることになる。

このVK30.01（P）の車体は、基本的にはVK30.01（P）をベースにしているが、エンジンはポルシェ社の設計でズィマーリング・グラーツ・パウカー社製の出力320hp（2500rpm）のV型10気筒空冷ガソリン・エンジンに変更され、電気モーターの位置が車体前方から後方に移されて（前方の誘導輪には車内側に機械式ブレーキが備えられているので起動輪のように履帯と噛み合う歯が残された）、前面装甲が100mmに強化されるなどの改良が加えられている。

VK30.01（P）の砲塔は、前述の100型用の砲塔を転用したもので、56口径8・8cm戦車砲を搭載し、装甲は前面が100mm、側面および後面が80mm、防盾が70～145mmとなった。この56口径8・8cm戦車砲は、ク

車体だけで走行するVK30.01(P)。ポルシェ社が設計した「100型」戦車の試験用の軟鉄製車台の製造を、オーバードナウ鉄工所が請け負って試作したもの

ルップ社製の有名な8・8㎝高射砲Ｆｌａｋ18をベースにしたもので、当時としては非常に強力な対戦車火力を発揮できた。

そして1941年7月には、クルップ社にVK30．01（P）の装甲車台100両分の製造契約が与えられた。また、同社には砲塔100基の製造契約が、ニーベルンゲン製作所には車台と砲塔の組み立て契約が、それぞれ与えられた。

こうしてVK30．01（P）の生産が開始され、その1号車はヒトラーの誕生日である1942年4月20日に開催される展示会に間に合うよう突貫作業で組み立てられた。

その後、同年10月までに計10両が組み立てられるが、その間の試験では不具合が続出し、量産は大幅に遅延。1942年11月には、契約済みの車体100両のうち製造済みのものも含めた90両（加えて戦車型として完成済みの車両の改造と思われる試作車1両）が、71口径8・8㎝砲搭載の突撃砲すなわち、のちのフェルディナントに転用されることになった。

また、VK30．01（P）用の砲塔は、これから述べるヘンシェル社のVK30．01（H）に転用されることになった。

VK30・01（H）の開発

ここで話は再び前後するが、既述のように1941年5月にヒトラーが表明した意向を受けて、兵器局第6課は、その2日後

にヘンシェル社に対してＶＫ36．01の車台の設計を改めて8・8cm砲を搭載するよう求めた。砲塔は、開発期間を短縮するため、前述のようにＶＫ30．01（Ｐ）用の砲塔を搭載することになり、車重は45ｔ級に増加することになった。これがＶＫ30．01（Ｈ）だ。

この車体は、装甲が前面100mm、側面上部および後面80mm、車体下部60mmで、挟み込み式の直径80cmの転輪とトーションバー式懸架装置を備えていた。マイバッハ社製で出力650hp（3000rpm）のHL210P45V型12気筒液冷ガソリン・エンジンを搭載し、変速機と操向装置はＶＫ36．01と同じマイバッハ社製のオルファーOG40 12 16とヘンシェル社製のL600Cだ。

そして同年7月には、ヘンシェル社とＶＫ30．01（Ｈ）の試作車台3両の製作契約がむすばれた。また同月には、クルップ社とＶＫ30．01（Ｈ）用砲塔3基の製造契約が結ばれた。もともとのＶＫ30．01（Ｐ）用砲塔の旋回機構は電動式だったが、こちらは油圧式に変更になるなど、各部に改良が加えられることになるが、前面、側面、後面の装甲厚に変わりはない。

さらに、これとは別に兵器局第6課は、同月に有力な火砲メーカーであるラインメタル社に、距離1000mで140mmの貫徹力を持つ火砲を搭載する砲塔の開発契約を与えた。ラインメタル社は、まず60口径の7・5cm砲を開発して試験したところ、距離1400mで100mm（30度傾斜）の装甲板を貫通。そこで確実を期して70口径の超長砲身を持つ7・5cm砲を開発し、1942年2月までにこれを搭載する砲塔の設計を完了した。

そして兵器局第6課は、同年7月初めに、ＶＫ30．01（Ｈ）の最初の100両はクルップ社製の56口径8・8cm戦車砲を装備する砲塔を搭載した「H1型」とし、101両目以降はラインメタル社製の70口径7・5cm戦車砲を装備する砲塔を搭載した「H2型」とする計画を明らかにした。

ところが、同月半ば

VK36.01(H)を拡大した車台に、VK30.01(P)の砲塔を搭載したVK30.01(H)。こうして戦車ファンなら誰もが知るⅥ号戦車E型ティーガーⅠがついに完成した

の会議では、56口径8・8㎝戦車砲も砲弾の改良によって十分な貫徹力を達成したことから手間と時間のかかるH2型への切り替えは不要とされ、VK30・01(H)はクルップ社の砲塔を搭載して生産が続けられることになる。そして、ラインメタル社が開発した70口径7・5㎝戦車砲は、前講で述べたようにV号戦車パンターに搭載されるわけだ。

ティーガーIの生産

VK30・01(H)の名称は、他の多くのドイツ戦車と同様に変転を続けているが、ここではティーガーIとする。

その試作1号車(V1)は、1942年4月15日に完成し、前述したヒトラーの誕生日である同月20日の展示会で披露された。この車両の車体前部には履帯(とともに車体前面下部)を防護する折り畳み式の装甲板が備えられていたが、即座に却下されて廃止されることになった。

ティーガーIの最初の量産車は同年5月に完成。同年8月29日に、東部戦線北部のレニングラードに近いムガで、初めて実戦に投入された。この時点では、ティーガーIは、他の主要国の戦車部隊の主力だった戦車をはるかに上回る火力と防御力を備えており、ほとんど無敵と言えるほどだったが、機動力は高いとはいえなかった。

ティーガーⅠの生産は1944年8月まで続けられ、総生産数は前線から回収されて再生された車両を含めて1346両とされている。なお、搭載エンジンは、1943年5月に生産された251号車（車台番号250251）からマイバッハ社製で出力700hp(3000rpm。同年11月に最大回転数を2500rpmに変更)のHL230P45に変更されている。

一般に、当初に量産された車両は極初期型、1942年11月からの車体前後の泥よけの形状変更や同年12月からの砲塔右側面後部の脱出ハッチの追加などの改良を加えた車両は初期型、1943年1月からの主砲防盾の強化や同年2月からの操縦手用ペリスコープの廃止および同年3月からの装填手用ペリスコープの追加、なによりも同年7月からの新型キューポラを備えた新型砲塔の搭載などの改良を加えた車両は中期型、1944年2月からの緩衝ゴム内蔵のいわゆる鋼製転輪の導入などの改良を加えた車両は後期型、などと区別されているが、いずれも公式の形式分類ではなく便宜的なものだ。

ティーガーⅠは、変速操向装置を中心として構造が複雑で生産に手間がかかり、製造コストも高く、その生産数はⅣ号戦車やV号戦車パンターなどに比べるとはるかに少なかった。そのため、ごく一部の例外を除いて装甲師団には配備されず、その多くが独立の重戦車大隊に配備された。また、ティーガーⅡもほとん

ティーガーⅠ初期生産型

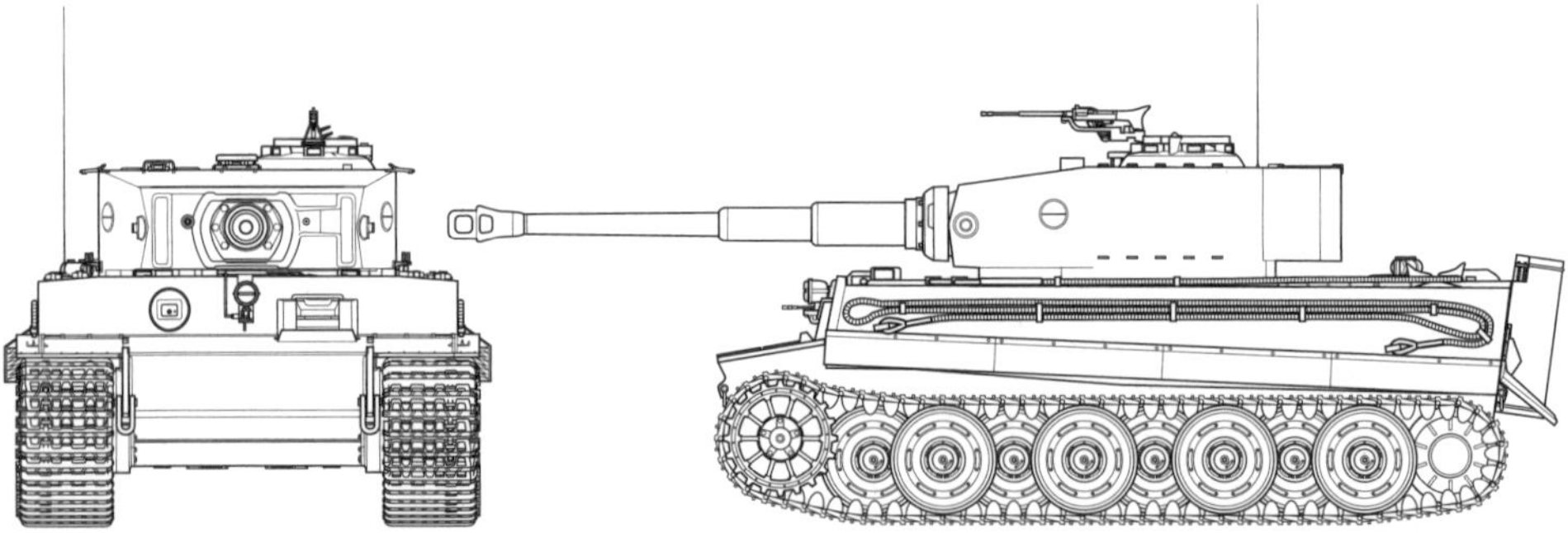

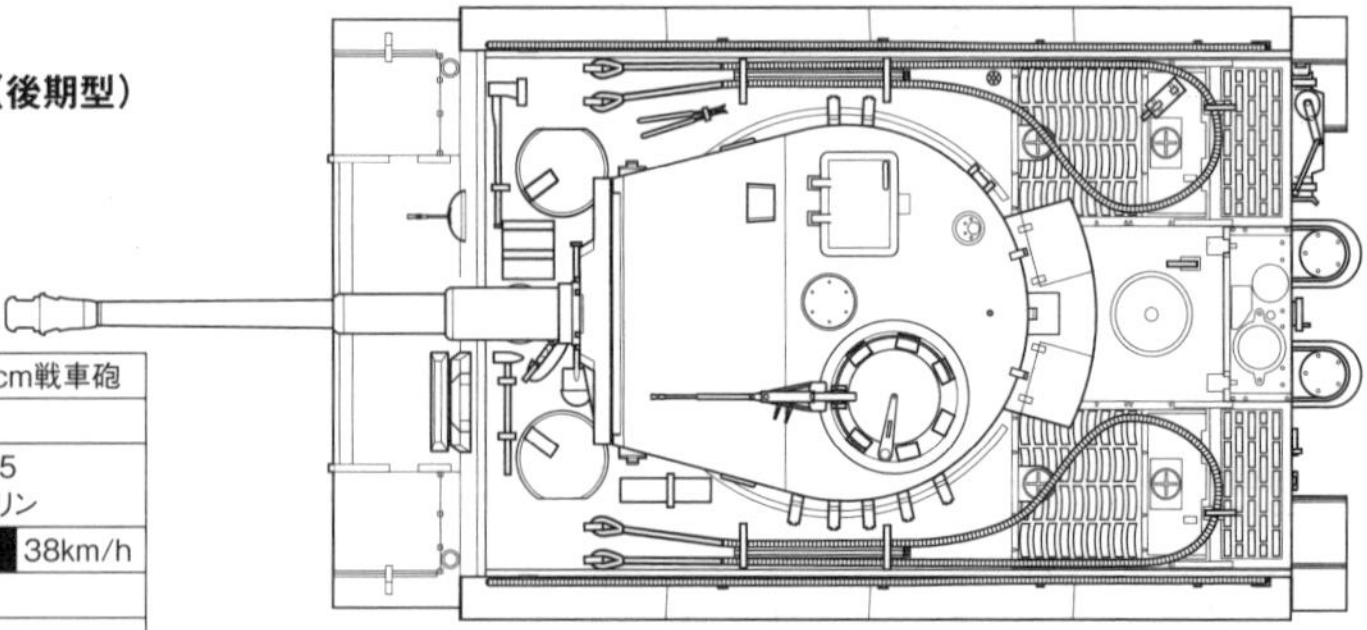

Ⅵ号戦車E型ティーガーⅠ(後期型)

重量	57t		
全長	8.45m(砲含む)		
全幅	3.7m		
全高	2.93m		
乗員	5名		
主武装	KwK36 56口径8.8cm戦車砲		
副武装	7.92mm機関銃×2		
エンジン	マイバッハHL210P45 V型12気筒液冷ガソリン		
出力	650hp	最大速度	38km/h
航続距離	140km		
装甲厚	25mm～110mm		

どが同じく独立の重戦車大隊に配備されたので、ティーガーⅠ部隊の編制と運用は、次講のティーガーⅡの講でまとめて述べようと思う。

1944年5月、フランスのアミアンで撮影されたSS第101重戦車大隊のティーガーⅠ(中期型)

ティーガーⅠ中期生産型

ティーガーⅠ後期生産型

第5講 ティーガーII

今回は無敵の重戦車王虎(ケーニヒスティーガー)ことティーガーIIよ！

きゃー

ドカン

わはははは ドイツ最強！

攻撃力や防御力は第二次世界大戦の戦車の中でも最強で…

大戦末期に東西の戦線で活躍したの！

ぶんだばー

むにゅ…

主砲は長くて太い、超長砲身8・8㎝砲！

最大装甲厚は胸囲…ではなく驚異の180㎜ですね

でも、重さも68トンとティーガーIの10トン増しかぁ…

燃費もアホのように悪くて足回りの故障や燃料切れで放棄されることが多かったのデスな…

ぷすん…

アルデンヌの森

第5講 ティーガーⅡ

最強の槍と無敵の盾を持った『虎の王』

VK45・01（P）の開発中止

前講のティーガーⅠの回でも述べたように、フェルディナント・ポルシェ博士率いるポルシェ社は、ポーランド戦後の1939年遅くから「100型」（Typ100。レオパルトとも呼ばれた）の社内呼称を持つ戦車の設計に着手していた。

その後、1941年5月に示されたヒトラーの意向に沿って車体前面装甲を100㎜に強化した「101型」（Typ101）の社内呼称を持つ戦車の開発に移行。この戦車には、陸軍兵器局で戦車を含む各種車両の開発試験を所掌していた第6課（装甲および自動車化課）からVK45・01（P）[*1]の名称が与えられた。これがいわゆる「ポルシェ・ティーガー」だ。

ただし、当時のポルシェ社は、部品の製造や組み立てを社外に依存していたため、1941年7月にはVK45・01（P）の装甲車台（いわゆるドンガラ）100両分の製造契約がクルップ社に与えられた。また、クルップ社には同社製の有名な8・8㎝高射砲FlaK18[*2]をベースに開発された56口径8・8㎝戦車砲（のちのKwK36）を装備する砲塔100基の製造契約が、ニーベルンゲン製作所には車台と砲塔の組み立て契約が、それぞれ与えられた。

このVK45・01（P）の動力系統は、ポルシェ社の設計によるV型10気筒空冷ガソリン・エンジンを2基並列に搭載し、それぞれに連結された発電機による電力で車体後部左右の電気モーターを駆動する方式だった。

コラム ポルシェ・ティーガーの派生型

ポルシェ博士は、101型（いわゆる「ポルシェ・ティーガー」）のバリエーションとして、油圧式の変速操向装置を搭載した102型を構想しており、電気式の101型と油圧式の102型を半数ずつ生産する計画だった。しかし、生産の遅延により、まず計画数が10両に減らされ、最終的にキャンセルとなり、1943年2月までにニーベルンゲン製作所で1両が完成したのみに終わった。また、101型のエンジンのオーバーヒートに対応した改良型として冷却能力を向上させた103型（のちに101C型に改称）を開発したが、101型の量産中止にともなって量産は実現せずに終わっている。なお、突撃砲や戦車駆逐車と呼ばれたフェルディナントの社内呼称は130型（Typ130）だった。

また、ポルシェ博士は、101型の量産中止が決まる前月の1942年10月に180型の新しいバリエーションを提示した。180B型はコネクティング・ロッドの材質を変更した新型エンジンを搭載するもの（従来型は180A型として区別する）。181型は油圧式の変速操向装置を搭載するもので、A型は180B型と同じ新型エンジンの搭載型、181B型は出力370hpのディーゼル・エンジンを2基搭載する型、181C型は700馬力のディーゼル・エンジンを1基搭載する型だ。そしてポルシェ博士は、180型の車体中央部を機関室とし、砲塔を車体後部に搭載することを主張したという。

*1＝「(P)」は車台の開発担当であるポルシェ社を意味している。
*2＝FlaKはFlugabwehrkanoneの略で、高射砲の意。逐語訳的に対空砲とも訳される。FlaK18には改良型のFlaK36、FlaK37がある。

ところが、VK45．01（P）は、この動力系統などにトラブルが続発して早々に量産中止が決まり、クルップ社と契約済みの車台100両のうち、製造済みのものも含めた90両（加えて戦車型として完成済みの車両の改造と思われる試作車1両）が、のちの駆逐戦車フェルディナントに転用されることになるが、それはまだずっと先の話だ。

そしてVK45．01（P）用の砲塔は、これから述べるVK45．01（H）に転用されることになる。

VK45・01（H）の砲塔変更の取り止め

これも前講の繰り返しになるが、ヘンシェル社が車台を開発していたVK36・01は、同様に1941年5月に示されたヒトラーの意向に沿って、前述の56口径8・8㎝戦車砲を装備するVK45．01（P）用の砲塔を搭載するVK45．01（H）に発展した。これがティーガーIだ。

ヘンシェル社に最初に与えられた最初の生産契約は100両だったが、1942年4月までにさらに200両の追加契約が与えられて計300両が生産されることになった。

一方、ラインメタル社は、60口径7・5㎝戦車砲に続いて超長砲身の70口径7・5㎝戦車砲（のちのKwK42）を開発し、これを装備するVK45．01（H）用の砲塔を同年2月までに設計していた。

そして同年7月初めには、兵器局第6課が、VK45．01（H）の最初の100両はクルップ社製の56口径8・8㎝戦車砲を装備する砲塔を搭載した「H1型」とし、101両目以降はラインメタル社製の70口径7・5㎝戦車砲を装備する砲塔を搭載した「H2型」とする計画を明らかにした。

ところが、同月半ばの会議では、56口径8・8㎝戦車砲も砲弾の改良によって十分な貫徹力を達成したことから、手間と時間のかかるH2型への切り替えは不要とされた。そのため、VK45．01（H）すなわちティーガーIは、クルップ社製の56口径8・8㎝戦車砲装備の砲塔を搭載して生産が続けられることになる。

そして、ラインメタル社製の70口径7・5㎝戦車砲を装備する砲塔は、前々講で述べたようにV号戦車パンターに搭載されることになるが、それもまだ先の話だ。

71口径8・8㎝戦車砲の開発

話をVK45．01（P）に戻すと、ポルシェ社は、その1号車が完成する前の1941年6月21日（すなわちソ連進攻作戦「バルバロッサ」の開始前日）に、兵器局第6課から可能ならばラインメタル社製の超長砲身の74口径8・8㎝高射砲FlaK41を搭載するよう求められた。

これに先立つ1939年秋、ドイツ空軍は、クルップ社製の8・8㎝高射砲FlaK18の後継となる新型高射砲の開発をラインメタルとクルップの両社に求めていた。このうちラインメタル社は、1941年初めに試作砲を完成させて、[*3]8・8㎝高射砲FlaK41として採用されていたのだ。

一方、クルップ社は、さらなる高初速を求めてFlaK41よりも重い弾薬を使用する71口径の8・8㎝高射砲の開発を進めていた。こちらは「器材42」(ドイツ語で「Gerät 42」)と呼ばれており、FlaK41が完成後も初期トラブルに悩まされる中で、開発が継続されていた。

しかし、クルップ社の「器材42」は、のちに要求された性能に達しないことが明らかとなり、ラインメタル社のFlaK41のトラブル解消が見込まれたこともあって、開発中止となった。

そしてクルップ社は、この「器材42」をベースに新型の71口径8・8㎝対戦車砲および戦車砲を開発することになる。

VK45.02(P)への発展

話をVK45.01(P)へのFlaK41の搭載に戻すと、1941年9月にポルシェ博士は56口径8・8㎝戦車砲しか搭載できないと回答した。

そこで兵器局第6課は、クルップとラインメタルの両社に、FlaK41を装備するVK45.01(P)およびVK45.01(H)用の新型砲塔の設計概案を求めた。ただし、これに関するラインメタル社の文書は今のところ見つかっていない。またクルップ社でも、のちの研究者に「ポルシェ砲塔」と呼ばれることになる新型砲塔への発展過程が分かるようなスケッチや記録類は見つかっていない。

一方、VK45.01(P)の車台の開発を担当していたポルシェ社は、超長砲身の8・8㎝戦車砲を搭載する発展型の開発に着手。兵器局第6課は、1942年2月に、この新型戦車にVK45.01(P2)という名称を与えており、従来のVK45.01(P)はVK45.01(P1)に改称された。

そして、その2月には、クルップ社にVK45.01(P2)の装甲車台100両分と砲塔100基の製造契約が与えられた。またニーベルンゲン製作所には、これらの車台と砲塔の組み立て契約が与えられた。翌3月の陸軍兵器局軍備産業(兵器および器材)部からクルップ社への連絡の中に71口径8・8㎝戦車砲KwK43として採用される前の図面番号で100門を組み立てる件が含まれているので、この砲塔100基は、ラインメタル社製のFlaK41ではなく、クルップ社製のKwK43を装備するものと見てよい。

次いで、時期はハッキリしないが、同年の4月以降にVK

*3＝ラインメタル社製の8.8cm高射砲FlaK41の砲身も、同社による8・8cm高射砲FlaK36やFlaK37の初期の砲身と同様の計5ピース構成だった。ちなみに同社の開発によるパンター搭載の70口径7・5cm戦車砲KwK42は、FlaK37の後期生産砲と同様のシンプルな1ピース構成。

45・01（P2）の発注数が200両に増やされた。なお、兵器局第6課は、同年3月にVK45・01（P2）をVK45・01（P）に改称。またポルシェ社は、同年5月に社内呼称をそれまでの「強化101型」（Typ101 verstaerkt）から「180型」（Typ180）に変更している。

このVK45・01（P）すなわち「180型」は、VK45・01（P）すなわち「101型」をベースとしており、V型10気筒空冷ガソリン・エンジン2基で発電機を回して車体後部左右の電気モーターを駆動する方式を採用していた。ただし、「180型」の車体前面装甲の形状は「101型」と大きく異なり、のちのパンターのような傾斜装甲を採用していた（しかも、残された図面を見ると、一枚板の装甲を折り曲げたものになっている）。

砲塔は、前述のようにクルップ社製の71口径8・8cm戦車砲を搭載するもので、一般に「ポルシェ砲塔」として知られている。

まとめると、この時点では、56口径8・8cm戦車砲搭載の「101型」すなわちVK45・01（P）、71口径8・8cm戦車砲を搭載する「180型」すなわちVK45・02（P）、という二段階で開発と量産が見込まれていたのだ。

VK45・02（H）とVK45・03（H）への発展

一方、ヘンシェル社は、1942年4月までに新型の重戦車で

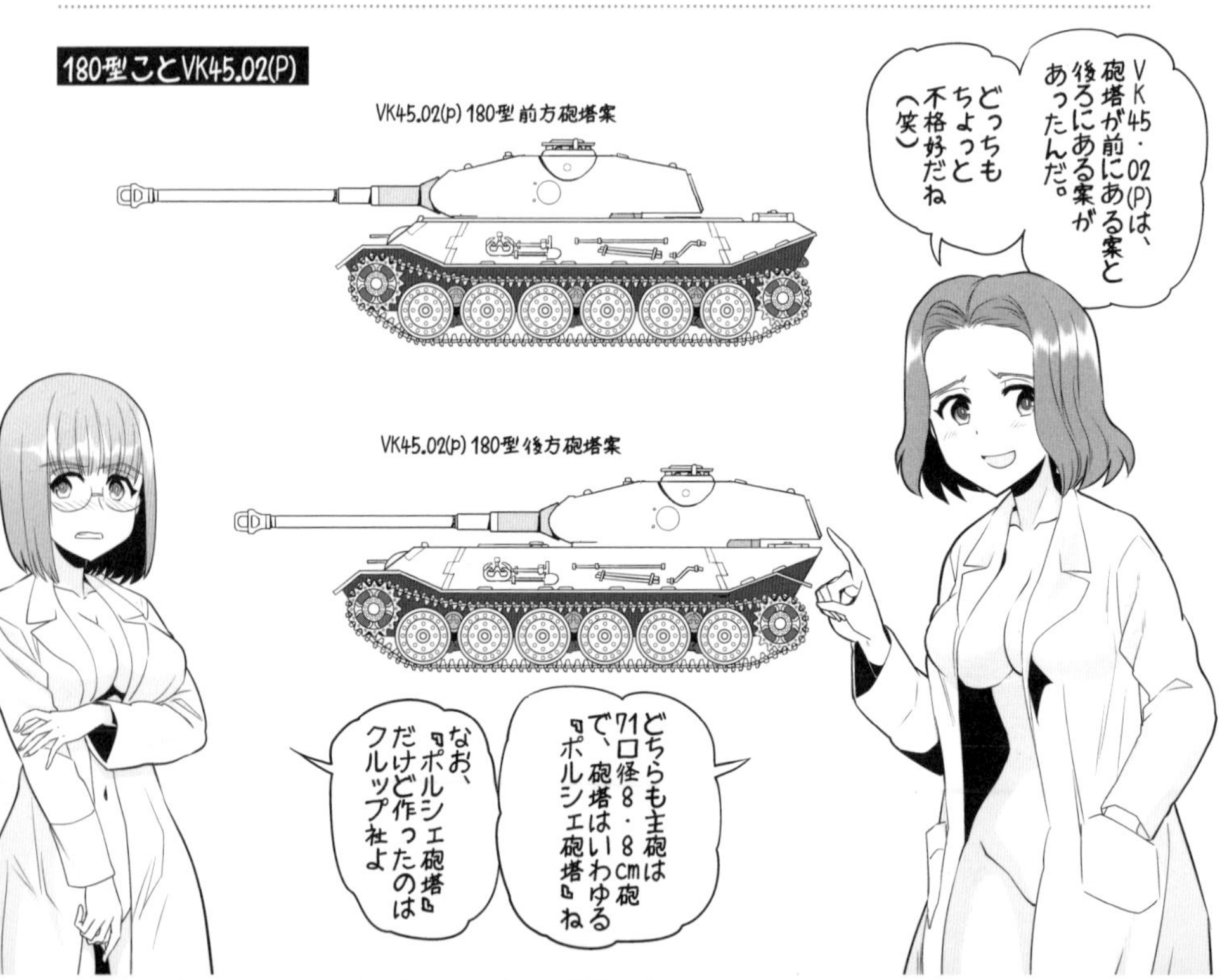

あるＶＫ45・01（Ｈ）の概案設計に着手していた。

この戦車の当初のコンセプトは、同社のＶＫ45・01（Ｈ）すなわちティーガーⅠの車台に最小限の変更を加えてクルップ社製の71口径8・8㎝戦車砲装備の砲塔を搭載する、というもので、動力系や懸架装置はそのままだが、車体前面に傾斜装甲を採用することになっていた。ただし、分厚い傾斜装甲用のボール・マウントがまだ開発されておらず、同年4月に装甲車台の製造を担当するクルップ社、ヘンシェル社、兵器局第6課などの担当者を集めた会議では、ＶＫ45・02（Ｈ）の車体前方機関銃用に（のちのパンターＤ型に採用されるような）ガン・ポート（銃眼）を採用することが決まっている。

しかし、同年8月には、エンジンをパンターと共通化した上で201両目から冷却系もパンターと同じものを搭載することが求められた。このエンジンはマイバッハ社製のＨＬ230系列で、1943年5月にパンターＤ型の途中からＨＬ230Ｐ30が搭載されるようになり、同時期にティーガーⅠにもＨＬ230Ｐ45が搭載されることになるが、この時点ではまだ先の話だ。

そのマイバッハ社によると、車体後面を垂直から22度傾斜させればパンターと同じエンジンや冷却系を搭載可能、とのことで、ヘンシェル社ではこれを踏まえた新型重戦車の概案設計に取り掛かった。なお、兵器局第6課では、同年9月にはＶＫ45・02（Ｈ）を「ティーガーⅡ」と呼んでおり、同年10月にはヘンシェル社のこの新型重戦車を「ティーガーⅢ（ＶＫ45・03）」と呼んでいる。

まとめると、この時点では、56口径8・8㎝戦車砲搭載のＶＫ45・01（Ｈ）すなわちティーガーⅠ、これに最小限の改良を加えて71口径8・8㎝戦車砲を搭載したＶＫ45・02（Ｈ）（別名ティーガーⅡ）、同じく71口径8・8㎝戦車砲を搭載しパンターと共通のエンジンや冷却系を載せたＶＫ45・03（別名ティーガーⅢ）、という三段階で開発と量産が見込まれていたのだ。

ＶＫ45・02（Ｈ）とＶＫ45・02（Ｐ）の量産取り止め

ここで話はやや前後するが、1942年8月に、ヘンシェル社はＶＫ45・01（Ｈ）すなわちティーガーⅠの124両の追加生産を受注し、既定の300両とあわせて計424両が生産されることになった。さらに同月末には、アルベルト・シュペーア兵器弾薬大臣が、ＶＫ45・01（Ｈ）の追加発注分を（この124両を含めて）計300両とし、総生産数を一挙に600両まで増やすことを決定。その追加分の動力系や懸架装置は従来のままとするが、最後の160両（つまり441両目以降）は車体前面に傾斜装甲を採用することとされた。

しかし、同年10月初めの会議では、ヘンシェル社がＶＫ45・03

の量産前にVK45・01(H)を424両も生産することは困難と見られたため、生産計画が再検討されることになった。そこでヘンシェル社は、まずVK45・01(H)を330両生産し、次いでVK45・02(H)を170両生産した後に、VK45・03の生産に移行することを提案した。

だが、陸軍兵器局などを指揮下に置く陸軍軍備総局長兼予備軍司令官の司令部所属で、兵器弾薬省(のちの軍需省)内に置かれていた戦車委員会との連絡将校であるヴォルフガンク・トーマレ大佐は、VK45・01(H)の生産に続いて、VK45・02(H)を生産せずに、すぐにVK45・03の生産に移行することを主張。結局、同年11月には、中継ぎ的な性格の強いVK45・02(H)を生産しないことが決まった。

また同月には、ポルシェ社が設計した「101型」すなわちVK45・01(P)が既述のようにトラブルの続発で量産中止となり、その発展型である「180型」すなわちVK45・02(P)の量産も白紙に戻された。

つまり、この時点でドイツ軍の45t級戦車は、それまでのヘンシェル社のVK45・01(H)、VK45・02(H)、VK45・03、ポルシェ社のVK45・01(P)、VK45・02(P)の計5車種から、ヘンシェル社のVK45・01(H)とVK45・03の計2車種のみにバッサリと整理されることになったのだ。

VK45.02(H)

1942年9月には、このティーガーI車台を改修した車台に、71口径8.8cm砲装備のポルシェ砲塔を載せたVK45.02(H)が「ティーガーII」って呼ばれてたのか…。

そしてポルシェ社のVK45・02（P）は、試作車3両分のみの装甲車台と砲塔がクルップ社で製造されて、ニーベルンゲン製作所で1943年2月までに組み立てられたが、それ以降の情報は途絶えている。

VK45・02（P）用砲塔の転用

ところで、既述のように1942年2月の時点で、VK45・01（P2）すなわちのちのVK45・02（P）用のいわゆる「ポルシェ砲塔」100基の製造契約がクルップ社に与えられていた。

一方、VK45・02（H）用の砲塔は、基本的にはVK45・02（P）用と同じもので、クルップ社で並行して開発が進められていた。ただし、砲塔の旋回動力に関しては、VK45・02（H）用が油圧式、VK45・02（P）用が電動式で大きく異なっていた。

その後、同年8月には、兵器局第6課とクルップ社との間で「ティーガー砲塔（H3およびP2）」についての会議が開かれた記録が残っている。つまり、この時点では、ティーガー戦車系列は、（VK45・等だけではなく）既述の56口径8・8㎝戦車砲装備の「H1型」および「P1型」、70口径7・5㎝戦車砲装備の「H2型」に続いて、71口径8・8㎝戦車砲装備の「H3型」および「P2型」とも呼ばれていたのだ。そして同年10月には、クルップ社は、この71口径8・8㎝戦車砲装備の砲塔の設計を完了する。

■ティーガーの発達系図

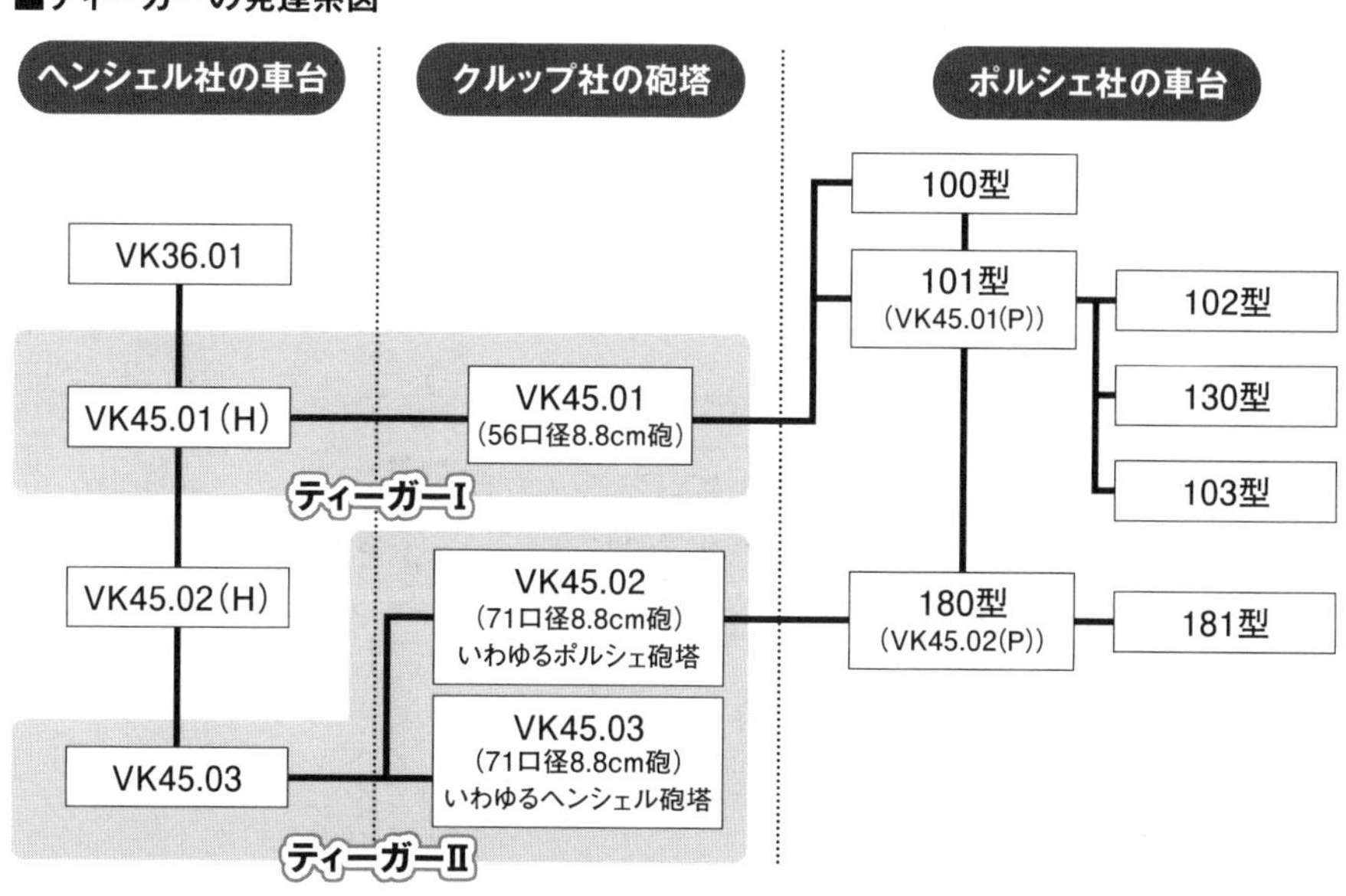

*4=1941年6月、フリッツ・トート兵器弾薬大臣（1942年2月に航空機事故で死亡）は、ダイムラー・ベンツ社の取締役会からの提案を受けて、ポルシェ博士を戦車委員会の議長に指名。しかし、1943年10月にポルシェ博士は解任され、後任にヘンシェル・グループの副会長であるゲルト・シュティーラー・フォン・ハイデカンプ博士が任命された。
*5=その後、1943年3月には装甲兵総監のハインツ・グデーリアン上級大将の参謀長となる実力者。

ところが、前述のように、翌11月には中継ぎ的なVK45・02（H）を生産しないことが決まり、VK45・01（P）の量産中止も決まって、その発展型であるVK45・02（P）も開発中止になったわけだ。

そこで翌12月には、VK45・02（P）用としてクルップ社に発注されていた砲塔の構成部品を、基本的にはそのままティーガーH3型すなわちVK45・03に活用することが決まった。

年明け後の1943年1月3日、国防軍最高司令官兼陸軍総司令官のヒトラーは、シュペーア兵器弾薬大臣との会議で、ティーガーを超長砲身の8・8cm戦車砲を搭載し車体前面装甲150mm、同側面装甲80mmに強化した新型に切り替えることを決定した。

これを受けて兵器局第6課は、同月15日にクルップ社の担当者を集めてH3型の砲塔の変更設計に関する会議を行った。ここでは、砲塔前面で50度傾斜した150mm厚の装甲に匹敵する防御力を得るにはおおむね180mm厚の装甲を要すること、などが検討されている。そしてクルップ社は、同年7月までに前面装甲180mmのいわゆる「ヘンシェル砲塔」の設計を完了することになる。

その一方で、P2型すなわちVK45・02（P）用として発注済みのいわゆる「ポルシェ砲塔」は、同年2月時点で約20基がすでに組み立て済みであり、40〜50基ほどの装甲筐体（いわゆるドン

VK45.03にVK45.02(P)用の砲塔を転用

ガラ)がまもなく完成する見込みだった。そこで砲塔の生産遅延を最小限に抑えるため、最初の50基のみを完成させてVK45.03(試作車3両を含む)に搭載し、その後は改良型の砲塔を搭載することが決まった。

ティーガーIIIからティーガーIIへ

これは第3講のパンターの回でも述べたが、前述の1943年1月3日のヒトラーとシュペーア兵器弾薬大臣との会議で、将来的にパンターを車体前面装甲100㎜、同側面装甲60㎜に強化した新型に切り替える案を承認した。なお、同月の報告書には、従来のパンターをパンター1とし、装甲を強化したパンター2が記されている。

さらに翌2月には、パンター2とティーガー3(ヘンシェル社ではティーガーIIIを同月までこう表記している)の構成部品を標準化して共通化することが求められた。そして、最終的にはエンジンやラジエーター、直径80㎝で緩衝用ゴムを内蔵したいわゆる「鋼製転輪」が共通化され、パンター2の履帯がティーガー3の輸送用履帯として使われることも決まった。

もっとも、パンター2(同年4月以降はパンターIIに改称)が量産に移されることはなく、標準化された構成部品を共用するパンター2とティーガー3の並行量産も実現せずに終わることになる。ただし、この構成部品の共通化にともなう再設計作業により、ティーガー3すなわちVK45.03の開発が3カ月は遅れた、といわれている。

なお、同年3月時点では、兵器局第6課はVK45.03をティーガーIIと呼称し、ヘンシェル社もティーガーIIと呼称しているが、同年6月には正式にティーガー戦車B型(Pz.Kpfw.Tiger Ausf.B)となった。

ティーガーIIの生産

VK45.03の名称は、これまで述べてきたように変転を続けているが、ここ

いわゆる「ポルシェ砲塔」を搭載したティーガーII

ではティーガーⅡとする。

ティーガーⅡの装甲車台と砲塔（いわゆる「ポルシェ砲塔」を含む）の装甲筐体の製造はおもにクルップ社が、砲塔の組み立てはヴェクマン社が、それぞれ担当した（試作車の砲塔3基は組み立てもクルップ社で行われた）。ヘンシェル社には、1942年10月に量産車体176両の契約が与えられ、量産開始前に1234両が追加発注された。

ティーガーⅡの量産開始は、当初は1943年7月とすることが求められたものの無理があり、同年9月とすることで既述のトーマレ大佐を含めて各方面が同意していた。

しかし、前述のパンター2との構成部品の共通化にともなう設計変更もあり、試作1号車の車体がヘンシェル社で完成したのは同年10月、これが（砲塔を搭載して）陸軍に引き渡されたのは翌11月になった。そして量産1号車の引き渡しは、1944年1月にズレ込んでいる。

しかも、1944年9月からドイツ中部のカッセルにあるヘンシェル社の工場が連合軍機による空襲で大損害を受けて生産数が大きく低下。1945年2月には、ヤークトティーガーの組み立てを担当していたニーベルンゲン製作所でも車体の組み立てが行われることが決まった。また、装甲車台と砲塔の装甲筐体は、クルップ社に加えて、一部がドルトムント・ヘルダー・ヒュッ

ティーガーⅢからティーガーⅡへ

これが本命の「ヘンシェル砲塔」装備のティーガーⅡ、正式にはティーガー戦車B型ね。ちなみにティーガーⅡはティーガーⅠとは違って、「Pz.Kpfw.Ⅵ（Ⅵ号戦車）」と表記された公式の書類は見つかっていないのよ。

テン・ウニオン・フェアアイン（DHHV）社とシュコダ社でも生産された。

結局、ティーガーIIは、連合軍のカッセル進攻によって1945年3月末に生産が停止するまで、試作車3両を含めて計492両が生産された。ニーベルンゲン製作所での生産開始は（ドイツが降伏した）同年5月の予定であり、実際に生産された記録は残っていない。

ティーガーIIは、強力な重戦車であるティーガーIをさらに上回る驚異的な火力と防御力を備えていたが、機動力は同系列のエンジンを搭載するようになったティーガーIよりも車重が大きいのでさらに低かった。また、生産数はティーガーIよりも少なく、戦局全体に大きな影響を与えることはできなかったといえる。

ティーガー部隊の編制と運用

1942年2月16日、ドイツ軍で最初の重戦車中隊である第501、第502重戦車中隊が編成された。その後、同年5月10日に第501重戦車大隊が編成されると、この両中隊が同大隊の第1、第2中隊として編入されることになる。

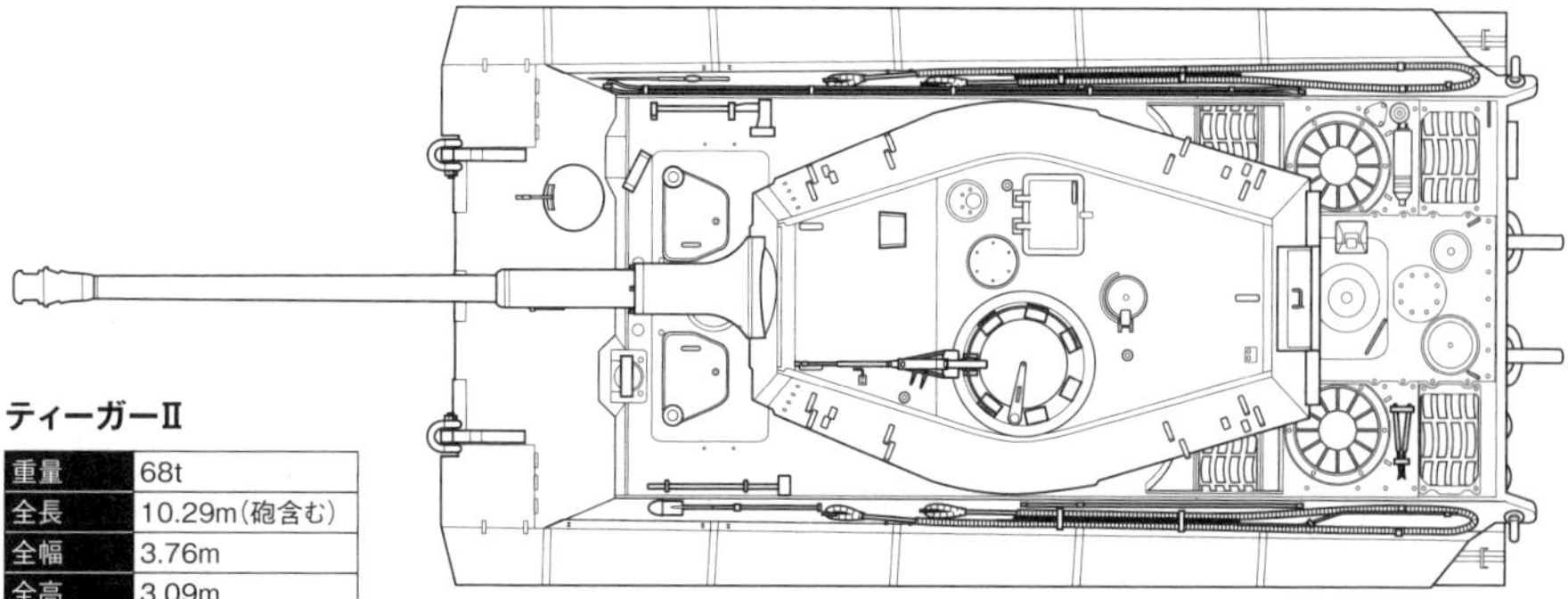

ティーガーII

重量	68t		
全長	10.29m（砲含む）		
全幅	3.76m		
全高	3.09m		
乗員	5名		
主武装	KwK43 71口径8.8cm砲		
副武装	7.92mm機関銃×2		
エンジン	マイバッハHL230P30 V型12気筒液冷ガソリン		
出力	700hp	最大速度	35km/h
航続距離	180km		
装甲厚	25mm〜180mm		

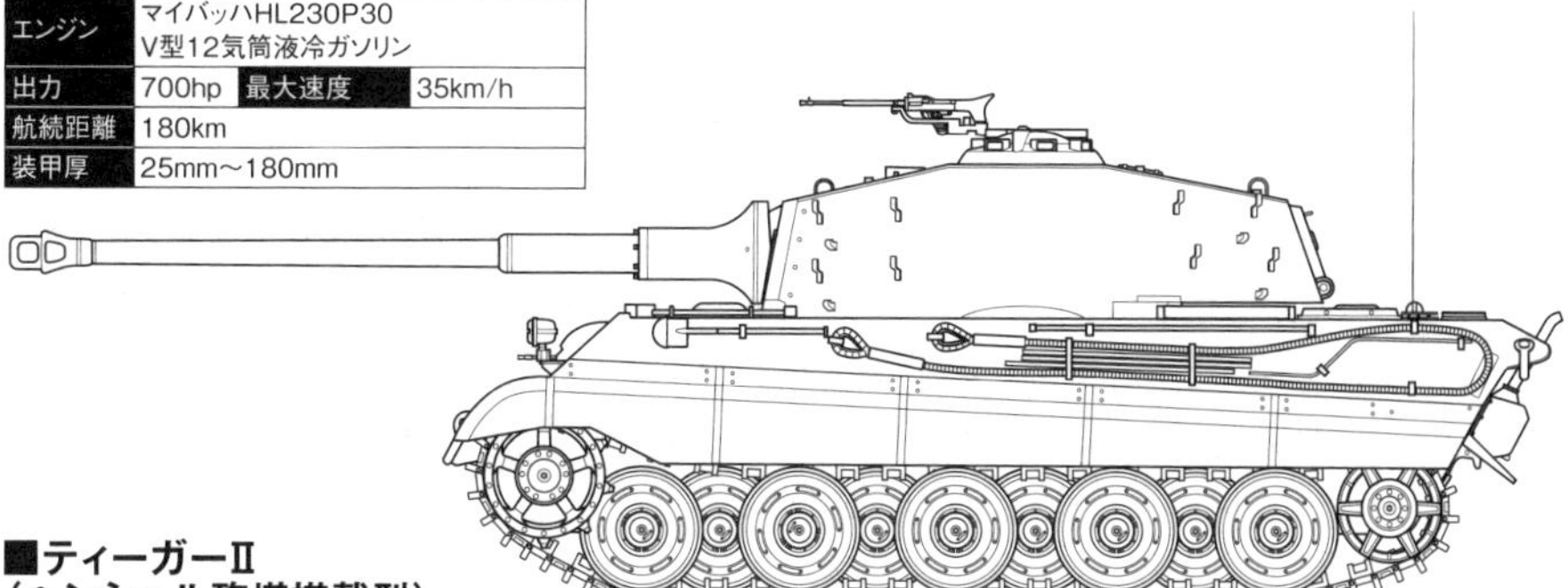

■ティーガーII
（ヘンシェル砲塔搭載型）

これに先立って同年5月5日には、日付の上ではドイツ軍初の重戦車大隊となる第503重戦車大隊が編成されていた。また、同月25日には第502重戦車大隊が編成された。これらの重戦車大隊は重戦車2個中隊を基幹としていたが、当初はティーガーIの不足をおぎなうために、編制表上もIII号戦車との混合編成になっていた。

ドイツ軍では、この重戦車大隊を既存の戦車連隊に第III大隊として編入する計画だった。しかし、各大隊の指揮官からの意見を踏まえて、既存の戦車連隊の一部とするのではなく、ティーガーIのみで編成された独立の戦車大隊とすることが決まった（ただし、後述するグロース・ドイッチュラント戦車連隊を除く）。

その後、1943年3月5日には重戦車大隊の大隊本部中隊や重戦車中隊の編制表が改定され、配備される戦車がティーガーIのみとなった。また、重戦車大隊の編制が重戦車中隊3個基幹に拡大されて、戦車の定数がティーガーI45両となった。

ドイツ陸軍では、この独立の重戦車大隊が、前述の第501重戦車大隊から第510重戦車大隊まで計10個編成されている（のちに一部の大隊が改称）。

一方、エリート部隊であるグロース・ドイッチュラント自動車化歩兵師団（同年6月に装甲擲弾兵師団に改称）隷下のグロー

1944年12月、アルデンヌ攻勢（ラインの守り作戦）に投入されたティーガーII。アルデンヌの森林地帯では、鈍重で道路や橋を壊してしまう恐れのあるティーガーIIは持て余されてしまい、パイパー戦闘団では隊列の最後尾に置かれたという

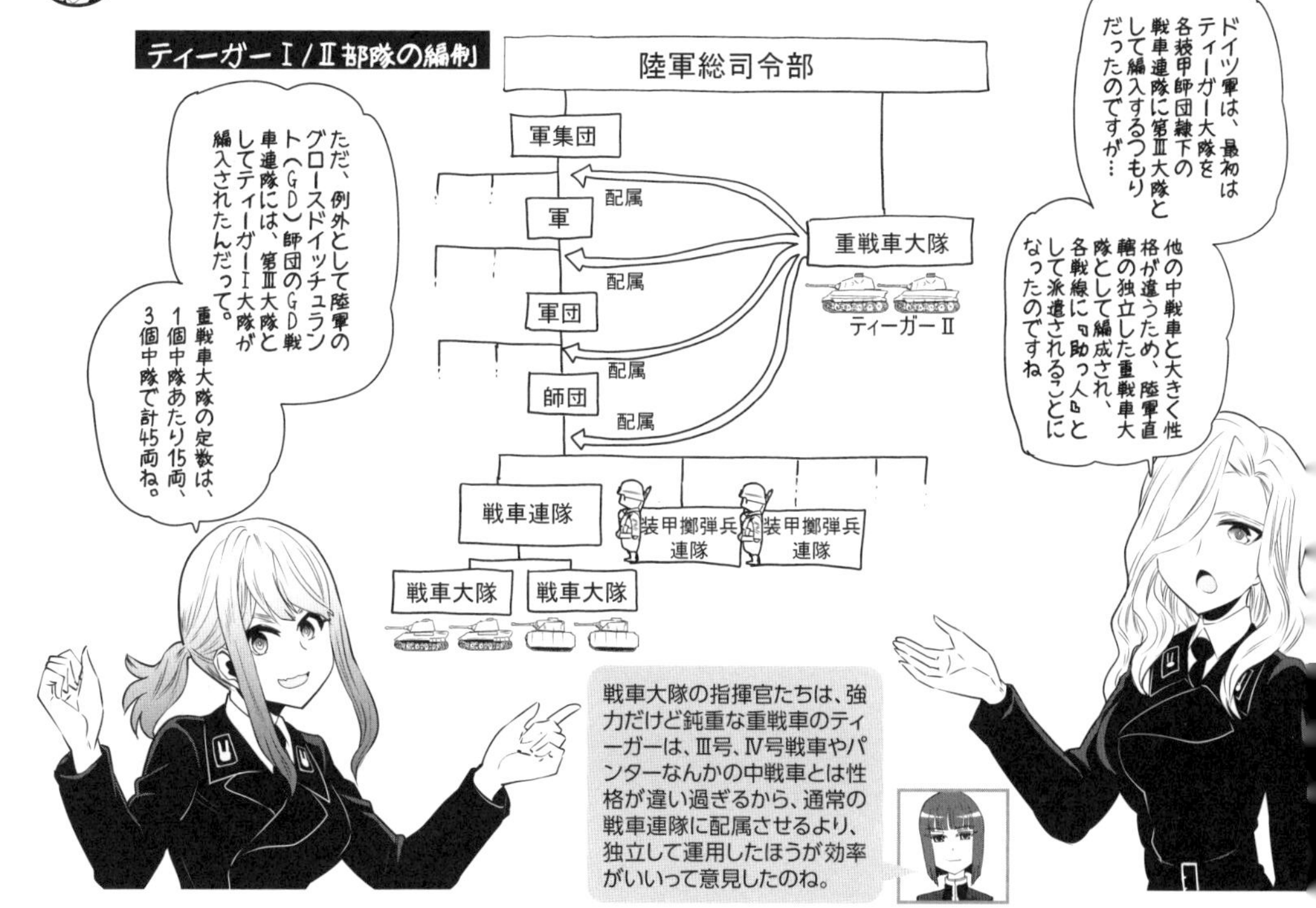

ティーガーⅠ/Ⅱ部隊の編制

陸軍総司令部
軍集団
軍
軍団
師団
配属
配属
配属
配属
重戦車大隊
ティーガーⅡ
戦車連隊
装甲擲弾兵連隊
装甲擲弾兵連隊
戦車大隊
戦車大隊

ドイツ軍は、最初はティーガー大隊を各装甲師団隷下の戦車連隊に第Ⅲ大隊として編入するつもりだったのですが…

他の中戦車と大きく性格が違うため、陸軍直轄の独立した重戦車大隊として編成され、各戦線に『助っ人』として派遣されることになったのですね

ただ、例外として陸軍のグロースドイッチュラント(GD)師団のGD戦車連隊には、第Ⅲ大隊としてティーガーⅠ大隊が編入されたんだって。

重戦車大隊の定数は、1個中隊あたり15両、3個中隊で計45両ね。

戦車大隊の指揮官たちは、強力だけど鈍重な重戦車のティーガーは、Ⅲ号、Ⅳ号戦車やパンターなんかの中戦車とは性格が違い過ぎるから、通常の戦車連隊に配属させるより、独立して運用したほうが効率がいいって意見したのね。

ス・ドイッチュラント戦車連隊では、1943年1月13日にティーガーIを装備する第13重戦車中隊[*6]が編成された。

次いで、ハッキリした時期は分からないが同年4～5月末頃に、前線のグロース・ドイッチュラント戦車連隊とは別に、本国で同連隊の第Ⅲ大隊が編成された。そして同年7月1日には、同連隊の前述の第13中隊が第9中隊に改称されるとともに、第501重戦車大隊第3中隊と第504重戦車大隊第3中隊がそれぞれ同連隊の第10中隊と第11中隊として第Ⅲ大隊に編入された。つまり、ドイツ軍の全師団の中で唯一、グロース・ドイッチュラント師団だけが、当初の予定どおり隷下の戦車連隊に重戦車大隊が第Ⅲ大隊として編入されたのだ。

一方、ドイツ陸軍を含む国防軍とは別組織の武装親衛隊(ヴァッフェンSS)では、1942年11月15日付で、エリート部隊であるSS装甲擲弾兵師団「ダス・ライヒ」「トーテンコップフ」「親衛旗SSアドルフ・ヒトラー」師団隷下の第1、第2、第3SS戦車連隊に各1個の重戦車中隊が編成された。次いで、1943年4月22日にはSS作戦本部より最初の独立の重戦車大隊の編成が下令された。そして武装SSでも国防軍と同様に、第101から第103まで3個の独立の重戦車大隊が編成された(のちにすべての大隊が改称)。

なお、この他に国防軍の無線操縦の爆薬運搬車を装備した無

*6＝戦車連隊に所属する戦車中隊の番号は、戦車大隊をまたいで通し番号になっている。戦車大隊は戦車4個中隊を基幹としているので、第Ⅰ大隊は第1～4中隊、第Ⅱ大隊は第5～8中隊、存在すれば第Ⅲ大隊は第9～12中隊となる。したがって、第13中隊は、3個大隊編制の場合でも、大隊から独立した中隊番号だ。

線操縦戦車大隊などにも、ティーガーⅠが配備されている。敵のトーチカなどを破壊する爆薬運搬車と重戦車の組み合わせは、敵の堅固な陣地の突破を考慮したものと思われる。

その後、ティーガーⅡの引き渡しが始まると、国防軍、武装SSともに、それまでティーガーⅠを装備していた部隊のいくつかにティーガーⅡが配備された。

ティーガー戦車を装備した独立の重戦車大隊やエリート師団隷下の戦車連隊に所属する重戦車部隊は、攻勢時にはしばしば先鋒として活躍した。そして、大戦後半にドイツ軍が守勢にまわる中で、敵の攻勢を阻止する「火消し部隊」の重要な戦力として活躍することが多くなっていった。

強大な火力と強靭な防御力を誇るティーガー戦車は、少なくとも戦術レベルでは敵戦車には大きな脅威であった。実際、ドイツ軍の戦車戦エースは、重戦車大隊でティーガー戦車に乗っていた者が多い。「無敵のティーガー戦車」の伝説は、こうしてかたちづくられていったのだ。

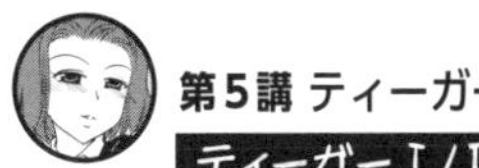

ティーガーI／II部隊の運用2

突破！

アテンシオン！

重戦車大隊は、守勢に回った大戦後半は、破られた戦線を塞ぐ為の『火消し役』として活躍したわ

とにかくティーガーは固くて強くて、その上にやっつける敵も多かったから、オットー・カリウスやミハエル・ヴィットマンみたいな、伝説的なティーガー・エースがたくさん生まれたのよ

ドイツ軍重戦車部隊の編制例（1943年5月～）

- 本部中隊ティーガー重戦車大隊
  - 中隊本部
    - 通信小隊（ティーガー指揮戦車×2、ティーガー戦車×1）
- 重戦車中隊e
  - 中隊本部（ティーガー戦車×2）
    - 第1小隊（ティーガー戦車×4）
    - 第2小隊（第1小隊と同じ）
    - 第3小隊（第1小隊と同じ）

1943年3月5日に有効となった編制表のもの。「本部中隊ティーガー重戦車大隊」（K.St.N.1150e）では、従来のIII号戦車配備の軽戦車小隊が廃止され、戦車はティーガーだけになった。また、重戦車大隊に所属する「重戦車中隊e」（K.St.N.1176e）も戦車はティーガーだけになった。ただし、同中隊の戦車の定数は14両で、同じ時期のIV号戦車やパンターの中隊（22両が基本）よりも少なかった。

ドイツ軍重戦車部隊の編制例（1942年8月～）

- 本部中隊d 重戦車大隊
  - 中隊本部
    - 通信小隊（ティーガー指揮戦車×2、III号戦車×1）
    - 第1小隊（III号戦車×5）
- 重戦車中隊d
  - 中隊本部（ティーガー戦車×1、III号戦車×2）
    - 第1小隊（ティーガー戦車×2、III号戦車×2）
    - 第2小隊（第1小隊と同じ）
    - 第3小隊（第1小隊と同じ）
    - 第4小隊（第1小隊と同じ）

1942年8月15日に有効となった編制表のもの。「本部中隊d 重戦車大隊」（K.St.N.1150d）には、通信小隊にティーガー指揮戦車が2両、III号戦車が1両配備され、III号戦車からなる軽戦車小隊が所属することになっていた。また、重戦車大隊に所属する「重戦車中隊d」（K.St.N.1176d）はティーガー戦車とIII号戦車の混成だった。

第6講 突撃砲
今回はみんな大好き
Ⅲ号突撃砲！
WWⅡドイツ軍
最多生産AFVね！
第一次大戦で
苦労したし、
歩兵を直接支援できる、
装甲化・自走化された
砲兵があるといいな
砲塔は無しで
背は低く、
主砲は少しだけ
動けばOK！
マンシュタイン
ちんまり…
最初は
歩兵
支援用の
短砲身
7・5㎝砲を
搭載して
いましたが…
そうそう
こんな
かんじ
途中で対戦車
攻撃力も高い
長砲身砲に
換装したら
ゴー
ドコ
予想以上に
使える兵器に
なって…
派生型も合わせると
1万両以上が
生産されて、東西
戦線で大活躍したのよ
おめでとう一万輌
5両の
戦車より
1両の
突撃砲だ！
歩兵の皆さん

第6講 様々な任務で敢闘した何でも屋 Ⅲ号突撃砲とⅣ号突撃砲

第二次世界大戦中、ドイツ軍は、もともと歩兵部隊の支援用として開発した突撃砲を、戦車部隊にも戦車の代用として数多く配備した。今回は、その突撃砲を取り上げてみよう。

突撃部隊と支援砲撃

ドイツ軍における歩兵支援用の装甲車両の開発の発端は、1914年に始まった第一次世界大戦までさかのぼることができる。

この戦争は、開戦後ほどなくして西部戦線を中心に膠着した塹壕戦となった。これを打開するために、イギリス軍は世界初の近代的な「戦車（タンク）」を開発した。

これに対してドイツ軍は、塹壕陣地を突破するための新しい戦術を特別に訓練された歩兵部隊である「突撃部隊」（シュトース・トルッペン）を新編した。その新しい戦術とは「浸透戦術」（日本軍では「滲透戦術」と記した）と呼ばれるもので、従来のようになるべく大きな部隊で敵戦線に大穴をあけようとするので

第一次大戦の突撃部隊と支援砲撃

塹壕戦を打開するために、イギリス軍は装甲と火力、無限軌道を備えた「タンク（戦車）」を開発し、対してドイツ軍は徒歩でじわじわと浸透する「突撃部隊」を新編したのね。

はなく、小規模な多数の部隊に分かれて敵戦線に隙間からしみ込むように前進して敵戦線の崩壊を狙う。

そして、ドイツ軍の砲兵部隊は、（それ以前に英仏連合軍が大戦半ばに多用した）長時間の攻撃準備射撃によって敵陣地の施設の破壊と人員の殺傷を狙う「破壊射撃」ではなく、毒ガス弾を混じえた短時間の猛烈な砲撃によって敵の守備隊の戦闘能力を一時的に奪う「制圧射撃」を実施して、突撃部隊の浸透を支援した。

それでも、前進する突撃部隊は、敵部隊との戦闘を完全に回避できたわけではない。戦場では、予期せぬ場所で敵の増援部隊と遭遇したり、制圧しきれなかった敵の機関銃座から突然撃たれたりすることもある。

だが、そこで敵を砲撃して突撃部隊の攻撃を直接支援する砲兵部隊は、突撃部隊が敵陣地の後方奥深くに迅速に浸透すればするほど、それに追随することが困難になっていった。もっぱら馬（ときには人間）に牽かれて移動する牽引砲（分解して馬に載せて運ぶ駄載砲もあるが分解や組み立てには時間を要する）は、ちぎれてねじくれた鉄条網が散らばり、砲弾が炸裂した穴で凸凹(でこぼこ)になった戦場の荒れ地を、迅速に移動することが困難だったのだ。

そのため砲兵部隊は、敵陣地の後方奥深くになればなるほど、敵の機関銃座などの拠点を砲撃して味方の歩兵部隊の攻撃を支援することができなくなっていった。そして、攻勢時に先頭を進む突撃部隊は、やがて消耗して前進速度が低下し、ついには抜け殻のようになるまで消耗して戦術行動を継続できなくなってしまったのだ。

この問題を解決するためには、戦場の荒れ地を自力で走破して歩兵部隊に随伴できる火砲が必要だった。

各種の自走砲の模索

ドイツは、第一次世界大戦の講和条約である「ヴェルサイユ条約」の第171条で、戦車や装甲車および軍事転用が可能な類似の製品の製造や輸入を禁止された。そのため、ドイツ企業は、この条項に従って全装軌（無限軌道、履帯、いわゆるキャタピラを装着した足回り）式トラクターの製造を規制されることになった。

だが、1923年には、国際連盟の管理委員会によって規制が解除されたため、国産の全装軌式トラクターが開発されるようになった。そして1926年から翌27年にかけて、ドイツ軍（ライヒスヴェーア。ドイツ国軍と訳されることが多い）の第6自動車大隊の第2中隊や第7自動車大隊の第3中隊など、いくつかの自動車部隊にこれらの全装軌式トラクターが配備された。なお、当時の自動車大隊は、トラックを主力とする補給物資などの輸送部隊だった。

これらのトラクターのうち、ドイツ工作機械会社（ドイッチェン・クラフトプクルーク・ゲゼルシャフト）が開発したWD（ヴェンデラー&ドールンの略）型牽引車は、HANOMAG（Hannover-sche Maschinenbau AG の略で、ハノーファー機械製造所株式会社の意）社の工場で生産された。そしてドイツ軍は、1927年から、このWD型牽引車の50馬力型に7・7cm野砲FK96／16を、同25馬力型に3・7cm対戦車砲TaKを、それぞれ搭載して自走砲の運用研究などを行っている。このうちの野砲搭載車が、のちの突撃砲の始祖といえる。

またクルップ社も、1928年から自走砲の開発を始めており、1930年から7・5cm軽野砲ないし3・7cm対戦車砲を搭載予定の全装軌式の軽自走砲（leichte Selbstfahrkanone 略してLSK）の試作車台の運用試験を行っている。

さらにJ・A・マッファイ社（1931年にクラウス社と合併してクラウス・マッファイ社となる）も、装輪（車輪を装着した足回り）式と装軌式の両方の足まわりを備えたRKシュレッパー（Rader-Ketten-Schlepper の略で直訳すると車輪履帯牽引車の意）を開発し、1930年から試験を行っている。ドイツ軍はすでに第一次世界大戦中から対空砲を装輪車ながら自走化しており、この装輪装軌併用式の車台も自走対空砲用として考えられていたようだ。

このように第二次世界大戦前のドイツでは、（他の主要国と同様に）野砲や対戦車砲など各種火砲の自走化を考えており、不整地での自力移動を可能にする全装軌式車台の開発も試みていたが、いずれも大量生産にはいたっていない。それでも自走砲の実現に必要な技術面での蓄積が徐々に進んでいったのだ。

マンシュタインの突撃砲兵構想

第二次世界大戦前の1935年秋、陸軍参謀本部で作戦立案を担当する第1課（作戦課）の課長で歩兵科出身のエーリヒ・フォン・マンシュタイン大佐（のちに元帥）は、「突撃砲兵（シュトゥルムアルティレリー）」と呼ばれる新しい部隊に関する覚書をまとめて、陸軍の総司令官と参謀総長に提出

大戦間にJ.A.マッファイ社で開発されたRKシュレッパー

した。その中身は、機動力と装甲防御力を備えた野砲搭載車両を装備する突撃砲兵部隊を新編し、味方の歩兵部隊に随伴して直接支援し、敵の拠点や装甲車両を積極的に撃滅する、というものだった。

他の主要国の陸軍では、歩兵支援用の戦車（すなわち歩兵戦車）を開発し、それを装備する戦車部隊を編成していた。またドイツ軍も、1935年11月には陸軍参謀本部が歩兵師団の支援を主任務とする独立の戦車旅団の編成を計画しており、1936年11月には第4戦車旅団、1938年7月には第6戦車旅団の新編を決定する（独立の戦車旅団はのちに装甲師団などに吸収される。詳細は第2講を参照）。

これに対してマンシュタイン作戦課長は、歩兵支援を主任務とする戦車部隊を創設するのではなく、歩兵部隊を直接支援する砲兵部隊の自走化と装甲化を提案したのだ。これがのちに突撃砲として実現することになる。この突撃砲兵部隊の任務は、あくまでも歩兵部隊の支援であり、敵陣地への「突入」*1（英語ではブレーク・イン）と「突破」（ブレーク・スルー）を助けることであって、そこから敵戦線後方奥深くに「突進」（ブレーク・アウト）して戦果を大きく拡張するのは、戦車を主力とする装甲部隊（機甲部隊）の任務となる。

だが、この提案は、ドイツ陸軍内の砲兵や戦車、対戦車砲（対戦

マンシュタインの突撃砲兵構想

車砲部隊は快速兵科の管轄となり、その快速兵科は第二次世界大戦中に装甲兵科へと発展する）などの関係者からの強い抵抗にあった。たとえば、彼の回想録によると砲兵科出身のルートヴィヒ・ベック参謀総長からも「ふむ、マンシュタインよ、今度ばかりは君も的を外したな」[*2]といわれたという。

しかし、その一方でマンシュタイン大佐は、同じく砲兵科出身で陸軍総司令官であるヴェルナー・フォン・フリッチュ大将の支持を得ることができた。マンシュタイン大佐は、騎馬砲兵（火砲を馬で牽くだけでなく砲兵も馬に乗るので高い機動力を持つ）部隊での勤務経験があるフリッチュ総司令官に、砲兵が現在の主任務となっている間接（照準）射撃だけでなく、過去担ってきた重要な役割、すなわち直接（照準）射撃によって戦闘に直接参加する役割に復帰できることをアピールしたのだ。いわば装甲化された騎馬砲兵といったところだ（ただし、たとえば快速の戦車（すなわち騎兵戦車）などを装備して、突撃によって戦術レベルで衝撃的な効果を発揮したり、敵戦線の後方に突進して作戦レベルの包囲を実現したりするような機械化された騎兵とは役割が根本的に異なるので注意）。

こうして陸軍総司令官の後ろ盾を得た突撃砲の開発は、これに先駆けて新設された装甲部隊側から戦車など多数の開発要求がある中で、急速に進められていく。実は、マンシュタイン大佐は、陸軍兵器局で兵器の開発や試験を統括する開発試験部の部長で砲兵科出身のカール・ベッカー中将（のちの第二次世界大戦勃発時には陸軍兵器局長で大将）の強い支持も得ることができたのだ。

Ⅲ号突撃砲の開発

1936年6月15日、突撃砲の製作に関する命令が公式に発せられた。この時点で示されていた突撃砲の開発要求の概要は以下のようなものだった。

少なくとも7・5㎝砲を搭載可能で、方向射界は30度、仰角は6000mの射程を得られるものとし、現時点で想定されるすべての装甲厚を距離500mから貫徹できるものとする。車体上部は、回転砲塔を持たない上部開放式とする。装甲を全周に施し、前面は傾斜角60度で少なくとも2㎝砲弾と榴弾片から乗員を防護できるものとし、側面と後面は硬芯尖頭小銃弾に耐えるものとする。車高は、直立した人の背丈を超えずに可能な限り低くする。それ以外の寸法はベースとなる戦車の車台によること、など。

つまり、突撃砲は、この時点では上部開放式（オープントップ）だったわけだ。ちなみに、同じく歩兵支援用として、のちに装甲師団隷下の自動車化狙撃兵連隊の自走歩兵砲中隊に配備される

*1＝これらの訳語は、マンゴウ・メルヴィン（大木毅訳）『ヒトラーの元帥マンシュタイン』（白水社、2016年）上巻p.138に倣った。
*2＝同p.139より引用。

15㎝重歩兵砲ｓＩＧ33（自走式）搭載Ⅰ号戦車は、車高が突撃砲よりもはるかに高く、上部開放式だった。また、この次に開発された15㎝重歩兵砲ｓＩＧ33搭載Ⅱ号戦車車台（自走式）は、低姿勢だが上部開放式だった。これらを見ると突撃砲が上部開放式とされたのも不思議は無いといえそうだ。しかし、その後の議論を経て、敵との近接戦闘時に乗員を防護するため密閉式の戦闘室に変更されることになる。

また、要求された装甲は薄いようにも思えるが、当初は「小隊長車（Zugführerwagen 略してＺＷ）」の秘匿名称をつけられたⅢ号戦車の初期型や、同じく「随伴車両（Begleitwagen 略してＢＷ）」の秘匿名称をつけられたⅣ号戦車の初期型と大差なく、前面装甲は突撃砲の方が厚い。

なお、突撃砲の当初の秘匿名称は「対戦車砲（自走砲架）（Panzerabwehrkanone（selbstfahrlafette）略してＰａＫ（Ｓｆ）」とされたが、１９３７年には自走砲であることも隠されて「重対戦車砲（schwere Panzerabwehrkanone 略してｓＰａＫ）」に改称される。

突撃砲の開発は、車台や戦闘室をダイムラー・ベンツ社（以下ＤＢ社と略記する）が、砲関係をクルップ社が、それぞれ担当することになった。このうちクルップ社は、ＢＷ（Ⅳ号戦車）を主砲も含めて開発しており、その初期型に搭載された24口径７・５㎝戦車砲が突撃砲の初期型にも転用されることになる。

ＤＢ社は、１９３７年７月までに、板バネ式の足まわりを持つ2.ＺＷ（Ⅲ号戦車Ｂ型。詳細は第2講を参照）の車台をベースに、モックアップ（実大木型模型）の戦闘室や主砲を載せた試作車を4両、軟鉄製の戦闘室に射撃可能な７・５㎝砲を搭載した試作車を1両、計5両製作した。

そして同年秋までに、フリッチュ陸軍総司令官は、ＺＷの車台をもとに充分な数の突撃砲の生産を命じる命令書にサインしている。具体的には、すべての歩兵師団（自動車化歩兵師団を含む）の隷下に、3個突撃砲兵中隊（各中隊4門。のち6門に増加）基幹の突撃砲兵大隊（各大隊12門、のち18門に増加）を各1個置くというものだ。加えて、新編された装甲師団にも突撃砲兵大隊を各１個置き、さらに装甲師団や歩兵師団（自動車化歩兵師団を含む）隷下の各捜索大隊にも突撃砲兵小隊を1個（おそらく2門）ずつ置くことになっていた。

付け加えると、マンシュタインは、これに先立って１９３６年10月に参謀本部第1部長（全部長の筆頭で事実上の参謀次長）に任命されて少将に昇進している。

ところが、その1年余り後には、陸軍の上層部にヒトラーとの対立が原因で激震が走った。１９３８年1月に国防大臣のヴェルナー・フォン・ブロンベルク元帥がスキャンダルを理由に罷免

Ⅲ号突撃砲の開発

され、陸軍総司令官のフリッチュ大将もスキャンダルをでっちあげられて同年3月に解任されたのだ。また、事実上の参謀次長であるマンシュタイン少将も、同年2月に陸軍参謀本部を離れて東部国境に近いリーグニッツ（現在はポーランド領のレグニツァ）の第18歩兵師団の師団長に異動することになった（2月に発令されたがオーストリア併合作戦のため4月まで留任。付け加えるとベック上級大将もヒトラーに反発して同年8月に参謀総長を辞任する）。

こうして突撃砲は、開発の主要な推進者を相次いで失った。そして突撃砲兵大隊の編成計画は、後任の陸軍総司令官となったヴァルター・フォン・ブラウヒッチュ上級大将によって縮小されてしまう。加えて、メーカー側でも、戦車部隊の主力となるⅢ号戦車や他の装甲車両の開発や生産が優先されたため、突撃砲の生産と突撃砲兵部隊の編成は大きく遅れることになる。

Ⅲ号突撃砲の生産の遅延

１９３９年2月には突撃砲２５０両の生産計画が立てられた。突撃砲兵大隊の定数は18両なので、計14個大隊分にも満たない。ドイツ軍の常備軍の歩兵師団数は36個（うち4個は自動車化歩兵師団）だから、その半数にすら突撃砲兵大隊を置けない計算になる。

そして同年6月には第一次生産分として30両が発注された。これが、のちにⅢ号突撃砲と改称される突撃砲（この時点では「重対戦車砲」と呼ばれていた）の最初の量産型であるA型だ。

A型の車台は、Ⅲ号戦車F型の車台をベースに設計された。車重は19・6tで、Ⅲ号戦車F型の19・8tと大差ない。主砲は短砲身の24口径7・5㎝砲で、既述のようにⅣ号戦車の初期型の主砲の砲架などを変更したものだ。装甲は、砲塔が無くなって浮いた重量を活用してⅢ号戦車F型より強化されている。具体的には、車体前面は50㎜（Ⅲ号戦車F型は30㎜）、車体後面は30㎜（Ⅲ号戦車F型は20㎜。G型から30㎜）で、この時点でのドイツ軍の装甲車両としては厚かった。エンジンはⅢ号戦車E型と同じもの、変速操向装置はⅢ号戦車E〜G型と同じもの（ただし変速機の外殻形状を変更）で、最高速度は30㎞／hとされている。

このA型の生産予定は、完成車の納入開始が1939年12月、生産完了が1940年4月上旬とされていた。ところが、この間の1939年9月にポーランド進攻作戦が開始され、第二次世界大戦が勃発。Ⅲ号戦車を生産していたDB社では、戦場で損傷したⅢ号戦車の修理が最優先とされたことや、突撃砲の戦闘室の密閉化や間接射撃能力の付与などの設計変更もあって、A型の生産は遅延。最初の完成車の納入は1940年1月に、生産完了は1940年5月に、それぞれズレ込んでしまった。そして、

Ⅲ号突撃砲の生産の遅延

この5月にはフランスなどに進攻する西方進攻作戦が始まってしまうのだ。そのため、突撃砲兵部隊は、ポーランド作戦には参加できず、西方進攻作戦に当初から参加できたのは2個中隊のみ、途中から参加した部隊を加えても計4個中隊にすぎなかった。

なお、この車両の名称は、生産中の1940年2月に「7・5cmカノン用装甲化自走砲架」に変更され、さらに翌3月には「7・5cmカノン突撃砲用装甲化自走砲架」に変更されている。

突撃砲の改良

大戦勃発翌月の1939年10月には、新しい生産計画が決定されて、突撃砲の次の生産分から、Ⅲ号戦車の生産で余裕がないDB社に代わって、アルケット社(アルトマルク履帯製作所有限会社)が担当することになった。生産計画数は250両で、1940年4月から生産を開始し月産20両が予定された。

ところが、そのアルケット社も、Ⅲ号戦車のF型(1939年7月末ないし8月初めから生産開始)から生産に参加することになり、さらに1939年末には既存のⅠ号戦車B型を改造してチェコのスコダ社で開発された4・7cm対戦車砲を搭載する対戦車自走砲の開発契約も受注して、1940年3月から量産車の納入が始まったこともあって、突撃砲の2番目の量産型であるB型の生産開始は同年6月にズレ込んだ。

フランス戦を前にしてシャールB1bisや歩兵戦車Mk.Ⅰマチルダなど英仏連合軍の重装甲の戦車との戦闘を考えれば、榴弾火力が大きい歩兵支援用の突撃砲の生産を後回しにして、Ⅲ号戦車の初期型に搭載された46・5口径3・7cm砲よりも装甲貫徹能力が大きい43・4口径4・7cm砲を搭載する強力な対戦車自走砲の改造を優先するのも無理はないといえよう。

付け加えると、短砲身の7・5cm砲も、成形炸薬弾を使用すれば大きな貫徹力を発揮できたが、初速が低く弾道が山なりなので移動目標への射撃は命中率が低かった。また、成形炸薬弾の開発は1940年春で、部隊交付は西方進攻作戦の後だったようだ。

話を突撃砲のB型に戻すと、エンジンがⅢ号戦車F型と同じものになり、操向変速装置がⅢ号戦車H型と同じものになった(詳細は第2講のⅢ号戦車の項を参照)。1941年3月までに244両が生産された。計画数より6両少ないのは、B型の生産開始が遅れる中で、編成中の突撃砲部隊向けに急遽B型の戦闘室とⅢ号戦車G型の車台を組み合わせて6両(1個中隊分。以前は20両説もあった)だけ生産されたためだ。この型は、エンジンなどの動力系がA型と同じなのでA型に分類され、その第二次生産分とされた。ただし、Ⅲ号戦車用の車台は装甲が薄いので、車体前面下部に20㎜の増加装甲がボルト留めされている。

突撃砲の3番目の量産型であるC型は、主砲の照準器関係に改良を加えた型で、1941年5月まで100両が生産された。次のD型はC型の小改良型で1941年10月まで200両(以前は150両説もあり)が生産された。その次のE型は、指揮車両としての使用を考慮して車体側面左右の無線機の収納部を拡張したもので、1942年2月まで234両が生産された。以後は、長砲身の7・5㎝砲搭載車の生産に移行したので、短砲身の7・5㎝砲搭載車の生産数は計814両となる。

なお、この間の1941年2月に、突撃砲兵大隊が突撃砲（シュトゥルムゲシュッツ）大隊に改称されている。

大戦緒戦に活躍したⅢ号突撃砲B型。車長ハッチ前にはカニ眼鏡と呼ばれる砲隊鏡が見える。短砲身だが成形炸薬弾による対戦車戦闘も可能で、後のティーガー・エースであるミハエル・ヴィットマンも、独ソ戦緒戦では短砲身型のⅢ号突撃砲で多数の戦車を撃破したとされる

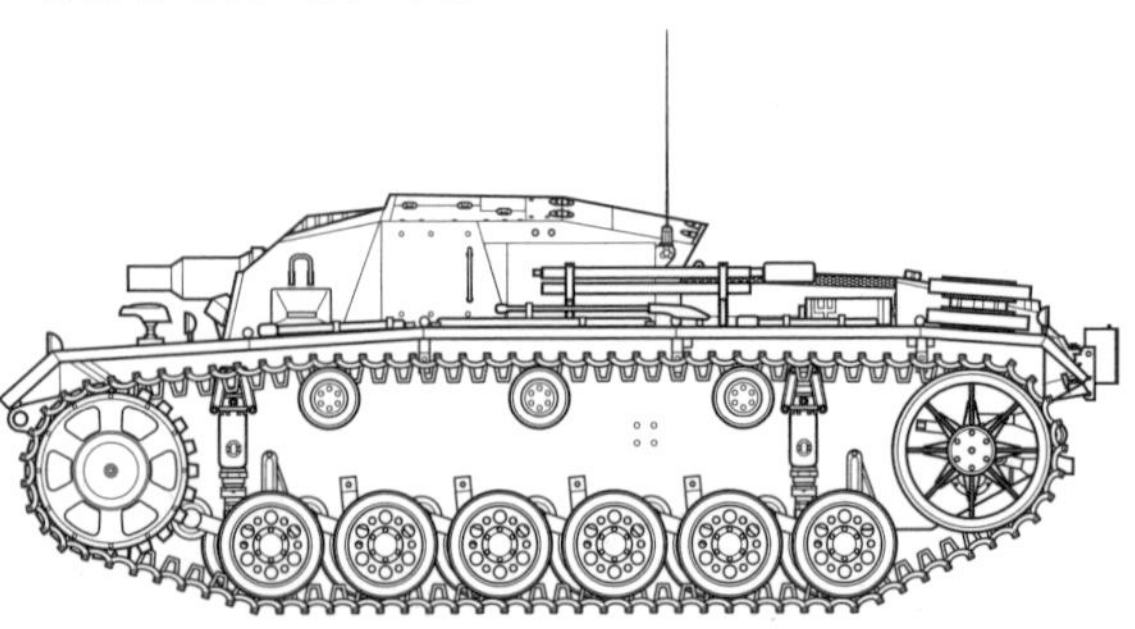

最初の本格的な量産型であるⅢ号突撃砲B型

■Ⅲ号突撃砲B型

重量	22.0t	全長	5.4m
全幅	2.95m	全高	1.96m
乗員	4名		
武装	StuK37 24口径7.5cm突撃砲		
エンジン	マイバッハHL120TRM 12気筒液冷ガソリン		
出力	300hp	最大速度	40km/h
航続距離	160km	装甲厚	10mm〜50mm

突撃砲の主砲の長砲身化

突撃砲の初期型に搭載された短砲身の7・5㎝砲は、既述のように対戦車戦闘能力に問題があった。そのため、陸軍兵器局は、早くから突撃砲に新型火砲の搭載を考えていた。

これを受けたクルップ社は、1938年8月に突撃砲用の40口径7・5㎝砲の設計概案を提出。1939年1月に陸軍兵器局第4課（砲兵課）から試作砲を受注すると、1940年4月までに完成させて、同年7月末にはDB社に発送した。そしてDB社は、1941年3月に40口径7・5㎝砲を搭載した突撃砲を陸軍側に公開し、同月末にはヒトラーの査閲を受けた。そして、この

時の協議で、その後の部隊実験で問題が出なければ1942年晩春から量産を開始することが決まった。

しかし、1941年6月に開始されたソ連進攻作戦では、ソ連軍の高性能の新型戦車であるT-34中戦車やKV重戦車に遭遇。報告を受けたヒトラーは、突撃砲に長砲身の7・5cm砲の搭載を求めたため、同年9月には(前述のクルップ社製の7・5cm砲とは別に)長砲身の突撃砲用の新型火砲の開発が提案され、有力な火砲メーカーであるラインメタル社で開発されることになった。

そのラインメタル社では、すでに1939年夏から牽引式の46口径7・5cm砲の開発を進めており、1941年11月には試作砲が完成。これが7・5cm対戦車砲PaK40として大量生産されることになる。

このラインメタル社製の46口径7・5cm砲は、前述のクルップ社製の40口径7・5cm砲よりも明らかに優れていた。そのため、陸軍兵器局は、同月にクルップ社製の40口径7・5cm砲の開発中止を決定。その直後にラインメタル社にPaK40をベースにした試作砲を3門発注すると、翌12月には生産計画を示して1942年3月から量産が開始されることになった。

試作砲は、砲身を43口径に切り詰めて発砲時の後座長を短くするなどの改良が加えられて、1942年2月までに完成。翌3

突撃砲の主砲の長砲身化

もともとⅢ号突撃砲にはいずれ長砲身砲を搭載するつもりだったけど、T-34ショックでさらに強力な主砲に変更されて、生産開始も前倒しになったってことか。

月には突撃砲の車台に搭載されて試験が行なわれ、翌4月から量産が開始された。これがF型だ。

　次いで6月から、このF型にさらに砲身が長い48口径7．5㎝砲が搭載されるようになった。加えて、この6月の生産車の最後の11両から車体前面に30㎜の増加装甲が溶接されるようになった。F型の生産数は、43口径7・5㎝砲搭載車が118両（うち3両は試作車。120両説もあり）、48口径7．5㎝砲搭載車が248両とされている。


43口径7.5cm砲を装備したⅢ号突撃砲F型

1942年9月から、車体の前面や後面の装甲が50㎜のⅢ号戦車J型（8．ZW）の車台をベースにするようになり、引き続き30㎜の増加装甲を溶接した。これがF／8型で、1942年12月まで250両が生産された。

　Ⅲ号突撃砲の最終量産型であるG型は、戦闘室側面の形状を改めるなどの改良を加えたもので、1942年12月から生産が開始された。従来のアルケット社に加えてMIAG社

■Ⅲ号突撃砲G型

重量	23.9t	全長	6.77m
全幅	2.95m	全高	2.16m
乗員	4名		
武装	StuK40 48口径7.5cm突撃砲		
副武装	7.62mm機関銃×1～2		
エンジン	マイバッハHL120TRM12気筒液冷ガソリン		
出力	300hp	最大速度	40km/h
航続距離	155km		
装甲厚	11mm～50+30mmまたは80mm		

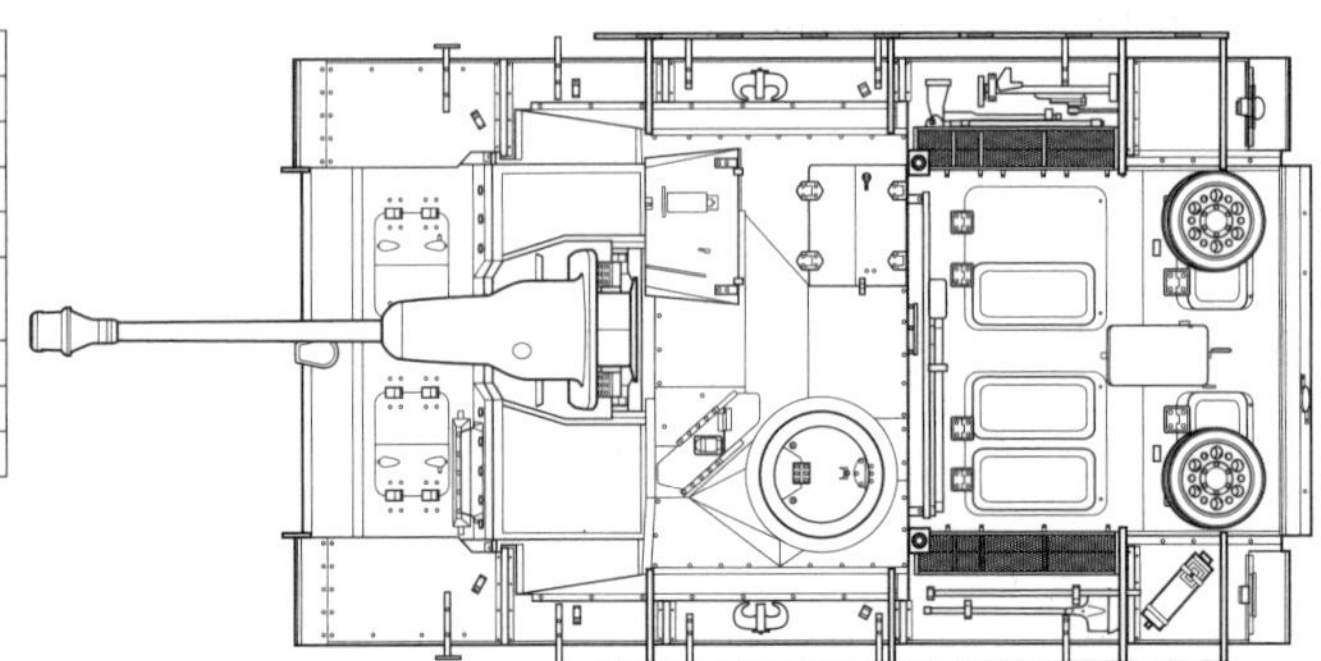

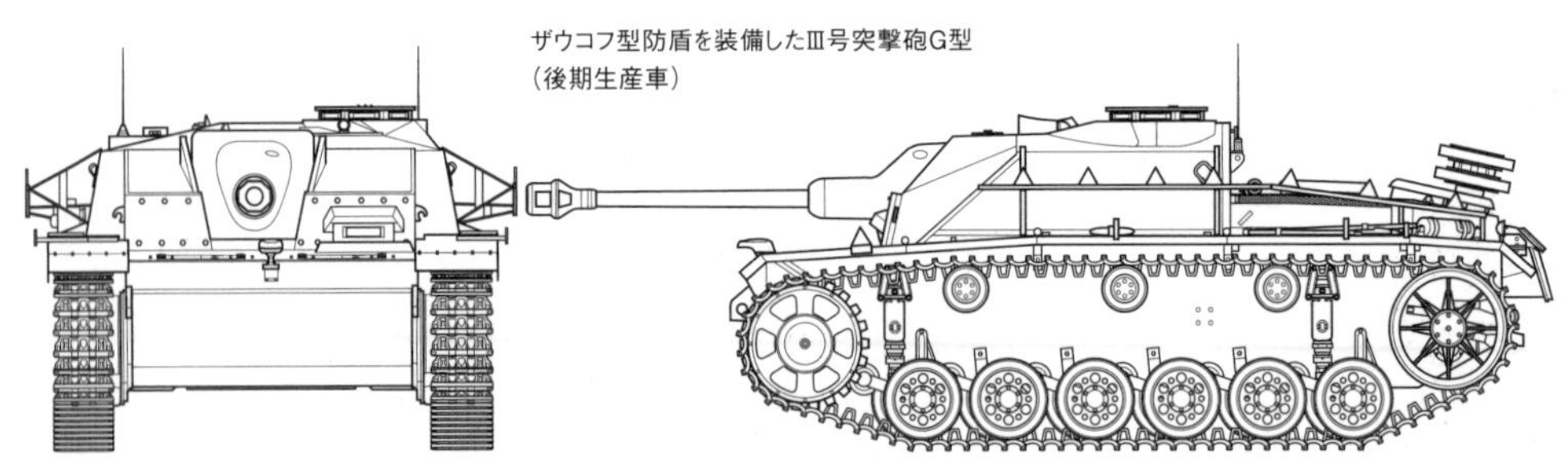

ザウコフ型防盾を装備したⅢ号突撃砲G型
（後期生産車）

（Mühlenbau und Industrie Aktiengesellschaftの略で、水車製造&工業株式会社の意）も生産に参加している。G型の生産総数は、既存のⅢ号戦車からの改造車も含めて7779両（異説あり）とされている。

48口径7.5cm砲を装備し、車長用キューポラを備えたⅢ号突撃砲G型。防盾はザウコフ型である。車体側面には対戦車ライフルやバズーカに対して効果がある、シュルツェンと呼ばれる薄い装甲板を装備している

最多生産型のⅢ号突撃砲G型

Ⅲ号突撃砲長砲身型は、劣勢になった大戦後半に待ち伏せ戦術で大活躍！　一説には連合軍の車両をもっとも多く撃破したAFVと言われてるのよ。

Ⅲ突G型は、F型から戦闘室側面装甲の形を変えたり、車長用キューポラが付いたりした決定版ですネ

これで突撃砲は、攻撃力がⅣ号戦車長砲身と同等、防御力はⅣ号戦車より高い、という優れた戦闘車両になったのね。旋回砲塔がないから、完全に戦車の代役はできないけど

ザウコフ型防盾

主砲は長砲身の48口径7.5cm砲、装甲厚は前面垂直部が50mm＋増加装甲30mm、前面傾斜部が30mm、側面が30mm。防盾は途中から丸みを帯びたザウコフ（豚の頭）型になってるの

そして、このG型の生産中の1943年11月に、アルケット社が連合軍の航空部隊の爆撃を受けて生産が止まったため、急遽クルップ社でG型の戦闘室をⅣ号戦車H型の車台に搭載した突撃砲が生産されることになった。これがⅣ号突撃砲（従来の突撃砲はⅢ号突撃砲として区別された）で、1944年1月から1111両が生産された。加えて、クルップ社の準備が整う前にDB社で1943年12月に30両が生産されており、総生産数は1141両となる。

突撃砲が配備されたおもな部隊

長砲身の7・5㎝砲を搭載する突撃砲は、強力な対戦車火力を備えていた。そのため、従来の突撃砲大隊（1944年2月に突撃砲旅団に改称[*3]）に加えて、対戦車車両として一部の師団の戦車駆逐（パンツァーイェーガー）大隊隷下の戦車駆逐中隊（突撃砲）などにも配備された。さらに、本講の冒頭で述べたように戦車の代用として、装甲師団隷下の戦車連隊や装甲擲弾兵師団（自動車化歩兵師団を改称）隷下の戦車大隊に所属する一部の戦車中隊にも配備されている。

突撃砲は、戦車のような回転砲塔を備えていないので、縦横に機動する攻撃的な運用には向いておらず、戦車を完全に代用することはできない。しかし、ドイツ軍が大戦後半に守勢に回る中

で、戦車ほど生産に手間がかからない対戦車車両として大量生産されて、戦車の生産不足をおぎなったのだ。

ちなみに、突撃砲を実現した立役者といえるマンシュタインは、大戦後も突撃砲の戦友会に定期的に招かれている。

ドイツ軍突撃砲部隊の編制例（1939年11月～）

- 砲兵中隊 7.5cm突撃砲（6両）（自動車化本部）
  - 中隊本部（Sd.Kfz.253×1）
    - 第1小隊（Sd.Kfz.253×1、突撃砲×2、Sd.Kfz.252×1）
    - 第2小隊（第1小隊と同じ）
    - 第3小隊（第1小隊と同じ）

※1939年11月1日に有効となった編制表（K.St.N.445）のもの。実際には、半装軌式のSd.Kfz.252軽装甲弾薬運搬車やSd.Kfz.253軽装甲指揮観測車の生産の遅れから、同じく半装軌式のSd.Kfz.251中型装甲兵車やI号戦車A型を改造したI号戦車A型弾薬運搬車などが配備された。
ドイツ軍の編制表はK.St.N.（Kriegsstarke-nachweisungの略）と呼ばれるもので「戦力定数指標」などと訳される。各種部隊の編制や装備、人員の数、役職などの定数を指定した表だが、ここでは装甲車両のみを示した。

ドイツ軍突撃砲部隊の編制例（1941年11月～）

- 突撃砲中隊（7両）（自動車化）
  - 中隊本部（突撃砲×1）
    - 第1小隊（突撃砲×2、Sd.Kfz.252×1）
    - 第2小隊（第1小隊と同じ）
    - 第3小隊（第1小隊と同じ）

※1941年11月1日に有効となった編制表（K.St.N.446）のもの。突撃砲が1両追加されてSd.Kfz.253が廃止され、中隊長や小隊長も突撃砲に乗ることになった。

ドイツ軍突撃砲部隊の編制例（1942年11月～）

- 突撃砲中隊（10両）（自動車化）
  - 中隊本部（突撃砲×1）
    - 第1小隊（突撃砲×3）
    - 第2小隊（第1小隊と同じ）
    - 第3小隊（第1小隊と同じ）

※1941年11月1日に有効となった編制表（K.St.N.446a）のもの。Sd.Kfz.252が廃止され、中型トラック2両が弾薬などの運搬用として配備されることになった。

ドイツ軍の戦車部隊配備の突撃砲部隊の編制例（1943年6月～）

- 戦車-突撃砲-中隊（突撃砲14両）
  - 中隊本部（突撃砲×2）
    - 第1小隊（突撃砲×4）
    - 第2小隊（第1小隊と同じ）
    - 第3小隊（第1小隊と同じ）

※1944年6月20日に有効となった編制表（K.St.N.1159A型）のもの。突撃砲を装備する戦車中隊（「戦車-突撃砲-中隊」と記された）の編制表。なお、この中隊3個を基幹として編成される戦車大隊（「戦車-突撃砲-大隊（突撃砲45両）」と記された）の本部中隊の通信小隊にはⅢ号戦車の指揮戦車型が3両配備されることになっていた。

ドイツ軍突撃砲部隊の編制例（1944年2月～）

- 突撃砲中隊（14両）（自動車化）
  - 中隊本部（突撃砲×2）
    - 第1小隊（突撃砲×3）
    - 第2小隊（第1小隊と同じ）
    - 第2小隊（第1小隊と同じ）
    - 第4小隊（第1小隊と同じ）

※1944年2月1日に有効となった編制表（K.St.N.446b）のもの。ただし、以前の編制表（K.St.N.446および446a）も有効なままで、突撃砲大隊の編制定数は、22両（大隊本部1両+7両中隊×3）、31両（大隊本部1両+10両中隊×3）、45両（大隊本部中隊3両+14両中隊×3）の3通りがありえた。
その後、同年6月1日には、突撃砲中隊（10両）（自動車化）（K.St.N.446A型）と、突撃砲中隊（14両）（自動車化）（K.St.N.446B型）の2通りに整理統合されて敗戦まで有効となっている。

*3＝同時に、突撃砲の護衛任務などを担当する歩兵部隊として、突撃砲兵旅団随伴擲弾兵中隊が創設され、これを有する旅団は正式には突撃砲兵旅団として区別された。

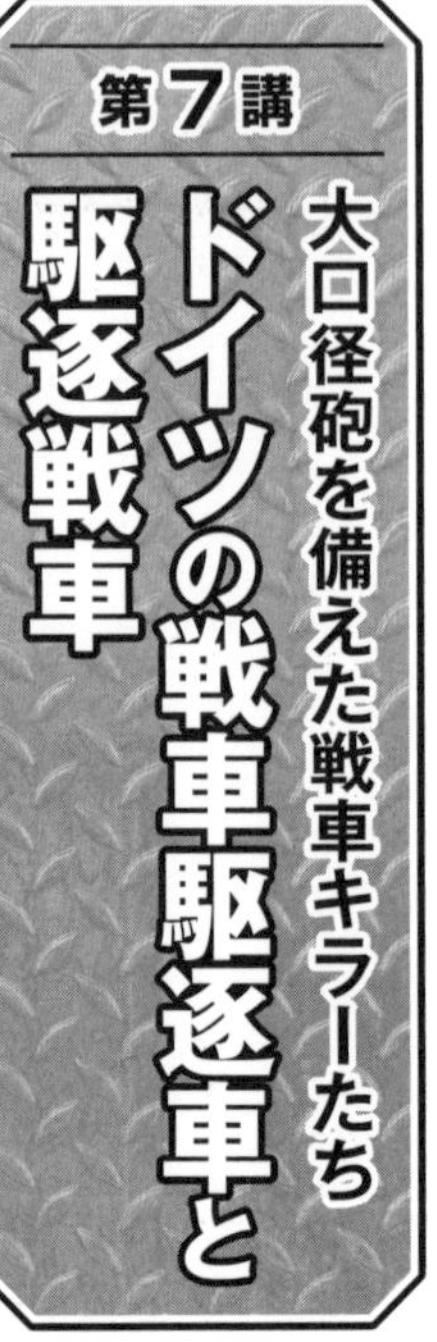

第7講 ドイツの戦車駆逐車と駆逐戦車

大口径砲を備えた戦車キラーたち

第一次世界大戦中のドイツ軍は、連合軍が投入してきた新兵器である戦車に対抗するため、機動力を備えた対戦車火力を活用した。といっても、各師団に所属する砲兵連隊のうち、野砲1個中隊（7・7㎝野砲6門装備）を牽引用の馬匹に繋いだまま待機させておき、敵戦車出現の警報とともに現場付近に急行させる、というものだ。当時はまだ専用の対戦車砲が配備されておらず、野砲が対戦車戦闘に投入されていた。また、当時のイギリス軍のいわゆる菱形重戦車は速度が遅く、馬匹牽引の野砲でも迅速に展開すれば対応可能だったのだ。

対戦車砲部隊の自動車化

第一次世界大戦後のドイツ軍は、1930年代初めの時点で、各歩兵師団内に自動車化された対戦車砲部隊を置くことを計画していた。もう少し細かく言うと、自動車兵監部（兵監第6部）の1931～32年の業務計画の中で、今後の課題として、自動車化捜索部隊の創設と、将来の戦車の運用（歩兵の直接支援にしばら

対戦車砲部隊の自動車化

初期の装甲師団は、対戦車部隊として自動車化対戦車大隊が建制の中に組み入れられてたけど、まだ3・7㎝対戦車砲をトラックに牽引させてたのよ

自動車化対戦車大隊は、中隊3個で構成されており、中隊1個は小隊3個ね。1小隊につき3門の対戦車砲があるから、1個大隊は27両の対戦車砲を持っていたのね

れない集中的な運用を意味する）に適した部隊の編成（具体的には、まず装甲師団、つぎに装甲軍団）に加えて、歩兵師団の固有の編制内に自動車化対戦車大隊を新設することがあげられていたのだ。

自動車兵監部とは、もともと戦線後方での補給物資の輸送などを担当していた自動車兵科の訓練査閲部門だ。その後、1934年には戦闘用の装甲車両を装備する捜索部隊なども管轄することにあわせて自動車戦闘兵監部に改称され、1935年のヒトラーによる「ヴェルサイユ条約」の破棄と再軍備の宣言後に装甲部隊司令部へと改称されることになる。

その自動車兵監部が管轄する部隊には、自動車化された対戦車部隊も含まれており、組織の公式な方針として、自動車化捜索部隊や装甲部隊と並んで、自動車化対戦車部隊の新設が計画されていたのだ。これを見ても、自動車兵科（のちの装甲兵科）内で機動力を備えた対戦車火力が重要視されていたことがよく分かる。

そして1935年3月、ヒトラーは、ドイツ軍の総兵力や戦車の保有などにきびしい制限を課していた「ヴェルサイユ条約」の破棄と再軍備を宣言。次いで、同年10月にはドイツ軍初の装甲師団が3個編成された。

初期の装甲師団は編制が統一されていなかったが、たとえば第1装甲師団隷下の自動車化対戦車大隊は、自動車化対戦車中隊3個を基幹としていた。その自動車化対戦車中隊は、トラックに牽引される3・7㎝対戦車砲各3門を装備する自動車化対戦車小隊3個を基幹としていた。また、同時期の標準的な歩兵師団の編制表を見ると、隷下の歩兵連隊3個にそれぞれ自動車化対戦車中隊が1個所属しており、各中隊は同じくトラックに牽引される3・7㎝対戦車砲各3門を装備する自動車化対戦車小隊3個を基幹とすることになっていた。

つまり、この時点では、前が車輪で後ろが履帯（いわゆるキャタピラ）という半装軌（ハーフトラック）式の牽引車さえ配備されていなかったのだ。ちなみに、第二次世界大戦初期のドイツ軍の主力対戦車砲である3・7㎝対戦車砲ＰａＫ36を牽引するＳｄ.ｋｆｚ.10半装軌式牽引車（いわゆる1ｔハーフトラック）が大量生産に移行するのは、1937年7月のことだ。

戦車駆逐車の構想

ドイツ陸軍で各種車両の開発を所掌していた陸軍兵器局第6課は、実はヒトラーの再軍備宣言前から、半装軌式の車台に対戦車砲やカノン砲[*1]を搭載した車両の研究に着手していた。そして再軍備宣言後の1935年10月には『戦車群への攻撃的な防御』と題した公式の報告書をまとめており、その中で将来の対戦車

*1＝独語の「Kanone」、英語の「Cannon」で、日本陸軍では「加農」の字を当てたが、陸上自衛隊では「加農砲」と表記しており、ここでは「カノン砲」とした。

車両に必要な能力として、戦車と同等の不整地踏破能力を備えたうえで戦車よりも高速で機動できること、などをあげている。

また、1935年冬から翌年初頭にかけて、のちに「ドイツ装甲部隊の父」と呼ばれることになるハインツ・グデーリアン大佐と、のちにグデーリアンが指揮する装甲集団の参謀長などを務めることになるヴァルター・ネーリング中佐は、陸軍参謀本部が発行する公式雑誌『軍事学概観』に「装甲部隊とその他兵科との協同」「対戦車防御」というテーマの記事を寄稿した。この中でネーリング中佐は、のちの「戦車駆逐車（パンツァーイェーガー）」に相当する車両を要求している[*2]。具体的にいうと、口径10㎝までのカノン砲を搭載し、敵戦車と同等の機動力を備える一方で装甲はそれより薄い、という対戦車車両だ。さらに、グデーリアン少将（1936年8月に昇進）は、1937年に出版された自著[*3]の中で、快速で防御力に富んだ対戦車部隊の必要性を明記している。

このようにドイツ軍では、第二次世界大戦前から兵器の開発側と運用側の双方で、強力な対戦車火力と高い機動力、ある程度の装甲を備えた対戦車車両の必要性が明確に認識されていたのだ。

こうした認識が生まれた要因のひとつとして、冒頭で述べた第一次世界大戦中の馬匹牽引の砲兵部隊による対戦車戦闘の事例があげられる。ただし、第一次世界大戦後のドイツ軍では、この種の対戦車車両は、砲兵科の管轄ではなく、自動車兵科の管轄となった。その一方で、歩兵部隊を直接支援する自走砲、すなわち突撃砲は砲兵科の管轄となる（第6講を参照）。つまりドイツ軍では、対戦車車両は自動車兵科（のちの装甲兵科）、歩兵支援用の突撃砲は砲兵科、という住み分けで一旦落ち着くことになるのだ。

初期の半装軌式対戦車車両の開発

陸軍兵器局第6課は、前述したように1934年11月から、半装軌式の車台に対戦車砲やカノン砲を搭載した車両の研究に着手していた。具体的には、まずビュッシングNAG社[*4]で開発が進められていた半装軌式牽引車（のちに後述する5tハーフトラックに発展）をベースにした専用車台のBNL6（H）に、ラインメタル社で開発中の40・8口径7・5㎝カノン砲を上部開放式（オープントップ）の砲塔に搭載する車両の開発を進めて、少なくとも1両の試作車が製作された。続いて、車台を改良型のBN10（H）に変更するなど、各部に改良を加えた試作車が3両製作されている。

次いで1935年6月には、ボルクヴァルト社傘下のハンザ・ロイド社が開発を進めていた半装軌式牽引車HLkl3に装甲

*2＝ヴァルター・ネーリング（大木毅訳）『ドイツ装甲部隊史1916-1945』（2018年、作品社）P.110などを参照。*3＝ハインツ・グデーリアン（大木毅訳）『戦車に注目せよ！』（2016年、作品社）P.242などを参照。*4＝Nationale Automobil-Gesellschaftの略で、国家自動車会社の意だが、国有企業ではない。

を施して、ラインメタル社で開発中の超長砲身の70口径3・7㎝対戦車砲を上部開放式の砲塔に搭載した車両の開発に着手し、試作車が1両製作された。

だが、これらの車両は完成度が低かったためか、いずれも量産されていない。ただし、7・5㎝砲の搭載車に関しては、発展型である41[*5]口径7・5㎝砲装甲自走砲架Ⅱ型が4両だけ生産されて実戦に投入されることになる。

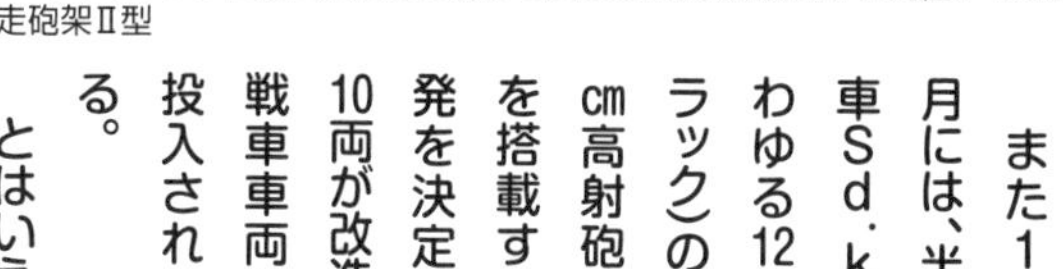

ハーフトラックに密閉式戦闘室を設けて7.5cm砲を搭載した41口径7・5cm砲装甲自走砲架Ⅱ型

また1938年8月には、半装軌式牽引車Sd．kfz．8（いわゆる12tハーフトラック）の車台に8・8㎝高射砲FlaK18を搭載する車両の開発を決定。こちらも10両が改造されて、対戦車車両として実戦投入されることになる。

とはいえ、これらの半装軌式の対戦車車両の大量生産は行なわれず、戦車と同等の不整地踏破能力を持つ全装軌式の対戦車車両の配備はほとんど手つかずのまま、1939年9月に第二次世界大戦の勃発を迎えることになった。

4・7㎝対戦車砲から7・62㎝対戦車砲の搭載へ

陸軍兵器局第6課は、1939年9月に始まったポーランド戦で非力さを露呈したI号戦車の車台を流用して、もともとチェコスロバキア[*6]のシュコダ社で開発された4・7㎝対戦車砲を搭載する対戦車車両の開発を決定。1939年9月末には、アルケット社と開発契約が結ばれた。このI号戦車B型搭載4・7㎝対戦車砲（自走）は、I号戦車B型の車台に上部開放式の固定戦闘室

I号戦車B型の車台に4.7cm対戦車砲PaK(t)を搭載したI号戦車B型搭載4.7cm対戦車砲（自走）

*5＝名称は41口径だが、実口径は40.8口径のまま。
*6＝1938年3月に分割されて、チェコはドイツに併合され、スロバキアはドイツの保護国となっていた。

を設けて、限定旋回式の4・7㎝対戦車砲PaK(t)[7]を搭載したもので、1940年3月から5月にかけてアルケット社で130両（1941年7月までにさらに2両）が改造された。おもに独立の戦車駆逐（パンツァーイェーガー。直訳すると装甲猟兵）大隊に配備され、1940年5月に始まった西方進攻作戦から実戦に投入されて好評を得ている。

　この戦車駆逐部隊（パンツァーイェーガートルッペン）とは、かつての対戦車部隊（パンツァーアプヴェーアトルッペン）のことで、独立の戦車駆逐大隊は、特定の師団に隷属するのではなく、通常は軍や軍団などの直轄部隊となり状況に応じて師団などの下級部隊に配属されるかたちで運用される部隊だ。

　西方進攻作戦のあと、ドイツ軍は、1941年3月からイタリア軍を助けるために北アフリカに上陸し、イギリス軍の重装甲の歩兵戦車Mk.IIマチルダに手こずらされた。さらに1941年6月に始まったソ連進攻作戦では、緒戦でソ連軍の大部隊を包囲して大きな損害を与える一方で、同時期のドイツ戦車を上回る防御力を備えたT-34中戦車やKV重戦車などの新型戦車に遭遇した。

　こうした状況の中、陸軍兵器局第6課は、独ソ戦の緒戦で大量に鹵獲したソ連製の76・2㎜[8]師団砲F-22（M1936）を対戦車車両に搭載することにした。この火砲は、当時としてはかなりの対戦車能力を発揮できたのだ。

　まず1941年8月、半装軌式牽引車Sd.kfz.6（いわゆる5tハーフトラック）の車台に搭載することを決めると、アルケット社で10両（試作車1両を含む）が生産された。この車両には、Sd.kfz.6の正規の派生型として[9]Sd.kfz.6/3の名称が与えられ、北アフリカ戦線で実戦に投入されている。なお、のちの報告書を見ると、搭載火砲が76・2㎜師団砲F-22をベースにドイツ側で薬室を拡大するなどの改良を加えた7・62㎝対戦車砲PaK36(r)に変わっているので、おそらく現地改造によるものと思われるがハッキリしない。

Sd.kfz.6ハーフトラックにソ連軍から鹵獲した7・62cm野砲FK296(r)を搭載したSd.kfz.6/3

*7＝末尾の(t)はチェコを意味する。チェコスロバキア軍での名称はKPUV.vz.36。　*8＝ドイツ軍名称は7・62cm野砲FK296(r)。(r)はロシアを意味する。
*9＝ちなみに、Sd.kfz.6/1は基本型で牽引車、Sd.kfz.6/2は3.7cm対空機FlaK36機関砲搭載車。　*10＝チェコ併合前の社名はCKD社で、チェコスロバキア軍のLT.vz.38戦車、のちのドイツ軍名称38(t)戦車の開発生産を担当していた。

マルダーⅠ、Ⅱ、Ⅲの開発

次いで1941年12月、陸軍兵器局第6課は、既存のⅡ号戦車D型およびE型の車台を改造して前述の7・62㎝対戦車砲PaK36（r）を搭載する車両の開発を決定。開発を担当したアルケット社で、1942年1月から1943年6月にかけて52両が改造された。

さらに、この車両の開発決定直後に、チェコスロバキアで開発された38（t）戦車の車台に同じ砲を搭載する車両の開発も決定。38（t）戦車のメーカーであるBMM社[*10]で、1942年2月から10月にかけて（6月までは38（t）戦車と並行して）既存車台の流用ではなく新規に344両が生産された。

この2車種は、いずれも旧式化しつつあった軽戦車の車体と鹵獲した野砲を組み合わせたものだが、十分に戦力となっている。

続いて1942年5月には、Ⅱ号戦車F型の車台にドイツのラインメタル社で開発された新型の7・5㎝対戦車砲PaK40を搭載する対戦車車両の開発に着手。車台はMAN社、主砲はラインメタル社、戦闘室はアルケット社と開発契約が結ばれた。そしてFAMO社[*11]で1942年7月から1943年6月にかけて531両が新規に生産された。加えて1942年12月頃には、前線から送り返されてきた既存のⅡ号戦車を改造して同じく7・

マルダー

*11=Fahrzeug und Motoren Werkeの略で、車両および発動機製作所の意。

5cm対戦車砲PaK40を搭載する契約が、FAMO、MAN、シュコダの各社と結ばれており、少なくとも68両、おそらくはこの2倍程度の中古車両が改造されたと見られている。

また、同じく1942年5月には、38(t)戦車の車台に7・5cm対戦車砲PaK40を搭載した車両の開発にも着手。開発を担当したBMM社で、前述の7・62cm対戦車砲PaK36(r)搭載車から切り替えるかたちで、同年11月から1943年5月にかけて新規に275両が生産された。

次いで1942年末には、38(t)戦車の車台に大幅な改良を加えて生産性を向上させることを決定。アルケット社で車台の中央部にエンジンを搭載して後部に戦闘室を置く設計案がまとめられて、1943年初めにBMM社に設計図が届けられると、同

■マルダーⅠ

フランスから鹵獲したロレーヌ37L牽引車の車台を改造して7.5cm対戦車砲PaK40を搭載したマルダーⅠ。重量8.3トン、最大装甲厚12mm

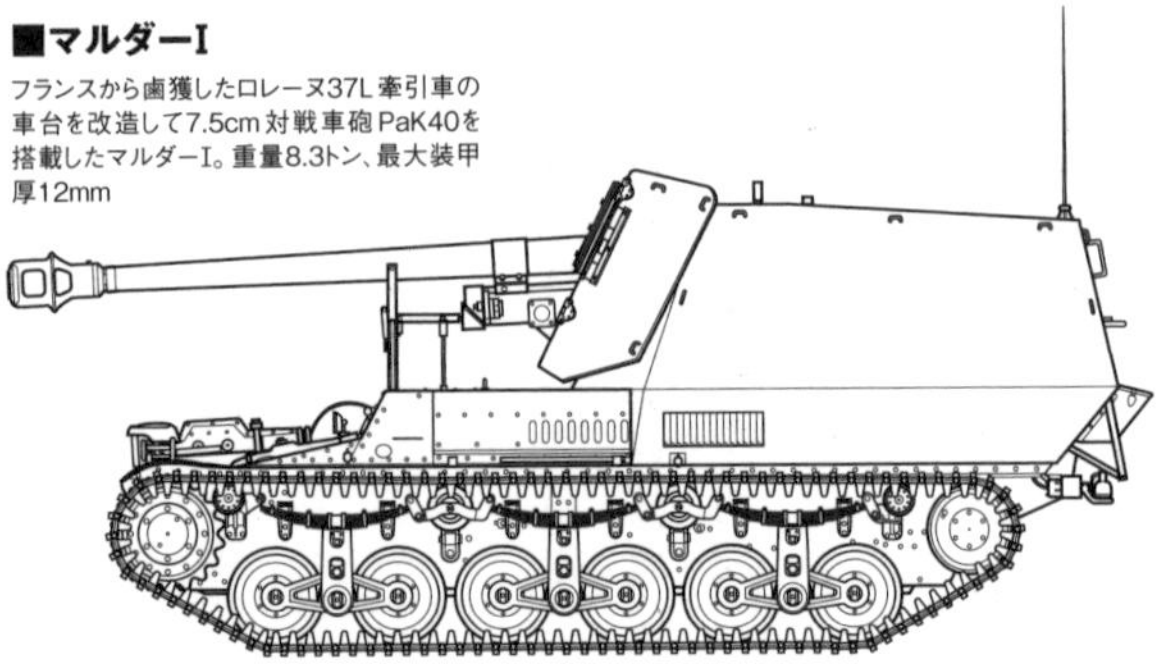

■マルダーⅡ初期生産型

大型転輪のⅡ号戦車D型/E型の車台に、ソ連軍から鹵獲した7.62cm対戦車砲PaK36(r)を搭載したマルダーⅡ初期生産型。重量11.5トン、最大装甲厚30mm

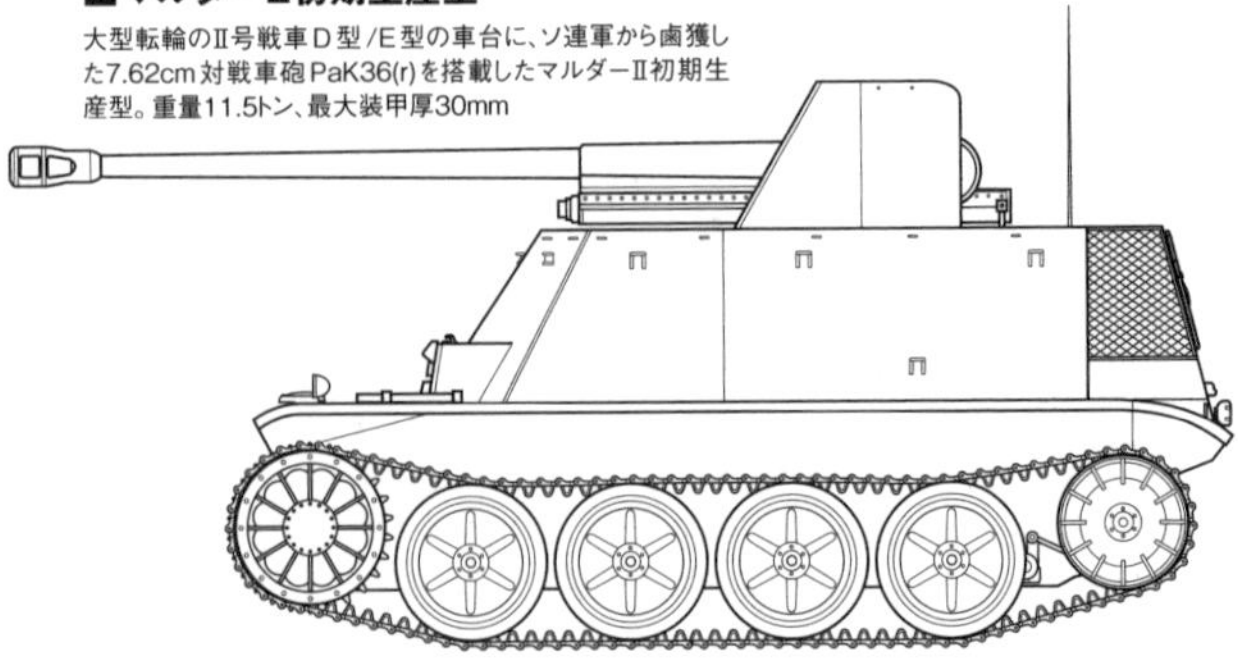

■マルダーⅡ

Ⅱ号戦車F型の車台に7.5cm対戦車砲PaK40を搭載したマルダーⅡ。重量10.8トン、最大装甲厚35mm

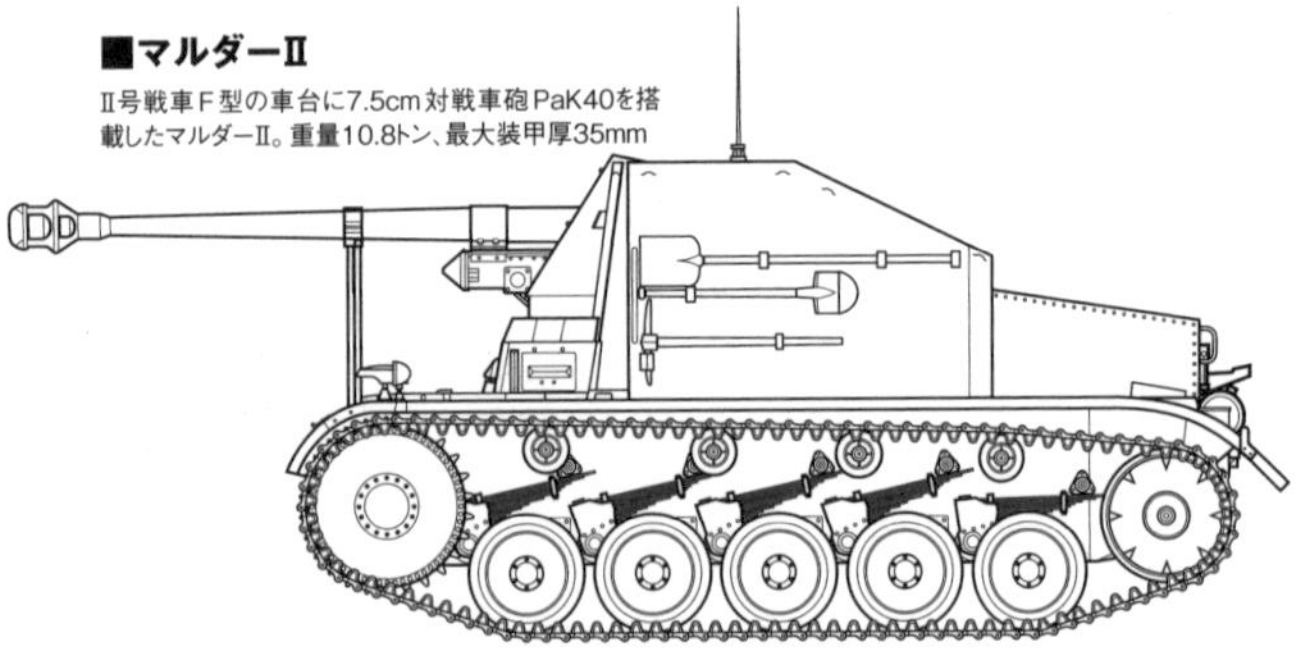

■マルダーⅢ

38(t)戦車の車台に7.62cm対戦車砲PaK36(r)を搭載したマルダーⅢ。重量10.67トン、最大装甲厚50mm

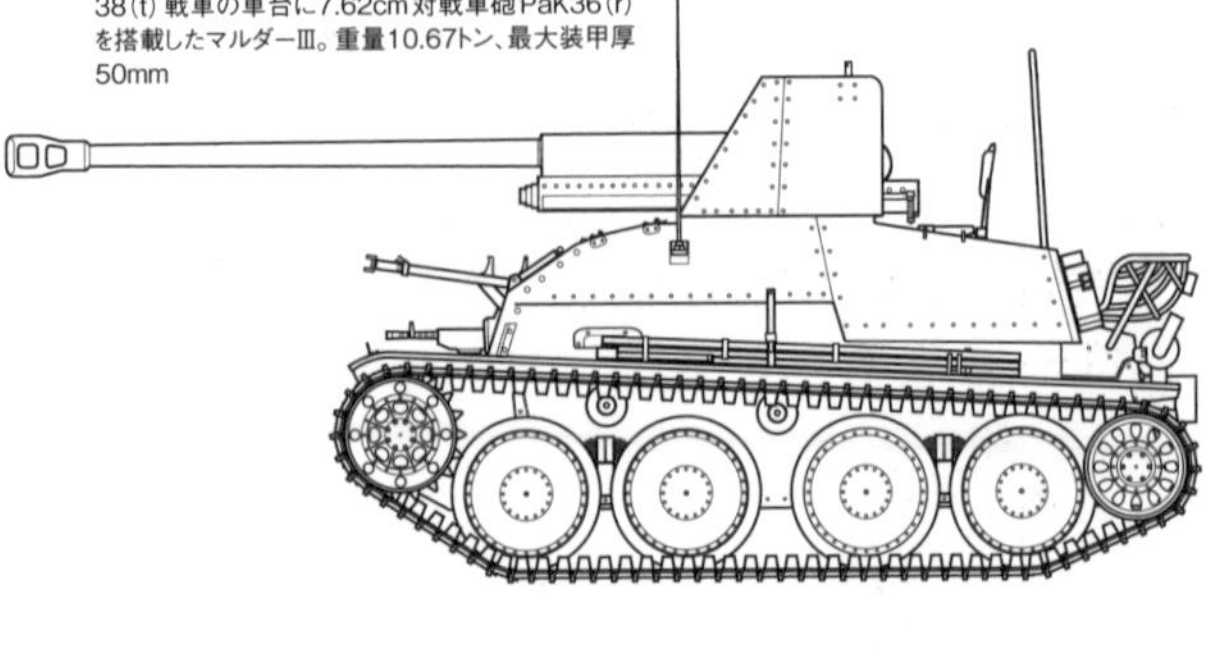

社で1943年5月から1944年5月にかけて942両が生産された。

　さらにフランス軍から接収された全装軌式のロレーヌ37L牽引車の車台を改造して7・5㎝対戦車砲PaK40を搭載する車両もアルケット社で開発され、1942年7月からドイツ支配下のパリ郊外に置かれた陸軍車両集積所(以前はホチキス社の工場だった)で170両が改造されている。

■マルダーⅢH

エンジンを車体後部に搭載した38(t)戦車の車台に7.5cm対戦車砲PaK40を搭載したマルダーⅢH。重量10.8トン、最大装甲厚50mm

■マルダーⅢM

エンジンを車体中央部に移した38(t)戦車の車台に7.5cm対戦車砲PaK40を搭載したマルダーⅢM。戦闘室が後部に移動している。重量10.5トン、最大装甲厚20mm

　これらの7・62㎝対戦車砲PaK36(r)または7・5㎝対戦車砲PaK40を搭載した車両のうち、ロレーヌ37L牽引車車台にはマルダーⅠ、Ⅱ号戦車車台にはマルダーⅡ、38(t)戦車車台にはマルダーⅢの名称が与えられている。また、7・5㎝対戦車砲PaK40搭載のマルダーⅢのうち、エンジンを車体の後部に搭載している旧型車台(戦車車台)はマルダーⅢH(Heckの略で後部を意味する)、エンジンを車体の中央部に搭載している新型車台はマルダーⅢM(Mitteの略で中央部を意味する)と区別される。

　これらの車両は、おもに装甲師団や装甲擲弾兵師団(自動車化歩兵師団を改称)、歩兵師団などの隷下または独立の戦車駆逐大隊に、半装軌車に牽引される対戦車砲に代わる対戦車車両として配備された。

戦闘室が車体の中央にあるマルダーⅢH

ナースホルンの開発

ここで話は第二次世界大戦の勃発直後に戻る。

陸軍兵器局は、1939年9月19日にクルップ社に対して、Ⅳ号戦車の構成部品を利用した車台に上部開放式の戦闘室を設けて10㎝カノン砲K18（52口径で実口径は10・5㎝）を搭載する車両の最終仕様を送付した。この車両が10・5㎝カノン砲Ⅳa型装甲自走砲架で、既述の『軍事学概観』に掲載されたネーリング中佐の記事の中で要求されていた対戦車車両によく似ている。ところが、この車両の試作車2両が完成したのは、西方進攻作戦後の1941年1月になり、量産も行なわれなかった。ただし、その試作車は、独立の戦車駆逐大隊に配備されて独ソ戦に参加している。

また、陸軍兵器局第6課は、1939年の終わり頃には全装軌式の専用車台に8・8㎝高射砲FlaK18（FlaK36とする資料もある）を搭載する対戦車車両も考えており、1940年の初め頃にクルップ社に3両を発注した。このⅣc型装甲自走車台は、西方進攻作戦に間に合わず、ラインメタル社製の8・8㎝高射砲FlaK41を搭載する対空車両に用途が変更されることになり、名称もVFW[*12]に改められたが、3両の試作のみに終わっている。

そして、前述したように1941年末以降の対戦車車両は、この

ような専用車台ではなく、旧式化しつつあった戦車（と接収した外国製車両）の車台を用いたものが主流になっていった。

その一方で自走砲に関しては、陸軍兵器局は専用車台の研究を続けており、1941年9月時点ではⅢ号戦車やⅣ号戦車の構成部品を用いた、いわゆるⅢ／Ⅳ号車台を検討していた。そして1942年春には、Ⅲ／Ⅳ号車台に15㎝重野戦榴弾砲ｓＦＨ18を、Ⅱ号戦車の車台に10・5㎝軽野戦榴弾砲ｌｅＦＨ18を、それぞれ上部開放式の戦闘室を設けて搭載する自走砲の開発を決定した。当時、各歩兵師団に所属していた標準的な砲兵連隊では、第1〜3大隊に10・5㎝軽野戦榴弾砲ｌｅＦＨ18、第4大隊に15㎝重野戦榴弾砲ｓＦＨ18が、それぞれ配備されていた。これらをそのまま自走砲化することになったわけだ。

その後、一旦は10・5㎝軽野戦榴弾砲もⅢ／Ⅳ号車台に搭載して車台を統一することになったが、1942年7月の会議でヒトラーの指示によりⅡ号戦車の車台に搭載することが決まった（これがのちにヴェスペとなる）。その一方でⅢ／Ⅳ号車台は、15㎝重野戦榴弾砲を搭載する自走砲（のちにフンメルとなる）に加えて、新型の8・8㎝対戦車砲ＰａＫ43を搭載する対戦車車両の開発も決定。すぐにアルケット社と8・8㎝対戦車砲搭載車両

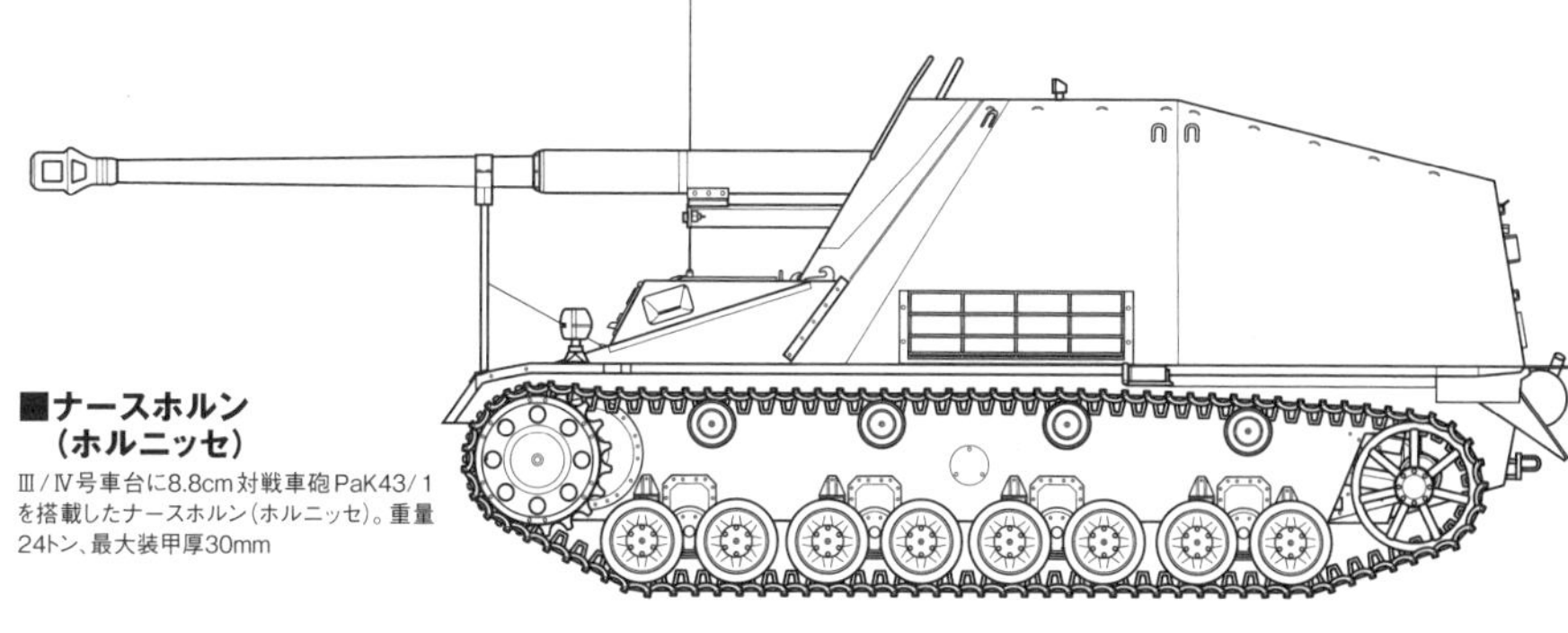

■ナースホルン（ホルニッセ）

Ⅲ/Ⅳ号車台に8.8cm対戦車砲PaK43/1を搭載したナースホルン（ホルニッセ）。重量24トン、最大装甲厚30mm

東部戦線における第519重戦車駆逐大隊のナースホルン

*12=Versuchsflakwagenの略で、試作対空車両の意。

の開発契約が結ばれ、1942年10月末頃には試作車が完成した。この対戦車車両は、上部開放式の戦闘室に8・8cm対戦車砲PaK43/1(PaK43の車載型)を搭載しており、ホルニッセ、ナースホルンなどと呼ばれている。開発を担当したアルケット社で1943年2月から1945年3月にかけて494両が生産され、おもに独立の重戦車駆逐大隊に配備されている。

Ⅳ号駆逐戦車の開発

これまで述べてきた装甲兵科が管轄する対戦車車両は、上部開放式の戦闘室に主砲を装備しており、装甲は小銃弾や榴弾の破片を防ぐ程度の薄いもので、防御力が低かった。

これに対して砲兵科が管轄する突撃砲[*13]は、Ⅲ号戦車の車台を転用した密閉式の戦闘室を備えていた。そして、各部の装甲が段階的に強化されるとともに、1942年3月から長砲身の7・5cm砲が搭載されて高い対戦車戦闘能力を発揮するようになった。

その半年後の1942年9月、陸軍兵器局第6課は、すでにⅣ号戦車の生産に加わっていたフォマーク社に対して、Ⅳ号戦車の車台を転用して長砲身の7・5cm砲を搭載する対戦車車両の開発を求めた。この車両は、開発初期にはフォマーク製軽戦車駆逐車などと呼ばれていたが、のちにⅣ号駆逐戦車F型などと呼ばれることになる(その間に後述するような突撃砲をめぐる砲兵科と装甲兵科の綱引きが生じる)。

このⅣ号駆逐戦車F型は、これまで述べてきた上部開放式の対戦車車両とは異なり、密閉式の戦闘室に48口径7・5cm対戦車砲PaK39を搭載していた。装甲は、車体前面上部が60mm(1944年5月から80mmに強化される)、下部が50mm、戦闘室前面が50mmで、各部に傾斜装甲が採用されており、これまで述べてきた各種の対戦車車両を大きく上回る防御力を備えていた。開発を担当したフォマーク社で1944年1月から11月にかけて750両(804両などの異説あり)が生産され、おもに装甲師団や装甲擲弾兵師団隷下の戦車駆逐大隊に対戦車車両として配備されている。

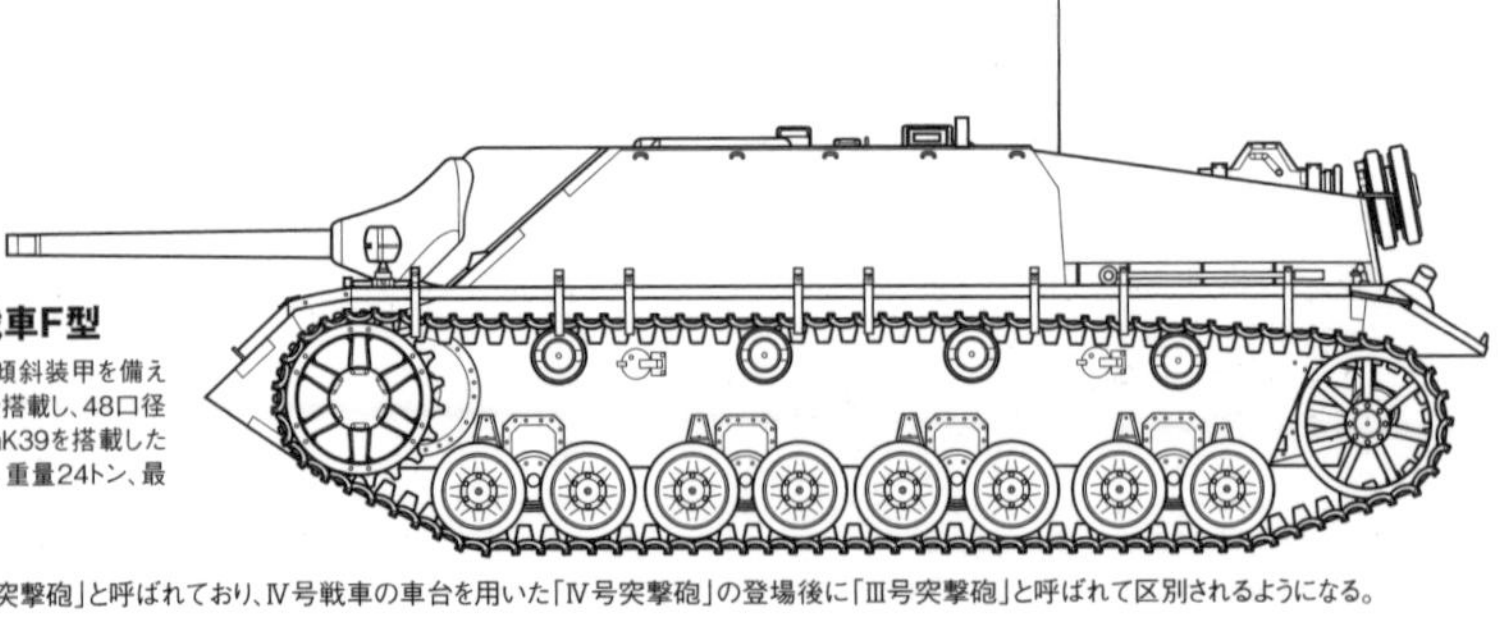

■Ⅳ号駆逐戦車F型

Ⅳ号戦車の車台に傾斜装甲を備えた密閉式の戦闘室を搭載し、48口径7.5cm対戦車砲PaK39を搭載したⅣ号駆逐戦車F型。重量24トン、最大装甲厚80mm

*13=当初は単に「突撃砲」と呼ばれており、Ⅳ号戦車の車台を用いた「Ⅳ号突撃砲」の登場後に「Ⅲ号突撃砲」と呼ばれて区別されるようになる。

付け加えると、同じく1944年1月から、クルップ社もⅣ号戦車の生産を打ち切ってⅣ号戦車の車台を用いたⅣ号突撃砲の生産を開始しており、この月はドイツの装甲車両生産のひとつの転機といえるだろう。

駆逐戦車と突撃砲

繰り返しになるが、突撃砲は長砲身の7・5㎝砲を搭載して高い対戦車戦闘能力を発揮するようになった。言い方をかえると、突撃砲の当初の任務である味方の歩兵部隊による敵陣地の攻撃などの直接支援だけでなく、本来は装甲兵科が管轄する戦車駆逐部隊の任務である対戦車戦闘においても大きな活躍を見せるようになったのだ。

一方、装甲兵科の管轄で前述のⅣ号駆逐戦車のように戦車にほぼ匹敵する装甲を備えた対戦車車両は、一般に「駆逐戦車(ヤークトパンツァー)」と呼ばれている。といっても、基本的な機能は、長砲身の7・5㎝砲を搭載する突撃砲と大差ない。大きく異なっていたのは、突撃砲は砲兵科の管轄でもともとの任務は歩兵支援、駆逐戦車は装甲兵科の管轄で本来の任務は対戦車戦闘、という点だ。

そして、1943年3月に装甲兵科のトップである装甲兵総監となったグデーリアン上級大将は、着任早々にヒトラーほか

多数の軍首脳部を集めた会議の席上で、各歩兵師団隷下の戦車駆逐大隊(前述のように装甲兵科の管轄)への突撃砲の配備や、突撃砲の砲兵科から装甲兵科への移管などを求めた。またグデーリアンは、戦車の代用として突撃砲を装備する戦車大隊の装甲師団への編入を、戦車の増産が進むまではやむを得ない、として受け入れた。

しかし、突撃砲の砲兵科から装甲兵科への移管は、砲兵科の強い反対もあって実現しなかった。その一方で、突撃砲や駆逐戦車は、各師団隷下の戦車駆逐大隊に加えて、戦車大隊にも戦車の代用として多数配備されるようになっていく。

Ⅳ号戦車/70(V)の開発

ここでまた時期は前後するが、陸軍兵器局第6課は、1942年9月に開かれたⅣ号戦車車台の突撃砲への転用を検討する会議で、前述のⅣ号駆逐戦車に超長砲身の70口径7・5㎝砲を搭載することも検討した。だが、この時はⅣ号駆逐戦車の生産開始を優先して、生産中に主砲を切り替える方針が決まった。

その後、1944年1月にヒトラーも臨席した会議で70口径7・5㎝砲の搭載が再度検討されて、最終的に大量生産が決定。これがⅣ号戦車/70(V)で、Ⅳ号駆逐戦車ラング(V)などとも呼ばれている。なお、名称中の「(V)」はフォマーク社を意味して

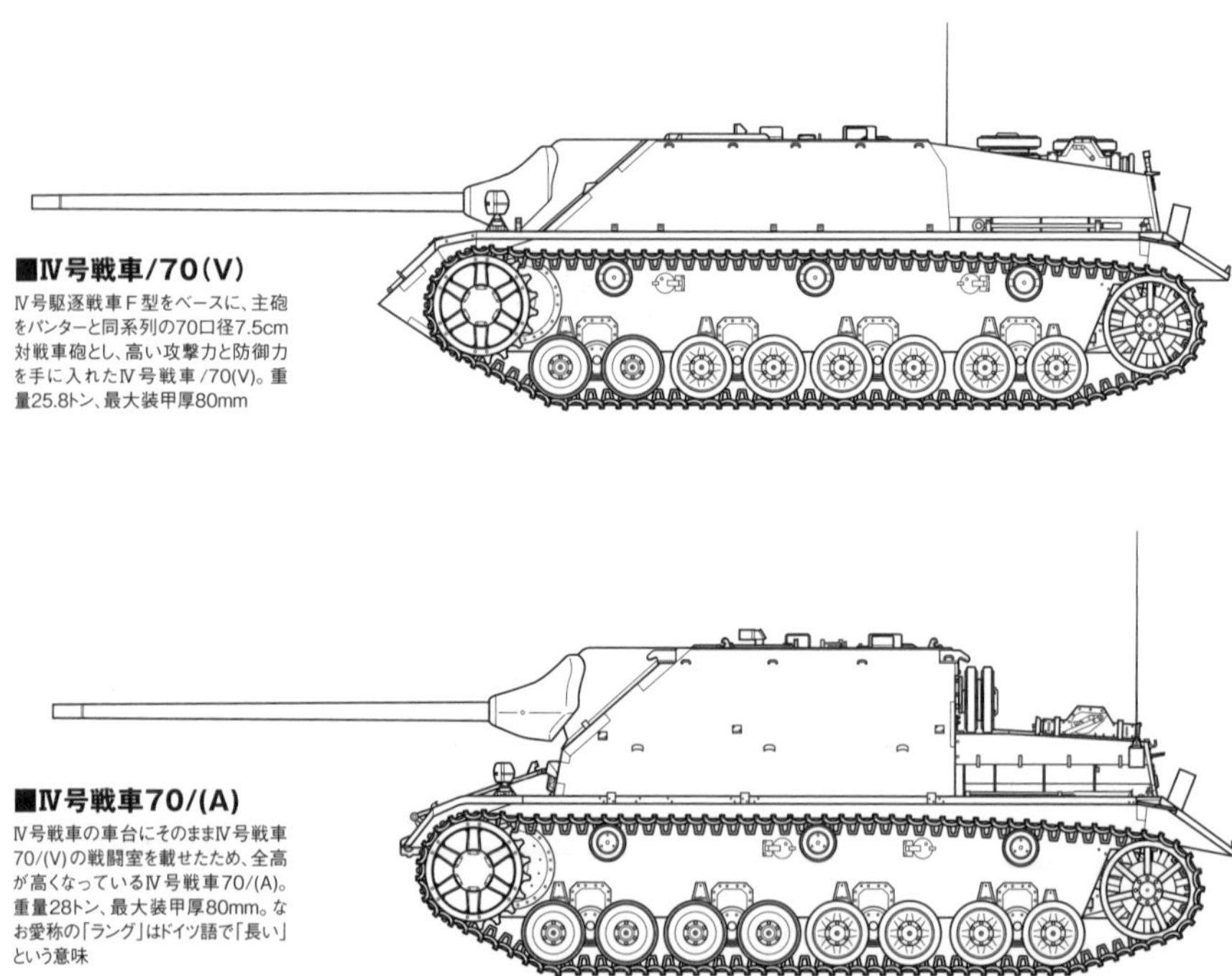

■Ⅳ号戦車/70(V)

Ⅳ号駆逐戦車F型をベースに、主砲をパンターと同系列の70口径7.5cm対戦車砲とし、高い攻撃力と防御力を手に入れたⅣ号戦車/70(V)。重量25.8トン、最大装甲厚80mm

■Ⅳ号戦車70/(A)

Ⅳ号戦車の車台にそのままⅣ号戦車70/(V)の戦闘室を載せたため、全高が高くなっているⅣ号戦車70/(A)。重量28トン、最大装甲厚80mm。なお愛称の「ラング」はドイツ語で「長い」という意味

いる。

このⅣ号戦車／70（V）は、70口径7・5㎝対戦車砲PaK42を搭載しており、装甲はⅣ号駆逐戦車F型の後期生産車と変わらない。Ⅳ号駆逐戦車F型と同じくフォマーク社で、1944年8月から（11月まではⅣ号駆逐戦車と並行して）1945年3月にかけて930両が生産された。

そして、まず不足している戦車の穴埋めとして、新編の装甲旅団隷下の戦車大隊に配備されたほか、装甲師団や装甲擲弾兵師団隷下の戦車駆逐大隊などにも配備されている。

Ⅳ号戦車／70（A）の開発

陸軍兵器局第6課は、長砲身の43口径や48口径の7・5㎝砲を搭載するようになったⅣ号戦車にも、超長砲身の70口径7・5㎝砲の搭載を求めたが、1943年9月にはⅣ号戦車の開発を担当したクルップ社から、砲塔内の容積不足などから不可能、と回答されていた。

低いシルエットと長大な超長砲身7.5cm砲を持つⅣ号戦車/70(V)

それでも兵器局は、1944年6月に70口径7・5㎝砲のⅣ号戦車への搭載を検討する会議を再度開催。Ⅳ号戦車の車台にⅣ号駆逐戦車のような傾斜装甲を導入するなどの手間を加えず、そのままⅣ号戦車／70（V）の戦闘室を組み合わせる、という折衷案をまとめて、アルケット社に開発を求めた。

こちらはⅣ号戦車／70（A）、Ⅳ号駆逐戦車ラング（A）などの名称が使われている。なお、名称中の「（A）」はアルケット社を意味している。

このⅣ号戦車／70（A）は、超長砲身の70口径7・5㎝砲を搭載して火力を強化する一方で、砲塔さえも省略して生産性を向上させた究極の戦時簡易型Ⅳ号戦車、ともいえるだろう。

Ⅳ号戦車／70（A）の

Ⅳ号戦車/70(V)と比べると明らかに背が高くなっているⅣ号戦車/70(A)

生産は、開発を担当したアルケット社では行なわれず、この時点でⅣ号戦車を唯一生産していたニーベルンゲン製作所で、1944年8月から1945年3月にかけて277両が生産された。そして、前述のⅣ号戦車／70（V）と同様に、戦車の穴埋めとして装甲師団や装甲擲弾兵師団隷下の戦車大隊に配備された。また、大戦末期の1945年に入ると突撃砲の代わりに突撃砲旅団にも配備されるようになった。

この種の駆逐戦車や突撃砲は、戦車と同等かそれ以上の火力や防御力を備えており、戦車よりも生産が容易という大きな利点があった。また、無砲塔で全高が低く被弾面積が小さいので、待ち伏せなどの防御には向いており、大戦末期のドイツ軍の状況にもマッチしていた。

だが、その一方で、固定式の戦闘室なので進行方向の狭い範囲しか砲撃できず、とくに対戦車戦闘においては回転砲塔を備えた戦車のような柔軟な戦闘が困難であり、通常の戦車を完全に置き換えるのは、やはり無理があった。

フェルディナント／エレファントの開発

さて、ここで話は独ソ戦の開始直前の1941年5月に戻る。

自動車の設計で才能を発揮してヒトラーの個人的な支持も得ていたフェルディナント・ポルシェ博士は、空冷ガソリン・エンジンを2基並列に搭載し、それぞれに連結された発電機による電力で車体前部に搭載された左右の電気モーターを駆動する、という珍しい動力系を採用した45t級の重戦車VK45.01（P）の開発に着手。独ソ戦開始から間もない1941年7月には、クルップ社にVK45.01（P）の装甲車台100両分と砲塔100基の製造契約が、またニーベルンゲン製作所に車台と砲塔の組み立て契約が、それぞれ与えられた。そして、1942年10月までに計10両が組み立てられたが、その間の試験では機関系を中心に不具

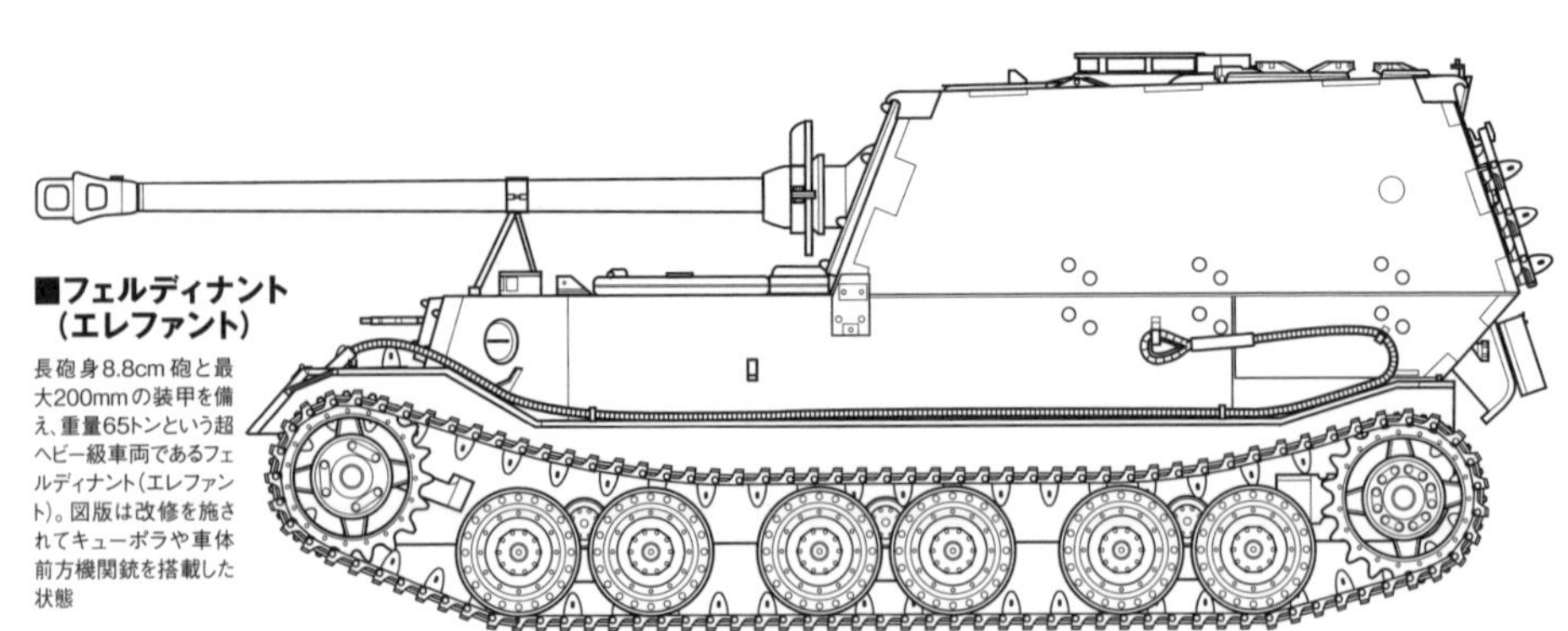

■フェルディナント（エレファント）
長砲身8.8cm砲と最大200mmの装甲を備え、重量65トンという超ヘビー級車両であるフェルディナント（エレファント）。図版は改修を施されてキューポラや車体前方機関銃を搭載した状態

エレファント

フェルディナント（エレファント）は、戦車としては生産中止となったフェルディナント・ポルシエ博士のVK45・01（P）の資材を使って90両だけ作られた、超重装甲、大火力の突撃砲（後に駆逐戦車）よ

主砲はティーガーIIと同じく71口径8・8cm砲、前面装甲はティーガーIの倍の200mmよ。途中から機関銃やキューポラが追加されたのね。駆動はエンジンで発電して電力で起動輪を動かすガス・エレクトリック式ね

合が続出し、重戦車としての量産は断念された（第4講を参照）。

そして1942年11月には、契約済みの車体100両のうち製造済みのものも含めた90両が、71口径8・8cm砲搭載の突撃砲に転用されることが決まった（時期的にはⅣ号駆逐戦車の開発開始のあとになる）。この71口径8・8cm砲搭載突撃砲は、ニーベルンゲン製作所で1943年1月から5月にかけて91両が生産された（完成済みの戦車型車両の改造と思われる試作車1両を含む）。この車両の名称は、他のドイツ軍車両と同様に変転を重ねているが、1943年11月以前はフェルディナント、以降はエレファントと呼ばれることが多かったようだ。

主砲は超長砲身の71口径8・8cm対戦車砲PaK43/2で、強

第654重戦車駆逐大隊のフェルディナント。クルスク戦で地雷を踏んで行動不能となった

力な対戦車火力を備えていた。装甲は、戦闘室前面が200㎜、車体前面が100㎜で100㎜の増加装甲を装着するなど、驚異的な厚さを誇っていた。エンジンは、ポルシェ社が設計した故障の多い空冷式のTyp101／1ガソリン・エンジンから、マイバッハ社製で信頼性の高い液冷式のHL120TRMガソリン・エンジンに変更された。

当初は、砲兵科が管轄する独立の第190、第197、第600突撃砲大隊に30両ずつ配備される予定だったが、グデーリアン装甲兵総監の指示によって、装甲兵科の管轄下で新編される独立の重戦車駆逐大隊2個（第653、第654重戦車駆逐大隊）に45両ずつ配備されることになった（厳密には第653重戦車駆逐大隊には44両が配備されている）。

そして、東部戦線で1943年7月に開始された「ツィタデレ」作戦で初めて実戦に投入されたのち、1944年1月から残存車両に対して車体前部右側に機関銃座を追加するなどの改造が施されている。

ヤークトパンターの開発

1942年1月、クルップ社は、前述の8・8㎝高射砲Flak18を搭載する全装軌式のⅣc型装甲自走車台の改良型として、密閉式の戦闘室に71口径8・8㎝砲を搭載するⅣc2型装甲

自走車台の設計案をまとめた。その後、モックアップの審査などを経て各部に改良が加えられてⅣｄ型装甲自走車台に改称され、同年６月には陸軍兵器局第６課からクルップ社に対して試作車３両が発注された。

次いで同年８月、陸軍兵器局第６課は、試作車台に新型戦車（のちにⅤ号戦車パンターとなる）のエンジンや懸架装置などの構成部品を流用することを指示。同年９月には、11月までに実大木型模型を製作し、翌１９４３年１月までに詳細な設計図面をまとめて、同年６月には試作車を完成させて、翌7月から量産車の引き渡しを始めることが決まった。

ところが、１９４２年９月にヒトラーも出席した会議でパンターの車台に71口径８・８㎝砲を搭載する突撃砲の開発が検討

体前面が分厚い傾斜装甲となっているヤークトパンター

され、最終的にはⅣｄ型装甲自走車台にパンターの構成部品を組み合わせるのではなく、パンターの車台を用いることが決まった。

さらに同年10月には、軍需品の生産の効率化で辣腕を振るっていたアルベルト・シュペーア兵器弾薬大臣（のちの軍需大臣）も出席した会議で、パンターの開発でＭＡＮ社に敗れたダイムラー・ベンツ社（以下ＤＢ社と略す）が、クルップ社からこれまでの開発データの提供と技術支援を受けて開発を担当することになった。そして同年12月には、生産はＭＩＡＧ社で行なわれることも決まった。

一方、Ⅴ号戦車パンターは、１９４３年１月に装甲強化型のパンター２（同年４月以降はパンタ

■ヤークトパンター

パンターの車台をベースに大きく傾斜した固定戦闘室を備え、71口径8.8cm対戦車砲を搭載したヤークトパンター。重量45.5トン、最大装甲厚80mm

ーⅡと呼ばれる）の生産が決まった。しかし、開発中のティーガー3（のちにティーガーⅡに発展する。ヘンシェル社では2月までこう呼称している）との構成部品の共通化にともなう再設計の影響などで量産の開始は逐次先送りされ、最終的には量産されずに終わる（第3講を参照）。ただし、パンターⅡの開発で得られたノウハウは、パンター車台の突撃砲やパンターG型に取り入れられることになる。

そして1943年6月には、DB社が作成した設計図面が実大木型模型とともにMIAG社に送付され、同年10月には最初の試作車が完成した。これがヤークトパンターで、主砲は71口径8・8cm対戦車砲PaK43／3、装甲は車体前面上部が80mmで大きく傾斜しており、高い対戦車火力とかなりの防御力を備えていた。

MIAG社で1944年1月から268両が生産されたほか、パンターの生産に加わっていたMNH社で同年11月から12両、装甲戦闘車両の生産を初めて手がけるMBA社[*14]で同じく11月から45両が生産されており、3社とも1945年4月にかけて合計で425両[*15]が生産された。

おもに独立の重戦車駆逐大隊に配備されたが、大戦末期には装甲師団隷下の戦車大隊や戦車駆逐大隊などにも配備されている。

ヤークトティーガーの開発

1943年1月、ヒトラーも出席した会議で、ティーガーを超長砲身の8・8cm戦車砲を搭載し車体前面装甲150mm、同側面装甲80mmに強化した新型に切り替えることが決まった。この車両は、ティーガー3やティーガーH3などと呼ばれており、のちにティーガーⅡとなる（第5講を参照）。

次いで、同月に軍需省で開かれた会議を踏まえて、ティーガーH3をベースに12・8cmカノン砲を搭載する突撃砲の開発も決まり、のちにヤークトティーガーとなる。そして翌2月には、突撃砲を含む火砲の開発を所掌していた陸軍兵器局第4課（砲兵課）から、主砲の開発を担当するクルップ社に対して、超重戦車のマウス用に開発された55口径12・8cm戦車砲をそのまま搭載したい、との意向が伝えられている。

なお、この時点では、ティーガー3の車台をベースにするが、エンジン[*16]を前部に移して用いることになっていた。ところが、車体の開発担当のヘンシェル社から、エンジンを前部に置く案は、主砲の砲身が車体の前方に大きく突き出ないこと以外に大した利点が無いこと、車体を30cm延長してエンジンを後部に置く案は、ティーガー3との部品や構造の共通化の面で利点が多いこと、などが示された。そして、最終的には通常のエンジンを後部に置く案が採用され、基本的にはティーガーⅡの車体を延長したも

*14= Maschinenbau und Bahnbedarf AGの略で、機械製造所および鉄道敷設株式会社の意。
*15=増加試作車2両を含まず。なお、以前の説である392両は1945年3月までの生産数。

■ヤークトティーガー

ヤークトティーガーは、ティーガーIIをベースとした車台に固定戦闘室を設けて55口径12.8cm砲を搭載。最大装甲厚は250mm、重量は75トンという巨大な重駆逐戦車だった

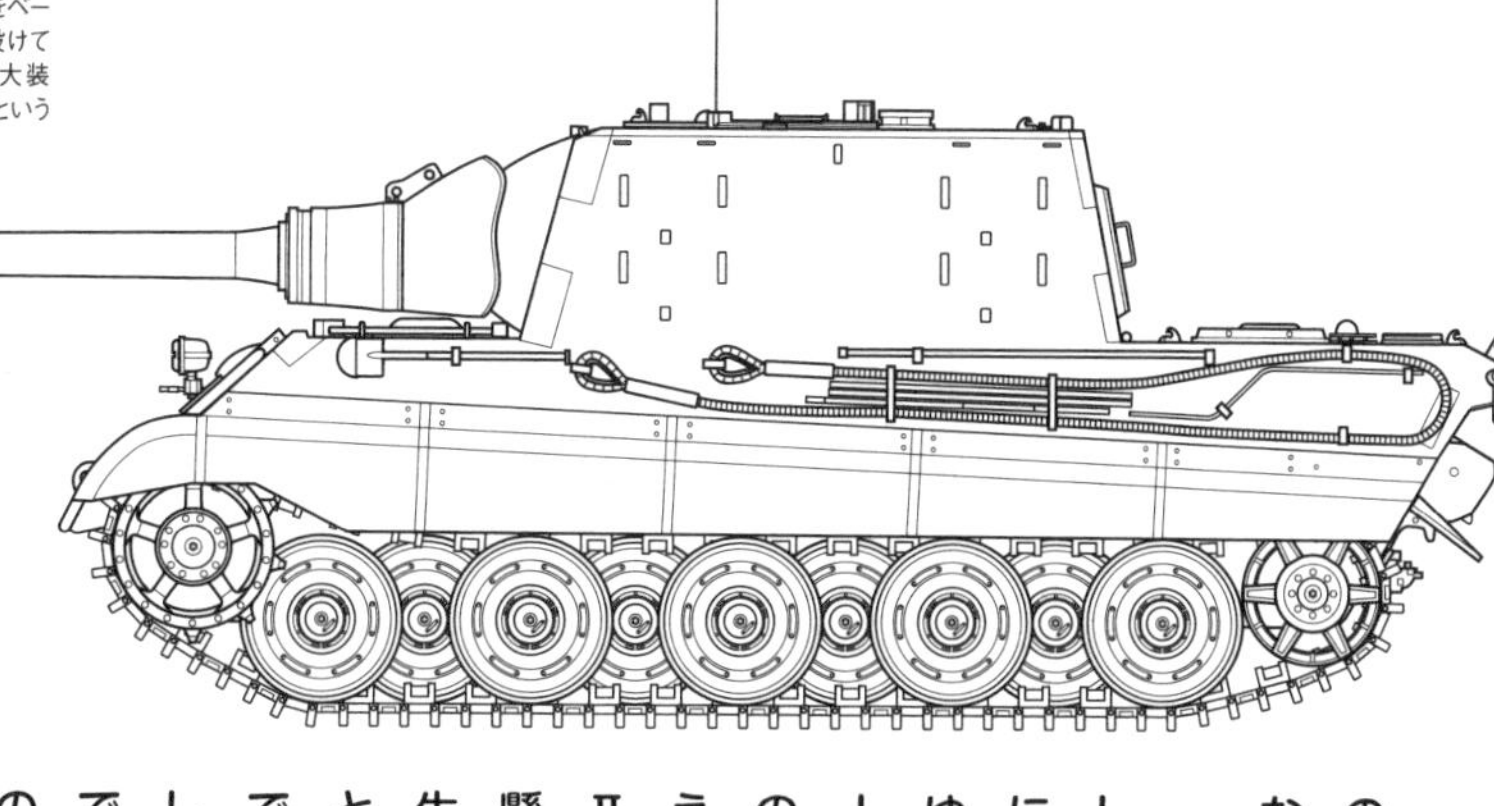

のが用いられることになる。

　ただし、懸架装置に関しては、1944年1月にポルシェ博士がいわゆるポルシェ・ティーガーやフェルディナントの懸架装置に改良を加えたものを、ティーガーIIのトーションバー式懸架装置よりも重量や生産性などの面で有利、とヒトラーに売り込んで採用が決まった。しかし、兵器局第6課は反対であり、両方の懸架装置の比較試験が行なわれることになった。

　そしてニーベルンゲン製作所で、1944年2月頃に軟鉄製の試

ヤークトティーガー

*16＝ちなみにポルシェ博士も、重戦車である101型（いわゆるポルシェ・ティーガー）の発展型である180型で、エンジンを車体中央部に置き、砲塔を車体後部に搭載する案を主張したことが伝えられている（第5講のコラム参照）。

作が完成。次いで2月中に、ポルシェ式懸架装置を備えた量産1号車と、トーションバー式懸架装置を備えた量産2号車が完成し、比較試験が行われた。その結果、ポルシェ式の懸架装置は15㎞／h以下での車体の上下動の問題などが指摘されて、採用は断念された。だが、量産車の車体は、開口部などがポルシェ式の懸架装置を前提として製作が進んでおり、最新の説では11両（以前の説では10両）がポルシェ式の懸架装置を備えて完成したとされている。

ヤークトティーガーの主砲は、55口径12・8㎝対戦車砲PaK44で、強力な対戦車火力を発揮できた。装甲は、車体前面上部が150㎜、戦闘室前面が250㎜で、フェルディナント／エレファントを上回る重装甲を備えていた。

生産数は、最新の説によると、生産が遅れていた12・8㎝対戦車砲に代わって8・8㎝対戦車砲PaK43／3を搭載した可能性がある4両、明確な完成記録が見つかっていない3両を含めて88両（78両などの異説あり）とされている。おもに独立の重戦車駆逐大隊に配備された。

アメリカ軍に鹵獲されたヤークトティーガー生産第4号車。米兵が持っているのが12.8cm砲弾の薬莢

ヘッツァーの開発

1943年11月、Ⅲ号突撃砲を生産していたアルケット社の工場が連合軍の航空部隊の爆撃を受けて生産がストップした。これを受けて、Ⅳ号戦車の車台を用いるⅣ号突撃砲の生産と、マルダーⅢMを生産していたBMM社でⅢ号突撃砲を生産するという対策が立てられた（第8講も参照のこと）。

だが、BMM社からの返答は、工場の規模やクレーンの力量の不足などからⅢ号突撃砲の生産は不可能というものだった。その一方で同社は、工場の規模などに見合った車両の開発を提案。これ

ピルゼンのシュコダ社の工場前に置かれたヘッツァーの初期生産車

が認められると、翌12月には早くも基本案をまとめて、１９４４年1月には実大木型模型を製作した。この車両は、駆逐戦車38、ヘッツァーなどと呼ばれている。

このヘッツァーは、一見すると38(t)戦車よりも車体の幅が広く、下部転輪は38(t)戦車の車台を用いたようにも思えるが、38(t)戦車の発展型である38(t)n・A戦車のものが使われるなど、かなり異なっている。主砲は、Ⅳ号駆逐戦車と同じ48口径7・5㎝対戦車砲ＰａＫ39を搭載している。装甲は、車体の前面上部が60㎜、側面や後面が20㎜で、各部が大きく傾斜している。

ヘッツァーは、車重16ｔの小ぶりな車両だが、Ⅳ号駆逐戦車に匹敵する対戦車火力を発揮でき、装甲も被弾確率がもっとも高い前面上部だけはそこそこの厚さがあり、コストパフォーマンスに優れた車両だったといえる。

開発を担当したＢＭＭ社で、１９４４年3月からドイツの降伏までに２０４７両以上が生産されて、おもに歩兵師団や国民擲弾兵師団隷下の戦車駆逐大隊に配備されたが、独立の戦車駆逐大隊や突撃砲旅団などにも配備されている。そして、対戦車戦闘だけでなく、突撃砲の代用として歩兵部隊の直接支援なども行っている。

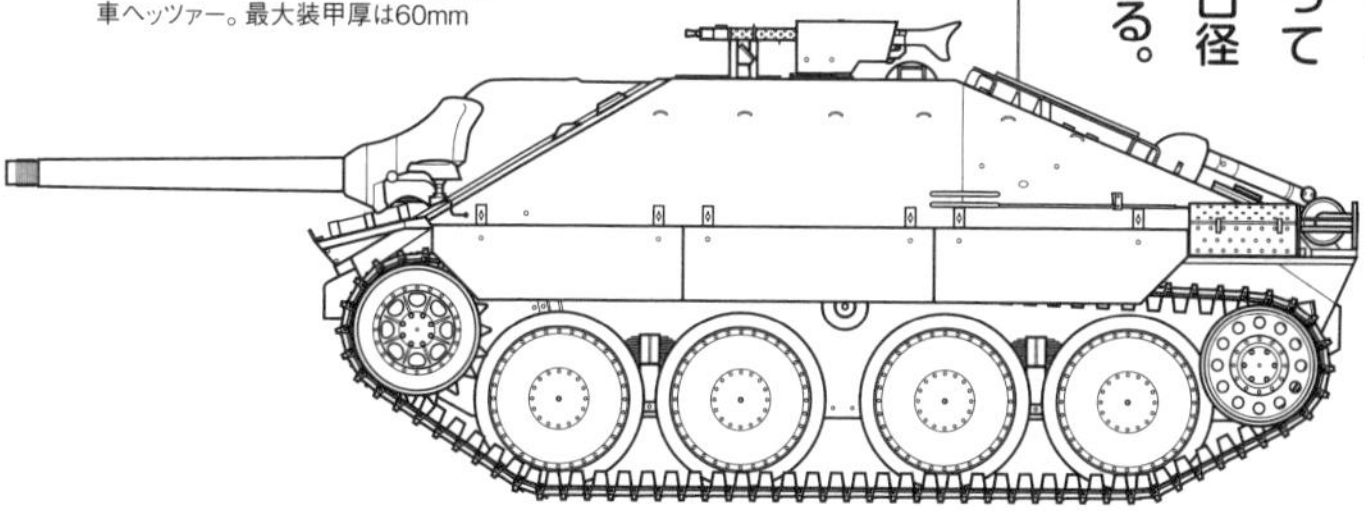

■軽駆逐戦車ヘッツァー

15.75トンという軽戦車並みの車体に、大きく傾斜した固定戦闘室を設けて48口径7.5cm砲を搭載した軽駆逐戦車ヘッツァー。最大装甲厚は60mm

突撃戦車の開発

本書では、ドイツ軍の車両に関しては、装甲兵科が管轄していた戦車や対戦車車両を中心に、砲兵科の管轄だが戦車部隊にも配備された突撃砲もとりあげることにした。したがって突撃戦車は、突撃砲と同じく砲兵科の管轄する車両なので、本来は対象外ということになる。とはいえ、突撃戦車を装備する第２１６突撃戦車大隊は、前述のフェルディナントを装備する第６５３および第６５４重戦車駆逐大隊とともに第６５６重戦車駆逐連隊の基幹として活動したこと、試作のみや少数生産ではないこと、などを踏まえて、例外的にとりあげることにした。

なお、この車両の名称も変転を重ねており、重歩兵砲搭載Ⅳ号戦車、Ⅳ号戦車使用突撃戦車、５８１器材・突撃戦車、などと呼ばれているが、ここでは突撃戦車とした。ちなみに「ブルムベア」という呼称は、連合国側の書類で英語の「グリズリーベア」やそのドイツ語訳である「ブルムベア」が使われており、それが広まったもののようだ。

　この車両の開発の発端は、1942年10月にアルケット社がⅣ号戦車の車台に15㎝重歩兵砲を搭載する突撃砲を提案し、ヒトラーに認められたことに始まる。そして、1943年2月には中古のⅣ号戦車の車台に木製の戦闘室を載せた実大木型模型が完成。戦闘室はアルケット社が、主砲関係はシュコダ社が製作を担当し、旧オーストリア（1938年にドイツに併合された）のザンクトペルテンにある陸軍車両修理工場で、最初の8両は前線から引き上げられたⅣ号戦車E型もしくはF型の車台、続く52両は新規生産のG型の車台を用いて、1943年4月から5月にかけて計60両が生産された。これが戦後の研究者などに「第一次生産車」などと呼ばれているものだ。

　次いで1943年12月から、同じ陸軍車両修理工場で、ニーベルンゲン製作所とフォマーク社で新規に生産されたⅣ号戦車H型の車台と組み合わせるかたちで生産が再開されたが、その直後の1944年1月には車台を生産しているニーベルンゲン製作所で最終組み立ても行なうことが決まった。そして、同年6月までに80両が生産されたが、この中には陸軍車両修理工場で最終組み立てが行われたものも含まれていると思われる。こちらは研究者などに「第二次生産車」などと呼ばれている。

　加えて陸軍兵器局は、これらの車両の生産が終了する前の1

944年4月にDEW社[17]に対して、5月からビスマルクヒュッテ製鉄所で製作される新型の戦闘室と、Ⅳ号戦車J型の車台を組み合わせるかたちでの生産を求めた。これが研究者に「第三次生産車」などと呼ばれているもので、ドイツの降伏までに162両が生産された。なお、「第二次生産車」の途中から主砲が新型に変更されており、これを「第三次生産車」と呼んで、最後の162両を「第四次生産車」と呼ぶ研究者もいる。

突撃戦車の主砲は、当初は12口径15㎝突撃榴弾砲StuH43が搭載されたが、「第二次生産車」のうち1944年1月末以降の生産車から軽量化などの改良が加えられたStuH43／1に変更されている。また「第三次生産車」に採用された新型戦闘室は、前面左側に機関銃座が備えられている。装甲は、車体に関してはベースになった車台によりけりで、たとえばⅣ号戦車H型およびJ型車台の車体前面はⅣ号戦車と同じ80㎜だが、いずれにしても戦闘室は前面100㎜と厚かった（Ⅳ号戦車の砲塔前面装甲はF型からJ型まで50㎜）。最高速度のカタログ数値はベース車台と同じとされているが、重量の増加により同じ車台のⅣ号戦車よりも機動力が低下していたようだ。

おもに独立の突撃戦車大隊に配備されて、火力支援に加えて対戦車戦闘も行なっている。中古車台の改造から始まり、再生産と改良が重ねられているところを見ると、ドイツ軍では成功と評価されていたことがうかがえる。

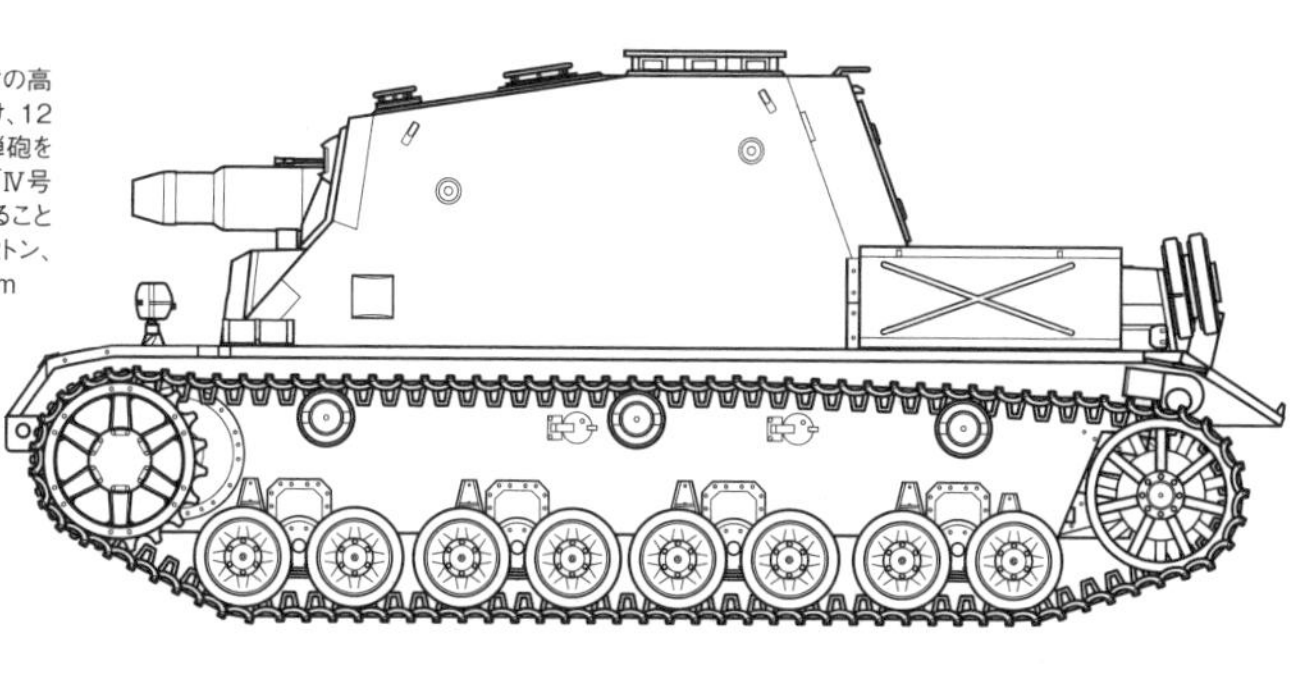

■突撃戦車

Ⅳ号戦車の車台に背の高い固定戦闘室を設け、12口径15cm突撃榴弾砲を搭載した突撃戦車。「Ⅳ号突撃戦車」と呼ばれることも多い。重量は28.2トン、最大装甲厚は100mm

ドイツ軍突撃戦車部隊の編制例（1943年5月～）

- 突撃戦車大隊本部（突撃戦車×3）
  - 突撃戦車大隊本部中隊
    - 通信小隊（Ⅲ号指揮戦車×3）
  - 突撃戦車中隊（14両）
    - 中隊本部（突撃戦車×2）
    - 第1小隊（突撃戦車×4）
    - 第2小隊（第1小隊と同じ）
    - 第3小隊（第1小隊と同じ）

1943年5月5日に有効となった編制表のもの。「突撃戦車大隊本部中隊」（K.St.N.1156）には、当初は無線機を増載したⅢ号指揮戦車が3両配備されることになっていたが、実際には突撃戦車が3両配備された（K.St.N.1156は最後まで改訂されなかった）。また、「突撃中戦車中隊(14両)」（K.St.N.1160）には14両の突撃戦車が配備されることになっていた。したがって、突撃戦車1個大隊（突撃戦車3個中隊基幹）の突撃戦車の定数は45両であった。

*17= Deutsche Eisenwerkeの略で、ドイツ鉄工所の意。

これから
イギリス編!
まずは
マチルダI/II
歩兵戦車よ!
マチルダ
さーん!!
ああん
戦車の母国の
イギリスだけど、
第二次大戦前には
性能のバランスが
取れた戦車は登場せず
巡航戦車
歩兵戦車
足が遅く装甲が
厚い歩兵戦車と、
足が速く装甲の
薄い巡航戦車に
分かれて発展
したんだね
で、どちらも
イマイチ、という
結果になる
わけだけど…
な、何よ!
マチルダIIは
重装甲で独伊の
戦車に無双した
砂漠の女王よ!
ひょこっ
榴弾…
アハト
アハト…
ボッ
イヤーー!
ジェニファー
お姉ちゃん…
マチルダの榴弾の件で
心に大きな傷を
負ってるんだね…
ひいいい
ーー!
それは
言わない
でぇ〜〜!

第8講 重装甲を備えた砂漠の女王 歩兵戦車Mk.Ⅰマチルダ 歩兵戦車Mk.Ⅱマチルダ

世界最初の近代的な戦車の開発

1914年7月28日、オーストリア＝ハンガリーがセルビアに宣戦を布告。これを皮切りに欧州各国の動員開始と宣戦布告が連鎖して、第一次世界大戦が勃発した。

そして西部戦線では、開戦初頭のドイツ軍の快進撃を、英仏連合軍が「マルヌの戦い（第一次マルヌ会戦）」で阻止。両軍によってドーバー海峡からスイス国境まで切れ目の無い一本の戦線ができあがり、それぞれ自軍の戦線を維持強化するために塹壕を掘り始めた。

これによって戦いの様相は、両軍の部隊と戦線が大きく動く「運動戦」から、動きの少ない「陣地戦」へと大きく変化していくことになる（この頃の日本軍では、機動力を活かす戦い方を「運動戦」、陣地の防御力や火力を活かす戦い方を「陣地戦」と呼んで区別していたので、それに従うことにする）。

当初、これらの塹壕は地面に掘られた浅い溝にすぎなかったが、やがて上部に丸太の上に土をかぶせた掩蓋が設けられるようになり、さらに地中深くに待避壕が掘られるようになって、攻撃側の砲撃から防御側の将兵を護った。

また、塹壕の前方には鉄条網などの障害物が設置され、攻撃側の歩兵や騎兵のすばやい接近を阻止した。攻撃側の工兵が鉄条網を切断して通路を啓開しても、主力の歩兵がその狭い通路を通過する際には、塹壕陣地からの防御射撃、とくに機関銃の連続射撃によって大きな損害を出すのが常となった。

さらに塹壕陣地は、当初の一本の塹壕線で構成される「一線陣地」から、数本の陣地線のうち一本を主抵抗陣地とする「一帯陣地」へ、あるいは前進陣地、主要陣地、予備陣地（第二線陣地）で構成される「数線陣地」から、数線の塹壕線からなる「陣地帯」を複数連ねた「数帯陣地」へと発展していった。また、個々の陣地も強化され、コンクリート製の掩蓋や銃座を持つものも出てきた。

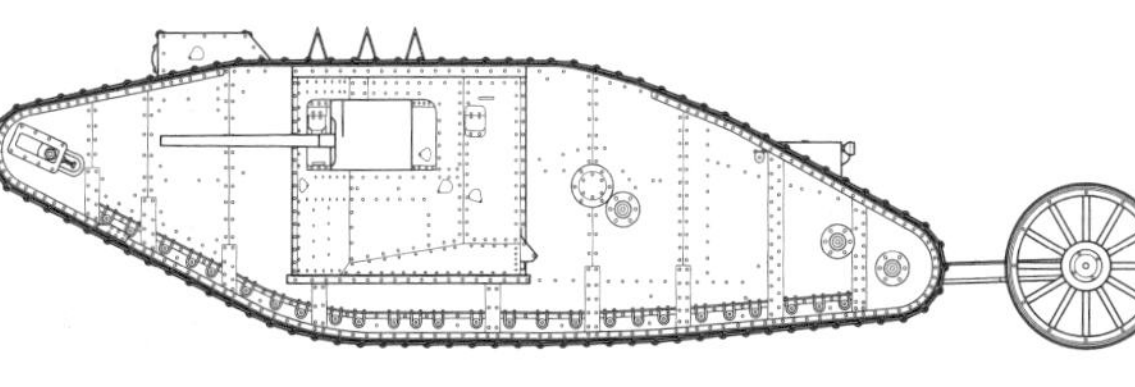
世界初の実用戦車となったタンクMk.Ⅰ。これは車体側面のスポンソン（出っ張り）に6ポンド砲を搭載している雄型だ。重量は28.45トン、全長は9.9m、武装は6ポンド砲2門と7.7mm機関銃3～4挺（雄型）、最大速度は約6km/hと鈍重だった

その結果、両軍とも、こうした深い縦深を持つ堅固な陣地帯を一挙に突破することはほとんど不可能になり、戦いの様相は膠着した「塹壕戦」となったのだ。

こうした状況を打破するため、イギリス軍は戦車（タンク）Mk.Iと呼ばれる近代的な戦車を世界で初めて実用化した。その主任務は敵の塹壕陣地を攻撃する歩兵部隊の直接支援だった。もっと具体的にいうと、敵の機関銃弾を跳ね返して前進し、敵陣前の鉄条網を踏み潰して後続の歩兵部隊の突破口を作るとともに、搭載火砲で敵の機関銃座を叩き、搭載機関銃で塹壕内の敵歩兵を掃射する、といったものだ。

言い方をかえると、当時の戦車は、陣地の防御力や火力を活かして戦う「陣地戦」において敵陣地の突破を支援する兵器であって、機動力を活かして戦う「運動戦」を展開するための兵器ではなかったのである。

そしてイギリス軍は、1916年7月に始まった「ソンムの戦い」で、初めて戦車を実戦に投入した。当初は60両を集中する予定だったが、9月15日の初陣では故障などの落伍車が多く、歩兵を先導して敵陣地をまともに攻撃できたのはたった9両に過ぎなかった。それでも、生まれて初めて戦車を見るドイツ軍の兵士をパニックに追い込み、翌日までに幅約8㎞、深さ約2㎞にわたってドイツ軍戦線に食い込んだ。

世界初の戦車Mk.I
「戦車」というよりも、塹壕突破に特化した装軌装甲車両、というイメージね。
世界初の近代的な戦車Mk.Iは塹壕陣地を突破するための兵器だったんだぁ…
長い車体や車体全体を回っている履帯は、幅の広い塹壕を乗り越えるためなんだね

さらにイギリス軍は、Mk.Ⅰの改良型であるMk.ⅡやMk.Ⅲ、Mk.Ⅳなど、いわゆる「菱形重戦車」と呼ばれる一連の戦車を開発。1917年11月20日に始まった「カンブレーの戦い」では、最新型のMk.Ⅳを含む戦車476両（補給物資や陣地構築資材などを運搬する補給戦車を含む）を集中し、戦車軍団の初代指揮官であるヒュー・エリス准将自らMk.Ⅳ「ヒルダ」号に乗り込んで戦車軍団旗を掲げて先陣を切って突進。ドイツ軍の戦線に幅約12㎞、深さ約9㎞にわたって食い込むなど、この当時としては大きな戦果を挙げた。

こうして戦車は、実戦を通して兵器としての地位を固めていったのだ。

快速の中戦車の開発

これまで述べてきたように、菱形重戦車は、もともと塹壕突破兵器として開発されたため、塹壕を跨いで超える超壕能力や、障害物を乗り越える超堤能力、斜面を登る登坂能力などを非常に重視して設計されていた。その一方で速力はそれほど重視されず、最高速度は6～8㎞／h程度で徒歩の歩兵と大差なかった。

そして、この菱形重戦車と歩兵部隊が敵の戦線に突破口をあけても、攻撃部隊は砲弾の炸裂で孔だらけになった戦場の荒地を苦労して進まなければならなかった。

これに対して防御側の予備隊は、その間に戦線後方の整備された道路網や鉄道などを利用してすばやく集結し、後方に新たな戦線を再構築できた。そのため、攻撃側は、敵戦線の後方奥深くまで迅速に進撃して、敵の砲兵陣地や上級司令部を襲撃するような大突破をなかなか実現できなかったのだ。

従来は、こうした追撃任務には、歩兵部隊よりも速く移動できる騎兵部隊が投入されていたのだが、（イギリス軍だけでなくドイツ軍でも）機関銃の配備数の増加とともに、騎兵による追撃は困難になりつつあった。つまり、戦車という新しい手段によって敵陣地の突破に成功しても、そこから戦果を拡張していく手段が不足していたのだ。

そのため、イギリス軍は、快速の追撃用戦車を開発。菱形重戦車系列よりも小型軽量で、最高速度がおよそ2倍の13㎞／h近い中戦車Mk.Aホイペットを完成させた。

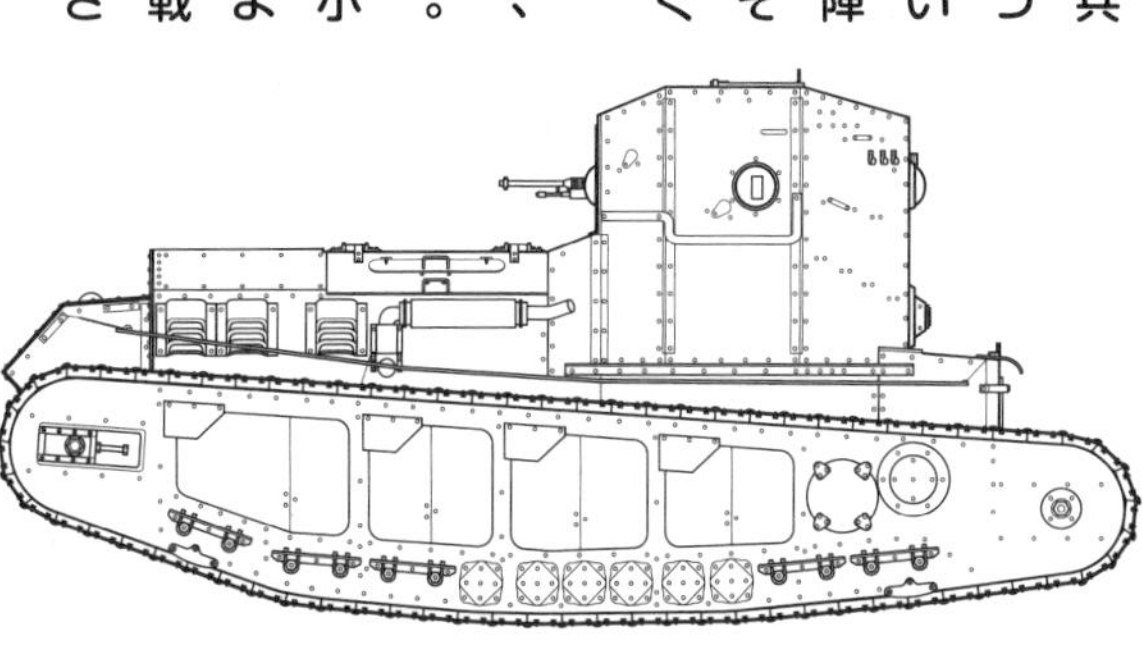

中戦車Mk.Aホイペット。重量は14トン、全長6.1m、武装は7.7mm機関銃5挺、最大装甲厚は14mm、最高速度は13km/h。ホイペットとは俊足の猟犬「ウィペット」のこと

そしてイギリス軍は、1918年8月に始まった「アミアンの戦い」で、中戦車Mk.Aを含む戦車456両でドイツ軍陣地を急襲。戦車軍団第6大隊B中隊に所属する中戦車Mk.A「ミュージック・ボックス」号は、ドイツ軍戦線の後方に進出しておよそ9時間も暴れまわり、敵の歩兵部隊の宿営地や輸送部隊の縦列、砲兵陣地や観測気球まで攻撃して大損害を与えた。

この「アミアンの戦い」で、ドイツ軍の第一兵站総監（事実上の参謀次長）であるエーリッヒ・ルーデンドルフ将軍は、「ドイツ軍暗黒の日」と回想録に記すほどのショックを受けている。

そして、それからわずか3カ月後の同年11月11日、ドイツは休戦条約に調印し、第一次世界大戦は終結した。

それからしばらくの間、イギリス軍の戦車部隊では、歩兵直協用で低速の重戦車系列と、追撃用で快速の中戦車系列の2車種が大きな柱となる。

ところで、第一次世界大戦末期の1918年5月、イギリス戦車軍団参謀のJ・F・C・フラー中佐は、翌年春の大攻勢を想定した作戦計画「プラン1919」を案出し、同年11月に大戦が終結した後もその構想を発展させていった。

その構想の骨子は、重戦車約3000両、開発予定の新型の中戦車Mk.D 2400両を集中。最初に、航空部隊の密接な支援のもとで、まず快速の中戦車部隊がドイツ軍戦線を攻撃し、戦線後

方にある敵の司令部や通信施設などに向かって突進する。次いで、中戦車部隊の攻撃によって指揮系統が寸断されたドイツ軍戦線の弱点を狙って、重戦車部隊や歩兵部隊、砲兵部隊が本格的な攻撃を開始し、ドイツ軍部隊の抵抗を粉砕する。その突破口から、中戦車やトラックに乗車する自動車化歩兵（当初は乗馬騎兵）等からなる追撃部隊が前進し、最初の中戦車部隊と合流してドイツの心臓部に向かって進撃する、いったものであった。

この作戦計画には、敵の歩兵や火砲などの兵力の物理的な破壊を目指すのではなく、敵の指揮通信系統を寸断して本来の戦力を一時的に発揮できないようにする「戦略的麻痺」という概念が盛り込まれていた。とくに最初に攻撃する中戦車部隊は、敵の麻痺を企図して敵戦線後方の司令部や通信施設などに向かって突進することになっていた。つまり、単に前方に向かって「移動（ムーブ）」するのではなく、敵の麻痺を作為するという機略を含んだ「機動（マニューバー）」を行うのだ。

もっとも、高速を目指して新機軸を盛り込んだ中戦車Mk.Dの開発は失敗に終わり、この構想が実現することはなかった。

第一次世界大戦後に数十両生産された中戦車Mk.Dは、37km/hの快速を発揮できた。全長は7.9mと、ホイペットより大型化している。写真は改良型のMk.D**で、最大速度は32km/h

中戦車Mk.Ⅲの挫折

第一次世界大戦後の1921年、イギリスの有力な兵器メーカーであるヴィッカーズ社は、車体上部に旋回砲塔（銃塔）を備えた軽戦車No.1を独自に試作。翌年には、旋回砲塔に3ポンド砲（口径47㎜）を装備した軽戦車（のちに中戦車に区分変更）Mk.Ⅰを開発し、これに改良を加えた中戦車Mk.Ⅱを開発した。

この中戦車Mk.Ⅰには「参謀本部Aナンバー」と呼ばれる軍公式の開発番号として「A2」が与えられており、ヴィッカーズ社の自社開発ではなく軍の公式開発となったことがわかる（ちなみに「A1」は試作に終わった同社の多砲塔重戦車インディペンデントに与えられた）。

さらに1926年には、次期戦車を検討する委員会が設置されてフラーが責任者に任命され、主武装によって距離1000ヤード（約914m）で同等の敵戦車を撃破できる対戦車能力や独立した2基の機関銃塔の搭載などの要求項目がまとめられた。

そして、これに沿うように、主武装として3ポンド（口径47㎜砲を搭載する主砲塔に加えて、前部に2基の機関銃塔を持つ中戦車Mk.Ⅲ（A6）が開発された。この中戦車Mk.Ⅲは、当時としては火力、防御力、機動力の三要素を高いレベルでバランスさせた優れた戦車で、最高速度は48㎞／hとされている。これならば「プラン1919」における中戦車部隊のような迅速な機動戦も展開できる。

また、イギリス軍では、1927年に旅団規模の「実験機械化部隊」を臨時に編成し、機械化部隊の運用法の本格的な研究が始められた。

この実験部隊の編成には、敵陣地の確保後に重機関銃を設置して敵の歩兵部隊の反撃を撃退するのに適した機関銃部隊は含まれているが、のちのドイツ軍の装甲師団に所属していたような通常の（自動車化された）歩兵部隊は含まれていない。この編制を見る限り、自動車化された歩兵部隊の下車戦闘による敵陣地の掃討任務などはあまり考えられていなかったように感じられる。

これは、第一次世界大戦中の「アメルの戦い」から取り入れられた「機械化戦闘」の概念、すなわち兵士の機能を機械に代行させることによって人命の消耗を抑え、消耗戦において最終的に

中戦車Mk.Ⅲ

1930年に採用された中戦車Mk.Ⅲは、時速48キロの快速を発揮して、主砲で対戦車戦闘もできるし、機関銃塔2基で歩兵も掃討できる万能戦車だったのよ！
でも大恐慌で軍事予算が削られて、高性能だけど高価な中戦車Mk.Ⅲは3両しか生産されなかったのね…

中戦車Mk.Ⅲの重量は17.5トン、全長は6.55m。武装は3ポンド砲（47mm砲）1門、7.7mm機関銃5挺。最大装甲厚は14mm、最高速度は48.3km/hと、非常に俊足の戦車であった

勝利を収める、という考え方の影響が大きいと思われる。歩兵部隊抜きで戦車部隊だけで戦おうという考え方は、しばしば「戦車万能論」と批判されるが、その背景にはこうした考え方があったのだ。

　要するに、この実験機械化部隊は、第一次世界大戦中の戦車大隊を2～4個程度を集めた戦車旅団のように、歩兵部隊に分散して配属されて歩兵の陣地攻撃を直接支援するものではなく、歩兵の直協任務から切り離された戦車部隊を主力とする機械化旅団として、独自に迅速な機動戦を展開するための部隊だったといえよう。

　この実験機械化部隊の運用経験を踏まえて、1929年には混成戦車旅団、1931年には王室戦車軍団第1旅団が臨時に編成され、1934年にはパーシー・ホバート准将を旅団長とする常設の第1戦車旅団が新編された。

　ところが、イギリス軍は、大恐慌の影響による軍事予算の削減圧力もあって、次世代の主力戦車として期待された中戦車Mk.Ⅲを大量に配備できなかった。そしてしばらくの間は、前述のように軽戦車から発達した中戦車Mk.Ⅱや、安価な機関銃運搬車（マシンガン・キャリアー）を配備し続けることになる。

歩兵戦車Mk.Ⅰマチルダ

　第一次世界大戦後、イギリス軍の戦車関係者の考え方は、大きくは次の二つに分かれていった。ひとつは、冒頭で述べた「カンブレーの戦い」のヒーローであるエリスのように、菱形重戦車のような歩兵直協用で低速だが重装甲の戦車を重視する考え方。もうひとつは「プラン1919」

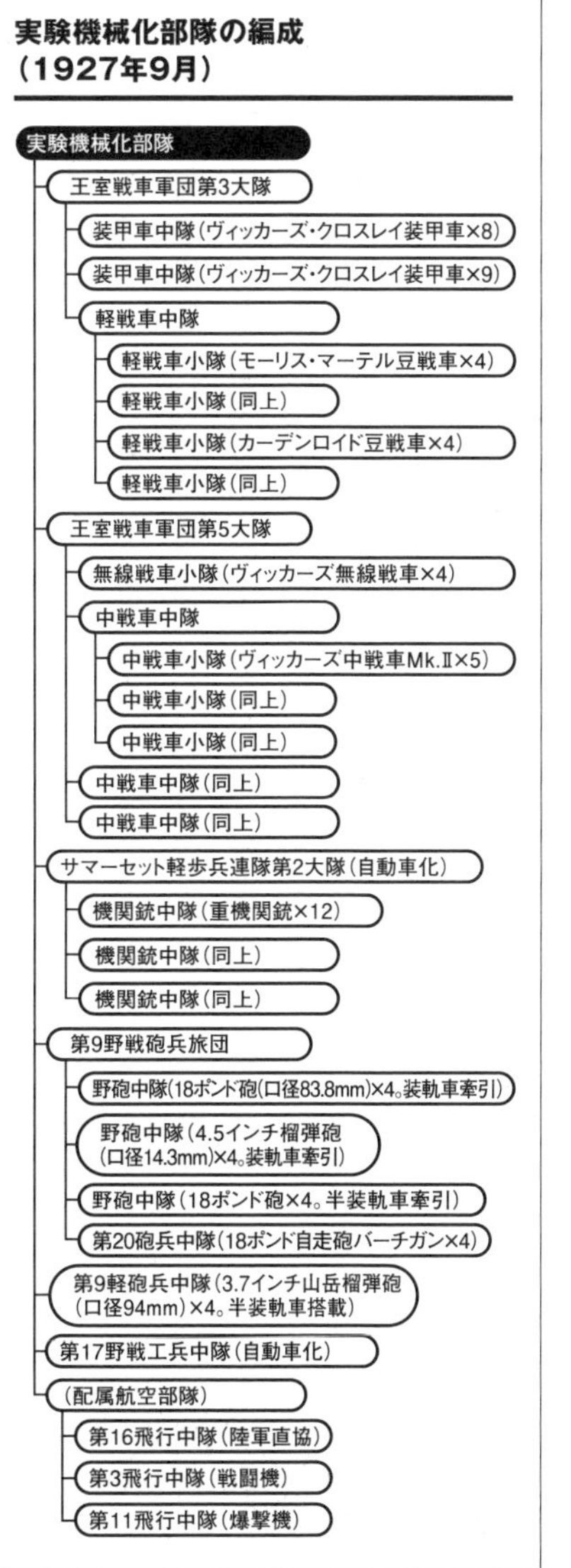

を案出したフラーのように、快速の戦車を主力とする機械化部隊による機動戦を重視する考え方だ。

イギリス軍では、こうした異なる考え方の一種の妥協点として、低速だが重装甲の歩兵戦車（インファントリー・タンク）と、高速だが装甲の薄い巡航戦車（クルーザー・タンク）の2車種を戦車部隊の主力とすることにした。そして、歩兵戦車は歩兵部隊の支援を主任務とする戦車旅団に、巡航戦車は敵戦線後方への突破や追撃などを主任務とする機甲旅団に、それぞれ配備が進められていくことになる。

このうち歩兵戦車に関しては、1934年に兵器総監となったエリスに、王室戦車軍団総監を兼務するホバートが、比較的重装甲で機関銃を搭載する小型戦車と、より大型で敵の野砲の射撃に耐える重装甲と高初速の加農砲（カノン）を備えた戦車という2つの案を提示した。当然のことだが小型戦車の方が安価で大量に揃えることができるので、まず小型戦車の開発に着手し、次いで加農砲搭載戦車の開発に着手する、というのだ。

翌1935年、歩兵戦車A11、のちの歩兵戦車Mk.Iマチルダの開発が始められ、1936年に最初の試作車が完成し、1937年に最初の量産車が発注された。

このA11は、ヴィッカーズ社のジョン・カーデン卿（カーデン・ロイド豆戦車の設計で有名。ただし1935年12月に飛行機事

歩兵戦車Mk.Ⅰマチルダ

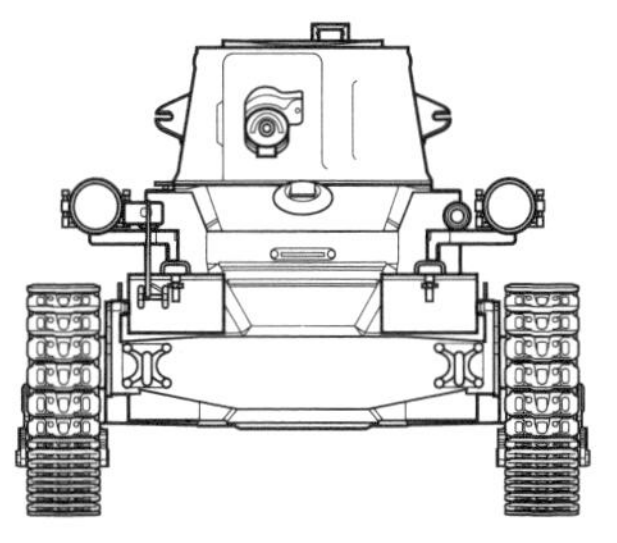

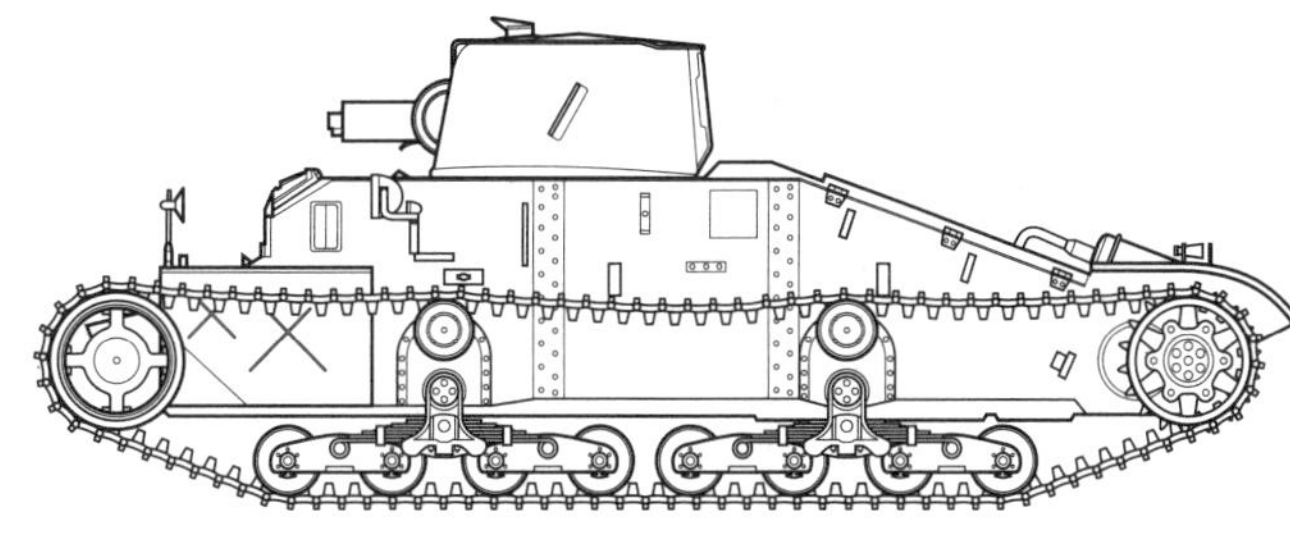

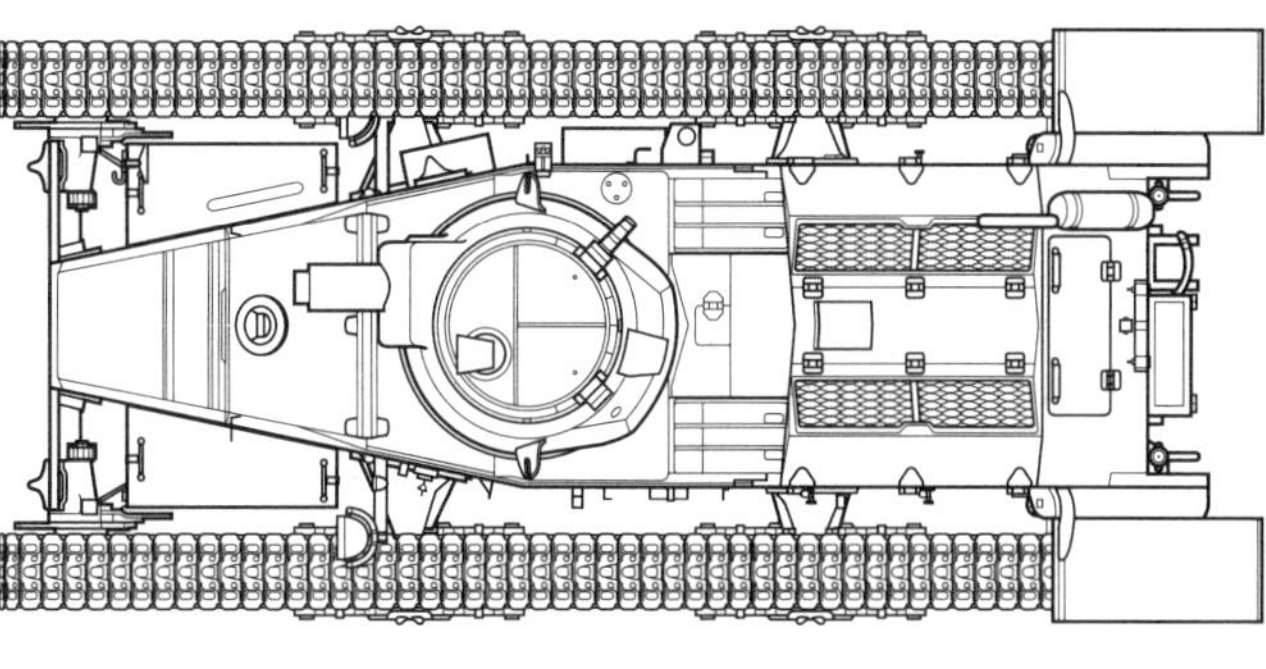

■歩兵戦車Mk.Ⅰ(A11)マチルダ

重量	11.2t	全長	4.85m
全幅	2.29m	全高	1.87m
乗員	2名		
武装	7.7mm機関銃×1		
エンジン	フォード 8気筒液冷ガソリン		
出力	70hp	最大速度	13km/h
航続距離	130km		
装甲厚	10mm～65mm		

故で死亡)によって設計された車重11tの小型戦車で、乗員は車長と操縦手の2名のみ。後述する歩兵戦車Mk.Ⅱ(A12)も同じマチルダだが、A11はマチルダⅠあるいはマチルダ・ジュニア、A12はマチルダⅡあるいはマチルダ・シニアなどと呼ばれて区別されている。

A11の装甲は最大60㎜と厚いが、最高速度は13㎞／h足らずで、武装は機関銃1挺だけ。当初は7・7㎜機関銃だったが、のちに一部が12・7㎜機関銃を搭載した。

全体としては、第一次世界大戦後期に登場したフランス軍のルノーFT軽戦車を重装甲化したような戦車といえる。

武装は機関銃のみで、対戦車火力はほぼゼロだったマチルダⅠ

ほぼ同じ時期にドイツで開発されたI号戦車と比較すると、装甲はA11の方がはるかに厚いが、速度はI号戦車の方が圧倒的に速い。これは、ドイツ軍が迅速な運動戦を基本としていたのに対して、イギリス軍は歩兵戦車を基本的には徒歩歩兵の支援用と考えていたことが大きい。

歩兵戦車Mk.Ⅱマチルダ

次いで1936年に歩兵戦車A12、のちの歩兵戦車Mk.Ⅱマチルダの開発が始められた。1938年4月には最初の試作車が完成し、同年6月にはヴァルカン・ファウンドリー社に最初の量産車が発注された。

このA12の車重は27tで、乗員は車長、砲手、装填手、操縦手の4名。最高速度は24km／hと相変わらず低速だが、装甲は最大78mmに達し、この時点では世界最高レベルの対戦車砲である2ポンド砲（口径40mm）と機関銃1挺を搭載している。A11の武装は機関銃のみで対戦車戦闘能力はほとんどなかったが、A12は高い対戦車戦闘能力を備えていたのだ。言い方をかえると、このA12は、A11に2ポンド砲による対戦車火力を追加したもの、ともいえる。

ただし、この2ポンド砲には、当初は非装甲目標（軟目標）用の榴弾が用意されていなかった。A12の開発時には、歩兵支援とい

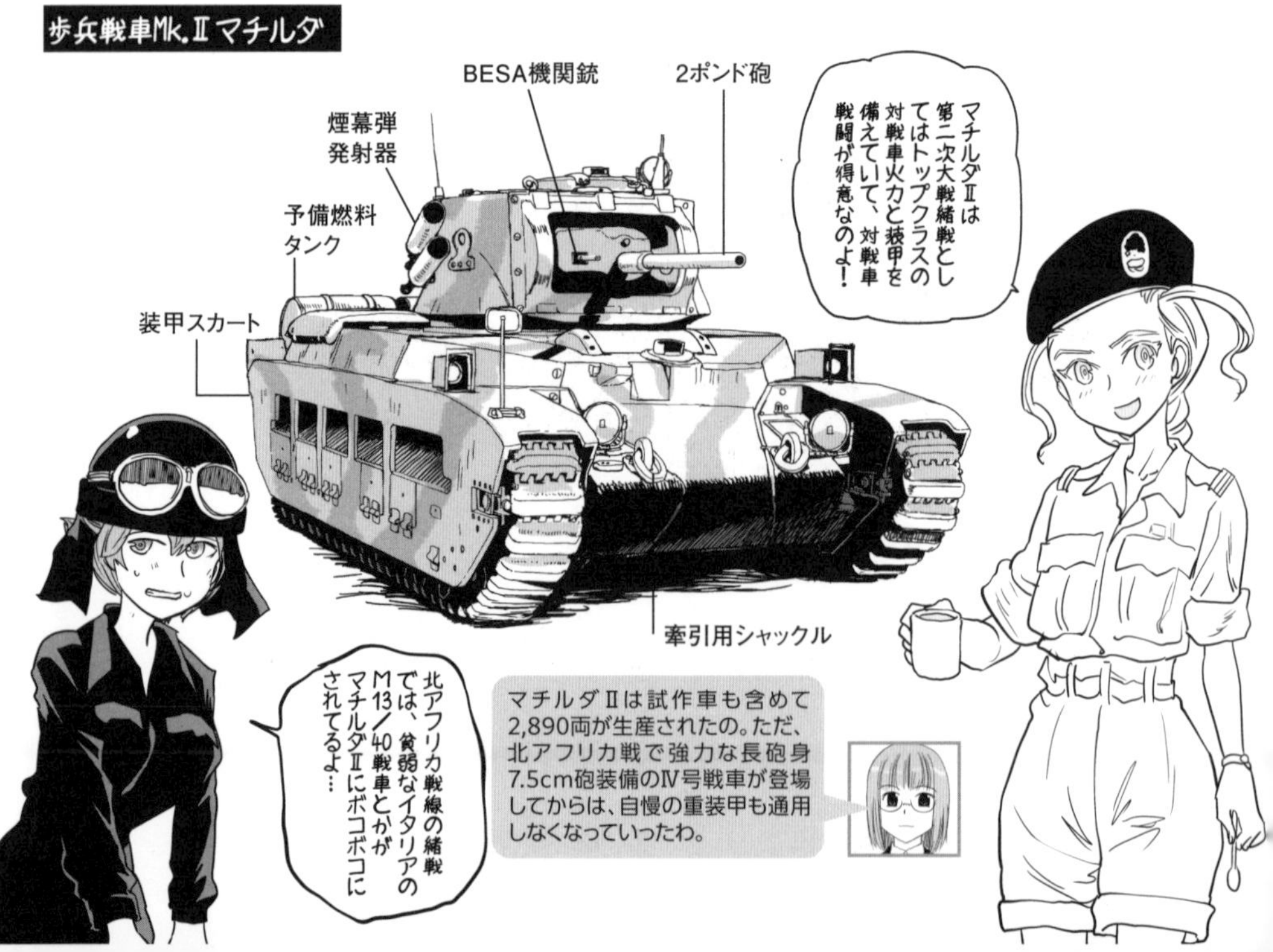

う主任務を考えるならば榴弾砲を搭載すべきという意見もあったのだが、軍の公式見解では歩兵戦車の主任務は敵戦車の攻撃から味方の歩兵部隊を守るものとされ、榴弾は搭載されなかった。その背景には、口径40㎜程度の榴弾では堅固な陣地に対しては威力が十分とはいえず、砲弾の種類を増やして生産や補給を複雑化させることに引き合うメリットが小さい、という考え方があった。

その代わり、発煙弾を（のちに榴弾も）発射する3インチ（76・2㎜）榴弾砲を搭載する「CS」（Close Support の略で「近接支援」の意）型が少数生産され、煙幕を展開して敵の砲火や視界を遮断し、他の戦車あるいは歩兵や工兵の前進を支援することになった。

つまり、この頃のイギリス軍は、基本的には、砲兵の攻撃準備射撃で潰せなかった敵陣地を戦車の火砲で叩くのではなく、戦車に搭載された機関銃や、それに支援された歩兵や工兵の近接攻撃で叩くことにしていたのだ。

そのため、2ポンド砲搭載のイギリス戦車は、敵の対戦車砲を遠距離から榴弾で制圧することができず、徹甲弾を直撃させて破壊するしか無かった。そして、のちの第二次世界大戦では、とくに遮蔽物の少ない北アフリカの砂漠戦で、強力な装甲貫通能力を持つ有効射程の長いドイツ軍の8・8㎝高射砲に遠距離か

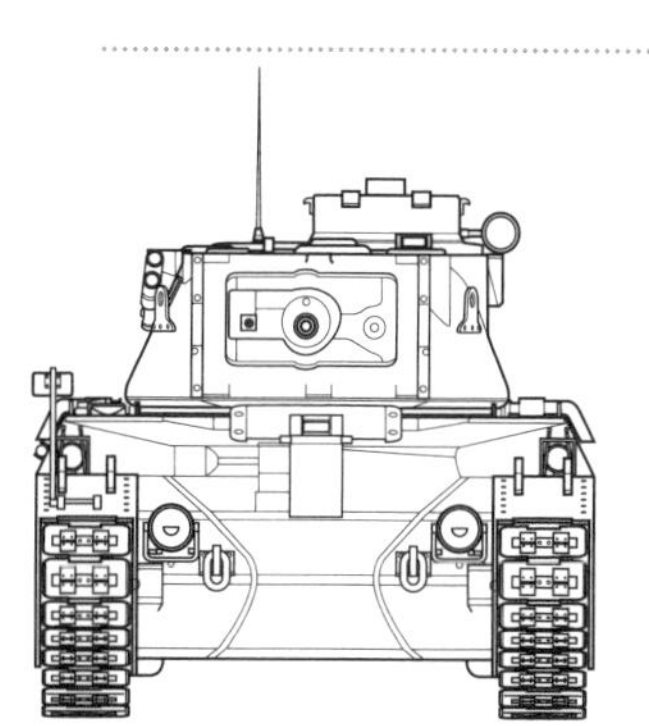

■歩兵戦車Mk.ⅡA*マチルダMk.Ⅲ

重量	26.5t	全長	5.61m
全幅	2.59m	全高	2.44m
乗員	4名		
主武装	2ポンド(52口径40mm)砲		
副武装	7.92mm機関銃×1		
エンジン	レイランドE148 6気筒液冷ディーゼル×2		
出力	95hp×2	最大速度	24km/h
航続距離	257km		
装甲厚	20mm〜78mm		

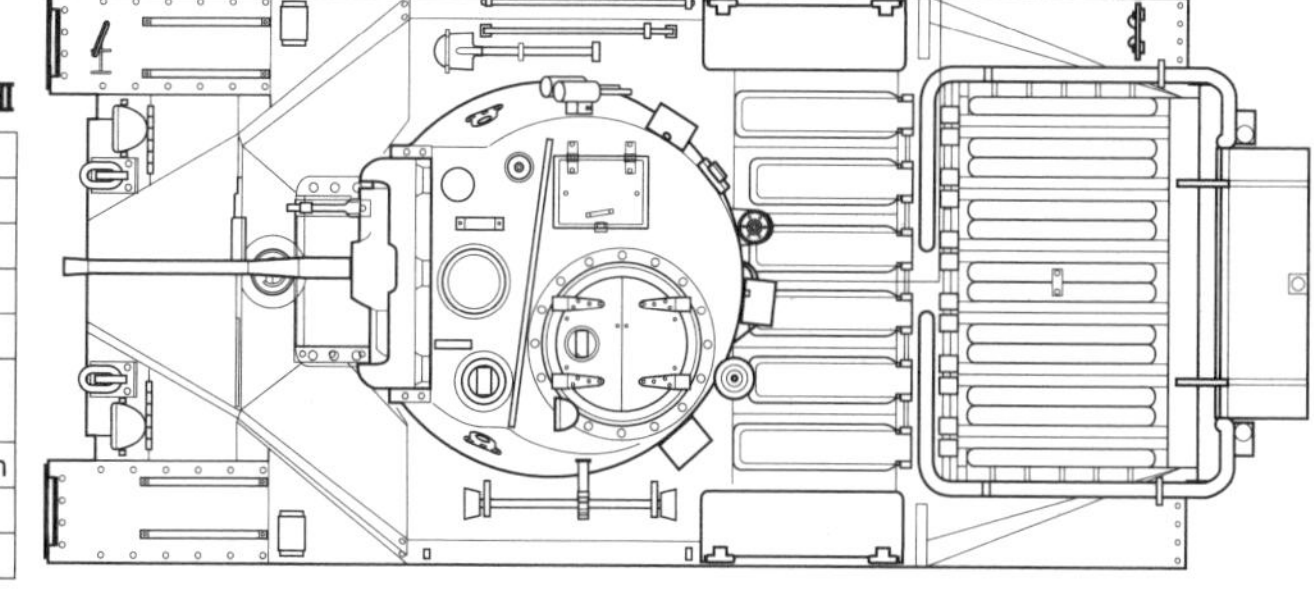

ら砲撃されて、しばしば大きな損害を出すことになる。

マチルダⅡで最初に生産されたMk.Ⅰ（歩兵戦車Mk.Ⅱ）は同軸機関銃に口径7・7㎜のヴィッカーズ機関銃を搭載していたが、次のMk.Ⅱ（歩兵戦車Mk.ⅡA）では口径7・92㎜のBESA機関銃に変更された。Mk.ⅢおよびMk.ⅢCS（歩兵戦車Mk.ⅡA*）は、エンジンをMk.ⅡまでのAEC社製のディーゼル・エンジンからレイランド社製のディーゼル・エンジンに変更したもの。Mk.ⅣおよびMk.ⅣCS（歩兵戦車Mk.ⅡA**）は、エンジン・マウントを強化して潤滑油系や空気圧系のとりまわしなどを改めたもの。マチルダMk.Ⅴは、変速操作を補助する空気圧サーボを変更したものだ（なお、マチルダMk.Ⅴでは歩兵戦車Mk.ⅡA***という呼称は見かけないので、歩兵戦車Mk.Ⅱの新しい形式としては認められなか

1941年11月18日、北アフリカ・トブルク近郊を移動するマチルダⅡ戦車隊

マチルダⅡの問題点

ドイツ軍に鹵獲されたマチルダⅡ。主砲横に同軸機関銃として水冷のヴィッカーズ機関銃を装備しているため、カバーが付いている

ったのであろう）。

要するにマチルダⅡでは、主砲は（CS型を除いて）2ポンド砲のままであり、例えば防盾の同軸機関銃口の形状変更などを除いて基本的な装甲の強化は行われていないのだ。

そのため、ドイツ軍のⅢ号戦車やⅣ号戦車の火力や装甲の強化が進むとともに、マチルダⅡは徐々に時代遅れになっていった。

大戦初期の歩兵戦車部隊の編制と運用

第二次世界大戦初期のイギリス軍では、歩兵戦車を軍戦車旅団（アーミー・タンク・ブリゲード）に配備していた。この旅団は、戦車部隊に歩兵部隊や砲兵部隊など各兵種の部隊を組み合わせた諸兵種連合部隊ではなく、戦車部隊のみで構成された単一兵種の部隊で、戦車連隊[*1]（実質は大隊規模）3個を基幹としていた。

そして各戦車旅団は、もっぱら歩兵師団などに配属されて歩兵の直接支援を担当した。もっと具体的にいうと、戦車旅団所属の各戦車連隊は歩兵師団所属の各歩兵旅団に配属され、さらに歩兵1個大隊に戦車1個中隊、歩兵1個中隊に戦車1個小隊程度の割合で各歩兵部隊に分散して配属されることが多かった。

この場合、各戦車部隊は配属された歩兵部隊長の指揮下に入って歩兵を直接支援する。ただし、敵戦車との戦闘になったら戦車部隊は最低でも中隊単位まで集結して戦う。

*1＝一般に英書にある「1RTR」（1st Royal Tank Regimentの略）は「第1王室戦車連隊」と訳されることが多い。そのため、ここでも「連隊」と訳したが、正確な表記は「1st Battalion,Royal Tank Regiment」であり、厳密には「王室戦車連隊第1大隊」と訳すのが正しい。

歩兵支援時の隊形は、歩兵大隊の直前に戦車中隊が横隊を組むかたちになる。そして、この戦車部隊と歩兵部隊が、浜辺に打ち寄せる波のように敵陣地に向かって波状攻撃をかけるのだ。この際、歩兵戦車に搭載された2ポンド砲には前述したように榴弾の用意がなかったので、同軸機関銃が支援火力の中心となる。

そして歩兵戦車は、味方の歩兵部隊が敵陣地に突撃し、敵兵を掃討して敵陣地を完全に確保するまで、そこにとどまって敵戦車の反撃に備える。その後、味方の歩兵部隊に所属する牽引式の対戦車砲部隊が前進してきて陣地に展開を終えたら、歩兵戦車は対戦車任務をこれに任せて戦線の後方に下がり、補給や整備を受けるのだ。

付け加えると、主要各国の陸軍では、第一次世界大戦頃までは、軍集団や方面軍と軍団の間の指揮結節である軍が独自に教令を作成して配布するなど、軍ごとに戦い方が大きく異なることもめずらしいことではなかった。しかし、第二次世界大戦前には、全軍共通の戦術教範や作戦教範が公式に制定されて、基本的には全軍が同じドクトリン（教義）に沿って戦うようになった。

ただし、イギリス陸軍では、ヨーロッパでの大規模な正規戦と、植民地での対ゲリラ戦では、それぞれの戦争の様相が大きく異なることもあって、全軍共通の公式のドクトリンは第二次世界大戦後の１９８０年代まで（！）制定されなかった。

一応、『野外教令（Field Service Regulation 略してFSR）』と題された作戦教範と呼びうるものも制定されていたのだが、これは準公式ないしはゆるい原則に近いものであった。つまり、他の主要各国軍のように各指揮官に徹底されているドクトリン文書というよりも、各指揮官の個人的な関心の範囲内で参照される文書に過ぎなかったのだ。

そのため、第二次世界大戦中のイギリス陸軍の戦い方は、指揮官によって大きく異なるものになった。そうした状況の中でも歩兵戦車は、速度が遅いために機動戦には向いておらず、もっぱら敵陣地の攻撃支援に投入されたのだ。

イギリス軍戦車旅団（1939年9月3日）

- 第1軍戦車旅団
  - 第4王室戦車連隊
  - 第7王室戦車連隊
  - 第8王室戦車連隊
- 第21軍戦車旅団
  - 第42王室戦車連隊
  - 第44王室戦車連隊
  - 第48王室戦車連隊
- 第23軍戦車旅団
  - 第40王室戦車連隊
  - 第46王室戦車連隊
  - 第50王室戦車連隊
- 第24軍戦車旅団
  - 第41王室戦車連隊
  - 第45王室戦車連隊
  - 第47王室戦車連隊
- 第25軍戦車旅団
  - 第43王室戦車連隊
  - 第49王室戦車連隊
  - 第51王室戦車連隊

第1軍戦車旅団が常備旅団、第21軍戦車旅団が郷土防衛軍（テリトリアル・アーミー）の第1線旅団、他の旅団は地域防衛軍の第2線旅団。

軍戦車旅団の編制（1939年9月3日）

■軍戦車旅団

- 旅団司令部（装甲指揮車×1、歩兵戦車または軽戦車×4）
  - 戦車連隊
    - 連隊本部（歩兵戦車×2、軽戦車×4）
    - 戦車中隊
      - 中隊本部（歩兵戦車×1、軽戦車×1）
      - 戦車小隊（歩兵戦車×3）
      - 戦車小隊（歩兵戦車×3）
      - 戦車小隊（歩兵戦車×3）
      - 戦車小隊（歩兵戦車×3）
      - 戦車小隊（歩兵戦車×3）
    - 戦車中隊（編制は上記戦車中隊と同）
    - 戦車中隊（編制は上記戦車中隊と同）
  - 戦車連隊（編制は上記戦車連隊と同）
  - 戦車連隊（編制は上記戦車連隊と同）

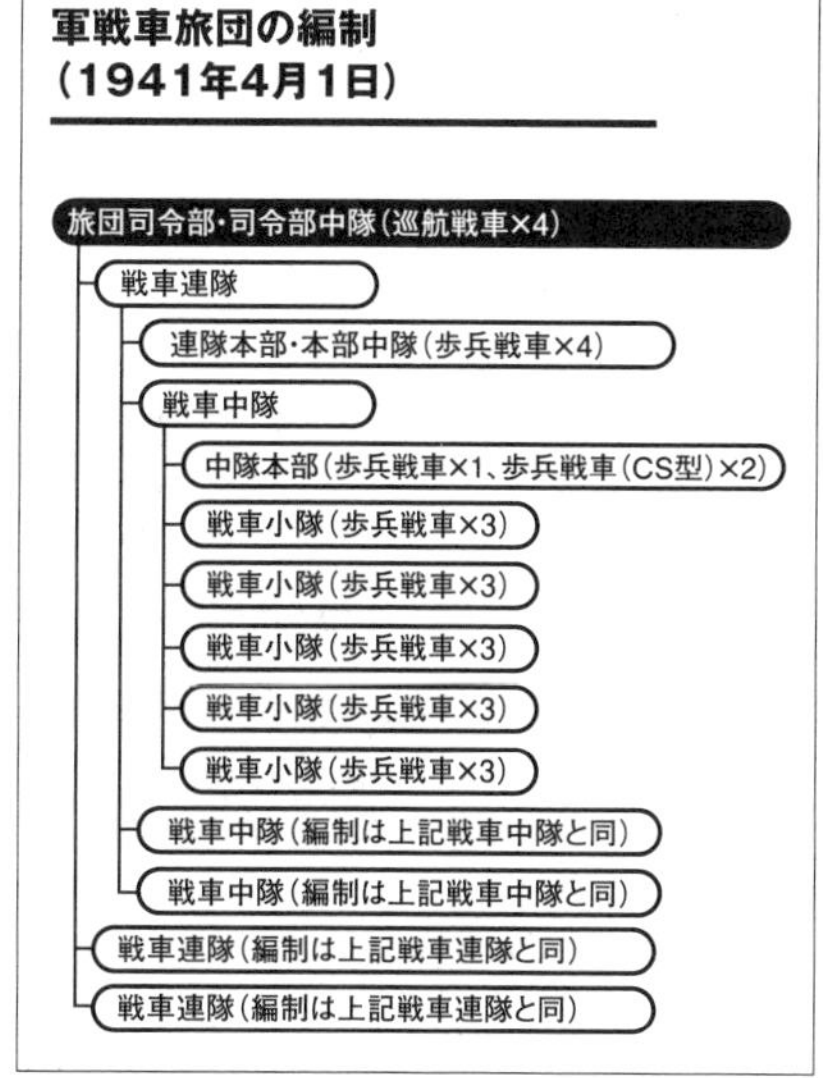

第9講 歩兵戦車ヴァレンタインとチャーチル

第9講 軽量級と重量級の歩兵戦車 歩兵戦車Mk.Ⅲヴァレンタイン 歩兵戦車Mk.Ⅳチャーチル

歩兵戦車Mk.Ⅲヴァレンタインの開発

第二次世界大戦前の1938年2月10日、ヴィッカーズ・アームストロング社は、陸軍省（英語ではウォー・オフィスで直訳すると戦争省）から歩兵戦車A12（歩兵戦車Mk.Ⅱマチルダ）または巡航戦車A10（巡航戦車Mk.Ⅱ）をベースにした新型戦車の開発を依頼された。これを受けた同社は、エンジンや足回りは巡航戦車A10と同じものを使って装甲を強化し、重量の増加は車体の小型化で相殺することにした。これによって車幅はA10よりも狭くなり、砲塔は小型の2名用のものが搭載されることになった。

このA10は、もともと歩兵戦車として開発が始められたものの、装甲は最大30㎜と薄かった。そのため、歩兵戦車としては装甲不足と判断され、快速の巡航戦車Mk.Ⅰ（A9）を支援する「重巡航戦車」に区分されて巡航戦車Mk.Ⅱとして限定配備された。つまり、ヴィッカーズ社は、重装甲の歩兵戦車であるA12の改良型ではなく、歩兵戦車としては装甲不足とされた重巡航戦車である

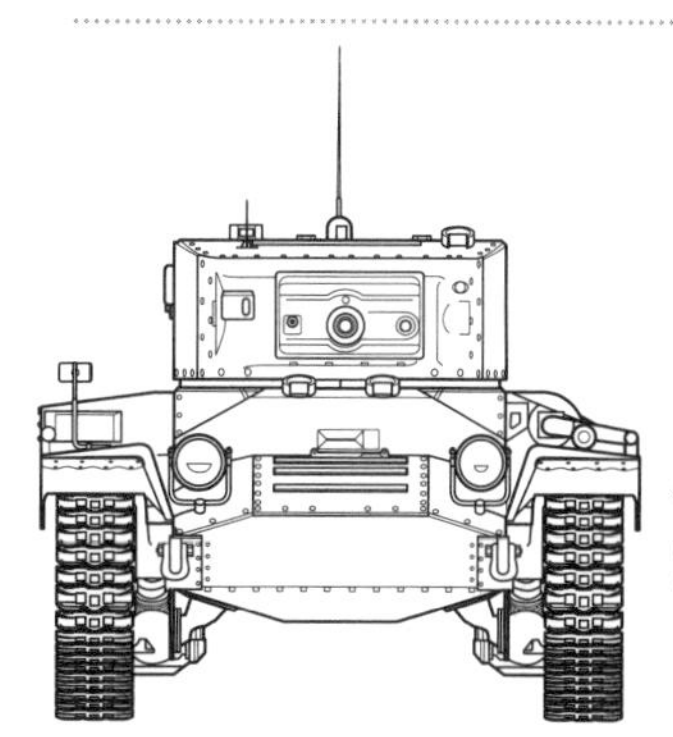

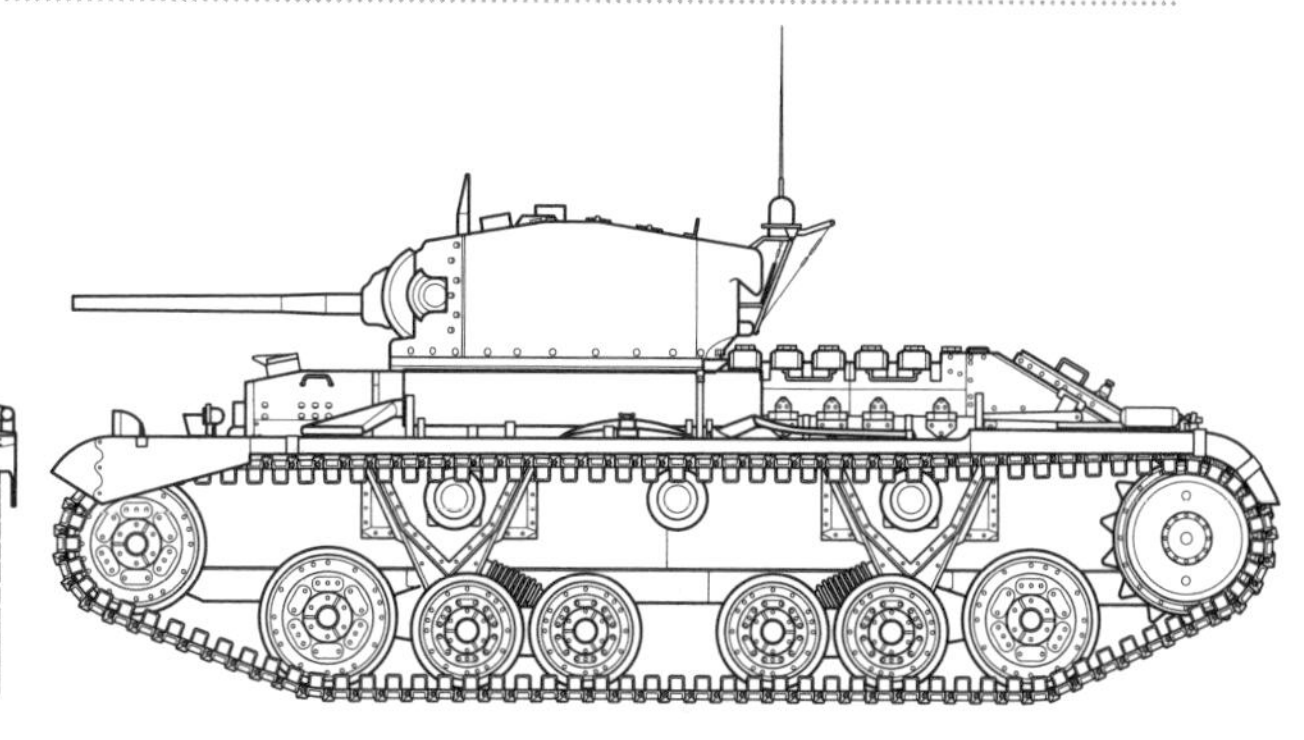

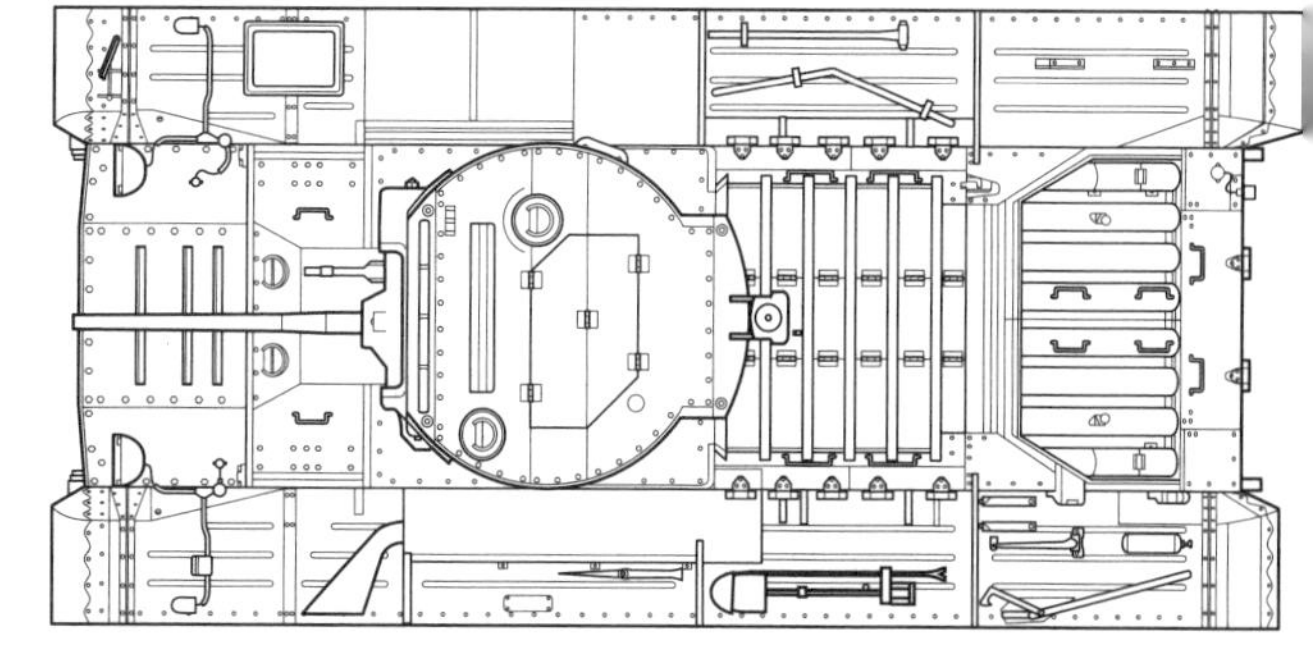

■歩兵戦車Mk.Ⅲ ヴァレンタインMk.Ⅰ

重量	16.00t	全長	5.41m
全幅	2.62m	全高	2.28m
乗員	3名		
主武装	2ポンド(52口径40mm)砲		
副武装	7.92mm機関銃×1		
エンジン	AEC A189 6気筒液冷ガソリン		
出力	135hp	最大速度	24km/h
航続距離	130km		
装甲厚	7mm〜65mm		

A10をさらに重装甲化した「装甲強化型A10」として新型戦車を提案したのだ。

そもそも第一次世界大戦後のイギリス軍の戦車関係者の考え方は、前講でも述べたように、菱形重戦車のような歩兵支援用で低速だが重装甲の戦車を重視する考え方と、快速の戦車を主力とする機械化部隊による機動戦を重視する考え方の大きく2つに分かれていた。そして陸軍省で兵器供給を所掌する兵器総監となったヒュー・エリス中将は、低速だが重装甲の歩兵支援用の戦車を重視しており、装甲が最大60㎜の歩兵戦車Mk.Ⅰ（A11）マチルダⅠや最大78㎜の歩兵戦車Mk.Ⅱ（A12）マチルダⅡが開発されたわけだ。しかし、その中でもヴィッカーズ社は、巡航戦車の装甲を大幅に強化することで、低速だが重装甲の歩兵戦車と事実上統合しようとした、と捉えることもできそうだ（そして「巡航戦車の重装甲化」という考え方は第二次世界大戦末期に登場する巡航戦車A41センチュリオンまで受け継がれていく）。

ただし、このヴィッカーズ社の案には「参謀本部Aナンバー」と呼ばれる軍公式の開発番号が与えられず、「ヴァレンタイン」と呼ばれることになった。その由来は、同年2月14日に行われた2回目の会議で基本案が提出されたため、といわれているが、巡航戦車A10の設計者でもあるジョン・カーデン卿のミドル・ネームでもあり、メーカーと所在地である「ヴィッカーズ・アームス

歩兵戦車Mk.Ⅲヴァレンタイン

トロング・リミテッド（エンジニアズ）、ニューカッスル・アポン・タイン」のアクロニム（頭字語）でもある。

小柄な車体や細い履帯が印象的な、ヴァレンタインMk.ⅠあるいはⅡ

そして、同年3月24日にヴァレンタインのモックアップ（実大木型模型）が審査された際には、３名用砲塔も用意されたのだが、生産コストが高くなるため採用されなかったという。そのため、乗員は、車長、砲手、操縦手の計３名となり、車長が装填手を兼務することになった。

その後、マチルダⅡの生産が遅延する中、１９３９年４月４日にヴィッカーズ社は、陸軍省からヴァレンタインの量産が内定したことを通知された。そして同年7月１日に設計作業が終わると、同日に量産車が正式に発注されたが、その２日前にはヴィッカーズとキャメル・レアード両社の傘下に入っていたメトロポリタン・キャメル客貨車会社と、巡航戦車Mk.Ⅱ（A10）の生産を分担していたバーミンガム鉄道客貨車会社とも、ヴィッカーズ社の下請けのかたちで量産契約が結ばれていた。

付け加えると、この間の同年４月21日には、前運輸大臣のレスリー・バーギンが軍の兵器供給の調整を担当する軍需大臣に任命されて同年7月14日に新設の軍需省が正式に発足すると、陸軍省では兵器総監局が廃止されてエリス中将が最後の兵器総監となった。こうしてエリス中将が戦車開発における公的な発言力を失ったことも、ヴァレンタインの量産化に何らかの影響を与えたのかもしれない。

そして、１９４０年６月からヴァレンタインの量産車の軍へ

ヴァレンタインの改良•その1

の引き渡しが始められたが、その前月の5月10日にはドイツ軍のフランス、ベルギー、オランダ、ルクセンブルクへの進攻作戦「黄の場合」が始まっていた。そして、西部戦線に派遣されていたイギリス欧州遠征軍（BEF）は6月4日までにフランス北部のダンケルクから撤退し、同月22日にはフランスが降伏してドイツと休戦協定が結ばれることになる。

歩兵戦車Mk.Ⅲヴァレンタインの改良

歩兵戦車Mk.Ⅲヴァレンタインの車重はおよそ16tで、車重27tの歩兵戦車Mk.ⅡマチルダⅡよりふた回りほど軽い。

ヴァレンタインの最初の量産型であるMk.Ⅰは、43口径の2ポンド砲（口径40㎜）を搭載していた。装甲は、砲塔が最大65㎜、車体前面が最大60㎜、車体や砲塔の側面も60㎜とされるなど、側面装甲も重視されていた。足回りは、大き目の下部転輪1個とやや小さな下部転輪2個の計3個の下部転輪を1組としてコイル・スプリングで懸架する「スローモーション・システム」と呼ばれる独特のものだ。エンジンは、出力135hpのAEC社製液冷直列6気筒ガソリン・エンジンを搭載しており、最高速度は24㎞／h前後で、マチルダⅡと同等の鈍足だった。

しかし、とくに量産初期のイギリス本国では、巡航戦車の信頼性や数が不足していたこともあって、引き渡されたヴァレンタ

インの多くが、本来は歩兵戦車であるにもかかわらず、巡航戦車の代用として機甲師団に配備された。つまり、この時点では巡航戦車と歩兵戦車の統合が事実上実現していた、ともいえるのだ。

次のMk.Ⅱは、Mk.Ⅰに搭載されたガソリン・エンジンのディーゼル版を搭載したもの。出力は131hpに低下したが、燃料タンクの容量を削ったにもかかわらず、行動距離が大きく伸びている。

Mk.Ⅲは、Mk.Ⅱをベースに、車長と砲手に加えて装填手も乗る3名用の大型砲塔を搭載したもので、乗員が計4名となった。この重量増に対応して、車体側面の装甲が60㎜から50㎜に削られている。これは前回も述べたことだが、2ポンド砲には、当初は非装甲目標（軟目標）用の榴弾が用意されていなかった。そこで英連邦に属するニュージーランドに供与されたMk.Ⅲのうち18両は、2ポンド砲搭載車の近接支援用として主砲を3インチ榴弾砲（口径76・2㎜）に換装し、Mk.ⅢCSと呼ばれている。

Mk.Ⅳは、Mk.Ⅱをベースに、アメリカのジェネラル・モーターズ（以下GMと略す）社製で出力130hpの水冷直列6気筒2ストローク・ディーゼル・エンジンと、同じくアメリカのスパイサー・マニュファクチャリング社製のシンクロメッシュ付変速装置を搭載したもので、Mk.Ⅱと同じ2名用の小型砲塔を搭載している。Mk.Ⅴは、Mk.Ⅳをベースに、Mk.Ⅲと同じ3名用の大型砲塔を搭載したものだ。

Mk.Ⅵ、Mk.Ⅶ、Mk.ⅦＡは、英連邦に属するカナダのカナディアン・パシフィック鉄道社でライセンス生産された型で、カナダ国内での訓練用等とされたごく一部を除いて、すべてソ連に供与された。

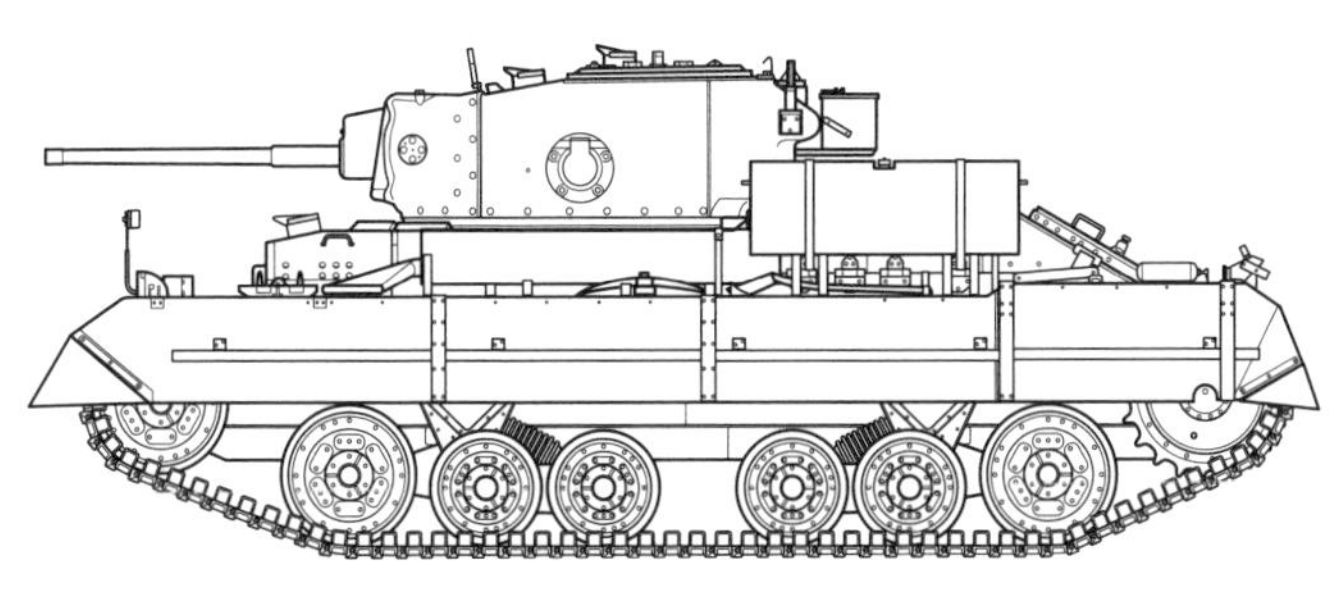

2ポンド砲のままで、大型の3人乗り砲塔に換装したヴァレンタインMk.Ⅲ

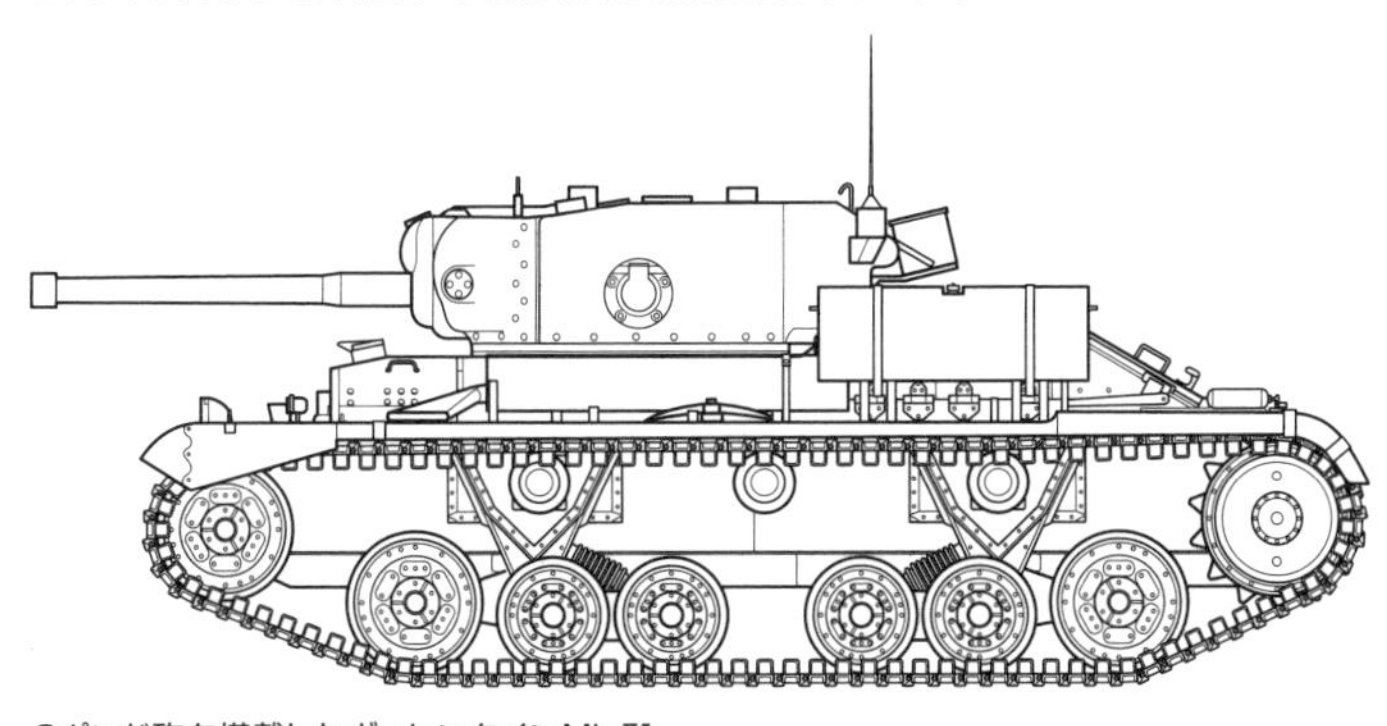

6ポンド砲を搭載したヴァレンタインMk.Ⅸ

ヴァレンタインの改良•その2

Mk.VIは、カナダ製ヴァレンタインの先行量産型といえるもので、基本的にはMk.IIをベースに、Mk.IVから搭載されるようになったGM社製のディーゼル・エンジンとスパイサー社製の変速装置を搭載したもの。ただし、車体前端部が鋳造構造で、同軸機関銃が最初の15両のみが他のイギリスでの生産型と同じ口径7・92mmのBESA機関銃、16両目以降は口径7・62mmのブローニングM1919A4に変更されるなど、細部が異なっている(16両目以降をMk.VIIとしている資料もある)。Mk.VIIは、カナダ製ヴァレンタインの本格量産型で、無線機が新型となり、車体前端部が溶接構造になるなどの差異がある。Mk.VIIAは、Mk.VIIをベースに、履板表面に滑り止めのモールドを追加するなどの小改良を加えたものだ。

Mk.VIII以降はイギリス製だ。

Mk.VIIIは、Mk.IIの車体をベースに、対戦車火力の強化のために6ポンド砲(口径57mm)を装備する2名用の新型砲塔を搭載したもの。この砲塔には同軸機関銃がなく、重量の増加に対応して側面装甲が43mmに削られた。このMk.VIIIは、量産発注が行われたものの生産されずにMk.IXの生産に振り替えられたため、書類上だけの存在となっている。

Mk.IXは、同軸機関銃の無い3名用の大型砲塔を搭載している。車体は基本的にはMk.VIIIに準じているが、Mk.IVから搭載されるようになったGM社製のディーゼル・エンジンを搭載しており、さらに生産途中に165hpにパワーアップした改良型に切り替えられている。

Mk.Ⅹは、砲塔の前面右側に張り出し部を設けて同軸機関銃を搭載したもので、車体は165hpのディーゼル・エンジンを搭載したMk.Ⅸの後期生産車に準じている。

Mk.ⅨとMk.Ⅹは、当初は43口径6ポンド砲を搭載していたが、一部は長砲身の50口径6ポンド砲やイギリス製の75mm砲を搭載している。

Mk.Ⅺは、最初からイギリス製の75mm砲を搭載したもので、Mk.Ⅹの75mm砲搭載車とほとんど同じものだ。

このようにヴァレンタインは、段階的に火力が強化されたが、重量の増加に対応して側面装甲を削減するとともに、エンジンをパワーアップすることで機動力の維持が図られたのだ。

ヴァレンタインの総生産数は、カナダでの生産車や派生型も含めて計8300両（試作に終わった重ヴァレンタイン＝A38ヴァリアント1両を含めて計8318両とするなどの異説あり）とされている。このうち、イギリスから2756両、カナダから1213両、あわせて計3969両がソ連に供与された。1941年6月22日に独ソ戦が始まると、英連邦は大量のヴァレンタインをソ連に送り込んだのだ。

イギリス第8軍の戦闘序列（1942年10月23日）

- 第8軍司令部
  - 第10軍団
    - 第1機甲師団
    - 第8機甲師団
    - 第10機甲師団
  - 第13軍団
    - 第7機甲師団
    - 第44歩兵師団
    - 第50歩兵師団
    - 第1自由フランス旅団群（第44歩兵師団に配属）
    - 第2自由フランス旅団群（第50歩兵師団に配属）
    - 第1ギリシャ歩兵旅団（第50歩兵師団に配属）
  - 第30軍団
    - 第51歩兵師団
    - 南アフリカ第1師団
    - 第2ニュージーランド師団
    - 第4インド師団
    - オーストラリア第9師団
    - 第23機甲旅団群
  - 第1機甲旅団
  - 第21インド旅団
  - 第2対空旅団
  - 第12対空旅団
  - 第17対空旅団

（主要部隊のみ表記）

大戦中頃の歩兵戦車部隊の編制と運用

フランスの降伏後、北アフリカでは独伊枢軸軍と英連邦軍との間で激戦が繰り広げられることになった。そのアフリカ戦線の転回点となった1942年10月に始まった「第二次エル・アラメイン戦」を例にヴァレンタインの運用を見てみよう。

同方面を担当していたイギリス第8軍は、第10軍団、第13軍団、第30軍団の計3個軍団を基幹としていた。同軍に所属する部隊の中でヴァレンタインがもっとも多く配備されていたのは、第30軍団

直轄の独立部隊である第23機甲旅団群（1942年7月に第8機甲師団隷下の第23機甲旅団から改編されて独立部隊になるとともに改称）で、190両余りのヴァレンタインが配備されていた。

第30軍団は、南アフリカ第1師団、オーストラリア第9師団、第51（ハイランド）歩兵師団、第2ニュージーランド師団、第4インド師団の計5個師団を基幹とする歩兵軍団だ。この第30軍団を支援する第23機甲旅団群には、第8王室戦車連隊、第46王室戦車連隊、第50王室戦車連隊、第40王室戦車連隊の計4個連隊が所属していた。このうち第8王室戦車連隊は南アフリカ第1師団に、第46王室戦車連隊はオーストラリア第9師団に、第50王室戦

第23機甲旅団群の編制（1942年10月23日）

- 第23機甲旅団群司令部（ヴァレンタイン×6）
  - 第8王室戦車連隊（ヴァレンタイン×51、南アフリカ第1師団に配属）
  - 第40王室戦車連隊（ヴァレンタイン×49）
  - 第46王室戦車連隊（ヴァレンタイン×44、オーストラリア第9師団に配属）
  - 第50王室戦車連隊（ヴァレンタイン×44、第51歩兵師団に配属）
  - キングズ王室ライフル軍団第11大隊（自動車化歩兵）
  - 王室砲兵第121野砲兵連隊（ビショップ自走砲×16）
  - 王室砲兵第56軽対空砲兵連隊第168中隊（40mm対空機関砲×16）
  - 王室工兵第295軍野戦工兵中隊（自動車化工兵）
  - 王室陸軍役務軍団第31中隊
  - 王室陸軍役務軍団第333中隊
  - 第7軽野戦救急車大隊

車連隊は第51師団に、それぞれ配属されて歩兵支援を担当し、第40王室戦車連隊だけが同旅団群に残されて予備とされた。

前述したようにヴァレンタインの量産初期には、イギリス本国で多くのヴァレンタインが巡航戦車の代用として機甲師団に配備された。しかし、この頃になると、ヴァレンタインの多くは、以前は歩兵戦車Mk.ⅡマチルダⅡなどを装備していた王室戦車連隊に配備されるようになっていたのだ。

一方、第2ニュージーランド師団には、巡航戦車Mk.Ⅵクルセイダーやアメリカ製の中戦車であるジェネラル・グラント（M3中戦車のイギリス軍仕様の名称） およびジェネラル・シャーマン（M4中戦車のイギリス軍仕様の名称） を装備する第9機甲旅団群（第10機甲師団隷下）が配属された。実は、第8軍では、1941年11月18日に始まった「クルセイダー」作戦で実戦に初めて参加したジェネラル・スチュアート（M3軽戦車のイギリス軍仕様の名称）、1942年5月26日に始まった「ガザラの戦い」で実戦に初参加したジェネラル・グラントに続いて、「第二次エル・アラメイン戦」の少し前からジェネラル・シャーマンが大量に供給されるようになっていた。そして同軍の第10軍団に所属する第1機甲師団や第10機甲師団、第13軍団に所属する第7機甲師団では、アメリカ製の戦車が主力になっていたのだ。残る第4インド師団には、機甲旅団群や戦車連隊は配属されなかった。

そして1942年10月23日に開始された「ライトフット」作戦では、第30軍団は、[*1]機甲師団3個を基幹とする第10軍団の突破口を開くため、第4インド師団を除く歩兵師団4個でミテイリア高地やキドニー高地付近のドイツ軍陣地を攻撃。また第30軍団の左端に配置された第4インド師団は、ルウェイサット高地付近に牽制攻撃を行った。

当時のイギリス軍には、他の主要各国軍のように各指揮官に徹底される全軍共通の公式のドクトリンはなかったのだが、少なくともバーナード・L・モントゴメリー中将指揮する第8軍は、歩兵戦車装備の戦車連隊で歩兵師団を支援して敵戦線に突破口を切り開き、そこから機甲師団が前進する、という運用をしていたことがわかる。

ただし、第2ニュージーランド師団は、既述のように、歩兵戦車と巡航戦車の役割を兼ねられる性能を持つアメリカ製の中戦車に加えて巡航戦車を装備する機甲旅団群が支援した。つまり、必ずしも歩兵戦車だけが歩兵支援に使われたわけではなかったのだ。

歩兵戦車Mk.Ⅳチャーチルの開発

ここで話は第二次世界大戦の勃発直前に戻る。

この時、イギリスでは新型の歩兵戦車の開発計画がスタート

*1＝編制上は第1機甲師団、第8機甲師団、第10機甲師団の計3個師団を基幹としていたが、このうち第8機甲師団は「第二次エル・アラメイン戦」に先立って所属部隊のほぼすべてを第1機甲師団や第10機甲師団などに派出しており、師団としてまとまったかたちでは作戦に参加していない。

していた。当時、イギリス陸軍の参謀本部は、来るべき北ヨーロッパでの戦闘では生産中のマチルダⅡやヴァレンタインでは力不足ではないか、と危惧しており、より強力な歩兵戦車が求められたのだ。

そして第二次世界大戦が勃発した1939年9月1日には、陸軍省における参謀本部を交えた会議で、新型の歩兵戦車A20の要求仕様が決定された。その中身は、装甲が最大80㎜、最高速度16㎞／h、超壕能力（前進時）1・5m、登坂能力30度、乗員7名というもので、主砲の2ポンド砲を車体左右両側面のスポンソン（張り出し部）に搭載することになっていた。まるで第一次世界大戦中の菱形重戦車を大幅に重装甲化した「陸上軍艦」と呼びたくなるような戦車だが、どうやら参謀本部は、北ヨーロッパでの戦闘は第一次世界大戦中の西部戦線のような塹壕戦になる、と考えていたらしい。

しかし、同月末に陸軍省機械化局の局長であるアレクサンダー・E・デイヴィッドソン少将の下でまとめられた修正案では、ドイツ軍の3・7㎝対戦車砲の貫通力を考慮して装甲を最大60㎜とし、鉄道輸送を考慮して総重量を32tに抑えるとともに、全周旋回砲塔を搭載する、より現実的なものになった。

これに納得できない参謀本部は、第一次世界大戦時に戦車開発に関わった「ジ・オールド・ギャング」とよばれる者たちに基本

歩兵戦車Mk.Ⅳチャーチルの開発

第二次大戦直前にA20みたいなのを作っちゃうイギリスの戦車業界、ちょっとどうかしてるわね…
最初に試作されたのはA20歩兵戦車だけど、重量に対してエンジン出力が足りないなどで使い物にならなかったの。その後、A20を大幅に改良したA22が歩兵戦車Mk.Ⅳチャーチルとなったのよ
A20
チャーチルMk.Ⅰ
チャーチルMk.Ⅰは、車体前面に3インチ榴弾砲を、回転砲塔に2ポンド砲を装備してたんだ。M3中戦車みたいだね

案をまとめ直させたところ、再び主武装をスポンソンに装備する古くさい案がまとめられた。そして、この案を基礎に砲塔形式に改めることなどを前提にして、北アイルランドのベルファストに本社を置くハーランド&ウォルフ社に本格的な開発と4両の試作車、100両の量産車が発注された。同社は、のちに空母に改造される大型軽巡洋艦（艦種類別上は巡洋戦艦）「グローリアス」や有名な客船「タイタニック」号なども建造している造船会社で、戦車を新規開発した経験はなかったが、参謀本部は他の戦車の開発や生産をさまたげないために同社を選んだ、と伝えられている。

ところが、同社の経験不足が影響したのか、A20は設計段階で早くも車重が37tを超えるなど重量オーバーがひどかった。次いで1940年4月20日には実大木型模型の審査が行われ、同年6月初めには最初の試作車であるA20E1が完成した。このA20E1の車重は、軟鉄製で砲塔や武装を搭載しない状態でもおよそ40tに達していた。加えて、ハーランド&ウォルフ社は、A20に自社製の大出力ディーゼル・エンジンを搭載する予定だったが開発に失敗したため、巡航戦車Mk.Ⅴ（A13Mk.Ⅲ）カヴェナンターにも搭載されるメドウズDAV型液冷水平対向12気筒ガソリン・エンジンが搭載された。ちなみに、このカヴェナンターは、1771両も生産されたにもかかわらず、エンジンのオーバーヒートが多発したことなどから、もっぱら本国で訓練用に使われることになる。

話を試作車のA20E1に戻すと、そもそもエンジンの出力に対して車重が過大であり、6kmあまり走行しただけでギア・ボックスのトラブルで動けなくなってしまった。イギリスの巡航戦車は、信頼性の高い大出力エンジンに恵まれず、なかなか大成しなかった（詳しくは巡航戦車の項で述べる）のだが、大型の歩兵戦車でもエンジンが大きなネックとなっていたのだ。

実は、これに先立って陸軍省機械化局は、1940年1月15日にハーランド&ウォルフ社に対して、第一次世界大戦後にGM社の傘下に入っていたヴォクスホール自動車社にA20の開発を移管することをもちかけていた。そして翌2月には、ヴォクスホール社に対して新型の大出力エンジンの開発を発注している。

結局、1940年6月末にA20の開発は中止されるが、その前からA20を基礎とする新型の歩兵戦車の検討が始められており、1940年6月初めには開発番号A22が与えられて、前述のようにA20向けの新型エンジンの開発を担当していたヴォクスホール社で開発が進められることになった。

そしてヴォクスホール社では、傘下で商用車を生産していたベドフォード車両社製のトラック用液冷直列6気筒ガソリン・エンジンをベースにした「ツイン・シックス」と呼ばれる水平対

1941年1月31日に撮影された訓練中の第9王立戦車連隊のチャーチルMk.Ⅰ。車体前面に3インチ（76.2mm）榴弾砲を搭載している

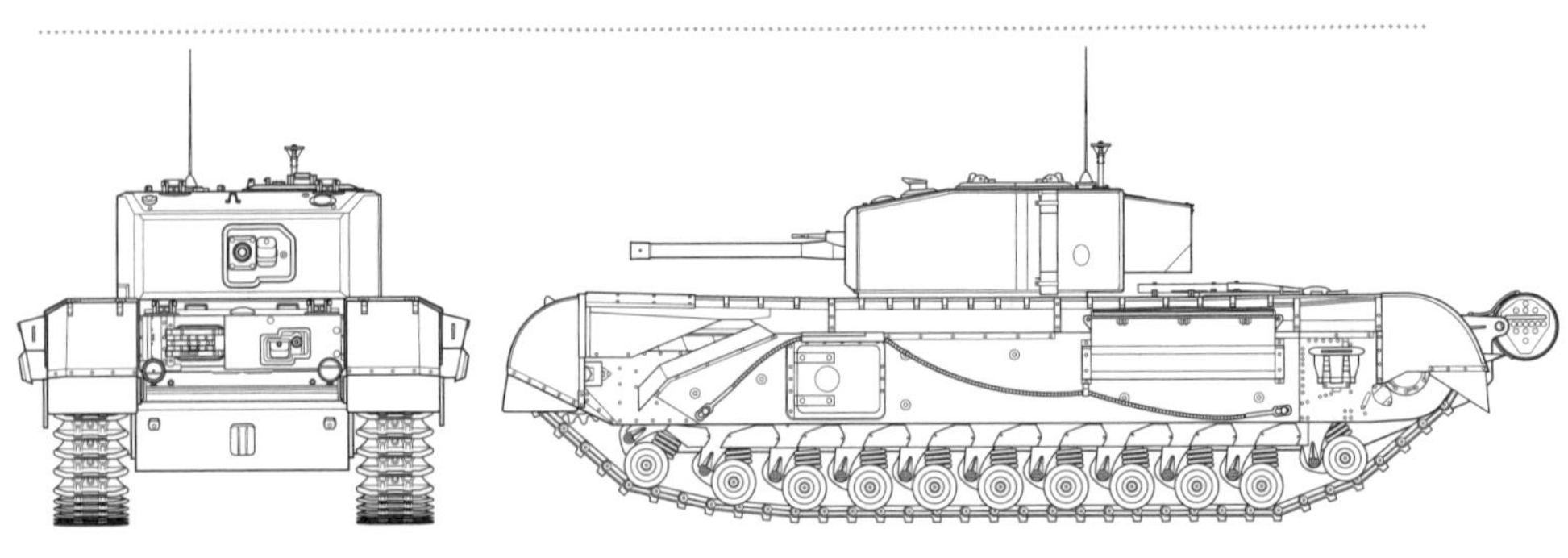

溶接砲塔に6ポンド砲を搭載したチャーチルMk.Ⅲ

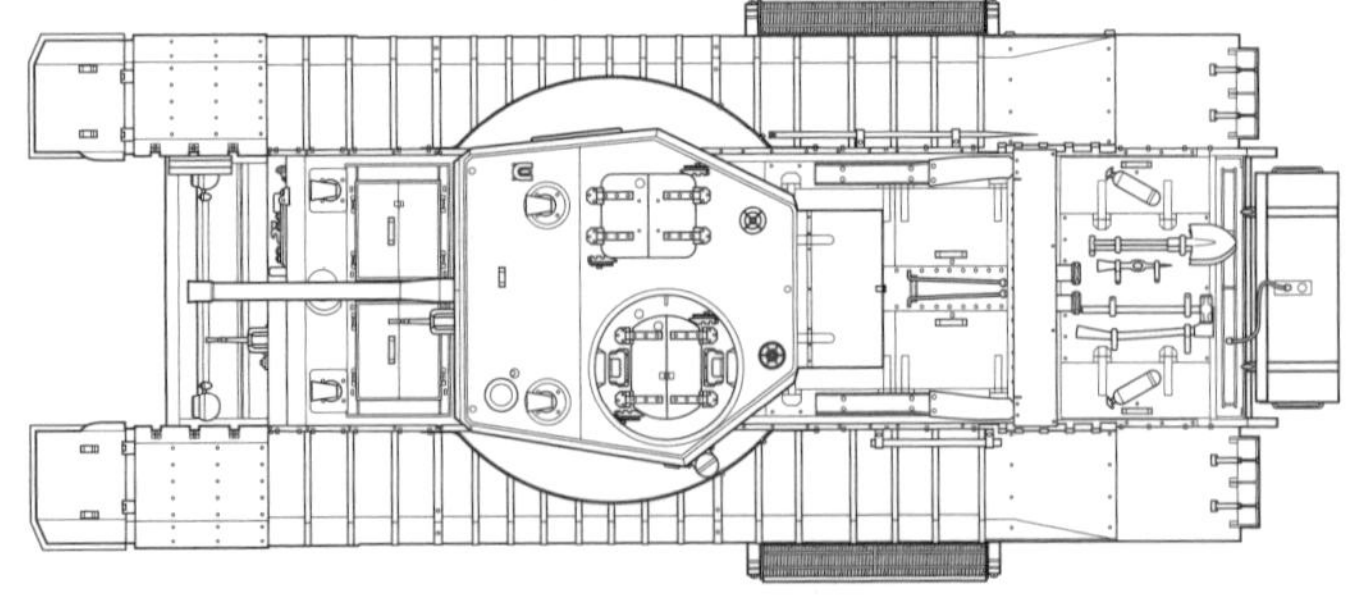

■歩兵戦車Mk.Ⅳチャーチル Mk.Ⅲ

重量	39.57t	全長	7.65m
全幅	3.25m	全高	2.45m
乗員	5名		
主武装	6ポンド(43口径57mm)砲		
副武装	7.92mm機関銃×2		
エンジン	ベドフォード・ツインシックス 12気筒液冷ガソリン		
出力	350hp	最大速度	24.8km/h
航続距離	145km		
装甲厚	16mm～102mm		

向12気筒ガソリン・エンジン（クランクシャフトは通常形式で厳密にいうと水平対向エンジンではなく、180度V型エンジン）を開発。1940年8月には実大木型模型の発注を受けて翌9月に参謀本部の審査を受けて承認を得ると、同年12月25日に最初の試作車を完成させた。

そして各種の試験を省くなどして量産が急がれ、半年後の1941年6月には歩兵戦車Mk.Ⅳとして部隊への配備が始められて、同年9月にはチャーチルの愛称が与えられたが、初期の生産車にはトラブルが続出した。当時配布された取扱説明書には、メーカー側の見解が以下のように記されている。

我々が重々承知していることは、機能が完全でないものはすべて正さなければならないということです。ほぼすべての事例に関してすでに解決法は判明しており、新しい素材や新設計によるパーツが到着次第、順次製造段階において使用していく予定であります。欠陥に関する当社のこの率直な見解を基に、誤った評価を下すことの無いようお願いいたします。（中略）本戦車の開発に関して通常と異なっていたのは、量産開始前の段階でトラブルを正し得る機会がなかったということであります。しかしながら、今は平時ではありません。戦闘車両の増産は現今急務の課題であり、当局の指示は、量産を遅らせるよりも現状の試作車の開発完遂を求める、というものでした。[*2]

これを見ても、当時のイギリス陸軍がチャーチルの配備をどれほど急いでいたかがよくわかる。だが、皮肉なことに、この戦車の部隊配備が始められた1941年6月には独ソ戦が始まり、前述のヴァレンタインやチャーチルを含む多数の戦車がソ連に送り込まれることになる。

そしてチャーチルは、前記の取扱説明書に記されているとおりに問題箇所の改修や改良が進められて、1942年8月19日の北フランスの港町ディエップへの上陸作戦「ジュビリー」で実戦に初めて参加する頃には信頼性の高い戦車となった。

チャーチルの生産は1945年まで続けられ、総生産数は5640両とされている。

歩兵戦車Mk.Ⅳチャーチルの改良

チャーチルの装甲は、Mk.Ⅵまでが最大102㎜と、マチルダⅡやヴァレンタインを上回る重装甲を備えていた。加えて1942年には、ドイツ軍の戦車や対戦車砲の装甲貫通能力の向上に対抗して、車体前面下部（89㎜）と車体側面（76㎜）に厚さ20㎜の増加装甲がボルト留めされるようになり、第1次増加装甲と呼ばれている。次いで1943年以降に、車体側面の第1次増加装

*2＝ブライアン・ペレット著（三貴雅智訳）『チャーチル歩兵戦車1941-1951』（大日本絵画。2000年）より引用。

甲の上にさらに厚さ20㎜のアップリケアーマー（増加装甲）が溶接されるようになり、第2次増加装甲と呼ばれている。さらにMk.Ⅶ以降では、各部の装甲が強化されて最大152㎜に達した。

その反面、最高速度はMk.Ⅵまでが25㎞／h、装甲が強化されたMk.Ⅶ降は20㎞／hとマチルダⅡやヴァレンタインより遅くなった。速度の低下を忍んでも装甲を強化しているところを見ると、イギリス軍はこの程度の速度でもかまわないと考えていたのであろう。

チャーチルの武装を見ると、最初に生産されたMk.Ⅰは、砲塔に2ポンド砲とBESA機関銃を、車体前方砲座に3インチ榴弾砲を、それぞれ装備していた。Mk.ⅠCSは、Mk.Ⅰとは逆に、砲塔に3インチ榴弾砲を、車体に2ポンド砲を装備した近接支援型だ。しかし、Mk.Ⅰの車体前方の3インチ榴弾砲は使い勝手が悪かったため、Mk.Ⅱでは車体前方銃座にBESA機関銃を装備した。

Mk.Ⅲは、大型の溶接砲塔に6ポンド砲を搭載し、車体前方銃座に機関銃を装備したもの。Mk.Ⅳは、新型の鋳造砲塔に6ポンド砲とBESA機関銃を装備して、Mk.Ⅲと同様の車体に搭載したものだ。しかし、6ポンド砲にもイタリア戦までは榴弾が支給されず、Mk.Ⅰと比べると3インチ榴弾砲が無い分、対戦車砲や歩兵に対する制圧能力が低下してしまった。

こうした状況を知った陸軍電気機械技術部隊（Royal Ele-

チャーチルの特徴

ctrical and Mechanical Engineers 略してREME）所属のパーシー・モレル大尉は、損傷したアメリカ製のジェネラル・シャーマンの75㎜砲を、砲架や防盾ごとチャーチルMk.Ⅳに移植するというアイデアを思いつき、チャーチルNA75（NAはNorth Africa：北アフリカの略）が生産されることになった。シャーマンの搭載していた75㎜砲は榴弾を発射可能で、非装甲目標に対して高い制圧能力を発揮できたからだ。

アメリカ製の砲弾も使用できるイギリス製の75㎜砲を搭載したチャーチルMk.Ⅵ。砲塔は新型鋳造砲塔だった

Mk.Ⅲ*は、既存のMk.Ⅲに、後述するMk.Ⅸと同様の増加装甲の追加などの改修に加えて、対戦車用の徹甲弾と非装甲目標用の榴弾の両方を発射でき、アメリカ製の砲弾も使用できるイギリス製の75㎜砲を装備したものだ。砲塔はMk.Ⅲと同じ溶接砲塔で、Mk.Ⅳと同じ新型の鋳造砲塔を搭載するMk.ⅩLTとは異なる。

チャーチル各型の主砲

型	主砲
Mk.Ⅰ	2ポンド砲+ 車体3インチ榴弾砲
Mk.Ⅱ	2ポンド砲
Mk.Ⅲ	6ポンド砲
Mk.Ⅳ	6ポンド砲
Mk.Ⅴ	95mm 榴弾砲
Mk.Ⅵ	75mm 砲
Mk.Ⅶ	6ポンド砲
Mk.Ⅷ	95mm 榴弾砲
Mk.Ⅸ	6ポンド砲
Mk.Ⅹ	75mm 砲
Mk.Ⅺ	95mm 榴弾砲

Mk.Ⅴは、Mk.Ⅳをベースに95㎜榴弾砲を搭載したCS型だ。改修箇所が多岐にわたるため、Mk.ⅣCSではなく、新たにMk.Ⅴの呼称が与えられた。この95㎜榴弾砲は、18・65口径の短砲身砲で初速も低かった。ただし、距離にかかわらず110㎜（30度傾斜）の貫通力を発揮する成形炸薬弾も発射でき、対戦車戦闘も可能だったので、部隊では好評を得たという。砲塔は、基本的にはMk.Ⅳと同じ新型の鋳造砲塔だが、前面の開口部の形状等がわずかに異なる。

Mk.Ⅵは、Mk.Ⅳの主砲をイギリス製の75㎜砲に変更したものだ。

Mk.Ⅶは、前述したように装甲を最大152㎜に強化した型で「ヘヴィー・チャーチル」とも呼ばれる。車重は40tに達し、最高速度は20㎞／hに低下した。砲塔は、鋳造製の本体に天板を溶接した鋳造／溶接砲塔と呼ばれる新型になり、車体側面のハッチが丸型になるなど、大幅な改良が加えられた。このため、新たに開発番号A22Fが与えられ、さらに1945年にはA42に変更された。Mk.Ⅷは、Mk.ⅦのCS型で95㎜榴弾砲を搭載していた。後期の生産車では、鋳造／溶接砲塔の天板前半部の前傾を無くして砲塔の角部の形状を変更した専用

砲塔が搭載されている。
Mk.Ⅲ*とMk.Ⅷ以降の型式は既存車両の改修型であり、別表にまとめた。

大戦後期の歩兵戦車部隊の編制と運用

大戦後期のイギリス軍の戦車部隊は、それ以前と同様に基本的には、機動戦用の巡航戦車（実際はアメリカ製のシャーマンが多かった）を主力とする機甲師団と、歩兵支援用の歩兵戦車（大戦後期はチャーチル）を主力とする戦車旅団の2本立てで戦った。

このうち、歩兵戦車を主力とする戦車旅団の歩戦協同戦術を見ると、（前講で述べたことと一部重複するが）通常は歩兵師団1個の支援には歩兵戦車を主力とする戦車旅団1個が割り当てられるのが一般的だった。また、歩兵旅団1個には戦車連隊1個、歩兵大隊1個には戦車中隊1個が割り当てられることが多かった。ときには戦車中隊をさらに小隊単位に分割して各歩兵中隊の支援に割り当てることもあったが、敵戦車が現れた時に

チャーチルの後期の改修型

チャーチルMk.Ⅸ

既述の第1次増加装甲を取り付けたMk.ⅢやMk.Ⅳの車体に第2次増加装甲を装着するとともに、砲塔を新型の鋳造／溶接砲塔に換装し、各部をMk.Ⅵ仕様に改めたもの。ただし、主砲は、イギリス製の75mm砲の生産が間に合わず、従来の6ポンド砲のままだった。

チャーチルMk.ⅨLT

Mk.ⅣにMk.Ⅸと同様の改修を加えたものだが、砲塔を新型の鋳造／溶接砲塔に換装せず、従来の新型鋳造砲塔のままのもの。「LT」は「Light Turret（軽砲塔）」の略で、新型の鋳造砲塔を指している。

チャーチルMk.Ⅹ

Mk.Ⅸと同様の増加装甲の追加等の改修と、新型の鋳造／溶接砲塔への換装に加えて、イギリス製の75mm砲を搭載したもの。

チャーチルMk.ⅩLT

Mk.Ⅸと同様の仕様でイギリス製の75mm砲を搭載しているが、砲塔を新型の鋳造／溶接砲塔に換装せず、従来の新型鋳造砲塔のままのもの。

チャーチルMk.Ⅺ

95mm榴弾砲を搭載するCS型のMk.Ⅴの車体に、Mk.Ⅸと同様の増加装甲の追加等の改修を加えて、砲塔をMk.Ⅷと同じ鋳造／溶接砲塔に換装したもの。

チャーチルMk.ⅪLT

Mk.Ⅺと同様の仕様だが、砲塔を新型の鋳造／溶接砲塔に換装せず、従来の新型鋳造砲塔のままのもの。

チャーチルMk.Ⅶの車体前面の機関銃の代わりに火炎放射器を装備したチャーチル・クロコダイル

チャーチル各型の砲塔

●初期型鋳造砲塔…Mk. Ⅰ、Ⅱ

●鋳造/溶接砲塔…Mk. Ⅶ、Ⅷ、Ⅸ、Ⅹ、ⅩⅠ

チャーチルは砲塔が4種類あって、主砲も2ポンド砲、6ポンド砲、75mm砲、95mm榴弾砲と4種類。頭がこんがらがるわね～

●溶接砲塔…Mk. Ⅲ

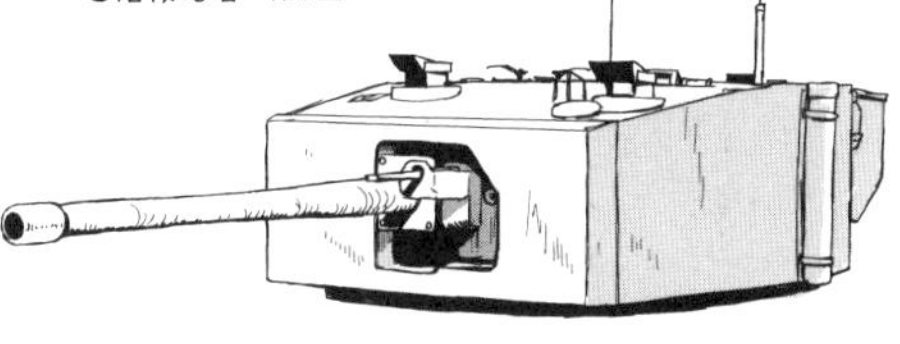

●新型鋳造砲塔…Mk. Ⅳ、Ⅴ、Ⅵ、ⅨLT、ⅩLT、ⅩⅠLT

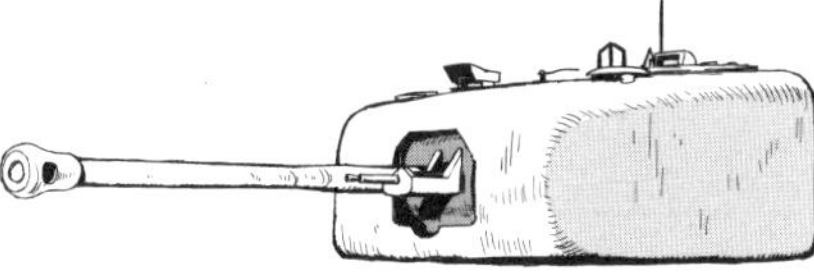

は戦車小隊が集結して中隊単位で戦った。逆に、戦車旅団が旅団単位でまとまって戦闘することはほとんどなかった。

イギリス軍の基本的な戦闘単位は、前述のように歩兵大隊1個に戦車中隊1個を組み合わせたもので、歩兵師団隷下の砲兵連隊に所属する砲兵中隊1個がこれを支援した。具体的には、砲兵科の前進観測将校が砲兵観測戦車に乗って随伴し、前線からの要求に即応して砲兵中隊が味方の攻撃時の支援射撃や敵の反撃時の阻止弾幕の形成などを行うのだ。

歩兵戦車ブラックプリンス

チャーチルの発展型といえる歩兵戦車（A43）ブラックプリンスにも触れておこう。

1943年秋、イギリス陸軍は武装を強化した重装甲の歩兵戦車A43の開発を決定し、ヴォクスホール社でチャーチルをベースにした「スーパー・チャーチル」の開発がスタートした。

主砲は強力な貫通力を誇る17ポンド砲（口径76.2mm）、副武装はBESA機関銃で主砲の同軸と車体前部左側に各1挺ずつ装備された。装甲は最大152mmとチャーチルの後期型と同等だったが、車体はチャーチルよりひと回り大きくなり、車重は50tに達した。にもかかわらず、機関系はチャーチルMk.Ⅶのものを転用したため、最高速度はチャーチルの後期型よりも遅い17km/hほどまで低下した。

1945年1月には試作1号車が完成し、同年5月までに6両の試作車が完成したが、その5月にドイツは降伏し、同月末には開発中止が決まっている。

チャーチルをベースに17ポンド砲を搭載したブラックプリンス。チャーチルより転輪が1個増え12個となった。重量は51トンに及ぶ

第10講
巡航戦車Mk.Ⅰ～Mk.Ⅵクルセイダー
今回は大戦前半の英軍の巡航戦車がテーマね。イギリス軍は巡航戦車Mk.Ⅰ～Ⅳを作った後に、
カヴェナンター
巡航戦車Mk.Ⅴカヴェナンターを量産したけど…
ジュワァーァーァー
オーバーヒートばっかりの大失敗戦車になったんだぁ…
い、一応使い物になったクルセイダーもいるわよ！
こ、殺される…
でも、そのクルセイダーも故障が多くて、戦闘力でもドイツのⅢ号戦車長砲身やⅣ号戦車長砲身には敵わなかったのよね（笑）
ズシーン　ズシーン
クルセイダー、動け！動いてよ！
プシュ～
今動かなくちゃ何にもならないんだ！
…えーと無理しないでウチの戦車使えば？
M4とか…
ジョンブルさんの、
信頼性に優れて戦闘力も高い巡航戦車を求める旅は、大戦後半に続くのデス…
To be continued！

第10講

砂漠を駆けた快速戦車
巡航戦車Mk. Ⅰ～Mk. Ⅵクルセイダー

中戦車Mk. Ⅲの挫折

これは第8講でも述べたことだが、第一次世界大戦後の1921年に、イギリスのヴィッカーズ社は、車体上部に旋回砲塔（銃塔）を備えた軽戦車No.1を独自に試作。翌1922年には旋回砲塔に3ポンド砲（口径47mm）を装備した軽戦車（のちに中戦車に区分変更）Mk. Ⅰを開発し、1925年にはこれに改良を加えた中戦車Mk. Ⅱの生産を開始した。

翌1926年には、次期戦車を検討する委員会が設置され、主武装によって距離1000ヤード（約914m）で同等の敵戦車を撃破できる対戦車能力や独立した2基の機関銃塔の搭載などの要求項目がまとめられた。つまり、次期戦車には、敵戦車との戦闘能力に加えて、敵陣内やその後方で敵歩兵などを掃射する能力も求められたのだ。

そして、これに沿うように、主武装として3ポンド砲を搭載する主砲塔に加えて、前部に2基の機関銃塔を持つ中戦車Mk. Ⅲ（A6）が開発された。この中戦車Mk. Ⅲは、当時としては火力、防御力、機動力の三要素を高いレベルでバランスさせた優れた戦車といえる。

また、イギリス軍は、1927年に旅団規模の「実験機械化部隊」が臨時に編成し、機械化部隊の運用法の本格的な研究を始めた。この機械化部隊は、歩兵部隊に分散して配属されて歩兵の陣地攻撃を直接支援するのではなく、歩兵直協任務から切り離された戦車部隊を主力とする諸兵科連合の機械化部隊であった。

続いて、この実験機械化部隊の運用経験を踏まえて、1929年には混成戦車旅団、1931

3ポンド砲を備えた主砲塔と、機関銃塔2基を持つ多砲塔戦車である中戦車Mk.Ⅲ。最大速度48km/h、最大装甲厚14mm

年には王室戦車軍団第1旅団が臨時に編成され、1934年には常設の第1戦車旅団が編成された。そして、この同旅団隷下の戦車部隊には中戦車Mk.Ⅲが主力として配備されるはずだった。

ところが、イギリス軍は、大恐慌の影響による軍事予算の削減圧力もあって、戦車部隊の主力として期待された中戦車Mk.Ⅲを大量に配備することができなかった。そして、しばらくの間は、前述のように軽戦車から発達した中戦車Mk.Ⅱや、安価な機関銃運搬車（マシンガン・キャリアー）を配備し続けることになる。

巡航戦車Mk.Ⅰ（A9）～Mk.Ⅳ（A13Mk.Ⅱ）の開発

これも第8講で述べたことだが、第一次世界大戦後のイギリス軍の戦車関係者の考え方は、大きく2つのグループに分かれていた。ひとつは、歩兵直協用で低速だが重装甲の戦車を重視する考え方。もうひとつは、快速の戦車を主力とする機械化部隊による機動戦を重視する考え方だ。部隊の運用面から見ると、歩兵部隊を含む諸兵種の協同行動を重視する考え方と、快速の戦車を主力とする機械化部隊の独立行動を重視する考え方、と言い換えてもよい。そしてイギリス軍では、こうした異なる考え方の一種の妥協点として、低速だが重装甲の歩兵戦車（インファントリー・タンク）と、高速だが装甲の薄い巡航戦車（クルーザー・タンク）の2車種が主力となっていく。

このうちの巡航戦車は、歩兵戦車の開発が決まった1934年に、少数生産に終わった中戦車Mk.Ⅲの廉価版である新型戦車A9の開発が始められている。このA9は、当時としては非常に高い装甲貫通能力を持つ2ポンド砲（口径40mm）を搭載する主砲塔に加えて前部に機関銃塔を2基備えており、装甲は最大14mmと薄かったものの、最高速度は40km/hと高速で、これが巡航戦車Mk.Ⅰとなった。

また、このA9と並行して、低速だが重装甲の歩兵戦車A10の開発が始められた。A10の構造はA9と大差無く、主砲や機関系、懸架装置などは共通だったが、前部の機関銃塔は廃止された。歩兵戦車の場合、直接支援の対象となる歩兵部隊が近くにいるので、敵陣内の歩兵などを機関銃で掃討する必要

■巡航戦車Mk.I(A9)

重量	13t	全長	5.79m
全幅	2.50m	全高	2.64m
乗員	6名		
主武装	2ポンド砲		
副武装	7.7mm機関銃×3		
エンジン	AECタイプA179 直列6気筒液冷ガソリン		
出力	150hp	最大速度	40km/h
航続距離	240km		
装甲厚	6mm～14mm		

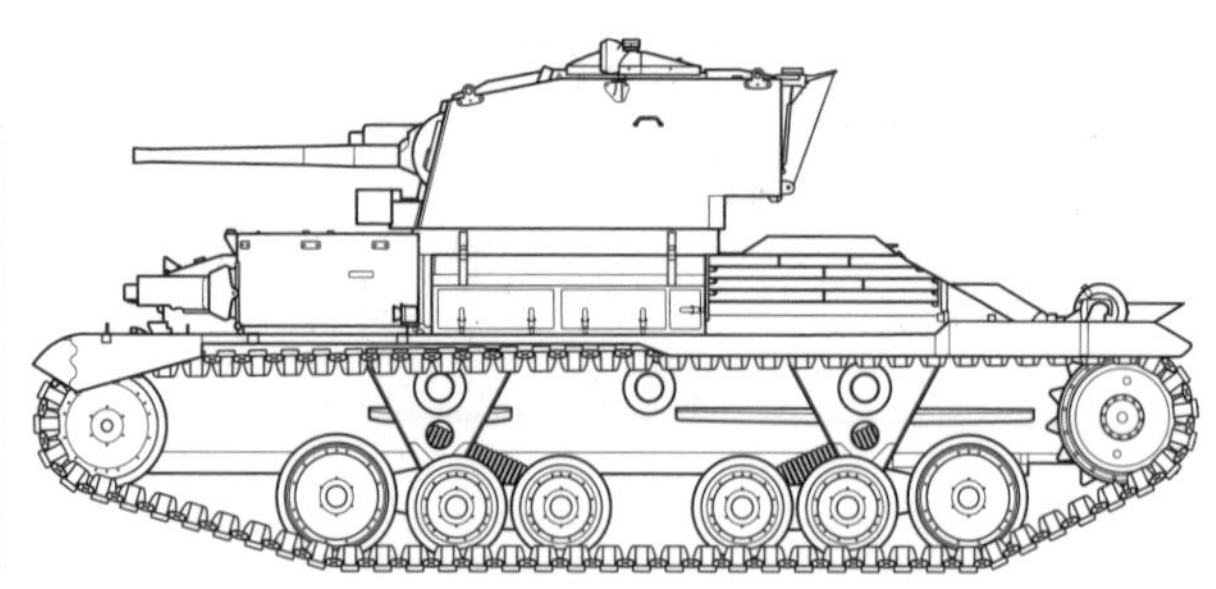

性が低かったためであろう。

このA10の装甲は最大30㎜だったが、兵器総監のヒュー・エリス少将は歩兵支援用の戦車にはもっと厚い装甲が必要と考えており、1935年から主武装は機関銃だが装甲は最大65㎜もあるA11が開発されて歩兵戦車Mk.Ⅰマチルダとなる。一方、歩兵戦車としては装甲不足とされたA10は、A9を支援する「重巡航戦車」に区分を変更されて巡航戦車Mk.Ⅱとなった（したがってA9は「軽巡航戦車」となる）。

そのA9が開発中だった1936年9月、イギリス軍のアーチボルト・ウェーヴェル少将率いる視察団は、ベラルーシ（白ロシア）のミンスク近くで行われたソ連軍の大規模な演習を視察し、それに参加していたBT快速戦車を高く評価した。その中でも視察団員の陸軍省機械化局長補佐（のちに副局長）のジファード・L・Q・マーテル大佐はクリスティー戦車の輸入を強力に推進したといわれている。

このBT快速戦車は、アメリカ人のジョン・W・クリスティーの開発したクリスティーM1940戦車を輸入して発展させたものだった（1929年の開発にもかかわらず社内名称はM1940であった）。この戦車は、履帯を外しても走行可能な大直径の転輪に長大なコイル・スプリングを使ったクリスティー式の懸架装置を備え、もともと航空機用で軽量大馬力のリバティー

巡航戦車Mk.ⅠとMk.Ⅳ

L-12水冷ガソリン・エンジンを搭載し、当時の戦車としては非常に高い機動力を発揮できた。

そしてイギリスでは、アメリカから輸入された最新型のクリスティーM1932戦車を拡大して車輪走行機能を省き、2ポンド砲を装備する主砲塔を搭載し、最大14㎜の装甲を備えたA13を開発。これが巡航戦車Mk.Ⅲとなった。次いで、このA13をベースに装甲を最大30㎜に強化したA13Mk.Ⅱが開発されて巡航戦車Mk.Ⅳとなった。

巡航戦車Mk.Ⅰをベースに重装甲化した巡航戦車Mk.Ⅱ

クリスティー式サスペンションを採用した巡航戦車Mk.Ⅲ

これらの巡航戦車は、第二次世界大戦初期のイギリス軍機甲部隊の主力として、フランスや北アフリカなどでドイツ軍やイタリア軍の戦車と戦うことになる。

付け加えるとイギリスでは、新型の「重巡航戦車」(「戦闘戦車」とも呼ばれる)として、2ポンド砲搭載の主砲塔に加えて車体前部に機関銃塔を2基搭載するA14やA16が開発されている。前

■巡航戦車Mk.Ⅳ(A13Mk.Ⅱ)

重量	14.5t	全長	6.02m
全幅	2.54m	全高	2.59m
乗員	4名		
主武装	2ポンド砲		
副武装	7.7mm機関銃×1		
エンジン	ナフィールド・リバティーV型 12気筒液冷ガソリン		
出力	340hp	最大速度	48km/h
航続距離	160km		
装甲厚	6mm～30mm		

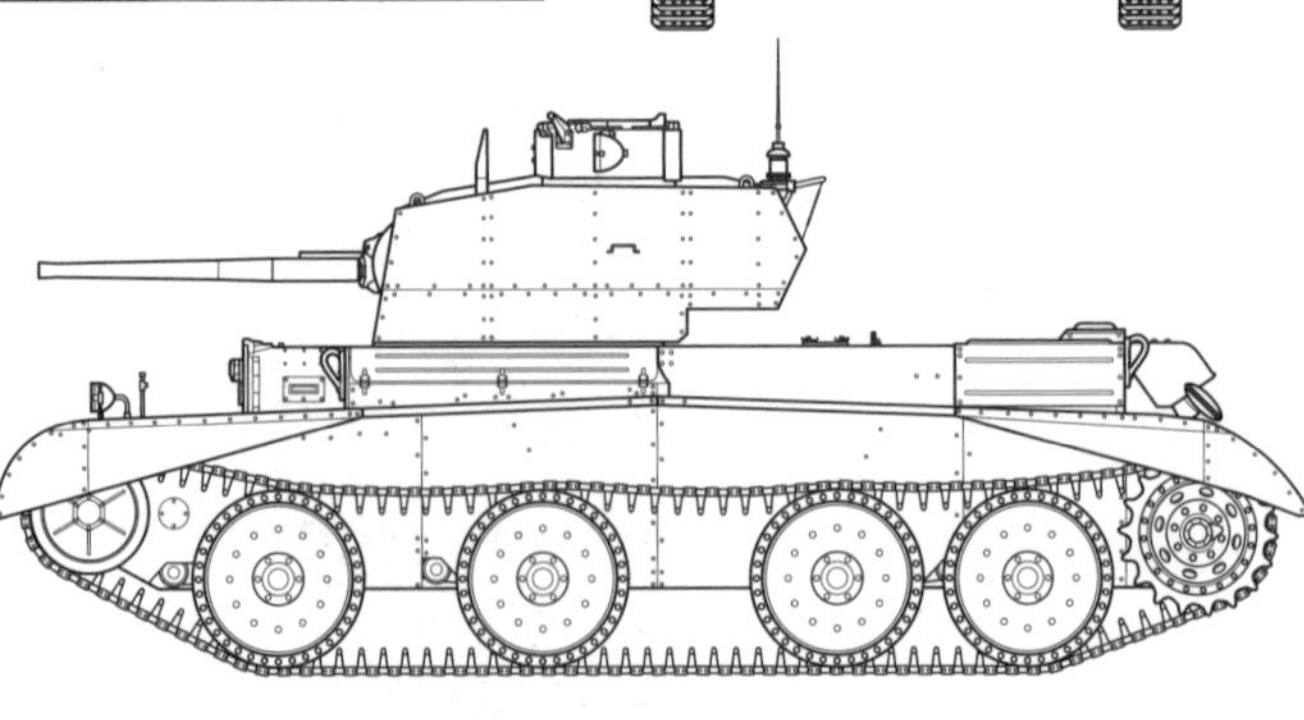

述のソ連軍の演習で視察したT-28中戦車の影響といわれているが（そもそもT-28中戦車はイギリスの中戦車Mk.Ⅲの影響を受けている）、やはり重巡航戦車ながら機関銃塔を持たない巡航戦車Mk.Ⅱ（A10）には不満があったのだろう。その意味では、中戦車Mk.Ⅳの本来の後継車両として求められていたのは、機関銃塔を2基搭載する重巡航戦車だったといえよう。このうち、A14の足回りは小径の下部転輪を短いコイル・スプリングで懸架するホルストマン式、A16の足回りは改良されたクリスティー式になり、装甲はいずれもA13Mk.Ⅱと同等だった。

しかし、多砲塔（銃塔）式で高価だったため、のちに開発中止が決まった。結局、これらの重巡航戦車は、中戦車Mk.Ⅲと同じく大量配備されることはなかったのだ。

機動師団から機甲師団へ

この間の1937年11月にまずイギリス本土で、機械化された騎兵部隊を主力とする機動師団（モバイル・ディヴィジョン）が編成された。続いて翌1938年9月にエジプトで、機械化された騎兵部隊を主力とする2番目の機動師団が編成された。

もともとイギリス軍には、広大な植民地における対反乱戦などで、馬に乗る歩兵を含む騎馬部隊による機動戦の長い伝統があった。例えば第一次世界大戦前に南アフリカで展開された第二次ボーア戦争（1899〜1902年）では、一例を挙げると、乗馬の歩兵大隊2個、本職の騎兵大隊1個、馬匹牽引の砲兵中隊1個などを臨時に組み合わせた半個旅団規模の諸兵種連合の遊撃隊（フライング・コラム）を活用している。

こうした機動戦の伝統を受け継ぐ騎兵部隊の機械化が、第二次ボーア戦争にも参加したアーチボルト・モントゴメリー＝マッシングバード参謀総長の主導によって推進されていったのだ（ただし彼自身は砲兵科）[*1]。加えて、馬匹牽引の砲兵部隊を含む馬匹編制部隊は保有する馬匹の糧秣や水の所要量が大きく、それらの現地調達がとくにむずかしい北アフリカや中東の砂漠地帯などでは、馬匹編制部隊の自動車化や機械化にさらに大きなメリットがあったことも見逃せない。

このうち、最初の機動師団の編成時には、当時のレズリー・ホア＝ベリシャ陸軍大臣が師団の主力を戦車部隊とし上級指揮官に王室戦車軍団の戦車将校を起用するよう求めたのに対して、モントゴメリー＝マッシングバード参謀総長は騎兵将校の起用を求めて対立。参謀総長の支持者は「機動師団の戦車部隊は軽戦車を装備する騎兵連隊で構成されるべきであり、それより重い戦車を装備する戦車旅団を含めるべきではない」と主張した。そのため、モントゴメリー参謀総長は、騎兵部隊の機械化に大きく貢献したにもかかわらず、「機械化部隊の革新の大きな障害と

*1＝付け加えると、第二次世界大戦で活躍し大戦後に参謀総長となるバーナード・L・モントゴメリーとは別人。彼は、この時点では本国の第9歩兵旅団の一介の旅団長に過ぎず、1938年10月に少将に昇進してパレスチナに駐屯する第8歩兵師団の師団長となる。

なった」と評する研究者[*2]もいる。

つまり、モントゴメリー参謀総長のように、小型の軽戦車などを装備する機械化された騎兵部隊を中心とする機動戦を考えていたグループと、中戦車Mk.Ⅲや巡航戦車（重巡航戦車を含む）のような「より重い戦車」を主力とする快速の戦車部隊による機動戦を考えるグループは、大きく見ると機動戦志向という面では共通していたのだが、細かく見ると実はそれぞれの考え方に差があったのだ。植民地での比較的小規模な対反乱戦等における機動戦や敵戦線突破後の追撃任務などを中心に考えていたグループと、欧州等での大規模な正規戦における敵戦線の突破任務も含むような本格的な機動戦を考えていたグループとの差、と言い換えてもいいだろう。

結局、こうした対立の一種の妥協点として、初代の師団長には砲兵科出身のアラン・F・ブルック少将が任命された。とはいうものの、1938年10月にアラン・ブルック師団長が中将に昇進するとともに新設の対空コマンドの司令官に転出すると、後任の師団長には騎兵科出身のロジャー・エヴァンス少将が任命されることになる。

そして最初の機動師団の編制は、機械化された騎兵連隊各3個からなる第1および第2軽機甲旅団と、王室戦車軍団の戦車大隊4個からなる第1戦車旅団の計3個旅団を基幹とするもの

*2＝例えば、日本では「ドイツ空軍全史」（朝日ソノラマ）の筆者として知られているウイリアムソン・R・マーレイやアラン・R・ミレー。

になった。これによって同師団は、イギリス軍で初めて戦車部隊と（機械化された）騎兵部隊が編合された師団となったのだ。もっとも、第1戦車旅団に配備されるはずの「より重い戦車」は、1938年末に巡航戦車が配備されるまで実現せず、旧式の軽戦車などが配備され続けることになった。

そして、1939年4月には機甲師団への改編が計画され、同年9月には第1機甲師団に改編されることになる。この第1機甲師団の編制は、軽戦車と軽巡航戦車を主力とする軽機甲旅団2個、軽巡航戦車と重巡航戦車を主力とする重機甲旅団1個、騎砲兵連隊2個や自動車化歩兵大隊2個などからなる支援群（サポート・グループ）1個を基幹とするものだった。

一方、2番目の機動師団は、もともとエジプトのメルサ・マトルー付近に置かれていたマトルー機動部隊を1938年9月に改称したものだ。この機動部隊は、機械化された騎兵連隊3個からなる騎兵旅団を母体として、王室戦車軍団第1軽戦車大隊や第3騎砲兵連隊などの直轄部隊を加えて編成された（当時の在エジプト英軍には、この騎兵旅団に加えて運河歩兵旅団やカイロ歩兵旅団などが所属していた）。つまり、イギリスのかつての保護国における機動的な警備兵力であった騎兵部隊を、諸兵種連合の機械化部隊に改編したものといえよう。

この「機動師団（エジプト）」の初代の師団長には、前述の第1

第1機甲師団の編制（1939年9月）

- 第1機甲師団司令部
  - 第1軽機甲旅団
    - 第4軽騎兵連隊
    - キングズ近衛龍騎兵連隊
    - 第3軽騎兵連隊
  - 第2軽機甲旅団
    - 第10王室軽騎兵連隊（プリンス・オブ・ウェールズ・オウン）
    - 第2近衛龍騎兵連隊（クィーンズ・ベイズ）
    - 第9クイーンズ王室槍騎兵連隊
  - 第1重機甲旅団
    - 第2王室戦車連隊
    - 第3王室戦車連隊
    - 第5王室戦車連隊
  - 第1支援群
    - ライフル旅団（プリンス・コンソート・オウン）第1大隊（自動車化歩兵）
    - キングズ王室ライフル軍団第2大隊（自動車化歩兵）
    - 第1騎砲兵連隊（18ポンド砲。自動車化）
    - 第2騎砲兵連隊（18ポンド砲。自動車化）
    - 王室工兵第1野戦工兵大隊（自動車化）
  - その他の諸隊

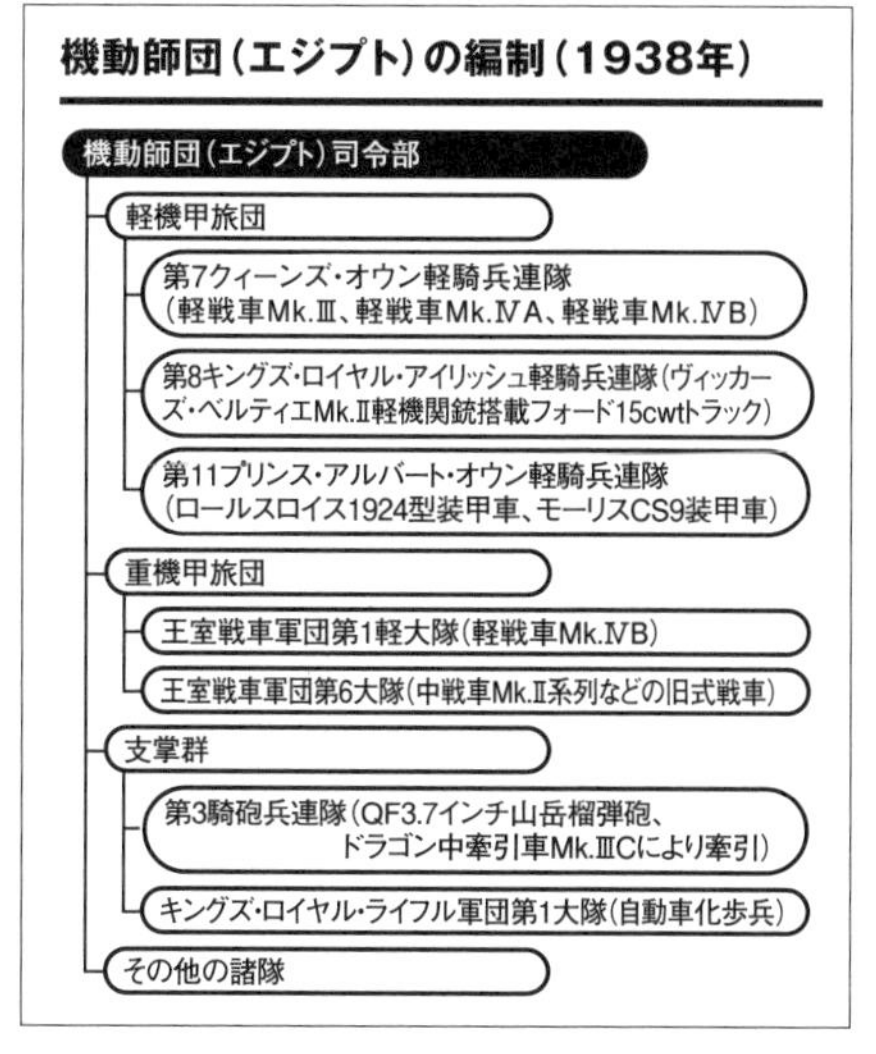

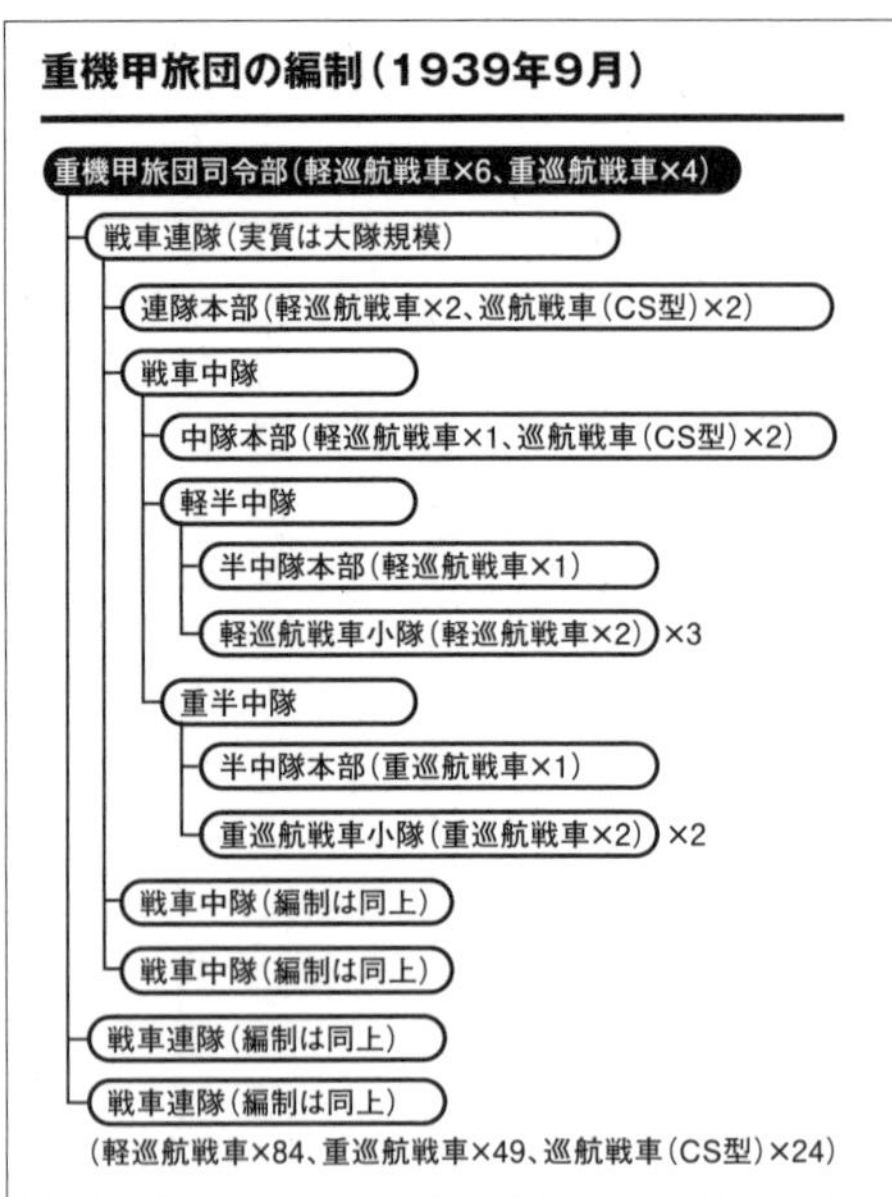

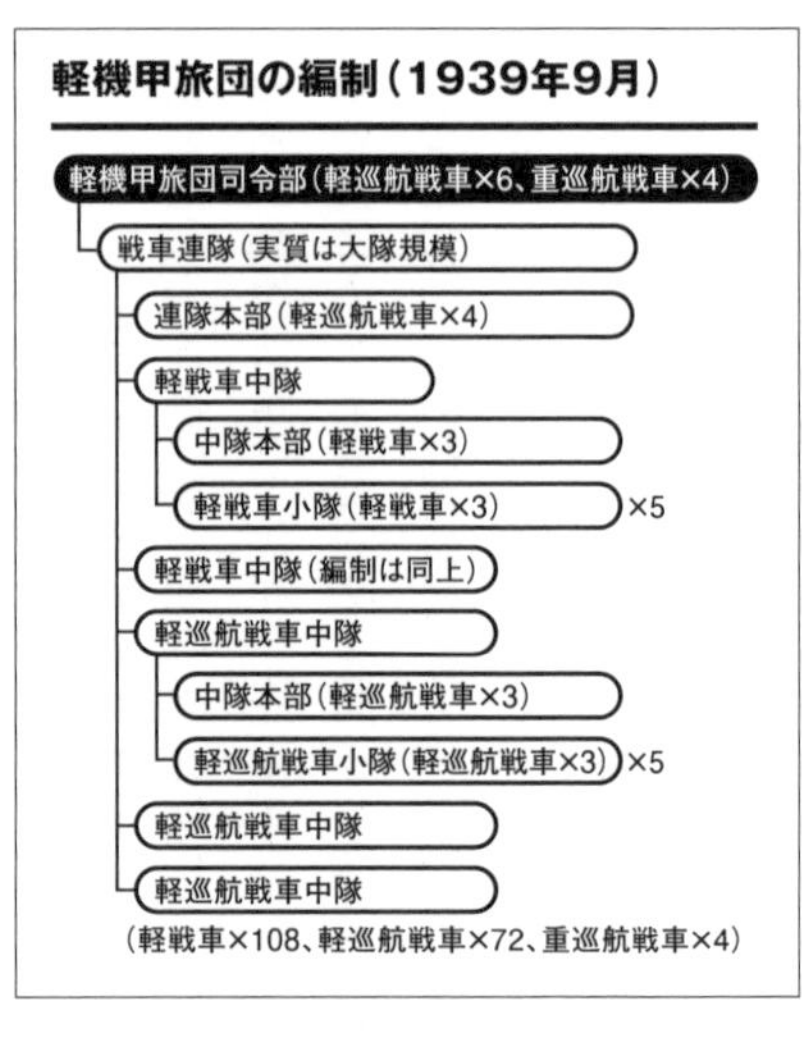

戦車旅団の初代旅団長を務めたパーシー・ホバート少将が任命された。つまり、エジプトの機動師団の師団長には戦車将校が任命され、本国の機動師団の師団長は前述のように騎兵将校に交代するのだ。

そして同師団は、王室戦車軍団第6大隊が加わると、機械化された騎兵連隊3個からなる軽機甲旅団、戦車大隊2個からなる重機甲旅団、機械化牽引の騎砲兵連隊や自動車化された歩兵大隊などの師団直轄部隊からなる編制に改められ、これらの直轄部隊はまとめて支掌群（ピボット・グループ。「ピボット」という言葉には、かつての戦列歩兵部隊などの戦列の旋回時に軸となる兵士すなわち「軸兵」の意味があり、ここでは敵の翼側を包み込む「包翼」や敵を囲む「包囲」の足場となるニュアンスを含めてこう訳した）と呼ばれた。

さらに1939年3月には「機甲師団（エジプト）」への改編が始められて、同年5月に編成を完結。第二次世界大戦が勃発した1939年9月時点での同師団の編制は「軽機甲旅団（エジプト）」と「重機甲旅団（エジプト）」の計2個旅団を基幹とするもので、本国の第1機甲師団に比べると弱体だったが、師団直轄部隊を中心に逐次強化されていく。

なお、この間の1939年4月には、王室戦車軍団と機械化された騎兵部隊が統合されて王室機甲軍団となり、従来の王室戦車軍団は王室戦車連隊に改称されて王室機甲軍団の下部組織となった。つまり、師団レベルでの戦車部隊と機械化された騎兵部隊の編合に次いで、ほぼ兵種レベルでの戦車部隊と機械化された騎兵部隊の統合が行われたのだ（厳密にはこれら以外の騎兵部隊も存在していたので「ほぼ」と記した）。

話を機甲師団（エジプト）に戻すと、同師団はホバート師団長の下で効果的な訓練計画に基づいて砂漠地帯での演習を含む実戦的な訓練を進めていった。そして1939年9月に第二次世界大戦が勃発すると、同師団はイタリアの植民地であるリビアとの国境付近まで前進。しかし、イタリアはすぐには参戦せず、同師団は国境付近から後退して訓練に戻った。

ところが、同年12月にホバートは師団長を解任されて陸軍を退役。故郷に戻ると郷土義勇防衛隊（LDV。のちのホーム・ガード）に志願入隊して下級伍長となる。実は、この解任に先立って同年6月に新設された中東コマンド（同師団が所属していた在エジプト英軍や、在パレスチナおよびトランスヨルダン英軍などを指揮下に収める。中東方面軍とも訳される）の総司令官となったウェーヴェル中将が、革新的な考え方のホバートと対立的な陸軍省からの情報を受けて解任した、とも伝えられている。前述のソ連軍のミンスク大演習の視察団を率いた、あのウェーヴェルである。

そして機甲師団（エジプト）は、1940年2月に第7機甲師団に改称されることになる。

北アフリカ戦初期の機甲部隊の運用

さて、これも第8講で述べたことだが、イギリス軍では「野外教令（FSR）」を制定しており、その中には作戦教範と呼べるものが含まれていたのだが、他の主要各国軍のように各指揮官に徹底されているドクトリン文書というよりも準公式ないしはゆるい原則に近いものであった。

この「FSR」では、すでに1924年版で、各兵種の特徴を活かした諸兵種の緊密な協同行動の必要性が強調されていた。また1935年版では、高い士気と奇襲や火力の重要性が強調されており、なによりも第一次世界大戦中の西部戦線における塹壕戦のような消耗戦の回避を強く志向していた。実は、この1935年版「FSR」の主な執筆者こそ、のちに中東コマンドの総司令官となるウェーヴェル少将であった。

1940年6月、イタリアは第二次世界大戦に枢軸軍側で参戦。同年9月には、10個師団を有するイタリア第10軍がイタリア領のリビアからエジプトに進攻してきた。

これに先立ってイギリス軍は、大戦前の1939年8月末にパレスチナからカイロに移動してきた第7歩兵師団司令部を同年11月に第6歩兵師団司令部に改称し、さらに1940年6月に同司令部を西方砂漠部隊(ウェスタン・デザート・フォース)の司令部に格上げして、第7機甲師団と前年9月にエジプトに移動してきた第4インド師団を指揮下に入れた(以後、英印軍やオーストラリア軍なども含めて英連邦軍と総称する)。

その西方砂漠部隊は、一例を挙げると、戦車中隊、自動車化された歩兵中隊、自動車牽引の砲兵中隊、対戦車砲中隊、対空砲数門程度などを臨時に組み合わせた小規模な諸兵種連合部隊を編成。イタリア軍の後方連絡線を襲撃して前進を妨げたり、その後も後述するように警戒幕の展開や襲撃に活用したり、火砲の供給不足による火力の不足を機動力で補う作戦を展開した。こうした小規模の諸兵種連合部隊は、第7機甲師団の支援群に所属する第4騎砲兵連隊を率いていたジョン・キャンベル中佐[*3]の愛称である「ジョック」にちなんでジョック・コラムと呼ばれている。

そして同年12月、西方砂漠部隊は「コンパス」作戦を開始。この時、西方砂漠部隊司令官のリチャード・オコナー中将は、機甲部隊による独立した作戦ではなく、大戦前から「FSR」で強調されていたような諸兵種の緊密な協同作戦を展開した。具体的にいうと、西方砂漠部隊の直轄で歩兵戦車Mk.Ⅱマチルダを装備する王室戦車連隊第7連隊を、イタリア軍陣地を攻撃する第4イ

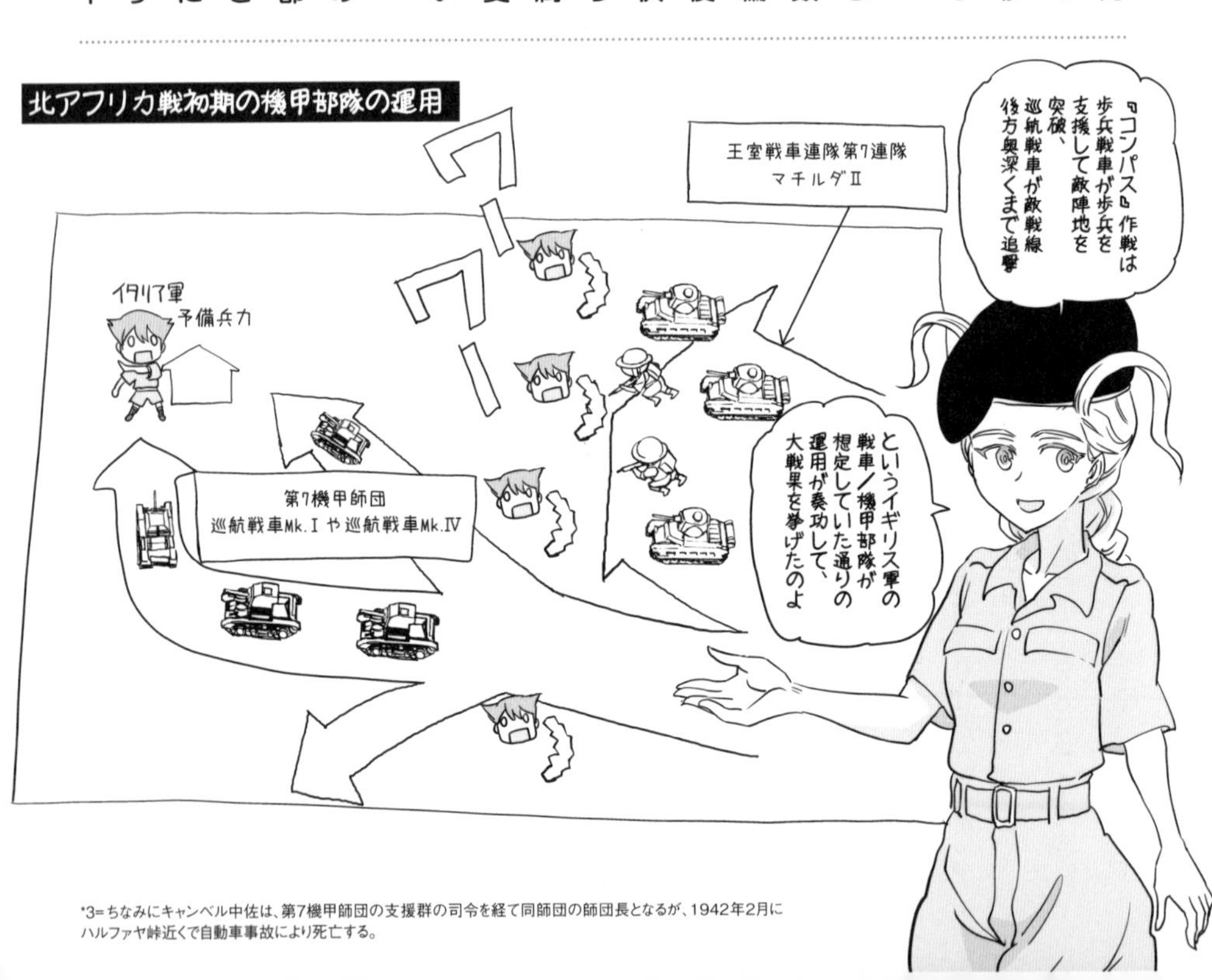

*3=ちなみにキャンベル中佐は、第7機甲師団の支援群の司令を経て同師団の師団長となるが、1942年2月にハルファヤ峠近くで自動車事故により死亡する。

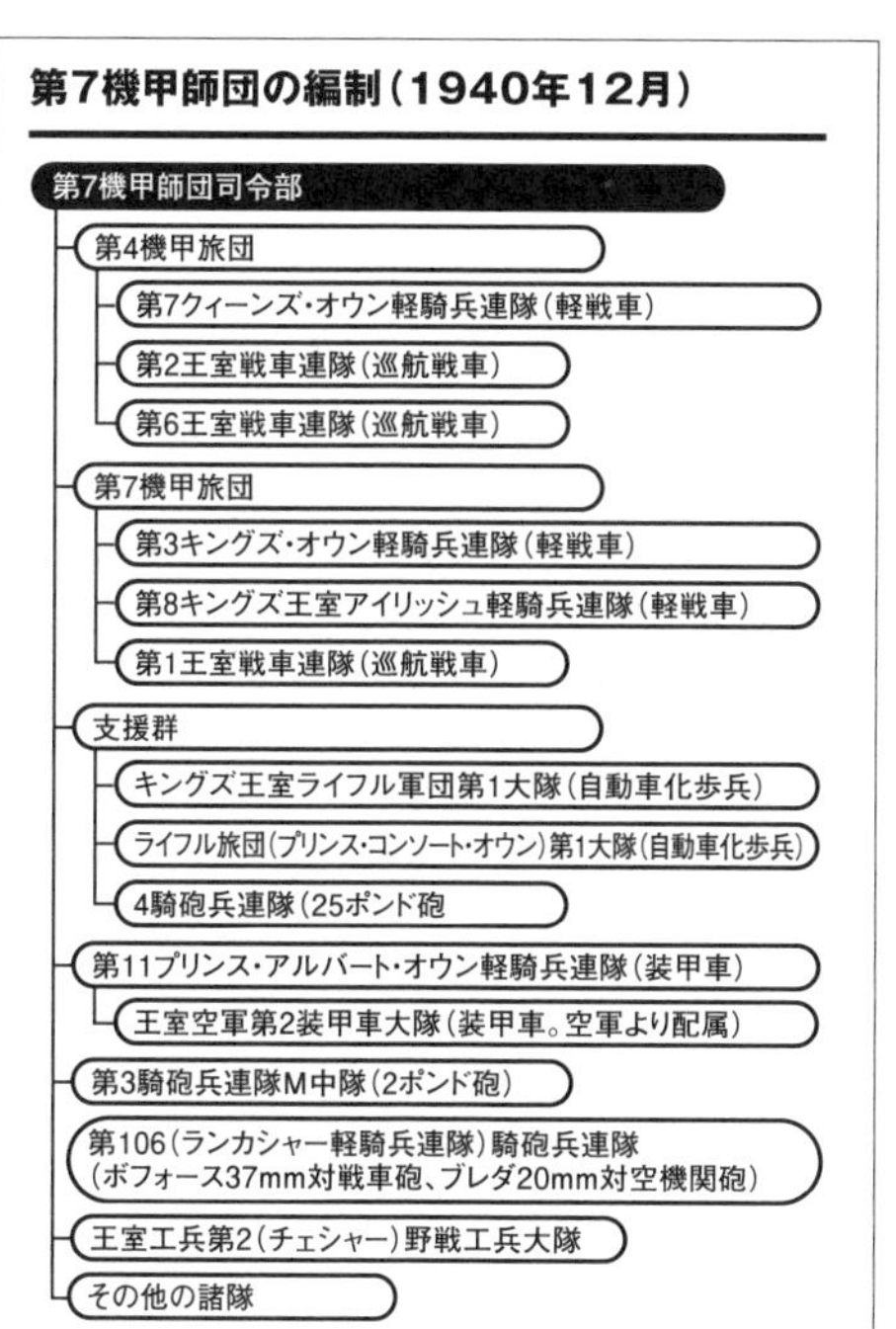

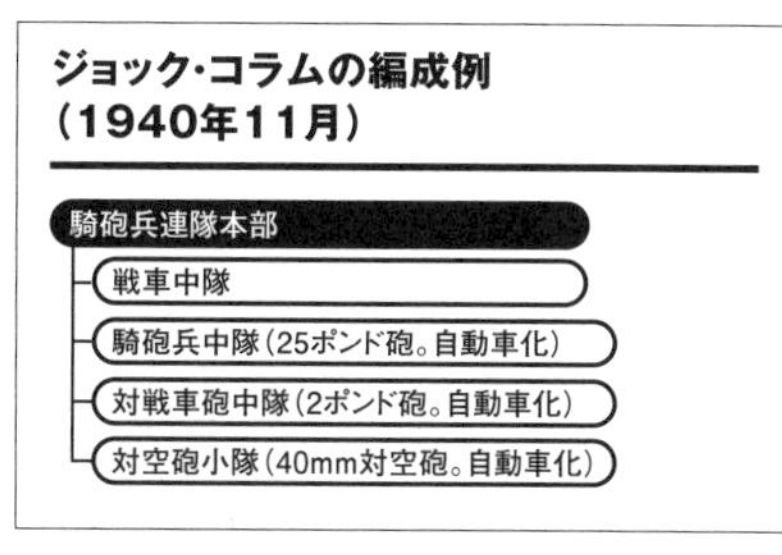

ンド師団などの歩兵部隊の直接支援に分割して投入するとともに、巡航戦車部隊を主力とする第７機甲師団をイタリア軍戦線後方への突破に投入したのだ。

　このうち、機甲部隊である第７機甲師団の作戦をもう少し詳しく説明すると、師団の側面に支援群が警戒幕を展開し、その援護下で第４および第７機甲旅団がイタリア軍戦線の後方奥深くに突進していった。続いて第７機甲師団は、後退するイタリア第10軍を追撃。最終的にイタリア第10軍は壊滅することになる。

　つまり、西方砂漠部隊（１９４１年１月に第13軍団に格上げ）は、重装甲の歩兵戦車に支援された歩兵部隊による敵陣地への攻撃と、快速の巡航戦車を主力とする機甲部隊による敵戦線後方への突破を組み合わせて、「ＦＳＲ」で述べられていたような諸兵種の協同作戦によって大きな戦果を上げたのだ。

巡航戦車Mk.Ⅴ（A13Mk.Ⅲ）カヴェナンター、巡航戦車Mk.Ⅵ（A15）クルセイダーの開発

　話を巡航戦車に戻すと、前述の重巡航戦車A14やA16の開発中止の決定前に、ロンドン・ミッドランド＆スコティッシュ・レイルウェイ社の車体設計によって、より安価なA13Mk.Ⅲが開発されて巡航戦車Mk.Ⅴカヴェナンターとなった。また、このA13Mk.Ⅲとほぼ並行して、A13の開発を担当したナフィールド・メカナイゼーション＆エアロ社により、A13をベースにしたA15が開発されて巡航戦車Mk.Ⅵクルセイダーとなった。カヴェナンターの試作１号車は１９４０年５月に、クルセイダーの試作１号車は同年４月に、それぞれファーンボロにある機械化実験委員会（Mechanization Experimental Establishment 略してＭＥＥ）

に送り出されてテストが始められた。
　しかし、どちらも試作車による十分なテストを行う前に、情勢の悪化にともなって見切り発車で量産発

エンジンのオーバーヒートが多発して砂漠では使い物にならなかったカヴェナンター

■巡航戦車Mk.Vカヴェナンター

重量	18.26t	全長	5.80m
全幅	2.61m	全高	2.23m
乗員	4名		
主武装	2ポンド砲		
副武装	7.92mm機関銃×1		
エンジン	メドウズ水平対向12気筒 液冷ガソリン		
出力	280hp	最大速度	50km/h
航続距離	160km		
装甲厚	7mm～40mm		

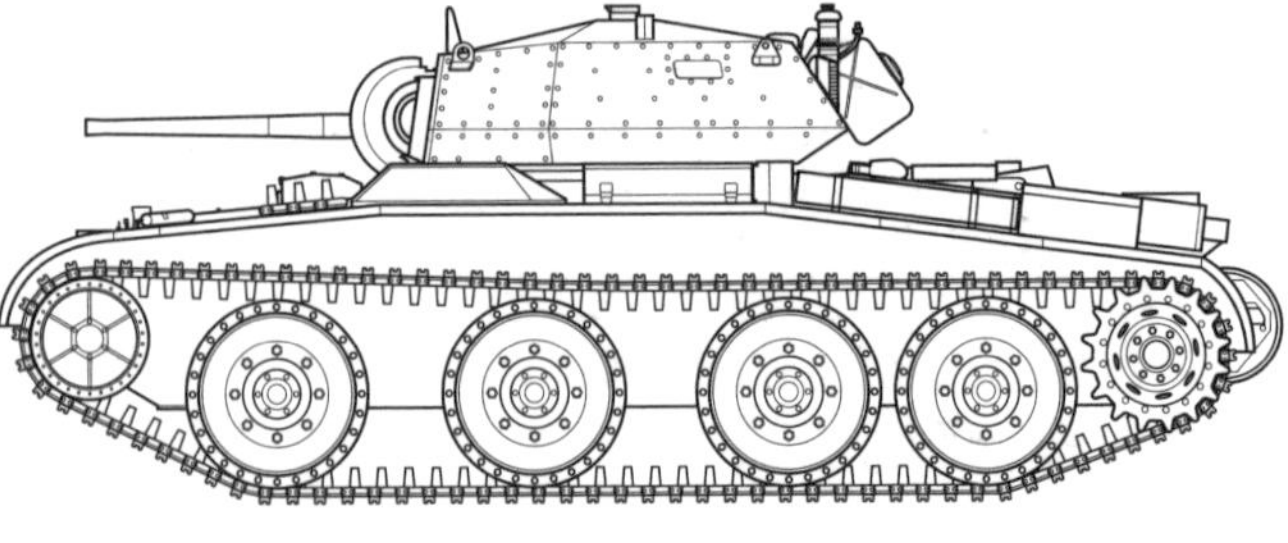

巡航戦車Mk.V カヴェナンター

カヴェナンターは、車体前部左側のラジエーターの上にある4つの細長い装甲カバーが目印ね。

背を低くするため水平対向エンジンを搭載したんだけど、エンジンそのものの信頼性が低いうえに、ラジエーターを車体の前に置いたからオーバーヒートが多発…
さらに冷却液のパイプが車体前後を通っていたから乗員室は常時40度以上で、『エンジンより先に乗員がオーバーヒートする』って言われたとか

ぐぐぐ…カヴェナンターは『イギリス史上最悪の量産戦車』と言われてるわ…。試作も含めると最悪はヴァリアントだけど…

プギャー!!
英国面(ﾟ∀ﾟ)キタコレ!!

注が行われたため、量産車は各部に問題を抱えることになった。とくにカヴェナンターは、新型のメドウズ・エンジンを搭載したが、ピストンが水平対向形式で横幅が広いので、ラジエーターをその側面に設置できず車体前部に置いて冷却水を循環させる方式を採った。ところが、オーバーヒートがひどくて北アフリカでの砂漠戦には使えず、本国で訓練用に使うしかなかったのだ。

一方、クルセイダーは1941年春に部隊配備が始められ、同年6月に北アフリカで開始された攻勢作戦「バトルアクス」から実戦に投入されることになる。

クルセイダーの当初の乗員数は、車長、砲手、装填手、操縦手、機関銃手の計5名だった。

主砲は、近接支援用に少数生産されたCS（Close Supportの略）型を除いて、Mk.ⅠとMk.Ⅱには2ポンド砲が、Mk.Ⅲには敵戦車の防御力の向上に対応して6ポンド砲（口径57㎜）が、それぞれ搭載された。砲塔は、2ポンド砲の搭載車は車長、砲手、装填手の3名用だったが、6ポンド砲の搭載車ではわずかに大型化されたものの主砲にスペースを圧迫されて2名用となり、装填手が削られて車長が兼務することになった。

この2ポンド砲や6ポンド砲は、同時期の歩兵戦車にも搭載されたが、当初は非装甲目標用の榴弾が用意されていなかった。このため、第二次世界大戦中の北アフリカ戦では、歩兵部隊の陣

巡航戦車Mk.Ⅵクルセイダー Mk.Ⅰ

地攻撃などを支援する歩兵戦車では、敵の対戦車砲を制圧することが困難で大問題になったが、機動戦での対戦車戦闘が中心となった巡航戦車では、榴弾火力の欠如は歩兵戦車ほど大きな問題にはならなかったようだ。

Mk.Ⅱの途中までは車体前部左側に小型の機関銃塔を搭載していたが、狭苦しくて実用性が低かったため、機関銃手を乗せずに出撃するようになり、やがて銃塔そのものが撤去されてしまった。そしてMk.Ⅲでは最初から銃塔が搭載されず、機関銃手も乗車しないので、乗員は当初の5名から3名まで減っている。

クルセイダーの装甲は、Mk.Ⅰは（同じ「重巡航戦車」のA14やA16を上回る）最大40㎜だったが、Mk.Ⅱでは最大50㎜に強化され、さらに車体前面上部等に増加装甲が追加された。これは、ドイツ戦車やイタリア戦車の火力の強化に対応したものだ。

クルセイダーのエンジンは、前述のリバティー・エンジンに改良を加えてナフィールド社でライセンス生産したナフィールド・リバティーで、巡航戦車Mk.Ⅲ（A13）や巡航戦車Mk.Ⅳ（A13Mk.Ⅱ）にも同系列のエンジンが搭載されていた。

このエンジンは、通常のエンジンのようにシリンダーブロックが一体ではなく、独立した鋳鉄製のシリンダー同士をボルトで接合する構造になっていたため、ボルトがしばしば緩んで接

■巡航戦車Mk.Ⅵクルセイダー Mk.Ⅰ

重量	19.3t	全長	5.99m
全幅	2.64m	全高	2.23m
乗員	4名		
主武装	2ポンド砲		
副武装	7.92mm機関銃×2		
エンジン	ナフィールド・リバティーV型12気筒液冷ガソリン		
出力	340hp	最大速度	43km/h
航続距離	160km		
装甲厚	7mm〜40mm		

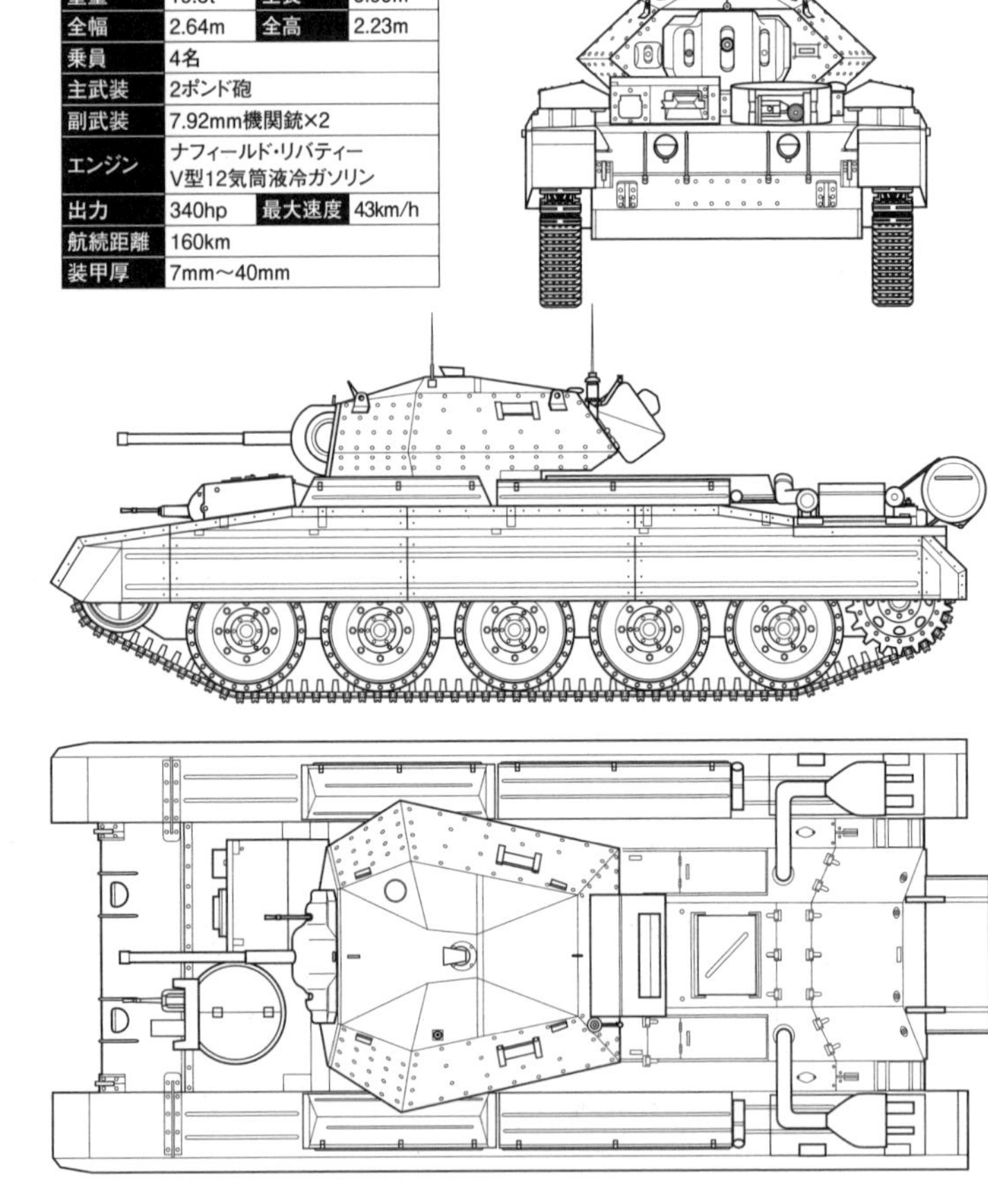

合部からエンジン・オイルが漏れた。また、冷却ファンの駆動チェーンの磨耗がひどく、これも故障の原因になった。「クルセイダーのエンジンが、実に不可解でひどいトラブルを引き起こさずに36時間回り続けたとすれば、それは本当の奇跡だった」というシャーウッド・レンジャーズ連隊の兵士の回想が残されているほどだ。

クルセイダーの最高速度は、車重の増えたMk.Ⅲでも43㎞／hと当時のドイツ戦車を凌駕するほどの快速を発揮でき、ドイツ軍の報告書の中には「きわめて高速で追撃不能」と記されているものさえある。しかし、イギリス軍の戦車兵は、クルセイダーよりも故障が少ないアメリカ製のスチュアートやグラント、シャーマンを好んだという。

そのクルセイダーも、途中から機関系の冷却ファンをチェーン駆動からシャフト駆動に変えるなどの改良が加えられてエンジンの信頼性に改善が見られた。だが、信頼性の抜本的な改善は、ロールス・ロイス社製の優秀な航空機用エンジンであるマーリンを戦車用に転用したミーティアを搭載する巡航戦車が登場するまで待たなければならなかった。実は、このミーティアは、クルセイダーの試作車にも搭載されたのだが、当時は航空機への供給が最優先とされたため、戦車用にはなかなか回ってこなかったのだ。

北アフリカ戦中期の機甲部隊の運用

ドイツは、前述の「コンパス」作戦を皮切りに大打撃を受けた

2ポンド砲の代わりに3インチ(76.2mm)榴弾砲を搭載した、近接支援型のクルセイダーⅡCS

装甲貫通力に優れる6ポンド砲を搭載したクルセイダーMk.Ⅲ

北アフリカのイタリア軍を助けるため、エルヴィン・ロンメル中将率いるドイツ・アフリカ軍団を増援として送り込んだ。そしてドイツ・アフリカ軍団は1941年3月に反撃を開始し、翌4月にはオコナーを捕虜にした。

すると、北アフリカの英連邦軍では、とくに1942年始め頃まで機甲部隊や戦車部隊が独立して行動する傾向が強くなった。1935年版「FSR」の主な執筆者であるウェーヴェルが総司令官だったにもかかわらず、その「FSR」はほぼ無視されて、現場部隊の即興的なドクトリン（戦術教義）が好まれたのだ。

また、この時期の英連邦軍では、小規模なジョック・コラムが多用されたり、1941年11月に始められた「クルセイダー」作戦の途中で第7機甲師団所属の各機甲旅団がそれぞれ別の目標にバ

*4＝例えば、ウェーヴェルの後任のクロード・オーキンレックの参謀副長を務めたエリック・ドーマン＝スミス少将は、リデル＝ハートの影響を公に認めている。

ラバラに投入されたり、ドイツ・アフリカ軍団が基本としていた装甲部隊の集中運用とは逆の分散運用が目立った。これを第一次世界大戦にイギリス軍将校として参戦した用兵思想家バジル・H・リデル＝ハートが提唱していた「間接アプローチ」の影響と指摘する研究者[*4]もいる。過剰な兵力集中と正面攻撃を避ける「間接アプローチ」の概念は、バランスを失うと兵力の過剰な分散につながったのである。

加えて、第一次世界大戦後のイギリス軍では、1916年から1917年頃に英仏連合軍が実施したような長期間の準備を必要とする大規模な砲撃戦は、奇襲性の喪失という大きな問題を抱えていることが認識されていた。しかし、大規模な砲撃戦の計画準備の迅速化は進まず、1930年代には砲兵部隊の指揮単位をより小さく分割するという解決策が採られることになった。その結果、1941年から1942年初めまでの砂漠での戦いでは、決勝点に十分な砲兵火力を集中できないという結果に終わった、と指摘されている[*5]。

こうして英連邦軍の機甲部隊は、諸兵種の協同の欠如や兵力の過剰な分散傾向、大規模な砲兵部隊の指揮能力の欠如などによって、ロンメル率いるドイツ・アフリカ軍団を相手に苦戦を強いられることになったのだ。

北アフリカ戦中期の機甲部隊の運用

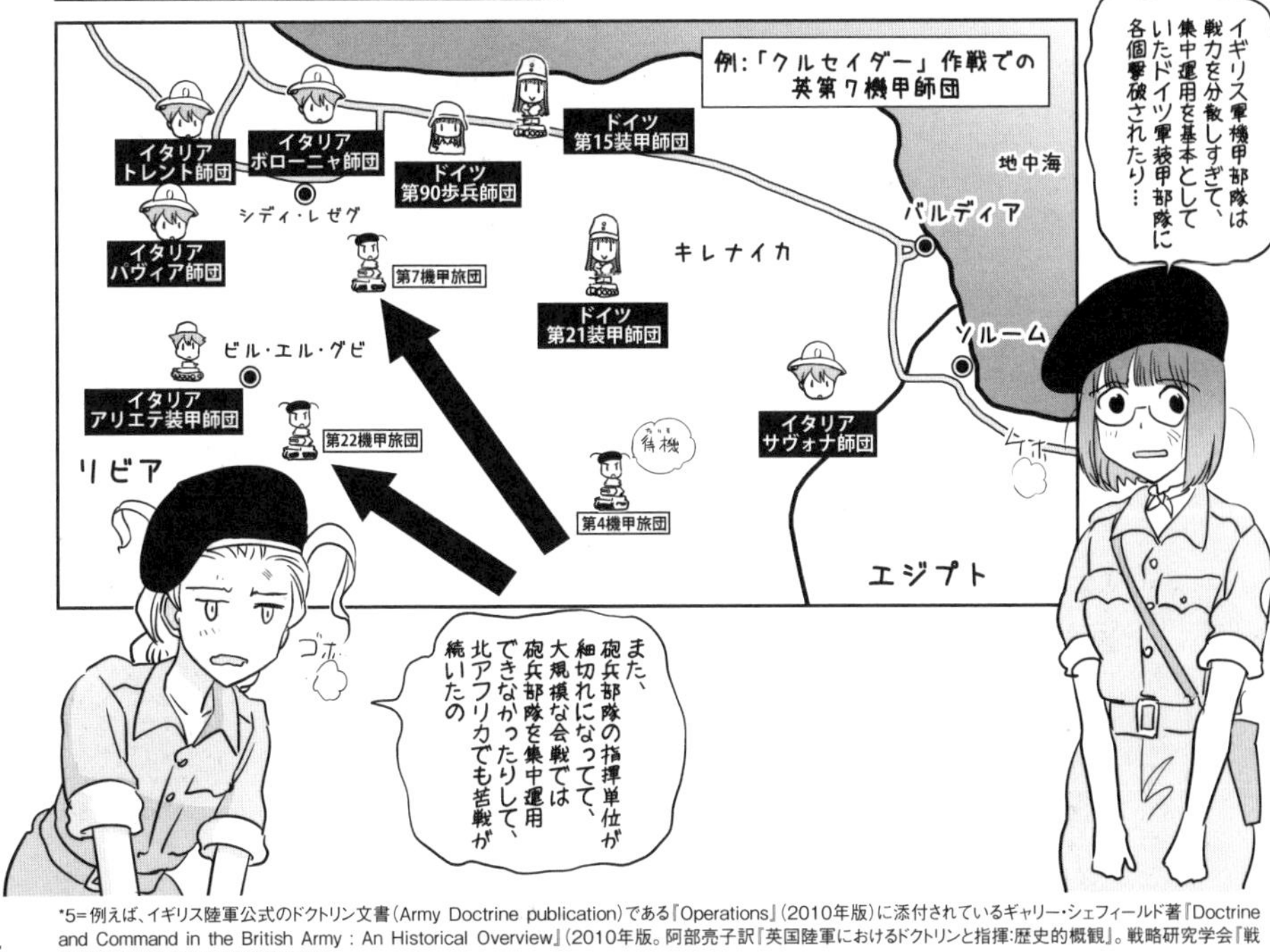

例:「クルセイダー」作戦での英第7機甲師団
イタリア トレント師団
イタリア ボローニャ師団
ドイツ 第15装甲師団
ドイツ 第90歩兵師団
地中海
シディ・レゼグ
バルディア
イタリア パヴィア師団
第7機甲旅団
キレナイカ
ドイツ 第21装甲師団
ソルーム
ビル・エル・グビ
イタリア アリエテ装甲師団
第22機甲旅団
イタリア サヴォナ師団
待機
リビア
第4機甲旅団
エジプト
イギリス軍機甲部隊は戦力を分散しすぎて、集中運用を基本としていたドイツ軍装甲部隊に各個撃破されたり…
ゲホ
ゴホ
また、砲兵部隊の指揮単位が細切れになってて、大規模な会戦では砲兵部隊を集中運用できなかったりして、北アフリカでも苦戦が続いたの

*5＝例えば、イギリス陸軍公式のドクトリン文書(Army Doctrine publication)である『Operations』(2010年版)に添付されているギャリー・シェフィールド著『Doctrine and Command in the British Army : An Historical Overview』(2010年版。阿部亮子訳『英国陸軍におけるドクトリンと指揮:歴史的概観』。戦略研究学会『戦略研究11』に掲載)などを参照のこと。

第11講 巡航戦車キャヴァリエ、セントー、クロムウェル

第11講
大戦後半に登場した走攻守揃った巡航戦車 巡航戦車Ⅶキャヴァリエ Mk.Ⅷセントー、クロムウェル

巡航戦車Mk.Ⅶ（A24）キャヴァリエの開発

フランスがドイツに降伏した直後の1940年7月、イギリスの陸軍省は、新型の対戦車砲である6ポンド砲（口径57㎜）を搭載するのに十分な60インチ（152・4㎜）径の砲塔リングを備え、最大75㎜の装甲を持つ次期巡航戦車の要求仕様をまとめた。言い換えると、次期巡航戦車には、それまでの巡航戦車や歩兵戦車の主武装であった2ポンド砲（口径40㎜）を上回る対戦車火力と、最大78㎜の重装甲を誇る歩兵戦車Mk.Ⅱマチルダ（いわゆるマチルダⅡ）に匹敵する装甲が要求されたのだ。

すると、第一次世界大戦時に戦車の開発に関わった古株連中、いわゆる「ジ・オールド・ギャング」から時代遅れの設計案がねじ込まれた。しかし、これはさすがに却下され、前述の要求に沿った以下のメーカーによる3つの設計案に絞られた。

まず新型の歩兵戦車A22（のちの歩兵戦車Mk.Ⅳチャーチル）を開発中のヴォクスホール自動車社は、A22の軽量版といえるA23を提案した。また新型の巡航戦車（A15）Mk.Ⅵクルセイダーを開発したナフィールド・メカナイゼーション&エアロ社（以下ナフィールドM&A社と略記）は、A15の発展型であるA24を提案。さらに巡航戦車Mk.Ⅱ（A10）の生産を分担したバーミンガム鉄道客貨車会社（以下BRC&W社と略記）は、ナフィールドM&A社案とよく似ているが、各部を軽量化するなどの改良を加えたA27を提案した。

そして1941年1月には、生産中のクルセイダーをベースにしており、これらの中でもっとも手早く量産を始められると見込まれたA24が選定されて、すぐに試作車6両が発注された（このうち3両はのちにキャンセルされる）。付け加えると、A24の名称は、当初はクロムウェルだったが、のちにクロムウェルⅠに変更され、後述するA27LがクロムウェルⅡ、A27MがクロムウェルⅢとさ

6ポンド砲Mk.Ⅴを搭載した巡航戦車Mk.Ⅶキャヴァリエ

れた。さらに1942年8月には、A24がキャヴァリエ、A27LがセントーA27Mがクロムウェルとなる。

A24の最初の試作車は1942年1月に完成し、相前後して量産数を500両とすることが決まった。これが巡航戦車Mk.Ⅶキャヴァリエだ。

キャヴァリエの基本構造は、車体はフレームに装甲板をリベット留め、砲塔は内側の薄い装甲板の上に厚い装甲板をボルト留めするという古臭いものだった。装甲は最大3インチ（76・2㎜）で、クルセイダー（こちらも最大50㎜まで強化されたが）よりも強化され、マチルダⅡに匹敵するものになった。

主砲は、当初は43口径の6ポンド砲（口径57㎜）が搭載され、のちに50口径の6ポンド砲が搭載された。当時のイギリス軍では対戦車戦闘は行進間射撃が基本とされており、クルセイダーやマチルダⅡなどに搭載された2ポンド砲と同じく、砲架に肩付けした砲手の屈伸によって俯仰を行う構造になっていた。

要するにキャヴァリエは、従来の歩兵戦車に匹敵する重装甲と、従来の2ポンド砲搭載の巡航戦車や歩兵戦車を上回る対戦車火力を実現した巡航戦車なのだ。

ところが、A24の試作車の本格的な試験が始められると、問題が続出した。ひとつ前の巡航戦車Mk.Ⅵクルセイダーは、もともとアメリカで航空機用エンジンとして開発されたリバティー

■巡航戦車Mk.Ⅶ（A24）キャヴァリエ

車重	27t	全長	6.35m
全幅	2.88m	全高	2.44m
乗員	5名	主武装	6ポンド砲（43口径57mm砲）
副武装	7.92mm機関銃×2		
エンジン	ナフィールド・リバティーMk.Ⅳ V型12気筒液冷ガソリン		
出力	410hp	最大速度	39km/h
航続距離	265km	装甲厚	20mm～76mm

L-12をナフィールドM&A社でライセンス生産したナフィールド・リバティーL-12エンジンを搭載していたが、キャヴァリエはその改良型を搭載しており、出力は従来の340hpから410hpに向上していた。それでも、車重が19t台だったクルセイダーに比べると1・5倍近い27tに増えたキャヴァリエには力不足であり、最高速度は路上でも39km/h（24mph）と巡航戦車の中でもっとも遅かった。また、初期のクルセイダーで大きな問題となった機関系の信頼性の低さは、キャヴァリエも同様だった。

結局、1943年2月には、生産予定の500両のうち、6ポンド砲を搭載する戦車型は160両のみとされ、残りの340両は主砲を搭載せずにダミーの砲身を装備し無線機を増載した砲兵観測車として生産されることになった（その一方で、クルセイダーには、砲塔内の乗員を3名から2名に減らして無理やり6ポンド砲が搭載されることになった。これがクルセイダーMk.Ⅲで、キャヴァリエと並行して生産された）。

その500両のうち、200両は開発担当のナフィールドM&A社で、残りの300両はマチルダⅡの生産に加わっていたラストン&ホーンズビー社でマチルダⅡに代わるかたちで、それぞれ生産された。そして戦車型として生産されたキャヴァリエは、もっぱら本国で訓練用の戦車として用いられた。

北アフリカ戦後期の機甲部隊の運用

こうして新型の巡航戦車の開発が難航している間も、北アフリカ戦線では英連邦軍（自由フランス軍など他の連合国軍を含む）と独伊両軍との戦いが続いていた。

これは第9講でも述べたことだが、同方面のイギリス第8軍には、1941年11月に始まった「クルセイダー」作戦で実戦に初めて参加したジェネラル・スチュアートに続いて、アメリカ製の中戦車が供給されるようになった。具体的には、1942年5月に始まった「ガザラの戦い」で実戦に初参加したジェネラル・グラントや、のちの「第二次エル・アラメイン戦」の少し前から供給されるようになったジェネラル・シャーマンだ。これらのアメリカ製の軽戦車や中戦車は、おもに巡航戦車の代用として機甲連隊に配備された。

従来の巡航戦車や歩兵戦車に搭載された2ポンド砲や6ポンド砲は、いずれも当初は非装甲目標用の榴弾が用意されず、敵の対戦車砲を制圧する能力を欠いていた。これに対してグラントやシャーマンの主武装である75㎜砲は、装甲目標用の徹甲弾と非装甲目標用の榴弾の両方を発射でき、対戦車戦闘だけでなく歩兵部隊の直接支援でも大きな威力を発揮できた。

この頃のイギリス第8軍の機甲部隊の運用全般を見ると、例えば「ガザラの戦い」では、その前の「クルセイダー」作戦と同様に、兵力を必要以上に分散して運用する傾向が見られる。具体例をあげると、旅団群単位で分散していた第7機甲師団（同師団では1942年3月に従来の機甲旅団が諸兵種連合の機甲旅団群に改編された）は、装甲部隊を集中的に運用するドイツ・アフリカ軍団に叩かれて大きな損害を出しただけでなく、同師団の司令部要員が捕虜になっている（師団長は従兵のふりをして脱出）。

この「ガザラの戦い」の後、1942年8月にバーナード・L・モントゴメリー中将が第8軍の司令官になると「ドクトリン上は1918年の状態に戻った」と評[*1]されている。つまり、モントゴメリーは、戦い方の基本を第一次世界大戦末期のものに戻したのだ。ただし、それは前講でも触れた1935年版の「野外教令」（FSR）で修正が加えられたものだった。

もっと具体的にいうと、小規模な諸兵種連合部隊であるジョック・コラム（前講参照）の多用や、機甲師団の旅団／旅団群単位での分散運用は過去のものとなり、作戦上の基本単位が師団になった。また、大規模な砲兵部隊の指揮機構が整備され、大量の砲兵火力が集中されるようになった。そして、なによりも諸兵種の協同と攻勢作戦前の補給物資の集積など兵站面の準備が重視される

北アフリカ戦後期の機甲師団の運用

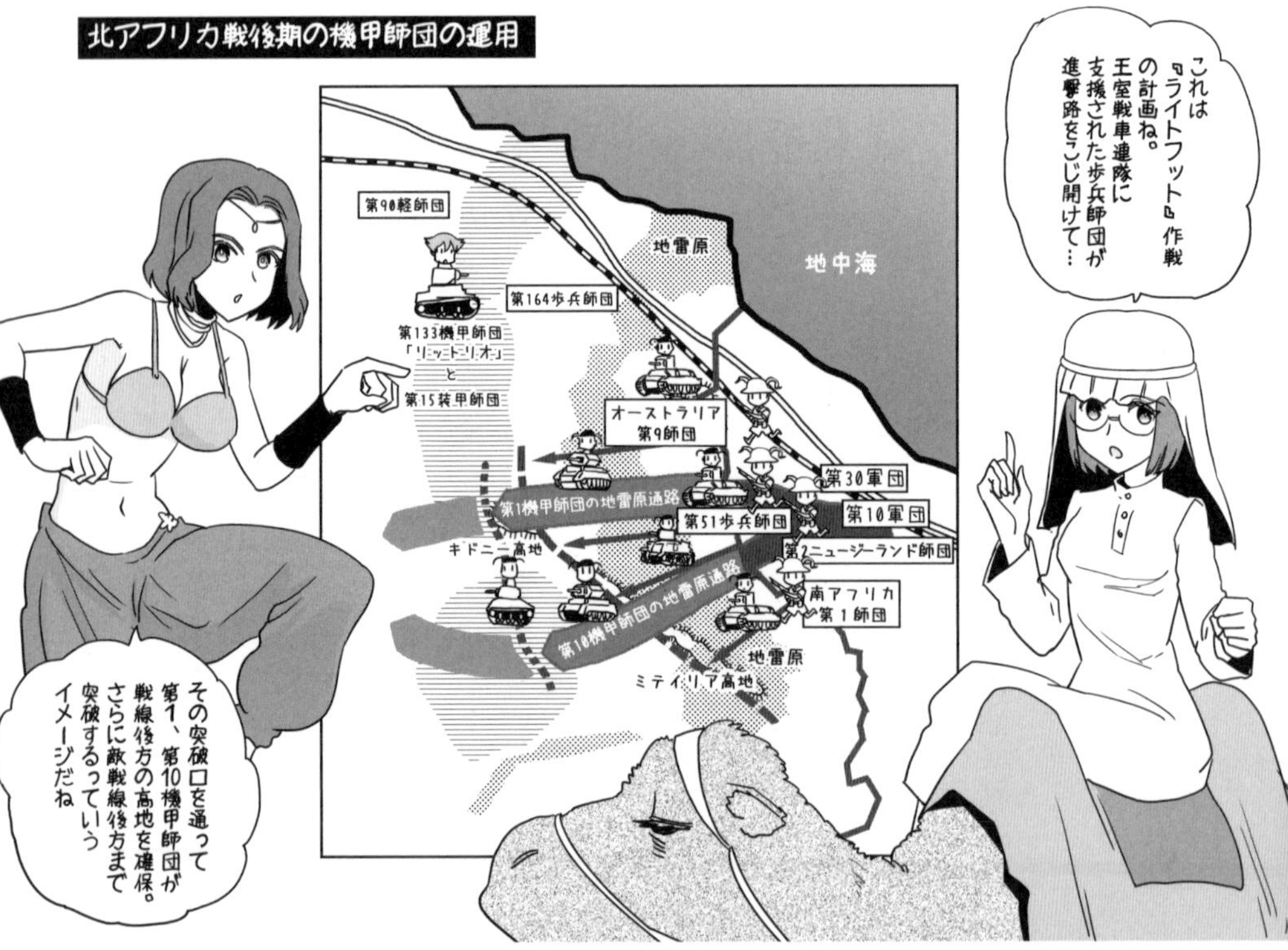

*1＝イギリス陸軍公式のドクトリン文書（Army Doctrine publication）である『Operations』（2010年版）に添付されているギャリー・シェフィールド著『Doctrine and Command in the British Army : An Historical Overview』（2010年版。阿部亮子訳『英国陸軍におけるドクトリンと指揮：歴史的概観』。戦略研究学会『戦略研究11』に掲載）より。

ようになったのだ。言い方を換えると、それ以前の2年間で見られたような、旅団／旅団群単位に分割された機甲部隊が独立して奔放に機動するような諸兵種の協同が不完全な「機動戦」から、上級司令部が綿密に計画し厳密に統制する中央集権化された「消耗戦」に転換したのである。ただし「消耗戦」といっても、砲兵火力の集中と諸兵種の密接な協同、整然とした前進などによって人命の消耗を最小限に抑える戦い方だ。

また、「第二次エル・アラメイン戦」が始まる頃には、イギリス第8軍指揮下の第10軍団に所属する第1機甲師団や第10機甲師団、同第13軍団に所属する第7機甲師団では、アメリカ戦車が主力となっていた。

そして「第二次エル・アラメイン戦」初頭の1942年10月23日に、イギリス第8軍が戦線北部で開始した「ライトフット」作戦では、まず約1200門の火砲を集中して砲撃を開始。続いて、イギリス製の歩兵戦車を主力とする王室戦車連隊各1個に支援された第51歩兵師団、オーストラリア第9師団、南アフリカ第1師団と、アメリカ戦車を主力とする第10機甲師団隷下の第9機甲旅団群に支援された第2ニュージーランド師団が、重要なミテイリア高地やキドニー高地への進撃路をこじ開けて、同じくアメリカ戦車を主力とする第10軍団の第1機甲師団や第10機甲師団の主力がそれらの高地に進出し枢軸軍戦線の後方奥深くへの突破を狙う、というものだった（第7機甲師団はその南方で牽制を担当）。

この作戦の内容は、第一次世界大戦末期のイギリス軍による攻勢作戦、すなわち短時間だが猛烈な攻撃砲撃に続いて、菱形重戦車に支援された歩兵師団が敵の塹壕陣地を突破し、続いて快速の中戦車Mk.Aホイペットが敵戦線の後方に進撃して戦果を拡張する、という作戦と基本的には同じものといえる。だからこそ「ドクトリン上は1918年の状態に戻った」と評されているのだ。

しかし、この作戦ではイギリス第8軍が大突破を実現する前に、エルヴィン・ロンメル大将率いるドイツ・アフリカ装甲軍が反撃を開始し、さらに戦線南部に配置されていた第21装甲師団

第二次エル・アラメイン戦時の各機甲旅団群の戦車の保有数（1942年10月23日）

第1機甲師団	
第2機甲旅団群	
クルセイダーMk.Ⅱ	39
クルセイダーMk.Ⅲ	29
グラント	1
シャーマン	92

第7機甲師団	
第4軽機甲旅団群	
スチュアート	67
グラント	14
第22機甲旅団群	
クルセイダーMk.Ⅱ	42
クルセイダーMk.Ⅲ	8
スチュアート	19
グラント	57

第8機甲師団	
第24機甲旅団群（第10機甲師団に配属）	
クルセイダーMk.Ⅱ	28
クルセイダーMk.Ⅲ	17
グラント	2
シャーマン	93

第10機甲師団	
第8機甲旅団群	
クルセイダーMk.Ⅱ	33
クルセイダーMk.Ⅲ	12
グラント	57
シャーマン	31
第9機甲旅団群（第2ニュージーランド師団に配属）	
クルセイダーMk.Ⅱ	37
クルセイダーMk.Ⅲ	12
グラント	37
シャーマン	36

を北部に再配置するなどしたため、第8軍は部隊の集結と再編成にとりかかった。

そして、11月1日にイギリス第8軍は「スーパーチャージ」作戦を開始。今度も各王室戦車連隊に支援された第50歩兵師団や第2ニュージーランド師団が突破口を開いて、そこから第10軍団の第1および第10機甲師団が、また第51歩兵師団や第4インド師団、南アフリカ第1師団が突破口を確保し、そこから第7機甲師団が、それぞれ枢軸軍戦線の後方に向かった。

この作戦では、とくに第10軍団の第1機甲師団が、同月2日にドイツ・アフリカ軍団の第21装甲師団や第15装甲師団の一部などの反撃を受けて大損害を出したが、その日の夜には多数の戦車の補充を受けて戦力を回復。これに対して戦車兵力を消耗したロンメルは撤退せざるを得なくなった。その一方でモントゴメリーは、この時の第10軍団の大損害によって機甲部隊の運用に慎重になったといわれている。[*2]

巡航戦車Mk.Ⅷ(A27L)セントー、巡航戦車Mk.Ⅷ(A27M)クロムウェルの開発

さて、前述のように巡航戦車Mk.Ⅶ(A24)キャヴァリエは、リバティー・エンジンの出力不足という大きな問題を抱えることになった。

その一方で、A24の開発開始と相前後して、高級自動車メーカーとして有名なロールス・ロイス社は、老舗の自動車メーカーであるレイランド自動車社の要請により、同社と協同でロールス・ロイス社の優秀な航空機用エンジンであるマーリン・エンジンをベースにした新型の戦車用エンジンの開発を始めていた。その後、レイランド社は開発から手を引くが、ミーティアと名付けられた新型の戦車用エンジンは、A24に搭載されたナフィールド・リバティー・エンジンの改良型の410hpを大幅に上回る600hpの高出力と高い信頼性を実現することができた。

ところが、ナフィールドM&A社を所有するナフィールド子爵ウィリアム・R・モーリスは、A24(クロムウェルⅠ、のちのキャヴァリエ)に同社でライセンス生産されているナフィールド・リバティー・エンジンを搭載することに固執し、ミーティア・エンジンの搭載は実現しなかった。

そこで1941年9月には、ミーティア・エンジンの搭載車として、かつてBRC&W社から提案されたA27の開発が再開されることになり、1942年1月に試作1号車が完成した。

しかし、肝心のミーティア・エンジンの生産は、航空機生産省の管轄下にあるロールス・ロイス社で多くの部品が共通である航空機用のマーリン・エンジンの生産が優先されたこともあって、思うように進まなかった。そのため、巡航戦車Mk.Ⅴカヴェナ

*2＝例えば、前述の『英国陸軍におけるドクトリンと指揮:歴史的概観』には「彼は第二次エル・アラメイン会戦での大規模機甲軍団(第10軍団)による不幸な経験の後、機甲部隊を自由にすることに気が進まなかった」と記されている。

ンターや歩兵戦車Mk.Ⅳチャーチルを生産していたレイランド社で、A27に暫定的にリバティー・エンジンを搭載したA27L(クロムウェルⅡ)が、またBRC&W社で本命のミーティア・エンジンを搭載するA27M(クロムウェルⅢ)が、それぞれ開発されることになった。なお、A27Lの「L」はリバティーを、A27Mの「M」はミーティアを、それぞれ意味している。

このうちA27Lは、1942年6月に試作1号車が完成し、1942年11月から量産が始められた。これが巡航戦車Mk.Ⅶセントー(クロムウェルⅡから改称)で、各社あわせて計1821両が生産された。

一方、本命であるミーティア・エンジンを搭載したA27Mは、やや遅れて1943年1月から量産が開始された。次いで、同年半ばから軍需省の管轄下でカヴェナンター搭載の水平対向エンジンを生産したヘンリー・メドウズ社や大戦後にオフロード車で有名になるローバー社、前述のウィリアム・R・モーリスが創業したモーリス自動車社などによりミーティア・エンジンの増産が進むとともに、セントーにミーティアを搭載する改修も開始された。これらが巡航戦車Mk.Ⅷクロムウェル(クロムウェルⅢから改称)で、各社あわせて計2494両が生産された。

ノルマンディー上陸作戦に投入された、95mm榴弾砲を搭載したセントーMk.Ⅳ。王立海兵機甲支援グループ第1連隊第2砲兵中隊の車体

図は95mm砲を搭載した
セントーCS

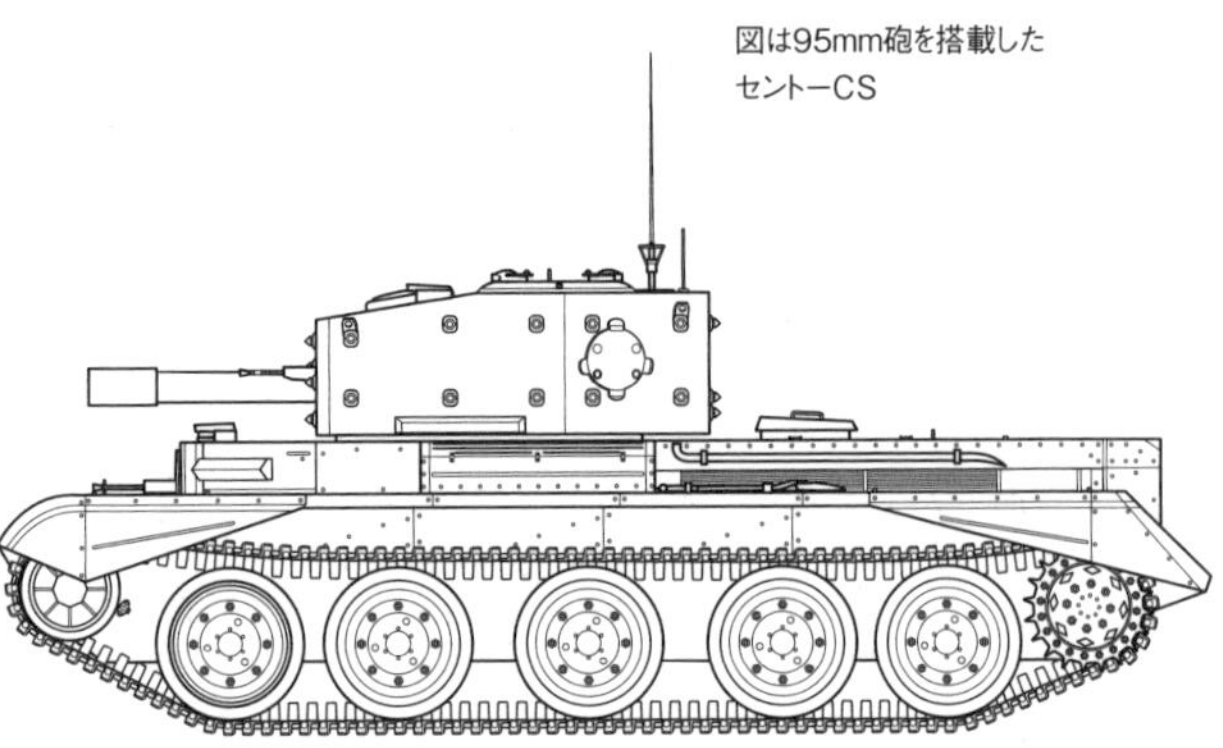

■巡航戦車Mk.Ⅷ(A27L)セントーMk.Ⅰ

重量	29t	全長	6.35m
全幅	2.89m	全高	2.49m
乗員	5名		
主武装	6ポンド砲(43口径57mm砲)		
副武装	7.92mm機関銃×2		
エンジン	ナフィールド・リバティーMk.Ⅴ V型12気筒液冷ガソリン		
出力	395hp	最大速度	43km/h
航続距離	265km	装甲厚	20mm〜76mm

セントーとクロムウェルの車体タイプ

A	基本型
B	被弾時の脱出を容易にするため、機関銃手ハッチの形状を変更するなどの改良を加えたもの
C	軽量化のため機関室の装甲を削るなどの改良を加えたもの
D	ラジエーターの点検を容易にするため、機関室上面のレイアウトを変更するなどの改良を加えたもの
Dw	タイプDの車体を溶接構造としたもの
E	懸架装置の負担を軽減するため、最終減速機のギア比を変更して最高速度を抑えるなどの改良を加えたもの
Ew	タイプEの車体を溶接構造としたもの
F	被弾時の脱出を容易にするため、操縦手ハッチの形状を変更したもの

巡航戦車Mk.Ⅷ(A27L)セントー

95mm榴弾砲を搭載したセントーCS型は海兵隊に配備されて、ノルマンディー上陸作戦にも投入された支援戦車よ

セントーはケンタウロスという意味ね。クロムウェルと外見はほとんど同じだけど、エンジンがリバティーだから、キャヴァリエと同じで機動力が低かったのね〜

セントーCS型の砲塔の周りの目盛りは、上陸用舟艇に乗ったまま射撃する時に、砲撃観測員が指示を出しやすくするための方位角の目安なんだって

セントーやクロムウェルの基本構造は、キャヴァリエと同様のリベット留めやボルト留めだった。ただし、操向装置は、キャヴァリエのウィルソン式遊星歯車方式から、ディヴィッド・ブラウン・トラクター社のヘンリー・メリット博士が開発したメリット・ブラウン式トリプル・ディファレンシャル（三重差動）方式に変更され、同形式の操向装置を搭載する歩兵戦車Mk.Ⅳチャーチルと同じく超信地旋回が可能となった。

主砲に関しては、A27の試作車1号車の完成から2カ月後の1942年3月にヴィッカース・アームストロング社から新型の50口径75㎜高初速砲（High Velocityを略してHV）を提供するとの申し出があり、新型の巡航戦車にも搭載可能と思われていたが、のちに大きすぎて搭載不可能であることがハッキリした。

そのためセントーは、当初は6ポンド砲を搭載したが、のちに榴弾を含むアメリカ製の75㎜砲弾を発射可能なイギリス製の37・5口径の75㎜砲に換装された（換装されずに訓練戦車として使われ続けた車両も少なくない）。この75㎜砲は、6ポンド砲をベースに開発されたもので、ハンドルを回して俯仰する方式になり、これを装備する砲塔は油圧による動力旋回になった。また、95㎜榴弾砲を搭載するCS型も比較的少数ながら生産された。加えて、2連装20㎜機関砲搭載の対空戦車や無砲塔のドーザー戦車も開発されている。装甲は最大3インチ（76・2㎜）でキャヴァリエと同等で、最高速度は43㎞／hとされている。しかし、リバティー・エンジンを搭載するセントーは機動力などに問題があり、海兵隊に配備された一部の車両が実戦に投入される程

ポールステン20mm機関砲2門を回転砲塔に装備したセントーAA Mk.Ⅱ対空戦車

巡航戦車Mk.Ⅷ(A27M)クロムウェルMk.Ⅰ

クロムウェルMk.Ⅰ/Ⅱ/Ⅲは6ポンド砲搭載なんだぁ。砲塔のぶっといボルトがフランケンシュタインみたい…

最大速度64km/h!『スピードの向こう側』の戦車デスな!

!?

注・セシル

■巡航戦車Mk.Ⅷ(A27M)クロムウェルMk.Ⅰ

車重	27t	全長	6.35m
全幅	2.91m	全高	2.49m
乗員	5名		
主武装	6ポンド砲(43口径57mm砲)		
副武装	7.92mm機関銃×2、(7.7mm連装機関銃×1)		
エンジン	ロールス・ロイス ミーティア V型12気筒液冷ガソリン		
出力	600hp	最大速度	64km/h
航続距離	280km		
装甲厚	20mm〜76mm		

6ポンド砲を搭載した初期型のクロムウェルMk.Ⅰ

度に留まった。クロムウェルも、セントーと同様に当初は6ポンド砲を搭載し、のちにイギリス製の75㎜砲を搭載した。また、比較的少数が生産されたCS型は95㎜榴弾砲を搭載した。装甲は、初期型はキャヴァリエやセントーと同じ最大3インチ(76㎜)だが、後期型では増加装甲が装着されて最大4インチ(101・6㎜)と歩兵戦車Mk.Ⅳチャーチル(A22)並みに厚くなった。にもかかわらず、最高速度は64㎞/h(40mph)。生産途中で最終減速機のギア比を変更し51㎞/h(32mph)に低下)に達し「第二次大戦中最速の戦車」といわれるほどの快速を誇った。こうしてイギリス軍は、ミーティアという優秀な戦車用エンジンによって初めて、火力、防御力、機動力を高いレベルでバランスさせた巡航戦車を手に入れることができたのだ。

1944年6月17日、ノルマンディー戦線で食事をとる、第7機甲師団第4カウンティ・オブ・ロンドン・ヨーマンリー連隊のクロムウェルMk.Ⅳの乗員たち

巡航戦車Mk.Ⅷ(A27M)クロムウェルMk.Ⅳ

クロムウェルMk.ⅣやMk.Ⅴは75㎜砲搭載よ。75㎜砲は榴弾火力は6ポンド砲より大きいけど装甲貫通力はちょっと劣るわ

ヴィレル・ボカージュでヴィットマンのティーガーⅠにボコられた戦車だわ(笑)

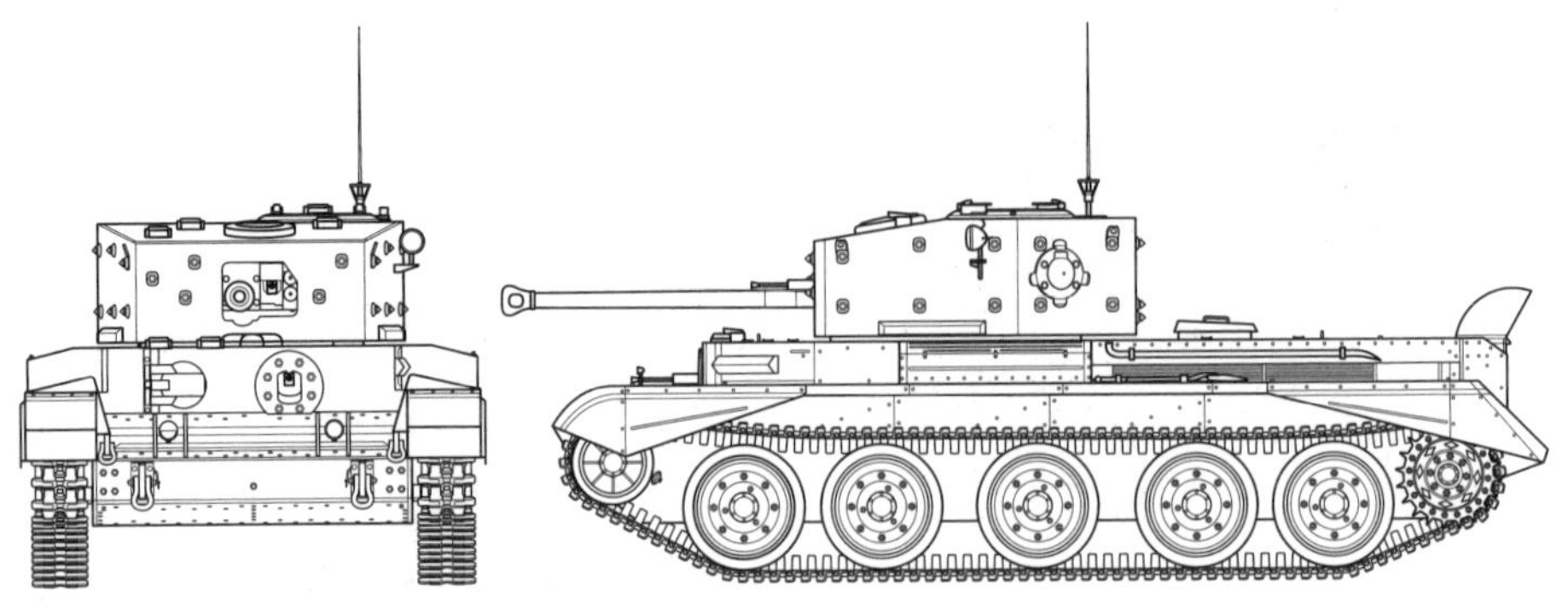

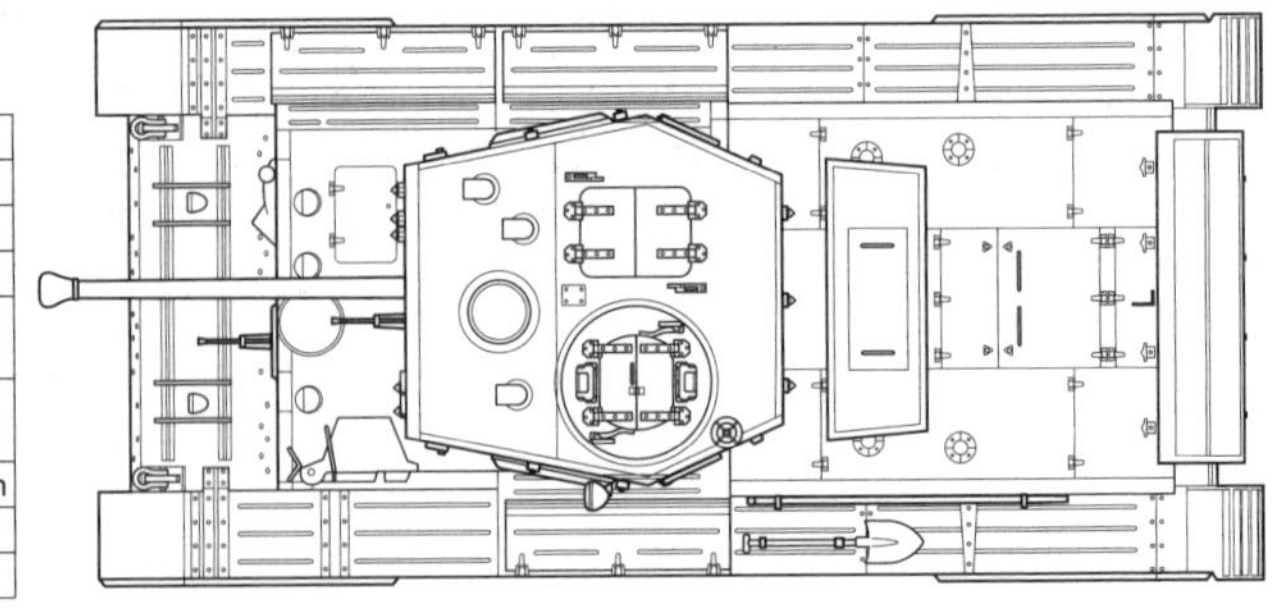

■巡航戦車Mk.Ⅷ(A27M)
クロムウェルMk.Ⅳ

重量	28t	全長	6.35m
全幅	2.91m	全高	2.49m
乗員	5名		
主武装	37.5口径75mm砲		
副武装	7.92mm機関銃×2、7.7mm機関銃×1		
エンジン	ロールス・ロイス ミーティア V型12気筒液冷ガソリン		
出力	600hp	最大速度	51km/h
行動距離	270km		
装甲厚	20mm〜76mm		

主に機甲偵察連隊に配備されたクロムウェル

しかし、既述のように機甲師団の戦車はすでにアメリカ製のシャーマンが主力になっていたため、クロムウェルは、イギリス軍の機甲師団で唯一同車を主力として装備した第7機甲師団を除いて、もっぱら高い機動力を求められる各機甲師団隷下の機甲偵察連隊に配備されて、多数が実戦に参加した。

クロムウェルの派生車両としては、無線機を増載した砲兵観測戦車や指揮戦車、装甲回収車などが開発されている。さらにクロムウェルをベースに20ポンド砲（口径83・4㎜）を搭載した駆逐戦車FV4101チャリオティアも開発されることになるが、これは大戦後の話なので割愛する。

機甲師団機甲偵察連隊の編制（1943年11月30日～）

- 連隊本部（クロムウェル×4）
  - 連隊本部中隊
    - 中隊本部
    - 連絡小隊（ディムラー・スカウトカー×9）
    - 偵察小隊（スチュアート×11）
    - 対空小隊（クルセイダー対空戦車×6）
    - 管理小隊（ハーフトラック×4、ユニバーサル・キャリア×1）
  - 偵察中隊
    - 中隊本部(クロムウェル×2、クロムウェルCS×2、クロムウェル装甲回収車×1)
    - 偵察小隊（クロムウェル×3）
    - 偵察小隊（同上）
    - 偵察小隊（同上）
    - 偵察小隊（同上）
    - 偵察小隊（同上）
    - 管理小隊（ハーフトラック×1、ユニバーサル・キャリア×1）
  - 偵察中隊（同上）
  - 偵察中隊（同上）

（装甲車両のみ表示）

1944年、ノルマンディー上陸作戦を前に、チャーチル首相の視察を受けるウェールズ近衛連隊第2大隊のクロムウェルMk.Ⅳ

クロムウェルの各型

	概要	車体タイプ	主砲	履帯幅
Mk.Ⅰ	最初の生産型	A,B	6ポンド砲	355mm
Mk.Ⅱ	溶接試作車体、鋳造・溶接砲塔。 幅広の履帯に換装。試作のみ		6ポンド砲	394mm
Mk.Ⅲ	セントーMk.Ⅰのエンジンをミーティアに換装した型	A,C	6ポンド砲	355mm
Mk.Ⅳ	セントーMk.Ⅲのエンジンをミーティアに換装した型	C,D,E,F	75mm砲	355mm
Mk.Ⅴ	クロムウェルMk.Ⅰに75mm砲を搭載した型	C	75mm砲	355mm
Mk.Ⅴw	クロムウェルMk.Ⅴの溶接車体タイプ。 Dw車体はMk.ⅤwD、低速最終減速機搭載のEw車体はMk.ⅤwE	Dw,Ew	75mm砲	355mm
Mk.Ⅵ	近接支援型	C,D,E,F	95mm榴弾砲	355mm
Mk.Ⅶ	Mk.Ⅳ/Ⅴ/Ⅵの改修型。低速最終減速機に換装。幅広の履帯に換装	C,D,E,F	75mm砲	394mm
Mk.Ⅶw	Mk.Ⅴwの改修型。車体前面に増加装甲を装備。低速最終減速機に換装	Dw	75mm砲	394mm
Mk.Ⅷ	Mk.ⅥにMk.Ⅶと同じ改修を施した型	D,E,F	95mm榴弾砲	394mm

第12講
WWⅡ後半〜末期の
イギリス巡航戦車
大戦末期に開発されたチャレンジャーやセンチュリオンは、ティーガーやパンターも倒せる戦車砲17ポンド砲を…
重巡航戦車A41センチュリオン
巡航戦車Mk.Ⅷチャレンジャー
コメット巡航戦車
コメットは17ポンド砲に準じる威力の77mm砲を積んでたのか〜
ちっ・・
イギリス戦車のくせに生意気ね…
これでドイツの重戦車も目じゃないわ!
でもさ…17ポンド砲の戦車っていえばまず
ファイアフライだよね…
ぐぬぬ…
けっきょく17ポンド砲搭載車両でいちばん活躍したのは、
純粋なイギリス国産戦車じゃなくて、米英合作のファイアフライ(ほたる)だったんだね〜
ほたるちゃんかわいいよねー
のりちゃん、容赦ないね…
だがしかし…

巡航戦車Mk.Ⅷ（A30）チャレンジャーと、17ポンド自走砲（A30）アヴェンジャーの開発

ドイツ軍は、56口径8・8㎝砲による強力な火力と最大110㎜の重装甲を誇るⅥ号戦車E型ティーガーIを開発し、北アフリカ戦末期の1942年11月に始まったチュニジアでの戦闘に投入した。

対するイギリス軍は、すでに1941年末には新型の対戦車砲である17ポンド砲（口径76・2㎜）をほぼ完成させており、1942年春から試験的な量産を開始していた。ティーガーIなどの重装甲の戦車にも対抗できる17ポンド砲は、おもに各師団隷下の師団砲兵に所属する対戦車連隊（実質は大隊規模）に配備された。ちなみに、一世代前の対戦車砲である6ポンド砲（口径57㎜）は各歩兵大隊隷下の支援中隊の対戦車砲小隊にも配備されたが、大重量で扱いに手間がかかる17ポンド砲は歩兵部隊の隷下には配備されなかった。

そして、この強力な17ポンド砲を搭載する巡航戦車として開発されたのがA30、のちの巡航戦車Mk.Ⅷチャレンジャーだ。

車体の開発は、A27M（巡航戦車Mk.Ⅷクロムウェル）の開発担当であるバーミンガム鉄道客貨車（略してBRC&W）会社が担当したが、砲塔の開発は、船渠用の大型クレーンなどを製造しており、第一次世界大戦中には「ペダレイル・ランドシップ」（菱形重戦車の登場以前に開発された「陸上

■巡航戦車Mk.Ⅷ（A30）チャレンジャー

車重	33t	全長	8.15m
全幅	2.91m	全高	2.78m
乗員	5名		
主武装	17ポンド砲（55口径76.2mm砲）		
副武装	7.62mm機関銃×1		
エンジン	ロールス・ロイス ミーティア V型12気筒液冷ガソリン		
出力	600hp	最大速度	51.5km/h
航続距離	193km		
装甲厚	10mm～101mm		

チャレンジャーを斜め後ろから見た姿デスね。転輪はクロムウェルの片側5つから6つに増えてマス。背が高い砲塔が英国面でオモシロですネ！

艦」の一種）の製造にも関わったストザート&ピット社が受託。1942年7月には砲塔無しの試作車台が完成し、1943年2月にはBRC&W社で200両が生産されることが正式に決まった。

チャレンジャーの車体は、A27Mのものをベースに、中央の戦闘室上部を拡幅して砲塔リング径を60インチから70インチ（177・8㎝）に拡大。これと重量の増加などに対応して履帯の接地長を伸ばすために、車台を延長して転輪を1組追加した。砲塔には主砲と同軸の機関銃を備える一方で、車体前部左側の機関銃座と銃手席を廃止して主砲の弾薬庫とした。主砲の俯仰角の確保を考慮した背の高い砲塔内に車長、砲手、装填手2名が、車体前部右側には操縦手が、それぞれ位置する。装甲は、最初の40両は最大2・5インチ（63・5㎜）だが、残りの160両は最大4インチ（101・6㎜）に強化されることになる。

チャレンジャーの量産開始は1944年3月と遅く、おもにクロムウェルを装備する部隊に配備されて対戦車戦闘の支援などに従事した。

また、チャレンジャーよりも背が低く軽量の上部開放式（ただし天蓋付）の砲塔を持つ17ポンド自走砲も、チャレンジャーと同じA30として開発され、のちにアヴェンジャーと命名された。車体は、チャレンジャーのものをベースに全長と全幅をわずかに

拡大したもので、上部支持転輪が追加された。BRC&W社で230両が生産されることになったが、1945年5月にドイツが降伏したために80両に削減された。全車が納入されたのは大戦終結後の1946年で、実戦には参加せずに終わっている。

各種の対戦車自走砲の開発と導入

加えて、A30よりわずかに遅れて、歩兵戦車Mk.Ⅲヴァレンタインの車台をベースに前後を逆にして、上部開放式（オープントップ）の固定戦闘室に17ポンド砲を搭載したヴァレンタイン17ポンド自走砲、アーチャーがヴィッカーズ・アームストロング社で開発された。こちらは1943年3月に試作車が完成したものの量産化は遅れ、最初の量産車が完成したのは1944年4月のことだった。同年5月から引き渡しが始められて、計665両が生産された。このアーチャーは、機甲師団隷下の師団砲兵の対戦車連隊や、のちに歩兵師団隷下の師団砲兵の対戦車連隊にも配備されている。

また、自由ポーランド軍を含む英連邦の各国軍は、アメリカ製の戦車駆逐車である3インチ自走砲架（Gun Motor Carriage 略してGMC）M10を導入し、さらに主砲を17ポンドに換装した改造型を導入した。イギリス軍における名称は、3インチ自走砲架（Self-Propelled Mount 略してSPM）M10と、17ポンド自

ヴァレンタイン17ポンド自走砲アーチャー

走砲架M10Cだ。それぞれ「ウルヴァリン」と「アキリーズ」の愛称で知られているが、大戦中の各部隊では使われていないようだ。

英連邦軍には、M10が1944年中に1128両、1945年に520両、計1648両（1654両とする資料もある）が引き渡された。またM10Cは、ノルマンディー上陸作戦直前の1944年5月末までに98両が改造され、1945年4月までに計1017両が改造された。そしてイギリス軍では、おもに機甲師団隷下の師団砲兵の対戦車連隊に配備された。

M10の実戦投入は1944年春からイタリア戦線で、M10Cの実戦投入は1944年6月に西部戦線で、また同年11月からイタリア戦線で、それぞれ始められている。前述のアーチャーの実戦投入は1944年10月からなので、M10はこれに先行して各対戦車連隊に配備されて対戦車自走砲の主力となったわけだ。

大戦後期の対戦車自走砲部隊の運用

ここで大戦後期のイギリス軍の対戦車自走砲部隊の運用にも触れておこう。

大戦後期のイギリス軍機甲師団隷下の一般的な対戦車連隊は、牽引式の17ポンド砲装備の2個中隊と、M10装備の2個中隊、計4個中隊を主力としており、のちにM10中隊2個のうち1個中隊が17ポンド砲搭載のM10Cに置き換えられるようになった。

イギリス軍の対戦車部隊の運用理論の一つは、17ポンド砲中隊を配置した陣地の両側面にM10中隊を配置し、自走できるM10中隊が17ポンド砲陣地の前方に敵戦車を誘導したり追い込んだりする、というものだった。

しかし、装甲が薄く防御力が低いM10を、このように攻撃的に運用するのは無理があり、実際には陣地進入などに時間がかか

3インチ自走砲架M10の3インチ砲（76.2mm砲）を17ポンド砲に換装したM10Cよ。車台はM4A2中戦車のものを流用しているわ。

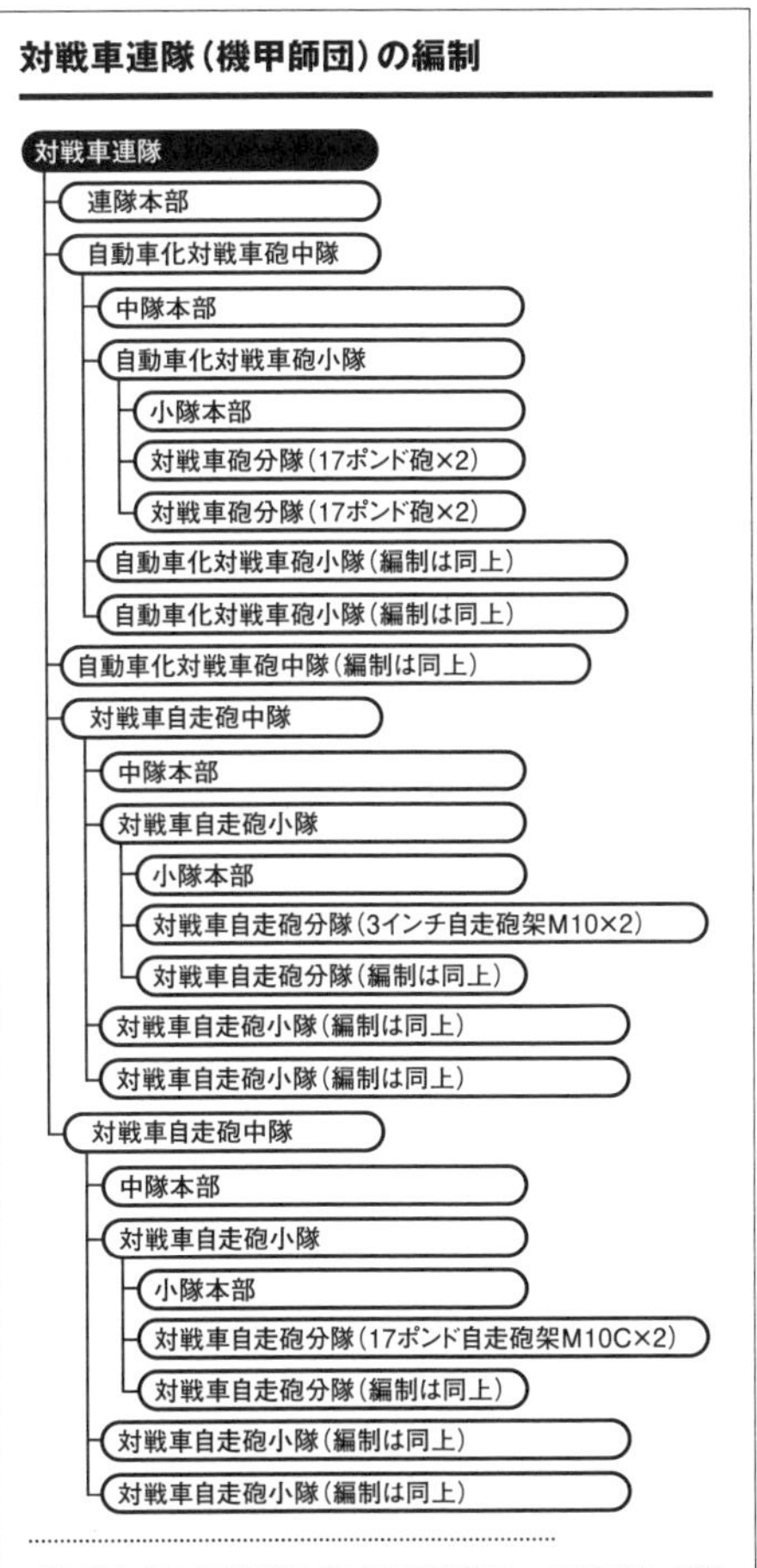

対戦車連隊(歩兵師団)の編制

- 対戦車連隊
  - 連隊本部
  - 自動車化対戦車砲中隊
    - 中隊本部
    - 自動車化対戦車砲小隊
      - 小隊本部
      - 対戦車砲分隊(6ポンド砲×2)
      - 対戦車砲分隊(編制は同上)
    - 自動車化対戦車砲小隊
      - 小隊本部
      - 対戦車砲分隊(17ポンド砲×2)
      - 対戦車砲分隊(編制は同上)
    - 自動車化対戦車砲小隊(編制は同上)
  - 自動車化対戦車砲中隊(編制は同上)
  - 自動車化対戦車砲中隊(編制は同上)
  - 自動車化対戦車砲中隊(編制は同上)

(連隊本部の編制は1943年12月12日〜、自動車化対戦車中隊の編制は1944年1月21日〜)

る牽引式の対戦車砲よりも迅速に展開可能な対戦車砲として運用されることが多かった。たとえば、味方の歩兵部隊などの攻撃によって新たに確保した地域に、M10部隊が迅速に進入して展開し、牽引式の対戦車砲部隊の展開が終わるまで敵の戦車部隊などによる反撃に備える、といった防御的な運用だ(ちなみに歩兵戦車部隊も、味方の歩兵部隊の攻撃を先導して支援し、新たに確保した地域にとどまって敵の戦車部隊などによる反撃に備える。その後、牽引式の対戦車砲部隊が展開を終えたら、後方に下がって補給や整備を受ける、といった運用が行われていた)。防御的な運用であれば、先に砲撃を始められることが多いので、M10やM10Cの防御力の低さを補うことができる、というわけだ。

ただし、英連邦軍の対戦車連隊は、対戦車戦闘の支援部隊として中隊単位に分割されて他の部隊に配属されることも多かった。そしてM10中隊やM10C中隊が、17ポンド砲の搭載車両がいない戦車部隊を支援する場合などには、より攻撃的に運用されることもあった。例えば歩兵戦車Mk.Ⅳチャーチルを装備する戦車連隊（チャーチル3個中隊基幹）を支援する場合、各チャーチル中隊にM10小隊やM10C小隊を1～2個配属。そのM10小隊やM10C小隊は、攻撃開始前に入念に選定した射撃陣地に進入し、味方の歩兵大隊の攻撃を先導するチャーチル中隊の進撃路上にあらわれた敵の装甲車両を砲撃する、といった運用だ。

　そしてこの場合も、M10小隊やM10C小隊は新たに確保した地域に迅速に展開し、各歩兵大隊所属の牽引式の対戦車砲小隊が配置に付くまで、補給のため後方に下がるチャーチル中隊に代わって、敵の戦車部隊などによる反撃に備える、といった防御的な運用が行われた。

シャーマン・ファイアフライの開発

　実はイギリス軍では、非公式なものも含めると、1943年初めからアメリカ製のシャーマン戦車への17ポンド砲の搭載が検討されていた。イングランド南西部のラルワースにある装甲戦闘車両学校砲術部のジョージ・ブライティ少佐は、この頃からシャーマンに17ポンド砲を搭載しようと考えていたのだ。しかし、牽引式の17ポンド砲は後座長（発砲時に砲身が反動で後退する長さ）が40インチ（101・6㎝）と長く、シャーマンの砲塔にそのまま搭載するのは無理があった。そこでブライティ少佐は、駐退

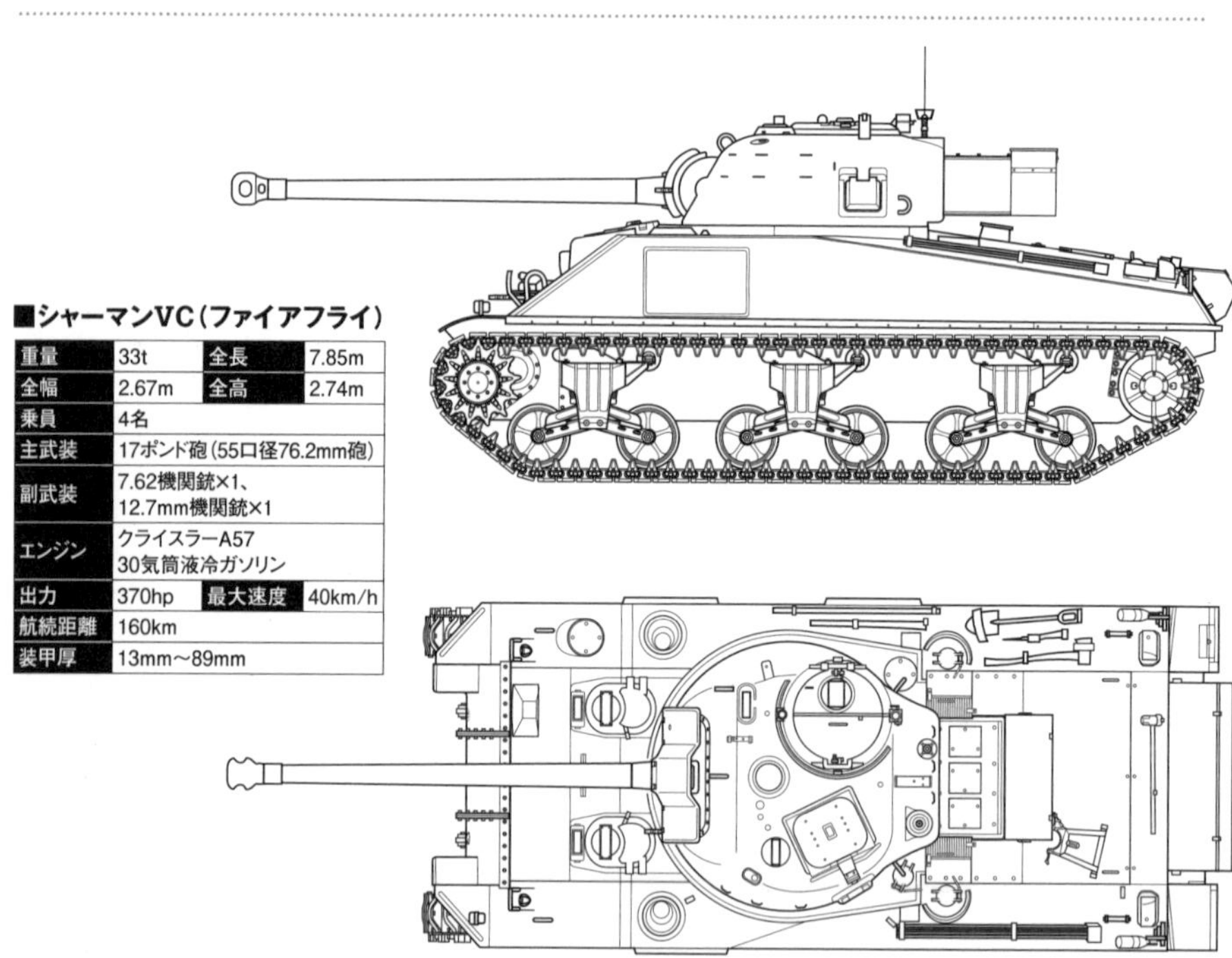

■シャーマンVC（ファイアフライ）

重量	33t	全長	7.85m
全幅	2.67m	全高	2.74m
乗員	4名		
主武装	17ポンド砲（55口径76.2mm砲）		
副武装	7.62機関銃×1、12.7mm機関銃×1		
エンジン	クライスラーA57 30気筒液冷ガソリン		
出力	370hp	最大速度	40km/h
航続距離	160km		
装甲厚	13mm～89mm		

復座機を取り外して砲を固定し、発砲時の反動を戦車全体で吸収することを思いついたが、これもまた無理があった。

一方、第3王室戦車連隊（3RTR）C中隊の中隊長としてアメリカ製のグラント戦車に乗っていたジョージ・ウィザリッジ（ウィスリッジと表記されることも多い）中佐は、北アフリカ戦線で1942年5月に始まった「ガザラの戦い」で負傷。もはや戦闘任務には適さないと判断されて、1943年1月からアメリカ軍の機甲戦関係者に助言するためケンタッキー州のフォート・ノックスにある機甲部隊学校に派遣された。そして6か月後にイギリス軍の装甲戦闘車両学校砲術部に戻ったウィザリッジ中佐は、前述のブライティ少佐と協力して17ポンド砲をシャーマンに搭載する設計案をまとめると、軍需省の研究開発局長が所掌する戦車設計部（Department of Tank Design 略してDTD）に提出した。

しかし、軍需省は、75㎜高初速砲の搭載が見込まれていたクロムウェルやA30（チャレンジャー）に期待をかけており、17ポンド砲のシャーマンへの搭載を拒否した。

それでもウィザリッジ中佐は、北アフリカ戦線で第1機甲師団の師団長として枢軸軍と戦ったのちに1943年7月から陸軍省の王室機甲軍団総監（Director of the Royal Armoured Corps 略してDRAC）になっていたレイモンド・ブリッグス少将に直訴。

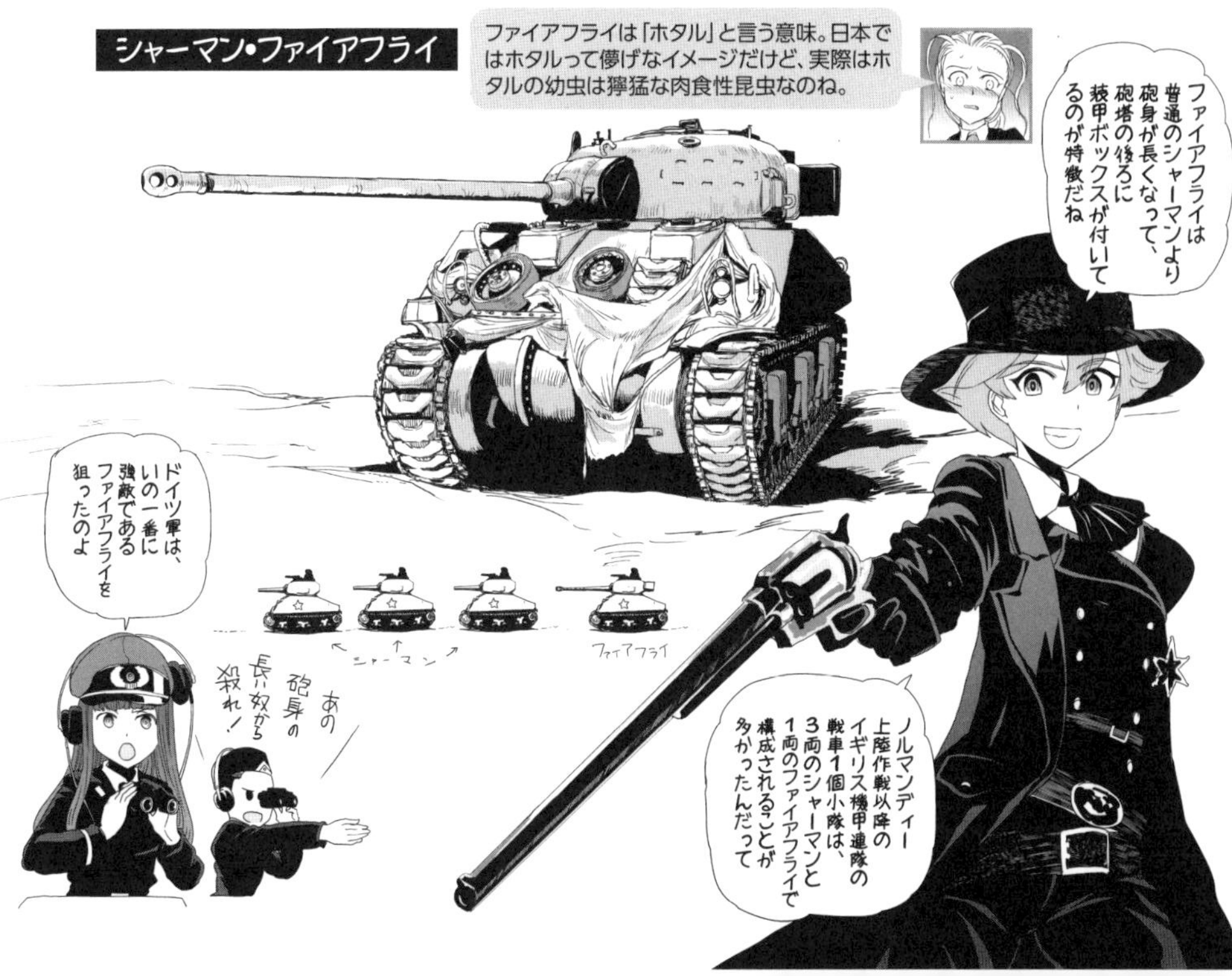

これが認められて同年10月には基礎研究が始められることになった。

ヴィッカーズ社からDTDに加わっていたW・G・K・キルボーン技師は、17ポンド砲の駐退復座機などの設計を大幅に改めてシャーマンへの搭載を可能にした。そして同年10月末には早くもモップアップ（木型模型）が完成し、翌11月にはシャーマンV（イギリス軍名称。アメリカ軍名称はM4A4）に戦車砲型の17ポンド砲を搭載する改造の最初の発注が行われた。1944年1月には試作車が陸軍に正式に引き渡されて各種試験が開始され、2月の最終試験の前に2100両の改造が発注されている。

この17ポンド砲搭載のシャーマン、通称ファイアフライは、シャーマンの砲塔後部に無線機収容部とカウンター・ウェイトを兼ねる装甲ボックスを増設し、戦車砲型の17ポンド砲を搭載。車体前部右側の機関銃座や銃手席を廃止して、主砲弾薬の搭載スペースを確保するなどの改修を加えたものだ。当初はシャーマンVをベースにしていたが、アメリカでの生産中止にともなってシャーマンI（M4）をベースにするようになり、1944年末にシャーマンVの再生車両が供給されるようになると再びベース車両となった。

1944年12月のバルジの戦い中に、ナミュールの市街をパトロールするファイアフライ

これに先立ってイギリス軍では、1943年11月末に機甲師団に所属する機甲旅団の編制が改定されており、機甲旅団に所属する各機甲連隊（実質は大隊規模）に（シャーマンではなくクロムウェルを主力とする第7機甲師団を含めて）ファイアフライが広く配備されることになる。ノルマンディー上陸作戦直前の1944年5月末時点では342両のファイアフライが各部隊に配備されており、1

M4中戦車のイギリス軍における名称

M4	シャーマンI
M4A1	シャーマンII
M4A2	シャーマンIII
M4A3	シャーマンIV
M4A4	シャーマンV
M4A1（76mm）	シャーマンIIA
M4（105mm）/HVSS	シャーマンIB/IBY
M4A2（76mm）HVSS	シャーマンIIIAY
M4（17ポンド砲）	シャーマンIC
M4A4（17ポンド砲）	シャーマンVC

※76mm砲搭載車には「A」、105mm砲搭載車には「B」、17ポンド砲搭載車には「C」、HVSS（水平弦巻バネ式懸架装置）装備車には「Y」が付く。なお、イギリス軍はHVSS装備のシャーマンを実戦には使用していない。

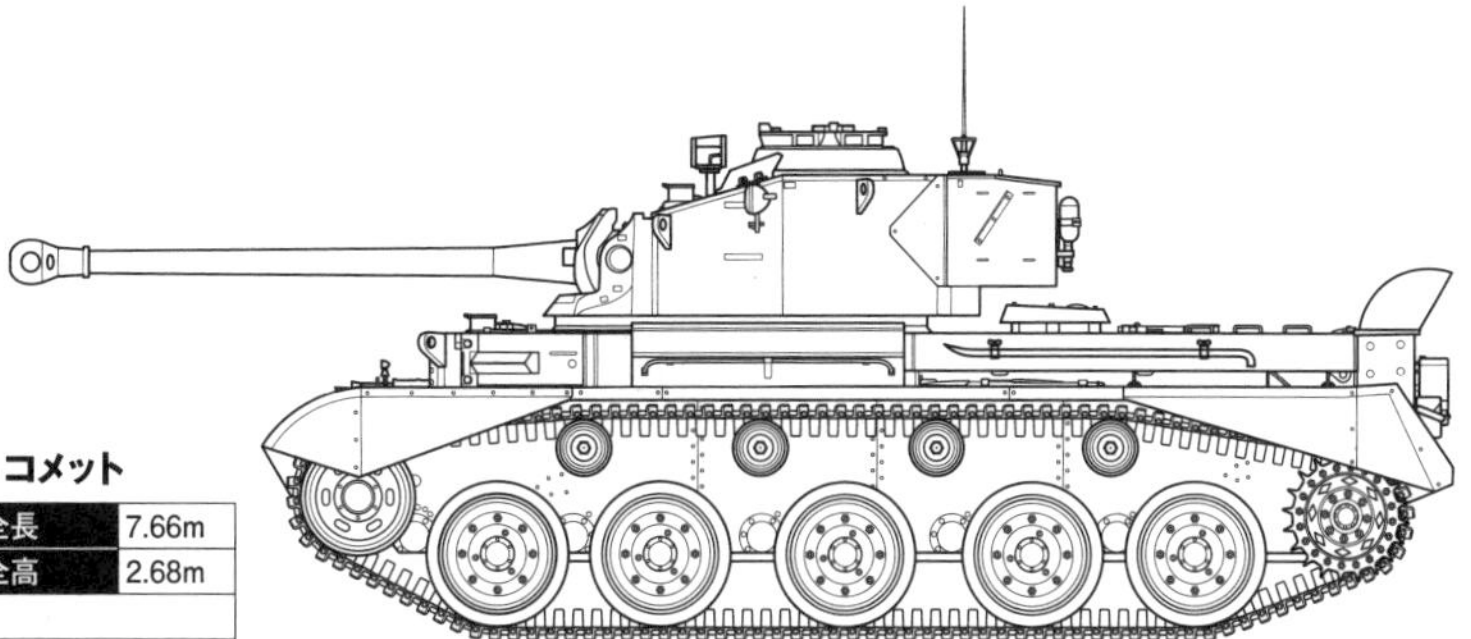

■巡航戦車（A34）コメット

重量	36t	全長	7.66m
全幅	3.05m	全高	2.68m
乗員	7名		
主武装	77mm砲		
副武装	7.93mm機関銃×2		
エンジン	ロールス・ロイス ミーティア V型12気筒液冷ガソリン		
出力	600hp	最大速度	47km/h
航続距離	198km		
装甲厚	32mm〜102mm		

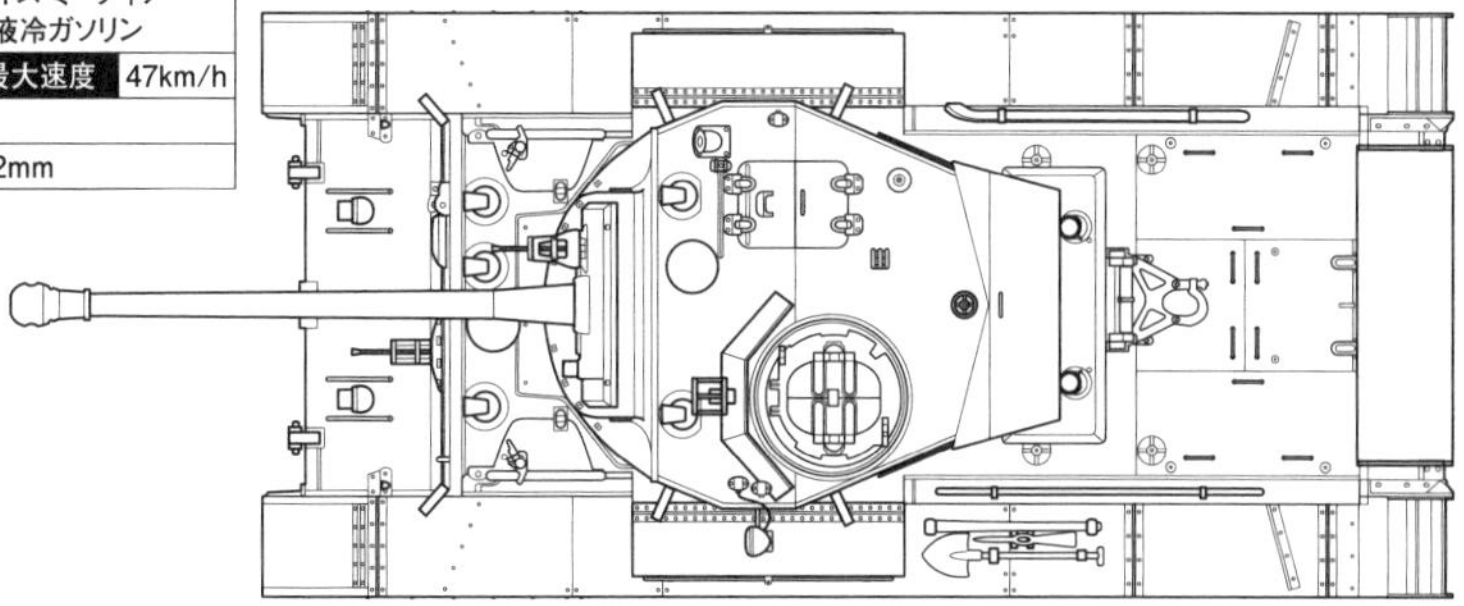

945年5月までに計2239両（2139両とする資料もあるが、これはアメリカ軍向けの発注分を除いたものと思われる）が改造された。そして大戦末期のイギリス軍の機甲部隊では、この米英合作ともいえるファイアフライが17ポンド砲を搭載する戦車の主力となったのだ。

巡航戦車（A34）コメットの開発

クロムウェルの量産開始直後の1943年2月、既述のヴィッカース社製50口径75㎜高初速砲を搭載する巡航戦車A34の開発が始められた。これがのちの巡航戦車コメットだ。

この75㎜高初速砲は、17ポンド砲に比べると貫徹力こそやや劣るものの軽量で小型だった。のちに口径が76・2㎜に改められたが、他の同口径の砲との混同を避けるために77㎜高初速砲と呼ばれることになった。そして、これを搭載するA34は、開発時間を短縮するためにクロムウェルをベースに開発されることになった。

ところが、クロムウェルの砲塔を改造すれば搭載可能と思われた77㎜高初速砲は、実際には搭載不可能であり、新型砲塔が開発された。また、車体も、上部転輪が追加されてサスペンションが強化されるなど、各部に改良が加えられた。結局、およそ6割の部分が再設計されることになり、実質的には新型に近いもの

になったのだ。装甲はクロムウェルの後期型と同等の最大4インチ(101・6㎜)と厚いが、優秀なミーティア・エンジンを搭載しており、最高速度は46㎞/hと機動力も高かった。

量産車の引き渡しは1944年9月から始められ、第11機甲師団は初めてコメットを主力とする機甲師団となった。生産数はレイランド社を中心に各社計1186両とされているが、このうちで大戦中に完成したのは360両以下と見られている。その一部はドイツの降伏前に実戦に参加しているが、対戦車戦闘の機会はあまり無かった。

大戦後半のイギリス軍のドクトリン

ここで大戦後半におけるイギリス軍の軍単位の戦い方を見てみると、北アフリカ戦線で「第二次エル・アラメイン戦」の少し前にイギリス第8軍の司令官となったバーナード・L・モントゴメリー将軍は、その後のイタリア戦線や西部戦線でも、火力や物量を集めて力押しする「火力戦」「消耗戦」志向の戦い方をすることが多かった。実例を挙げると、1944年6月以降のノルマンディー戦では、モントゴメリー大将率いる第21軍集団指揮下のイギリス第2軍が、同年7月の「チャーンウッド」作戦や「グッドウッド」作戦で、戦略爆撃機による絨毯爆撃や海軍艦艇による艦砲射撃を加えた上で、機甲師団などの地上部隊を進撃させる

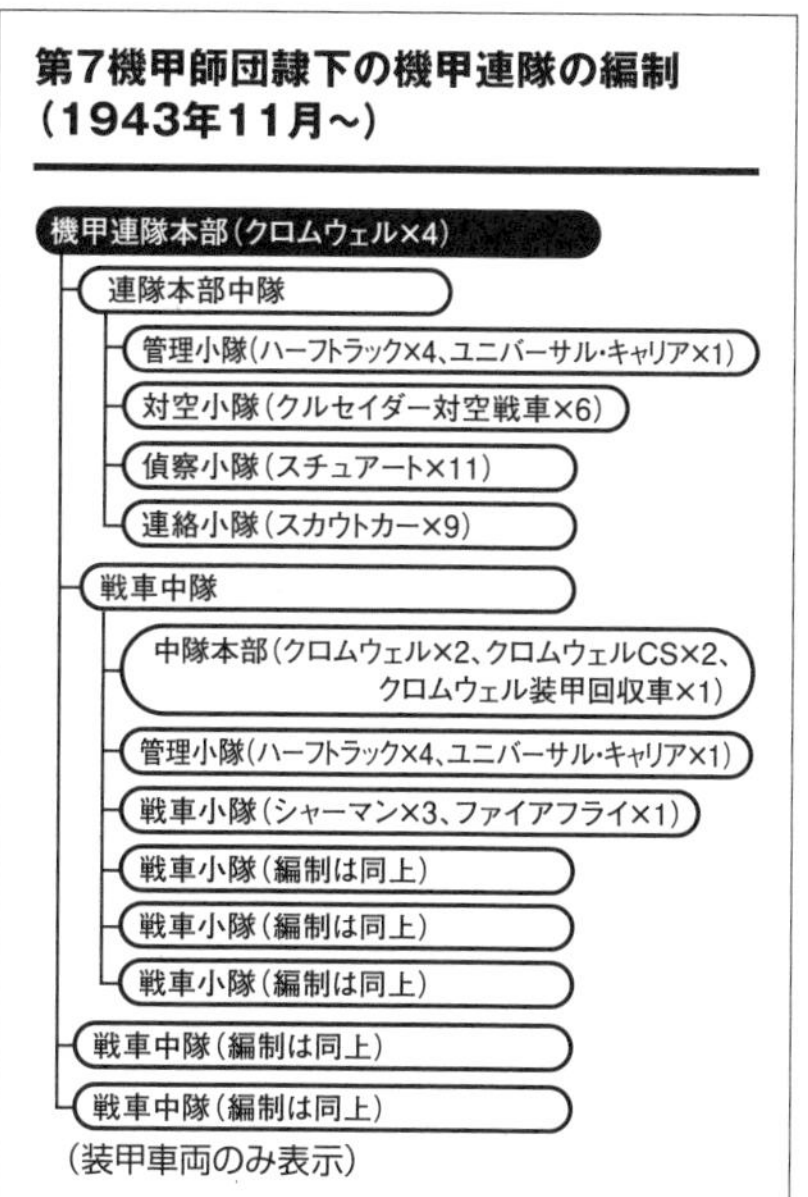

機甲旅団の編制(1943年11月30日～)

- 機甲旅団司令部
  - 司令部中隊
  - 戦闘群(クロムウェル×7、クロムウェル指揮戦車×3、クロムウェル砲兵観測戦車×8、クルセイダー対空戦車×2、ヴァレンタイン架橋戦車×3、スカウトカー×7)
  - 事務偵察群
  - 管理群(ハーフトラック×2、ユニバーサル・キャリア×1)
  - 機甲連隊本部(シャーマン×4)
    - 連隊本部中隊
      - 管理小隊(ハーフトラック×4、ユニバーサル・キャリア×1)
      - 対空小隊(クルセイダー対空戦車×6)
      - 偵察小隊(スチュアート×11)
      - 連絡小隊(スカウトカー×9)
    - 戦車中隊
      - 中隊本部(シャーマン×3、シャーマン装甲回収車×1)
      - 管理小隊(ハーフトラック×4、ユニバーサル・キャリア×1)
      - 戦車小隊(シャーマン×3、ファイアフライ×1)
      - 戦車小隊(編制は同上)
      - 戦車小隊(編制は同上)
      - 戦車小隊(編制は同上)
    - 戦車中隊(編制は同上)
    - 戦車中隊(編制は同上)
  - 機甲連隊(編制は同上)
  - 機甲連隊(編制は同上)

(装甲車両のみ表示)

慎重な作戦を採用している(ただし、同年9月に実施された「マーケット・ガーデン」作戦では、第1連合空挺軍の空挺師団3個などを降下させて進撃路を確保し、そこを通って機械化されたイギリス第30軍団が迅速に進撃する、という機動戦的な作戦を採用したが、よく知られているように失敗に終わっている)。

　その一方で、ビルマ戦線で日本軍と戦ったウィリアム・スリム将軍は、高い機動力を持つ部隊で敵の後方の兵站拠点や重要都市を狙ったりするなど、「機動戦」的な作戦を採ることが少なくなかった。実例をあげると、1944年12月に始まった「イラワジ会戦」では、スリム中将率いるイギリス第14軍は、インド第33軍団によって日本軍の第十五軍主力をイラワジ河畔に拘束した上で、イギリス第4軍団の機械化部隊を要衝のメイクテーラに突進させて、日本軍に大打撃を与えている。

　このようにイギリス軍では、全軍で共有化された公式のドクトリンが存在しなかったために、指揮官によって基本的な戦い方に大きな差があったのだ。

巡航戦車(A41)センチュリオンの開発

ところで、アメリカ製のシャーマンは、火力、防御力、機動力を平均的にバランスさせており、主武装である75㎜砲は（既述のように榴弾が用意されなかった2ポンド砲や6ポンド砲とちがって）徹甲弾と榴弾の両方を発射でき、対戦車戦闘だけでなく歩兵部隊の直接支援でも大きな威力を発揮できた。

そしてアメリカ軍では、M4シャーマンを機甲師団所属の戦車大隊の主力として配備するとともに、おもに歩兵師団に増強される独立の戦車大隊にも配備して歩兵支援を担当させた。つまり、巡航戦車と歩兵戦車の二本立てだったイギリス軍とちがって、アメリカ軍では機甲部隊用の戦車と歩兵支援用の戦車を基本的に共通化していたのだ。

また、このシャーマンが機甲部隊の主力となったイギリス軍でも、歩兵戦車と巡航戦車の2車種を主力として装備することは時代遅れであり、シャーマンのような汎用製の高い戦車1車種に統合することが合理的、と考えられるようになっていく。

そして1943年10月には、車重45t以下で、17ポンド砲を搭載し、前面装甲を4インチ（101・6㎜）とし、ミーティア・エンジンを搭載するなどの仕様がまとめられ、新型の巡航戦車A41として開発されることになった。次いで同年11月には1944年末までに先行量産車を製作し、1945年第2四半期には小規模な量産を開始することが決まった。

しかし、試作車の完成は1945年4月にズレ込み、最初の量

巡航戦車（A41）センチュリオン

産車が完成したのは大戦終結後の同年12月のことだった。これが巡航戦車センチュリオンで、大戦中に実戦に参加することはなかった。

最初のMk.Ⅰは、17ポンド砲を搭載し、装甲は最大5インチ（127㎜）で、最高速度は34㎞／hとされている。その後、逐次改良が加えられるとともに、世界各国に輸出されて発展型も開発されるなど、長く第一線で使われ続けることになる。

このセンチュリオンは、火力、防御力、機動力を非常に高いレベルでバランスさせた近代的なMBT(Main Battle Tankの略で主力戦車の意）と呼びうる優秀な戦車であった。つまり、イギリス軍の巡航戦車は、最終的には近代的なMBTへと進化したのだ。

大型鋳造砲塔を搭載したセンチュリオンMk.Ⅱ

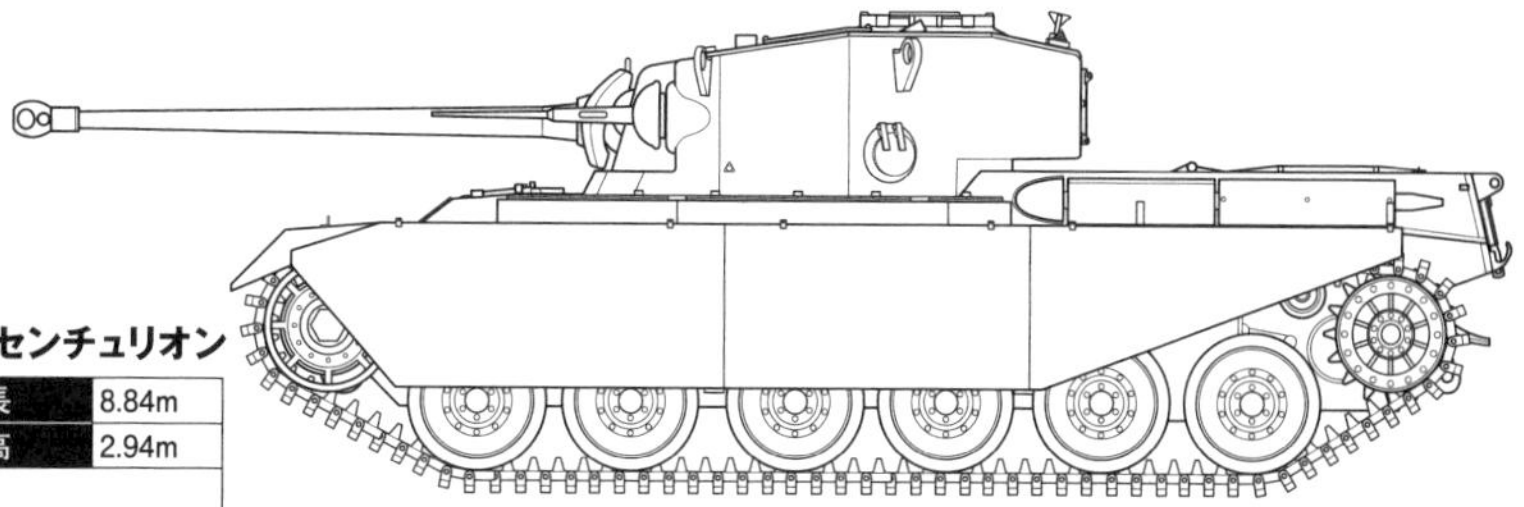

■巡航戦車（A41）センチュリオン

重量	49t	全長	8.84m
全幅	3.35m	全高	2.94m
乗員	5名		
主武装	17ポンド砲（55口径76.2mm砲）		
副武装	7.92mm機関銃または 20mm機関砲×1		
エンジン	ロールス・ロイス ミーティア V型12気筒液冷ガソリン		
出力	600hp	最大速度	34.4km/h
航続距離	96km		
装甲厚	17mm～127mm		

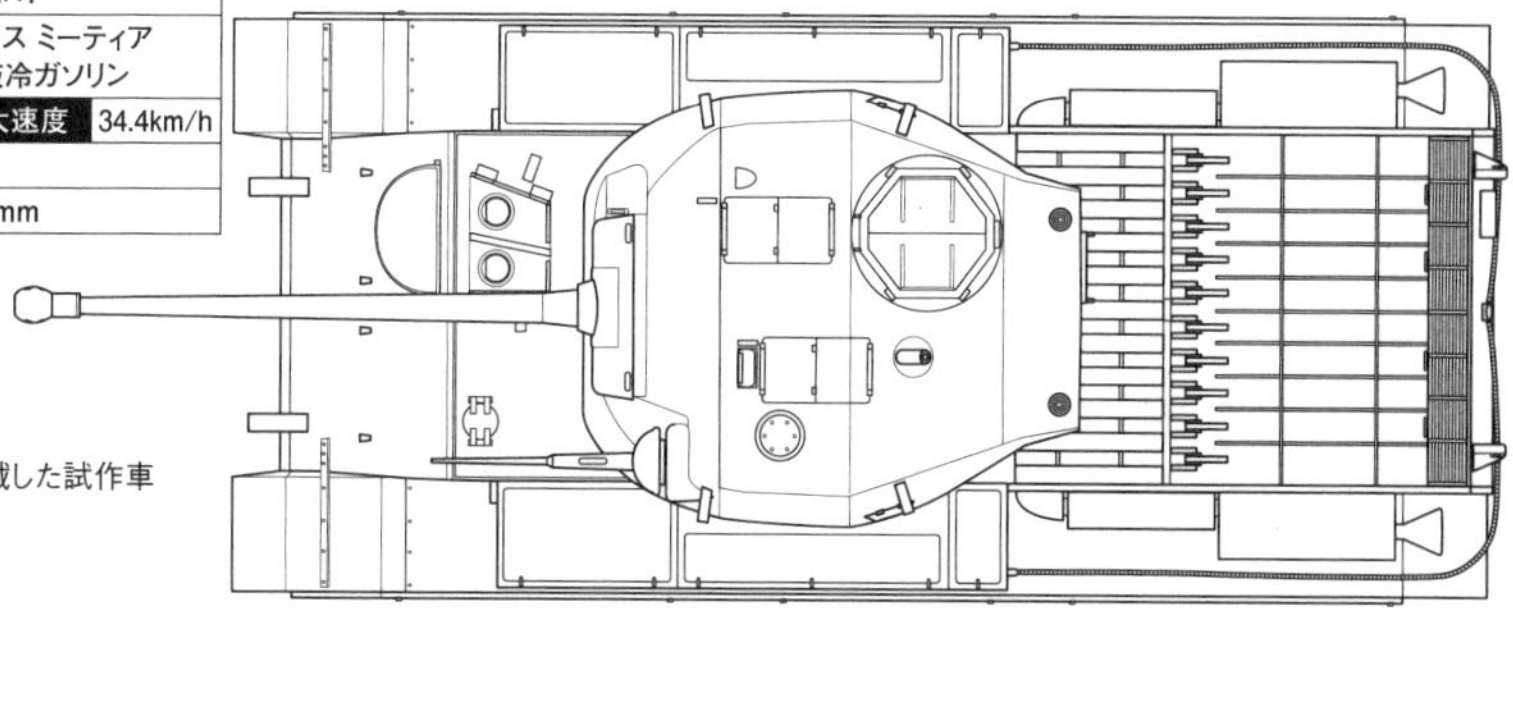

図は20mm機関砲を搭載した試作車

第13講 M3/M5軽戦車
ここからはアメリカ編！最初は「ハニー」ことM3／M5軽戦車だよ！
あーそれでバニーガールコスか…
主砲は長砲身37㎜砲、装甲厚は最大51㎜、速力は58㎞／hと、走攻守に優れた軽戦車で…
太平洋戦線
アフリカ戦線
大戦前半に太平洋戦線や北アフリカ戦線で活躍したわね
軽戦車なのに、日本の九七式中戦車チハたんより強かったんだよね！
では、M3軽戦車が登場するまでのアメリカの戦車開発の試行錯誤もまとめて見ていきましょう
ライター

第13講 性能のバランスの取れた名軽戦車 M3/M5軽戦車

第一次世界大戦型のアメリカ戦車

1917年4月、アメリカは、第一次世界大戦に連合国側で参戦し、常備軍（レギュラー・アーミー）に州兵（ナショナル・ガード）を加えて国軍（ナショナル・アーミー）を編成。その国軍内にジョン・J・パーシング少将を司令官とするアメリカ遠征軍（American Expeditionary Forces 略してAEF）が編成されて欧州に派遣された。

AEFでは、同年12月に戦車軍団が編成されて、フランスで開発されたルノーFT軽戦車やイギリスで開発された菱形重戦車系列のMk.V戦車などが配備された。つまり、アメリカ軍最初の戦車は、フランス製やイギリス製の戦車だったのだ。

そのAEFの戦車軍団は、第一次世界大戦最後の約2カ月間だけ実戦に参加し、戦車大隊3個を基幹とする戦車旅団1個がおもに歩兵部隊の直接支援を行った。また、アメリカ本土でも、1918年3月に国軍戦車軍団が創設された。

戦車軍団に配備された戦車のうち、ルノーFTは車重6t余りで機関銃または37㎜砲を搭載する歩兵随伴用の軽戦車、Mk.V戦車は車重28～29tで6ポンド砲（口径57㎜）や機関銃を搭載する塹壕陣地突破用の重戦車だった。

アメリカの国産戦車に関しては、フランス製のルノーFTをベースにメートル法からヤード・ポンド法に設計し直すなどの変更を加えたアメリカ仕様の6t戦車M1917が開発された。しかし、第一次世界大戦の休戦までに完成したのは64両で、そのうちフランスに到着したのは10両だけとされている。それでも、第一次世界大戦後も含めて計952両が生産された。

また、アメリカ国内で流れ作業により大量生産されたT型フォード乗用車のコンポーネンツを流用し、乗員2名で機関銃1挺を搭載する小型の3t特殊牽引車

第一次世界大戦直後のアメリカ陸軍は、ルノーFT軽戦車のアメリカ仕様の6t戦車M1917と、イギリスとアメリカが協同開発したMk.Ⅷ戦車を装備してたの。これはイギリス軍仕様のMk.Ⅷ。全長が10.42mとすご～く長い、塹壕陣地突破用の重戦車だよ。

（いわゆる3t戦車）M1918が開発され、1万5000両もの大量生産が計画された。しかし、こちらは15両が生産されただけで、残りはキャンセルされている。

さらにアメリカは、菱形重戦車系列のMk.Ⅷ戦車（リバティー戦車、インターナショナル戦車としても知られている）の開発生産計画に参加し、イギリスやフランスとともに生産にあたることになったが、大戦中に完成したのはイギリス軍仕様が24両のみとされている。アメリカ軍仕様のMk.Ⅷ戦車は、車重39・4tで乗員11名、6ポンド砲2門と機関銃5挺を搭載していた。こちらは第一次世界大戦後の1920年から引き渡しが始められ、計100両が生産された。

つまり、第一次世界大戦直後のアメリカ陸軍の戦車隊は、数の上での主力である歩兵支援用の軽戦車に、少数の陣地突破用の重戦車を組み合わせたものだったのだ。こうした戦車の装備体系や運用方法は、第一次世界大戦末期のフランス軍の戦車隊とよく似ている。

M1中戦車とM1軽戦車の制式化と取り消し

第一次世界大戦後のアメリカでは、1920年国防法（1916年国防法を改正）により、国軍は解散となり、常備軍は大幅に縮小されて、AEFや戦車軍団は解散となった。また、陸軍の戦車部隊は歩兵科の管轄となった。

1922年には、陸軍参謀本部が5t級の軽戦車と15t級の重戦車の概要を示し、軽戦車と重戦車の二本立てで整備する方針が打ち出された。しかし、陸軍の戦車などの兵器開発を所掌する兵器局は、この方針を歩兵科のトップである歩兵監が承認するまで動けなかった。そして、1924年には新たに戦車委員会が創設され、歩兵科の管轄下となった戦車学校と協力して戦車の開発が進められることになる。

ただし、兵器局は、これらに先行して1919年6月から中戦車の開発に着手しており、1921年にイリノイ州にあるロックアイランド工廠でM1921が試作されていた。この戦車の基本レイアウトはイギリス軍が開発中のMk.D中戦車に似ており、車重は18・6tで乗員は4名。全周旋回式の砲塔に6ポンド砲と同軸機関銃を、車長用キューポラに機関銃を、それぞれ装備していた。次いで、前述のような方針を踏まえて、これに改良を加えたT1中戦車が開発されて、1928年にM1中戦車として制式化された。

ところが、その2年前の1926年には、工兵科の装備である浮橋（ポンツーン）の重量制限などの関係で、以後の中戦車は15ショートt[*1]（＝13・6メトリックt）以内とする通達が出されていた。それもあってか、M1中戦車は軟鉄製の試作車が1両作ら

*1＝ショートtは、ヤード・ポンド法の単位で、米tとも言われる。1ショートt＝2,000ポンド＝907.18474kg。これと区別してメートル法のt（＝1,000kg）をメトリックtと呼ぶ。

量産されなかったM1中戦車とM1軽戦車

M1中戦車
M1軽戦車はニューヨークのカニンガム社で試作されたから、T1カニンガムって呼ばれることもあるのね
M1中戦車って、前から見ると機関車ト○マスみたいな…
M1軽戦車(T1E1)

れたのみで量産は行われず、ほどなくして制式化も取り消されている。

次いで、この重量制限に沿った15ショートt級のT2中戦車が開発され、1929年に試作車が完成。だが、操向装置の完成度が低かったようで、こちらも量産されずに終わった。

軽戦車に関しては、1927年に車重7tで1名用砲塔に37㎜砲と同軸機関銃を搭載するT1軽戦車が完成。翌年には、これに改良を加えたT1E1軽戦車が、M1軽戦車として制式化されて5両が生産されたものの、2カ月余りで制式化が取り消されている。

この頃の兵器局の戦車の開発予算は決して潤沢とはいえず、年に数両程度の試作がせいぜいであった。

騎兵部隊の機械化の進展と戦闘車の分化

戦車部隊を含む諸兵種連合の機械化部隊に関しては、1927年にイギリス陸軍で編成された実験機械化部隊の演習を視察したドワイト・F・デービス陸軍長官が、陸軍参謀総長のチャールズ・P・サマーロール大将に、将来戦における機械化部隊の基礎研究を始めるように指示。参謀本部第3部(作戦や訓練などを担当)のアドナ・R・チャーフィー少佐を中心として研究が進められた。

チャーフィーが考えていた機械化部隊の運用構想は、南北戦争中にウィリアム・T・シャーマン将軍がジョージア州やサウスカロライナ州で見せたような、軍規模の部隊による後方奥深くへの襲撃によって、敵の指揮系統や兵站ネットワークなどを破壊するというもので、戦車にも高い機動力が求められた。

そして1928年には、機械化部隊の運用法や装備などの研究のため、メリーランド州のフォート・レナード・ウッドで実験機械化部隊（Experimental Mechanized Force 略してEMF。Experimental Motorized Forces とする資料もある。別名ガソリン旅団）が臨時に編成された。この部隊は、自動車化された歩兵大隊や野砲兵大隊、戦車小隊や装甲車小隊などで構成された諸兵種連合部隊であり、6t戦車M1917や歩兵は第一次世界大戦型のB型トラック（いわゆるリバティ・トラック）で輸送された。

しかし、1931年10月末には、大恐慌の影響による陸軍予算の削減や、機械化部隊を予算上の競合相手と見る他兵科の反対などの影響もあって、この実験機械化部隊は廃止されてしまう。

ただし、陸軍省は、これに先立って同月初めに「機械化部隊の処置」と題した文書を発していた。この文書は、騎兵連隊を機械化して基本的な編制や戦術原則を開発し、近い将来に機械化騎兵旅団に発展させることを狙ったもので、それに必要な様々な

騎兵部隊の機械化の進展と戦闘車の分化

目標と実現までのステップが示されていたのだ。そして同年11月初めには、廃止された実験機械化部隊に配属されていた騎兵や装甲車などで、機械化騎兵連隊の核となる分遣隊が創設された。

次いで陸軍省は、同年12月に第7騎兵旅団（機械化）を1932年5月までに新編するよう指示。1932年2月には機械化騎兵連隊の編制表が制定された。この編制には、司令部および司令部中隊、戦闘車（コンバット・カー）大隊、偵察車（スカウト・カー）や装甲車（アーマード・カー）を装備する援護中隊、機関銃中隊などが含まれていた。

このうちの「戦闘車」とは、端的にいうと騎兵科が装備する戦車のことだ。つまり、アメリカ陸軍の戦車は、歩兵科に所属する戦車部隊向けの「戦車（タンク）」と、機械化された騎兵部隊向けの「戦闘車（コンバット・カー）」の二種類に分けられることになったのだ。

そして1933年1月には、ケンタッキー州のフォート・ノックスに移駐した乗馬編制の第1騎兵連隊が、前述の分遣隊を核としてアメリカ陸軍初の機械化された第1騎兵連隊（機械化）に改編された。

次いで陸軍省は、1936年には、乗馬編制の第13騎兵連隊を第13騎兵連隊（機械化）に改編し、第7騎兵旅団（機械化）に編入することを承認。同年に、同連隊はフォート・ノックスに移駐し、機械化改編が進められていくことになる。

このように騎兵部隊の機械化が進められていく一方で、歩兵科が管轄する戦車部隊も歩兵部隊の直接支援用として残されていた。

そして陸軍省は、1933年11月には、第一次世界大戦時の戦車部隊から発展した第66歩兵連隊（軽戦車）と第67歩兵連隊（中戦車）、それに歩兵師団に配属される第1〜7軽戦車中隊への戦車の配備計画を決定していた。当時は、歩兵科が管轄する連隊規模の戦車部隊も「歩兵連隊」と呼ばれており、装備している戦車の種別で区分されていたのだ。

もっとも、この配備計画や騎兵部隊の機械化は、予算の不足もあって思うように進まなかった。

装輪／装軌両用のクリスティー戦車

一方、アメリカの民間では、第一次世界大戦中から、技師で発明家のジョン・W・クリスティーが、独創的な装輪／装軌両用の8インチ（203㎜）自走榴弾砲M1918などの開発を行っていた。

そして1919年には、アメリカ陸軍の兵器局からの発注で、装輪／装軌両用の車体に6ポンド砲（口径57㎜）と同軸機関銃装備の砲塔を搭載したM1919（モデル1919）中戦車を試作。続いて、無砲塔のM1921中戦車を経て、長大なコイル・スプリングによる懸架装置と大径転輪を備えた装輪／装軌両用の戦車車台M1928を開発し、いわゆる「クリスティー式」の足回りがほぼ完成の域に達した。

さらに1931年には、このM1928に陸軍の要求で改良を加えて回転砲塔を搭載したM1931中戦車を開発。このクリスティーM1931は、歩兵科向けのT3中戦車となり、3両が製作された。武装は1名用砲塔に37mm砲と同軸に7・62mm機関銃を装備しており、装軌時には75km／h、装輪時には113km／hの快速を発揮できた。

さらに、このT3中戦車をベースに、車体幅を拡げて前部右側の銃座に7・62mm機関銃を装備し、大型の2名用砲塔の前面に37mm砲と同軸の7・62mm機関銃、左右側面と後面に7・62mm機関銃をそれぞれ装備するT3E2中戦車が開発されて、5両が生産された。このT3E2中戦車は、のちに各部に改良が加えられてT3E3中戦車に改称されている。

また、騎兵科向けとして、クリスティーM193

装輪／装軌両用のクリスティー戦車

1の主武装を12・7㎜重機関銃に変更したものがT1戦闘車となり、4両が生産された。この中には、装輪時に駆動輪となる最後方の下部転輪(ロード・ホイール)の駆動方式を、従来のチェーン駆動からギア駆動に改めたT1E1戦闘車が1両含まれている。

一方、陸軍のロックアイランド工廠でも、1931年に装輪/装軌両用のT5コンバーチブル装甲車(コンバーチブル・アーマード・カー)が開発され、これが騎兵科向けのT2戦闘車となったが、性能不足と判断されて開発中止となった。

付け加えると、騎兵科では、前章で述べたようにロックアイランド工廠で歩兵科向けに開発されたT1E1(M1)軽戦車をT3戦闘車と呼んだが、こちらも性能不足と判断されて戦闘車としては開発中止となっている。

装輪/装軌両用の戦闘車と中戦車の開発

1933年、ロックアイランド工廠では、軍がクリスティーから購入した特許の技術を用いた装輪/装軌両用の足回りを持つ装甲車体が開発された。この車体は車体前部右側の銃座に7・62㎜機関銃を装備しており、これに7・62㎜機関銃装備の1名用銃塔を搭載した騎兵科向けのT4戦闘車が開発された。

次いで、車体前部右側の銃座に加えて、車体左右のスポンソン(張出部)前面にも7・62㎜機関銃を装備し、2名用銃塔の前面に12・7㎜機関銃と7・62㎜機関銃を並列で装備し、後部の対空射撃可能なピントルマウントにも7・62㎜機関銃を装備するT4E1戦闘車が作られた。

続いて、大型の固定戦闘室を備え、その前面に12・7㎜重機関銃と7・62㎜機関銃を各1挺、左右側面と後面にも7・62㎜機関銃を各1挺、車体前部右側の銃座に7・62㎜機関銃を1挺搭載するT4E2戦闘車が作られた。

また、歩兵科向けにも、12・7㎜重機関銃と7・62㎜機関銃を並列で装備する2名用回転銃塔を搭載したT4中戦車が開発され、1935年から翌年にかけて計16両が生産された。さらに、車体前部右側の7・62㎜機関銃に加えて、T4E2戦闘車と同様の固定戦闘室に12・7㎜重機関銃と7・62㎜機関銃を多数搭載するT4E1中戦車が開発され、1935年から翌年にかけて3両が生産された。

このT4およびT4E1中戦車は、陸軍内で制式化を求める声があがったものの、後述するM2軽戦車に比べて価格が高かったために、制式化は一旦見送られた。しかし、その後の欧州情勢の緊迫化にともなって1939年3月に再び制式化が求められ、それぞれM1コンバーチブル中戦車銃塔型(コンバーチブル・ミディアム・タンクM1, ターレッテッド)とM1コンバーチブル中戦車銃座型（コンバーチブル・ミディアム・タンクM1，バーベット）として限定制式化されることになる（ただし1940年3月には早くも限定制式から外される）。

ただ、いずれにしてもアメリカで第一次世界大戦後に開発された戦車／戦闘車の生産数は、これまで記してきたように多くても十数両に過ぎず、のちの第二次世界大戦時のような大量生産とはほど遠いものだった。

装軌式のみの軽戦車と戦闘車の開発

ロックアイランド工廠では、前述のM1コンバーチブル中戦車の生産に先立つ1934年に、従来の複雑高価な装輪／装軌両用の足回りに代わって、装輪走行能力の無い垂直弦巻バネ（いわゆる竹の子バネ）式懸架装置（Vertical volute spring suspension 略してVVSS）と車体前部右側に7・62㎜機関銃の銃座を持つ装甲車体が開発された。

そして、この車体に、いずれも上部開放式で12・7㎜重機関銃装備の銃塔と7・62㎜機関銃装備の銃塔を左右に並べて搭載した騎兵科向けのT5戦闘車が開発された。また、同じ車体をベースに、T4E2戦闘車と同様の固定戦闘室を持つT5E1戦闘車や、T4E1戦闘車と同様の2名用の回転銃塔を搭載するT5E2戦闘車、T5戦闘車のガソリン・エンジンをディーゼル・エンジンに変更したT5E3戦闘車、このT5E3戦闘車にさらに別のディーゼル・エンジンを搭載するとともに誘導輪を大型化して履帯の接地長を伸ばしたT5E4戦闘車が作られている。

このうち銃塔搭載のT5E2戦闘車がM1戦闘車として制式化され、1935年から1937年まで89両が生産された。次いで、車体を延長するなどの改良を加えたM1A1戦闘車が17両生産された（加えてT5E3戦闘車を制式化したM1A1E1戦闘車が7両生産されており、このうち3両はM1戦闘車を改造した車両と思われる）。こうしてM1戦闘車系列は初めて大量生産された戦闘車となったのだ。

ちなみに、T5戦闘車の価格は、装軌／装輪両用の足回りを持

大型の固定戦闘室の四方に12.7mm機関銃1挺と7.62mm機関銃4挺を搭載し、車体前面にも7.62mm機関銃1挺を装備した、移動する機関銃陣地のようなT4E2戦闘車

つT4戦闘車のおよそ半分に過ぎず、高価なT4戦闘車の開発は打ち切られることになった。

それでも1935年には、騎兵科向けに再び装軌／装輪両用の足回りを持つT6戦闘車が設計され、翌1936年には大幅な改良を加えた装軌／装輪両用の足回りを持つT7戦闘車が試作されたが、いずれも量産には至っていない。

一方、歩兵科向けには、1934年にT5戦闘車とほぼ同じ車体にイギリス製のヴィッカーズ6t戦車とよく似た足回りを持つT2軽戦車が開発された。そして、T2軽戦車の足回りをT5戦闘車と同じVVSSに変更したT2E1軽戦車が、1935年にM2A1軽戦車として制式化され、10両が生産された。このM2A1軽戦車は、12・7㎜重機関銃と7・62㎜機関銃を同軸に装備する1名用銃塔を搭載しており、装甲は最大16㎜だった。

その改良型であるM2A2軽戦車は、12・7㎜重機関銃を装備する銃塔と7・62㎜機関銃を装備する銃塔を1基ずつ搭載する双銃塔型となり、1935年から計237両が生産された。次いでM2A2軽戦車の車体を延長して燃料タンクを拡大し装甲を最大22㎜に強化するなどの改良を加えたM2A3軽戦車が開発され、1938年から73両が生産された。

そして1939年9月、ドイツ軍がポーランドに進攻して第二次世界大戦が勃発する。

ただしアメリカ陸軍では、すでに1936年から始まったスペイン内戦の戦訓から、戦車の武装や装甲の強化の必要性が認識されていた。そして1940年5月から、砲塔に37㎜砲と同軸の7・62㎜機関銃、砲塔後部の対空銃座と車体前部右側の銃座、それに車体左右の張り出し部(スポンソン)前部の銃座にそれぞれ7・62㎜機関銃を装備し装甲を強化したM2A4軽戦車が375両生産された。

そしてアメリカは、1941年12月に第二次世界大戦に参戦することになる。その時に陸軍の戦車部隊で数の上での主力となっていたのは、このM2軽戦車系列であった。

なお、懸架装置がVVSSで車体前部右側の銃座に7・62㎜機関銃を1挺搭載する無砲塔で2名乗りのT3軽戦車も開発されているが、量産には至っていない。

12.7mm重機関銃の銃塔と7.62mm機関銃装備の銃塔を搭載しているM2A3軽戦車。車体は後のM3軽戦車と似ているが、M3軽戦車とは異なり誘導輪が接地していない

一方、騎兵科向けには、M1戦闘車をベースにT5E3戦闘車と同じディーゼル・エンジンを搭載しT5E4戦闘車と同様に誘導輪を大型化して履帯の接地長を伸ばしたM2戦闘車が制式化され、1940年から34両が生産されることになる。

機甲軍の創設と軽戦車と戦闘車の統合

この頃のアメリカ陸軍の歩兵科では、ドイツ軍のポーランド進攻作戦で戦車部隊を集中した装甲師団が活躍したこともあって、戦車を集中して投入すべき、という考え方が強くなっていった。そして1940年初めには、第66歩兵連隊(軽戦車)と第67歩兵連隊(中戦車)、それにかつての歩兵師団配属の戦車中隊を基幹として編成された第68歩兵連隊(軽戦車)を基幹として、暫定戦車旅団(プロビジョナル・タンク・ブリゲード)が編成された。

次いで同年7月、機甲軍団や機甲師団、歩兵部隊の支援を主任務とする独立の戦車大隊の指揮統制管理組織として、新たに機甲軍(アーマード・フォース)が創設された。同時に、第7騎兵旅団(機械化)を基幹として第1機甲師団が、暫定戦車旅団を基幹として第2機甲師団が、それぞれ編成された。アメリカ陸軍で初めて諸兵種連合の機甲師団が編成されたのだ。

そして、1942年7月にかけて機甲師団がまず(この2個師

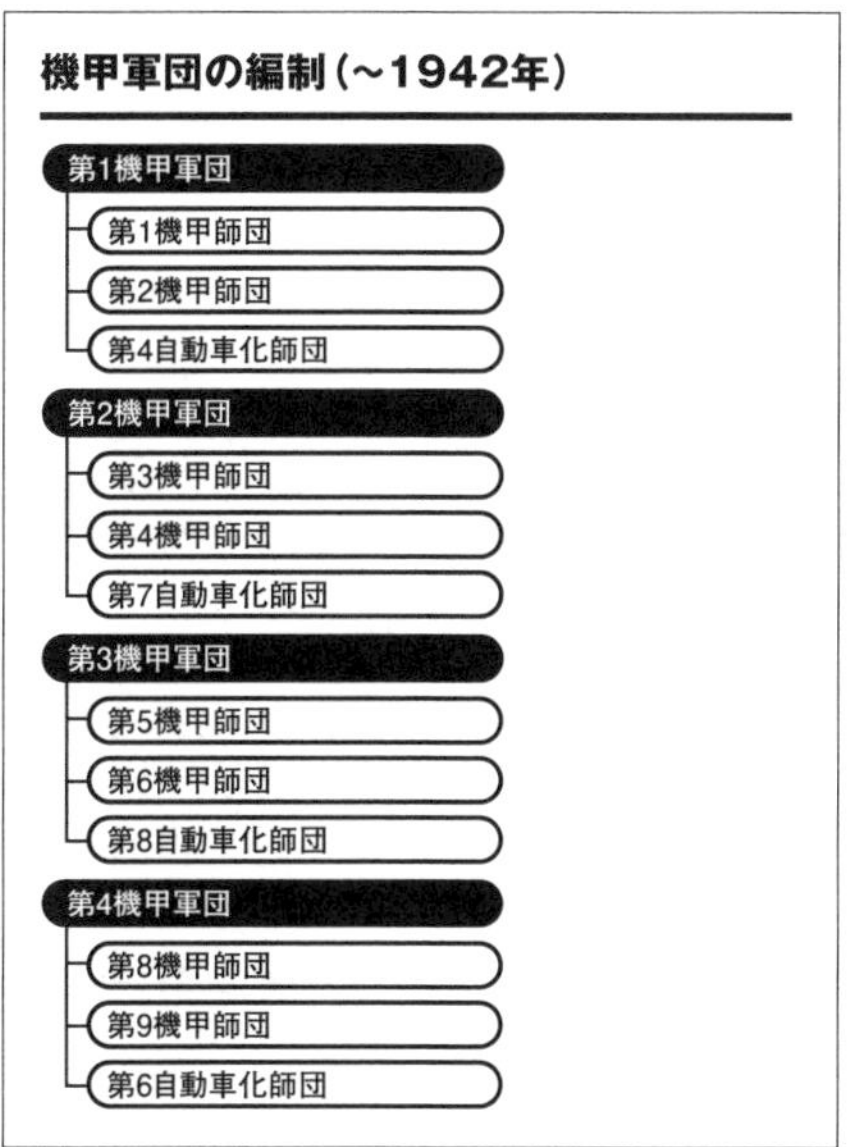

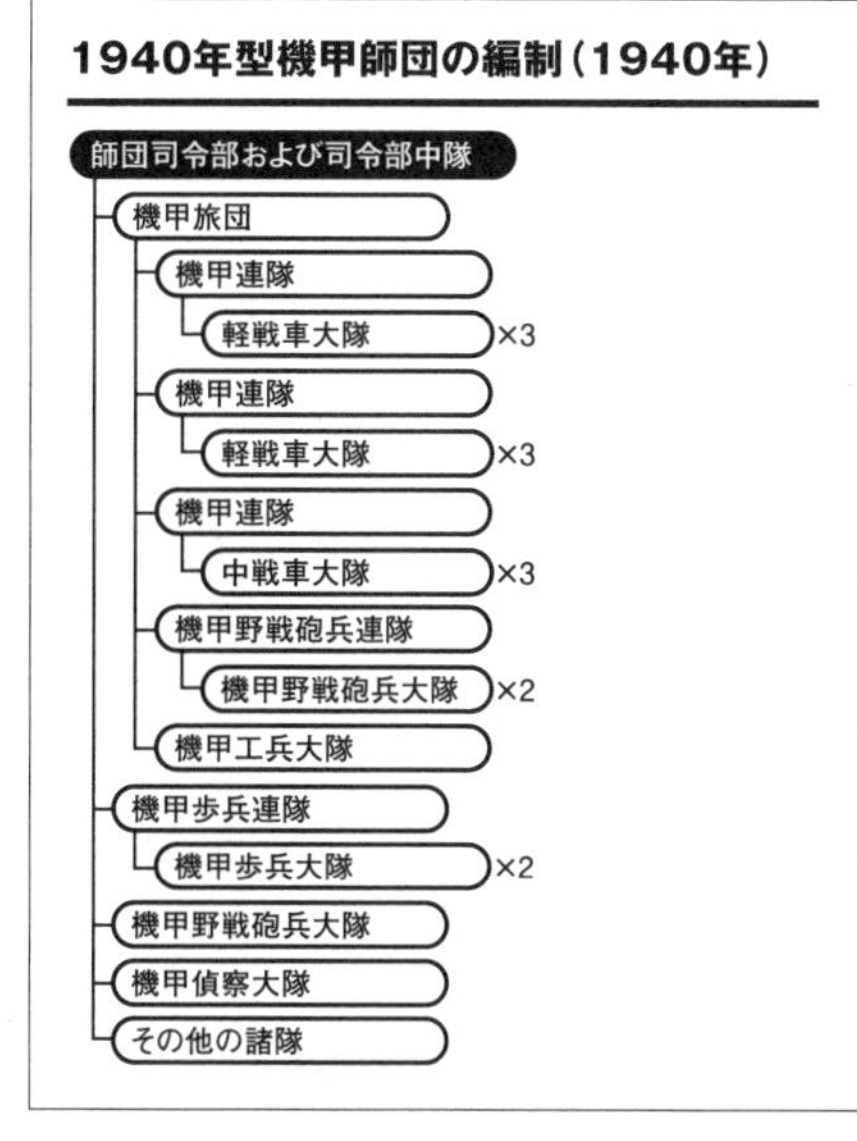

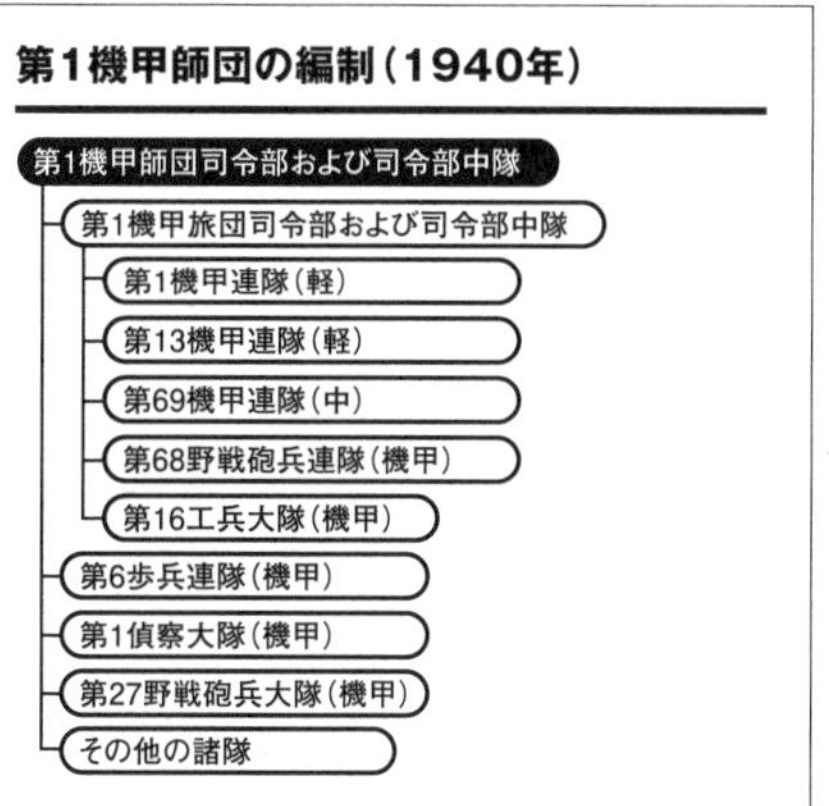

団を含む）計10個*2、同年9月にかけて機甲師団2個と自動車化師団1個を基幹とする機甲軍団が計4個編成されていく。

また、従来の第1騎兵連隊（機械化）、第13騎兵連隊（機械化）、第66歩兵連隊（軽戦車）、第67歩兵連隊（中戦車）、第68歩兵連隊（軽戦車）は、それぞれ第1、第12、第66、第67、第68機甲連隊（アーマード・レジメント）に改称された。つまり、機甲軍の下で、歩兵科の戦車を主力とする歩兵連隊と、騎兵科の機械化された騎兵連隊が、機甲連隊に一本化されたのだ。加えて、独立の戦車大隊として第70戦車大隊（中）も編制された。

さらにM1戦闘車とM1A1戦闘車はM1軽戦車に、M2戦闘車はM1A1軽戦車に、それぞれ改称された。機甲軍の下で、歩兵

*2＝その後、さらに10個師団を追加する計画が立てられるが実際には6個師団を編成した（したがって機甲師団は全部で16個）だけで終わる。

科の戦車と騎兵科の戦闘車が戦車に一本化されたのだ。

M2軽戦車からM3、M5軽戦車へ

1935年に制式採用されたM2軽戦車系列は、相次ぐ武装や装甲の強化などによって機動性が低下したため、機動力を向上させて装甲を強化した新型の軽戦車M3が開発されることになった。

1941年3月から生産が始められたM3軽戦車は、M2戦闘車（＝M1A1軽戦車）と同様に誘導輪が大型化されて履帯の接地長が伸ばされるとともに、装甲が最大38㎜まで強化された。

また、生産の途中で鋲接だった砲塔が溶接となり、装甲が最大51㎜に強化され、主砲が長砲身化されて、主砲の俯仰角を砲手が肩当てに肩を押し付けて決める形式からハンドル式に変更された。その後、砲塔が避弾経始のよい新型に変更され、さらに車長用展望塔を廃止して装填手用のハッチを設けた新型砲塔に変更するなどの改良が加えられている。

次のM3A1軽戦車では、砲塔がそれまでの手動旋回から油圧旋回となり、砲安定装置（スタビライザー）や砲塔バスケットが導入されるとともに、それまで左側に位置して砲手を兼任していた車長が右側に移って装填手兼任となり、車長を兼任していた砲手は専任になった。

また、車体左右スポンソンの前部に取り付けられていた機関銃は廃止された。この頃からアメリカ陸軍でも、とくに機関銃の火力よりも主砲の火力が重視されるようになってきているのだ。

なお、M3は、これを供与されていたイギリス軍の要望によって一時はM3A1と平行して生産され、M3A1で車体部に導入された溶接構造も導入されている。

また、M3とM3A1では、同車に搭載されていた航空機用と共通の星型ガソリン・エンジンの不足を解消するため、ディ

アメリカ本土で訓練を行うM3A1軽戦車。スポンソンの機関銃用の孔は塞がれている

M3軽戦車

旋回砲塔に37mm砲を搭載したM2A4軽戦車をベースに、装甲を強化したのがM3軽戦車という感じだよ

M2A1軽戦車の時からですケド、航空機用の星型エンジンを搭載しているから、エンジンルームの全高が高くなって、車体全体の背も高くなってしまったのデスね

空冷星形エンジン

M3軽戦車の初期型は、車体前面左右のスポンソンに、2丁拳銃みたいに機関銃を装備してるデスね。役に立たないってすぐに撤去されちゃったらしいデスが…

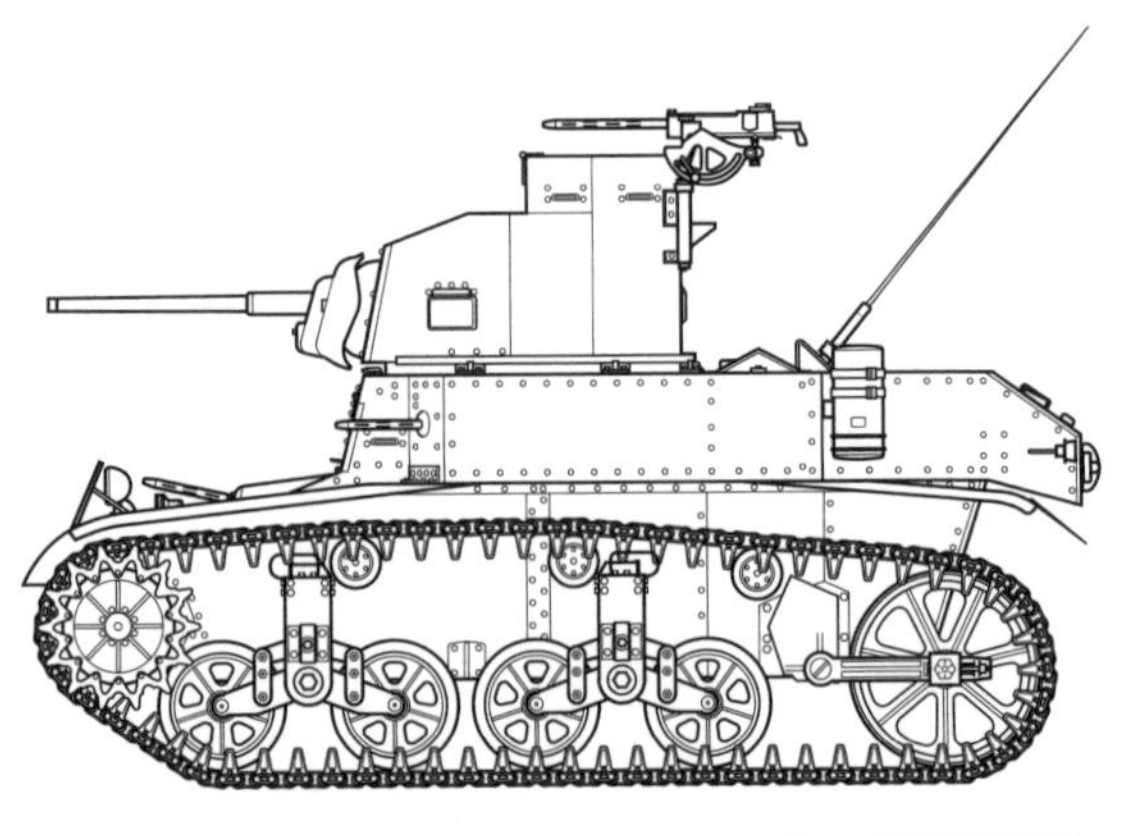

溶接砲塔を搭載したM3軽戦車

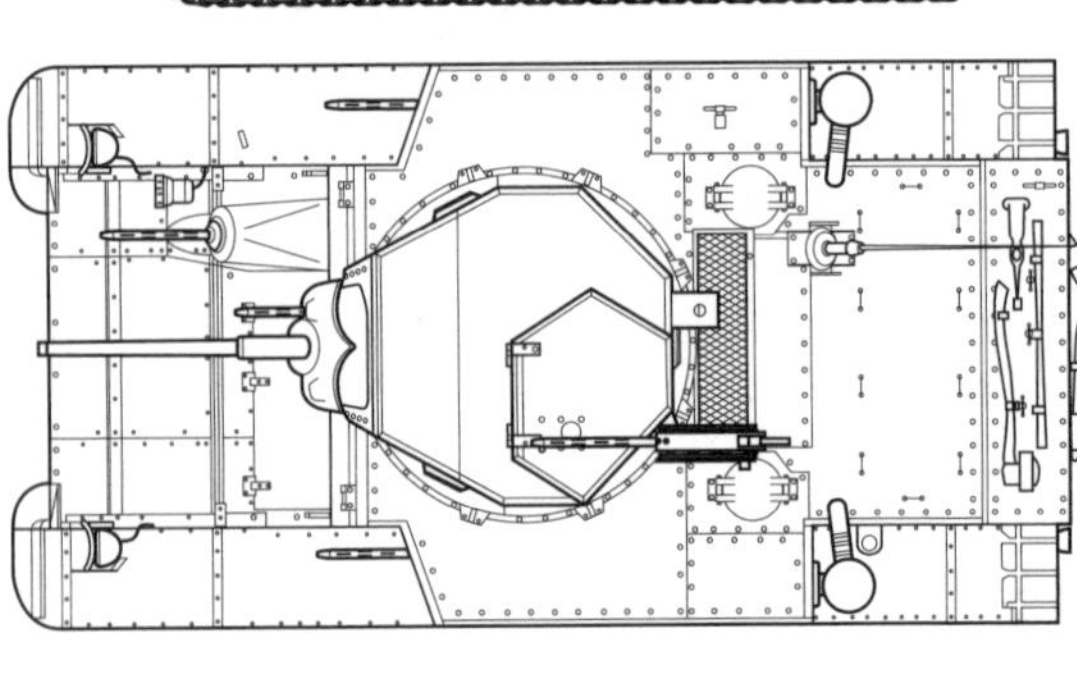

■M3軽戦車（初期型）

重量	12.7トン		
全長	4.53m		
全幅	2.24m		
全高	2.64m		
乗員	4名		
主武装	37mm戦車砲M5		
副武装	7.62mm機関銃×5		
エンジン	コンチネンタルW-670-9A 空冷星型7気筒ガソリン		
出力	262hp	最大速度	58km/h
航続距離	110km		
装甲厚	13mm～38mm		

ーゼル・エンジンを搭載した車両も生産された。機甲軍はすべての戦車のエンジンをディーゼルに統一したかったのだが、補給部隊から戦車用の軽油と他の車両用のガソリンの両方を機甲部隊に供給するのは面倒という声があり、１９４２年３月の軍務局長の通達によって、ディーゼル・エンジンの搭載車は燃料供給の楽な国内での訓練に使われることになった。加えて、ディーゼル・エンジンを搭載する舟艇を装備していた海兵隊もディーゼル・エンジンの搭載車を使っている。

次いで、新しい溶接構造の車体にキャデラック製のＶ型８気筒ガソリン・エンジンを２基連結した「ツイン・キャデラック」エンジンを搭載する新型のＭ４軽戦車が開発された。Ｍ４軽戦車は、次講で述べるＭ４中戦車との混同を避けるためにＭ５軽戦車と改称され、１９４２年４月から生産が始められた。

このＭ５軽戦車の開発中に、生産中のＭ３軽戦車にも同じ様な傾斜装甲を持つ新型車体が導入されることになり、これに張り出し部（バスル）付の新型砲塔を搭載したＭ３Ａ３軽戦車が開発された（全溶接車体を持つＭ３Ａ２は計画のみで欠番）。また、Ｍ５軽戦車にも、同様の張出部を持つ新型砲塔が導入されてＭ５Ａ１となった。

なお、イギリス軍はＭ３軽戦車を「ジェネラル・スチュアート」と名付け、のちにアメリカ軍の戦車に正式に愛称が付けられる

M5軽戦車

キッカケのひとつとなっている。

■M5軽戦車

重量	15トン	全長	4.44m
全高	2.24m	全幅	2.59m
乗員	4名		
主武装	37mm戦車砲M6		
副武装	7.62mm機関銃×3		
エンジン	ツイン・キャデラック シリーズ42 液冷V型12気筒ガソリン		
出力	296hp	最大速度	58km/h
航続距離	160km		
装甲厚	13mm～51mm		

大戦末期の西部戦線で路上を走行するイギリス陸軍のスチュアートⅥ（M5A1）軽戦車隊。M5は大戦中期からアメリカ陸軍やイギリス陸軍の戦車部隊に配備され、偵察・捜索任務に活躍した

第14講 M2／M3中戦車

今回取り上げるのは
2丁拳銃ならぬ、
大小の砲2門を持つ
M3中戦車だよ！

大ざっぱな開発の経緯

第14講

M2中戦車とM3中戦車

M4までの「中継ぎ」となった中戦車

M1コンバーチブル中戦車銃塔型／銃座型の開発

最初は前講の復習になるが、第一次世界大戦後のアメリカでは、1920年国防法によって、陸軍の「戦車(タンク)」部隊は歩兵科の管轄となり、のちに騎兵科が装備する戦車は「戦闘車(コンバット・カー)」と呼ばれることになった。

その後、1933年にイリノイ州にあるロックアイランド工廠で、民間の技師で発明家のジョン・W・クリスティーから軍が購入した特許の技術を用いて、車輪走行と履帯(無限軌道)走行を切り替え可能(コンバーチブル)な足回りを持つ装甲車体が開発された。そして、この車体をベースに、騎兵科向けにはT4戦闘車やT4E1戦闘車、T4E2戦闘車が、また歩兵科向けにはT4中戦車やT4E1中戦車が、それぞれ開発された。

このうち、T4戦闘車は7・62㎜機関銃を装備する小型の回転銃塔を、T4E1戦闘車やT4中戦車は12・7㎜重機関銃と7・62㎜機関銃を並列で装備する2名用の回転銃塔を、それぞれ搭

M1コンバーチブル中戦車銃塔型／銃座型

載していた。その一方でT4E2戦闘車やT4E1中戦車は固定戦闘室の四方に12・7㎜重機関銃や7・62㎜機関銃を多数搭載していた。

つまり、アメリカ陸軍は、この頃になっても、戦闘車や中戦車の主武装を、第一次世界大戦中にフランスで開発されたルノーFT軽戦車と同様に回転砲塔に搭載するのか、第一次世界大戦中にイギリスで開発された中戦車Mk.Aホイペットと同様に固定戦闘室の四方に装備するのか、まだ決めかねていたわけだ（ちなみに第一次世界大戦中のこれらの戦車の位置づけは、フランス陸軍ではルノーFTは歩兵に随伴して敵陣地の攻撃を支援する随伴戦車であり、イギリス陸軍ではホイペットは敵陣地突破後の追撃用戦車であって、かなり異なる）。

ただ、いずれにしても、車輪走行と履帯走行の切り替え可能な足回りは複雑で維持整備にも手間がかかり、このT4中戦車やT4E1中戦車は、車輪走行への切り替え機能が無いVVSSを持つM2A1軽戦車よりも価格が高いことから、制式化は一旦見送られた。

だが、その後に国際情勢が緊迫化していく中で、第二次世界大戦勃発の直前の1939年3月に再び制式化が求められ、それぞれM1コンバーチブル中戦車銃塔型とM1コンバーチブル中戦車銃座型として限定制式化されることになる（ただし大量生産は行われずに1940年3月には早くも限定制式から外される）。これも前講で述べたとおりだ。

T5中戦車の開発

一方、この間の1936年には、陸軍の戦車などの兵器開発を所掌する兵器局で、M2軽戦車系列をベースに共通の構成部品を用いて中戦車に拡大する案が取り上げられた。これがT5中戦車で、フェイズⅠ、フェイズⅡ、フェイズⅢと段階を踏んで開発されていった。

T5中戦車の車重は、工兵科が装備している浮橋（ポンツーン）の重量制限や国内の橋梁の強度などを考慮して、15ショートt（＝13・6メトリックt）に抑えられることになった。足回りは、M2A1軽戦車と同じVVSSだが、下部転輪2個を1組にしたボギーの数がM2A1軽戦車の左右各2個から各3個に増やされた。

1937年秋頃に製作されたフェイズⅠの最初の試作車は、車体下部が軟鉄製、車体上部や砲塔は木製のモックアップで、操縦手席は車体前部左側の低い位置にあった。その上の車体上部の四隅には機関銃座があり、その上に長砲身の37㎜砲を装備する回転砲塔を搭載していた。言い換えると、一つ前のM1コンバーチブル中戦車の銃塔型と銃座型を足し合わせたような形態の

T5中戦車の開発

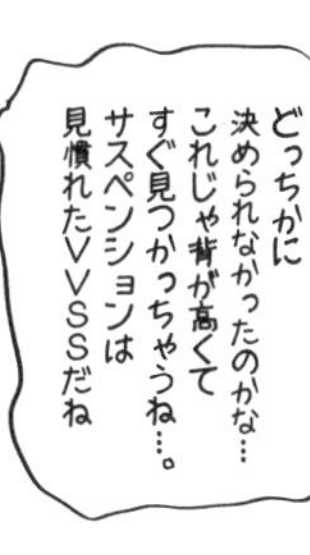

武装配置だったのだ。ただし、主砲の37㎜砲はまだ開発中であり、木製のモックアップを搭載していた。

同じ車台で2番目に製作された試作車では、車体上部や砲塔が軟鉄製になり、操縦手席が車体前部中央の高い位置に移され、車体前部の左右に7・62㎜機関銃が各1挺固定装備された。

同じ車台で3番目に製作された試作車には、開発中の長砲身の37㎜砲の代わりに、既存の短砲身の37㎜砲M2A1を双連にしたものを同軸の7・62㎜機関銃とともに搭載していた。また、機関銃座から死角になる後方すぐそばの塹壕内に隠れた敵兵などを撃つため、車体後部の左右に後部銃座の機関銃から発射された弾丸を下方にそらしてバラ撒く（効果は怪しいが）弾丸偏向板（ブレット・デフレクター）を取り付けるなどの改良が加えられた。これを見ると、第一次世界大戦中の西部戦線のような塹壕戦での陣地突破や陣地内での対歩兵戦闘を重視していたことがわかる。

このT5中戦車フェイズⅠは、メリーランド州にあるアバディーン試験場での各種試験を経て、1938年6月には制式化が勧告されてロックアイランド工廠でM2中戦車として生産されることになる。

次のフェイズⅡは、設計研究のみで実車の試作に進むことなく終わった。これは推測だが、これから述べる装甲の見直しから白紙になったのではないだろうか。

最後のT5中戦車フェイズⅢでは、重量制限が20ショートt（≒18・1メトリックt）に引き上げられて、装甲が強化された。アメリカ陸軍では、1936年に始まったスペイン内戦に関する報告書が翌1937年に提出されており、戦車の武装や装甲の強化の必要性が認識されつつあった。そして、高初速の37㎜砲の搭載に次いで、装甲が強化されることになったわけだ。

この装甲の強化による車重の増大に対応して、それまでの（M1コンバーチブル中戦車にも搭載された）カーチス・ライト社[*1]で開発されてコンチネンタル・モータース社でライセンス生産されていた出力268hpの空冷星型7気筒ガソリン・エンジンに代わって、同じく出力350hpの空冷星型9気筒ガソリン・エンジンが搭載された。

主砲は新型の37㎜砲の試作型であるT3が搭載され、それまで車体前部中央にあった操縦手席が左寄りに移されるなどの改良が加えられた。そして1938年冬には、アバディーン試験場で各種試験が行われている。

加えて、エンジンをギバーソン社が開発した出力400hpの空冷星型9気筒ディーゼルに換装したT5E1中戦車も試作された。T5中戦車に搭載された星型エンジンは、いずれも当初は航空機用として開発されたものであり、軽量かつ高出力なので戦車にも搭載されたのだった。

T5中戦車たんの3番目の試作車のお尻デス。フェンダーの上に、機関銃弾を弾いてバラまくための弾丸偏向板（ブレット・デフレクター）が付いてマスね…

M2中戦車の生産

量産型のM2中戦車は、T5中戦車のフェイズⅠをベースに、フェイズⅢの要素も盛り込まれた。

車重は17・25メトリックt（≒19・01ショートt）で、装甲は最大29㎜。主砲は新型の37㎜砲M3で、同軸機関銃は無し。副武装として7・62㎜機関銃を、車体の四隅の機関銃座に計4挺、車体両側面のスポンソン上の対空銃架に計2挺、車体前部左右に計2挺、合計で8挺も搭載していた。出力350hpのR-973空冷星型9気筒ガソリン・エンジンを搭載しており、最大速度は

*1＝ライト・エアロノーティカル社は、1929年にカーチス・エアプレーン・アンド・モーター社と合併し、カーチス・ライト社となった。

M2中戦車の生産

M2A1中戦車の装甲は車体は最大32mm、防盾は51mm。前面は傾斜装甲になってるのか。エンジンは航空機用の星型ガソリンエンジンだね
主砲は長砲身の37mm砲で、7.62mm機関銃は8挺も!? 敵陣地で塹壕内の歩兵とかをバリバリ撃つつもりだったんだ…
M2A1が量産開始された1940年は、西部戦線ではⅢ号戦車E型やマチルダⅡ、ソミュアS35が活躍し、ソ連ではT-34の量産が開始されているの。アメリカの戦車開発が列強に比べて遅れていたのが分かるわね。

42km/hとされている。フェイズⅠが試験中に記録した49・9km/hよりもやや遅いが、機動力も相当重視していたことが感じられる。

このM2中戦車は、1939会計年度[*2]にロックアイランド工廠で18両が生産され、続いて1940会計年度分として54両が追加発注されたが、のちにキャンセルされて改良型のM2A1中戦車の発注に振り替えられることになる。

そのM2A1中戦車では、砲塔の形状が変更されて容積が広くなり、すべての垂直面の装甲厚が32mmに強化されるなどの改良が加えられて、車重は18・74メトリックt(≒20・66ショートt)まで増えている。そして車重の増加に対応して、新型で出力400hpの空冷星型9気筒ガソリン・エンジンを搭載。最大速度は42km/hとされており、M2中戦車と同程度の機動力が維持されている。

ここで再び前講の復習になるが、アメリカ陸軍では、1940年5月に始まったドイツ軍による西方進攻作戦直後の同年7月には、機甲師団や機甲軍団、独立の戦車大隊などの指揮統制管理組織として機甲軍が創設され、その下で従来の歩兵科の「戦車」と騎兵科の「戦闘車」が統合されて「戦車」に一本化されることになった。同時にアメリカ陸軍初の機甲師団が2個編成され、その後も増設が続けられていくことになる。

*2=ここでいう「会計年度」はアメリカ連邦政府の予算管理期間で、1976会計年度以前は前年の7月1日から当年の6月30日まで、1977会計年度以降は前年の10月1日から当年の9月30日まで。したがって、1939会計年度は1938年7月1日から1939年6月30日まで、となる。ちなみに1977会計年度への移行時には、1976会計年度との間の1976年7月1日から9月30日までを「移行四半期」(トランジション・クォーター)と呼んで別扱いとした。

これに対応して、M2A1中戦車が大量生産されることになったものの、ロックアイランド工廠の戦車の生産設備は、スウェーデンやポーランドのようなヨーロッパの中小国の生産設備と比べても十分に整っていたとはいいがたい状態だった。

そこで同年8月には、大手自動車メーカーのクライスラー社とM2A1中戦車を1000両生産する契約が結ばれた。そしてクライスラー社は、陸軍の援助を得てミシガン州のデトロイト郊外のウォーレンにデトロイト戦車工廠(デトロイト・アーセナル・タンク・プラント略してDATP)を建設する。

その後、この契約はのちに75㎜砲を搭載する新型のM3中戦車に振り替えられるが、M3中戦車の生産開始には時間を要することから、ロックアイランド工廠でM2A1中戦車が126両生産されることになり、同年12月から生産が始められた。

しかし、性能不足のM2A1中戦車の生産は、1941年8月までに94両(92両という異説あり。この場合、M2中戦車とM2A1中戦車の総生産数は110両となる)が完成したところで打ち切られ、M2中戦車とM2A1中戦車はもっぱら訓練用戦車として使われることになる。

75㎜砲搭載の中戦車への道

アメリカ陸軍の兵器局は、西方進攻作戦の戦訓分析などから、戦車部隊の主力となる中戦車には少なくとも厚さ2インチ(約51㎜)の装甲と75㎜砲の搭載が必要、と考えるようになった。

もう少し細かく言うと、ドイツ軍の西方進攻作戦では、フランス軍の戦車部隊が75㎜砲を搭載し最大60㎜の装甲を備えた重戦車のシャールB1bisを装備していたにもかかわらず大敗を喫したこと、ドイツ軍の機械化された歩兵部隊がフランス軍陣地を突破する際にドイツ軍戦車部隊の75㎜砲搭載のⅣ号戦車が強力な火力支援を提供したと推測されたこと、などがあげられる。また、歩兵総監のエイサ・L・シングルトン准将も、西方進攻作戦での戦訓から75㎜砲の搭載を進言したことが伝えられている。

当時のアメリカ陸軍の運用構想を大ざっぱにいうと、陸軍の数の上での主力である歩兵師団に配属される独立の戦車大隊が、敵の堅固な陣地を攻撃する歩兵部隊の突破を支援し、高い機動力を持つ機甲師団や自動車化師団を基幹とする機甲軍団が、その突破口を確保して戦果を拡張し逃げる敵部隊を追撃する、といったものだった(なお、対戦車戦闘はおもに戦車駆逐車や対戦車砲が担当することになっていた)。

したがって、両方の戦車部隊の主力となる中戦車には、敵陣地を攻撃する歩兵部隊を支援する強力な火力、迅速な戦果の拡張や追撃が可能な高い機動力、それらの発揮を保証する十分な防

御力が求められる。

以前であれば、歩兵科の「戦車（タンク）」と騎兵科の「戦闘車（コンバット・カー）」がそれぞれ分担していた役割を、1車種で果たす必要があったわけだ（このようなアメリカ陸軍の戦車観では、ドイツ軍のⅢ号戦車は「コンバット・カー」に、短砲身の75mm砲を搭載していた初期のⅣ号戦車は「タンク」に、それぞれ近い性格を持っているように思えたのではないだろうか。もっとも、実際には、ドイツ軍の装甲師団は敵戦線の突破とそこからの迅速な包囲の両方を行ったし、Ⅳ号戦車は歩兵支援用ではなくⅢ号戦車の火力支援用だったわけだが）。

そして兵器局では、フランス戦が終結する前の1940年6月15日に75mm砲を搭載する新型中戦車の開発が承認され、試作車の製作前にもかかわらず7月11日付でM3中戦車の制式名称が与えられた。

M3中戦車の開発

1940年8月、機甲軍の初代司令官となっていたアドナ・R・チャーフィーJr.准将（同年10月には少将に昇進する）は、兵器局の関係者との会議で、装甲の強化とともに75mm砲の全周旋回砲塔への搭載を求めた。

しかし、兵器局は、75mm砲を搭載する大型で重量の大きい鋳造砲塔の製造や搭載は技術的なハードルが高いと見ており、まずは限定旋回式の75㎜砲を車体前部右側に搭載するM3中戦車、次いで全周旋回砲塔に75㎜砲を搭載する新型戦車、と段階を踏んで開発されることになった。

そして8月末頃には、兵器局内で、M3中戦車の武装は、車体前部右側の限定旋回式の砲郭(ケースメイト)の75㎜砲に加えて、全周旋回砲塔に37㎜砲と同軸の7・62㎜機関銃を装備し、さらに砲塔上の車長用キューポラにも7・62㎜機関銃を装備することに加えて、車体前部に7・62㎜機関銃2挺を固定装備することが正式に決まった。

実は、このM3中戦車の開発に先立って、中戦車への大口径砲搭載のテストケースとして、前述のT5中戦車フェイズⅢの車体をベースに、もともとは容易に分解可能で駄載できる山砲ないし軽砲として開発された75㎜榴弾砲(パック・ハウザー)M1A1を搭載したT5E2中戦車が試作されていた。

このT5E2中戦車は、主砲の75㎜砲を、回転砲塔ではなく、車体前部右側の砲架に搭載しており、車体上にはステレオ式測遠機と7・62㎜機関銃1挺を装備する小型銃塔を搭載していた。つまり、このT5E2中戦車は、M3中戦車とほぼ同じ位置に75㎜砲を搭載していたのだ(ただしT5E2中戦車の主砲の砲架は、M3中戦車の主砲の限定旋回式の砲郭とは形式がかなり異なる)。

話をM3中戦車に戻すと、1940年9月には本格的な設計作業が始まり、続いて縮小模型やモックアップの製作と細部の設計が進められていった。そして、1941年3月13日にはロックアイランド工廠で砲塔は未搭載ながらM3中戦車の最初の試作車体ができあがり、同月21日からアバディーン試験場で走行試験が開始された。それからほどなくして完成した砲塔が届き、これを搭載して完成状態となっている。続いてクライスラー社も、生産技術の習得のために同年4月中頃にM3中戦車を2両試作した。

M3中戦車の主砲配置のベースとなったT5E2中戦車です。75mm榴弾砲を車体前部右側に限定旋回式に搭載していますね。銃塔にはステレオ式測遠機を備えています。

M3中戦車の開発

75mm砲を搭載する全周旋回砲塔の開発は技術的にまだちょっと難しくて、
M3中戦車には限定旋回式に75mm主砲を搭載することになったの
旋回砲塔には長砲身の37mm砲を装備してるよ
あのアメリカが、1940年時でも75mm搭載旋回砲塔の開発に自信が持てなかったなんて、意外だね。
鋲接の車体も古くさ〜い

次いでロックアイランド工廠で、同年5月に車体上部が鋳造の車両が、同年の7月と8月には車体構造を従来の鋲接から溶接に改めた車両が、それぞれ完成。これらの試作車による試験が逐次開始された。さらに、このうちの鋳造車体のものには、おもに航続力の増大を狙ってギバーソン社が開発したT-1400-2空冷星型9気筒ディーゼル・エンジンを搭載して試験が行われた。

そして、鋳造車体を持つ型はM3A1中戦車として、溶接車体を持つ型はM3A2中戦車として制式化されることになる。こうした車体構造の変更の理由は、おもに被弾時に車内にリベットが飛散して乗員に被害が出るという西方進攻作戦でのイギリス軍の戦訓によるものだが、M3A2では最初から鋲接が完全にゼロになったわけではなく、保存車両の中には鋲接がわずかに残っているものがある。

M3中戦車の構造と機能

M3中戦車は、前述のように、車体前部右側の75mm砲に加えて、砲塔に37mm砲と同軸の7・62mm機関銃を装備し、さらに車長用キューポラにも7・62mm機関銃を装備していた。加えて、初期の車両は車体前部左寄りに7・62mm機関銃2挺を固定装備していたが、やがて廃止されて開口部が塞がれるようになり、ほどな

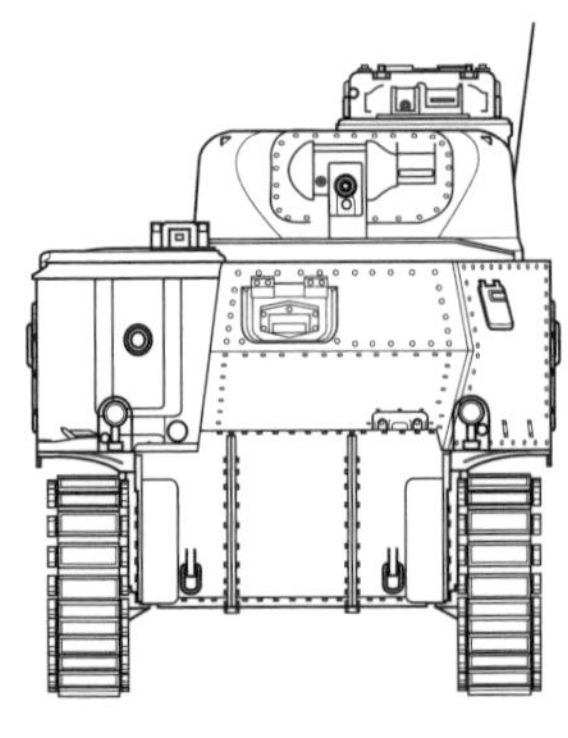

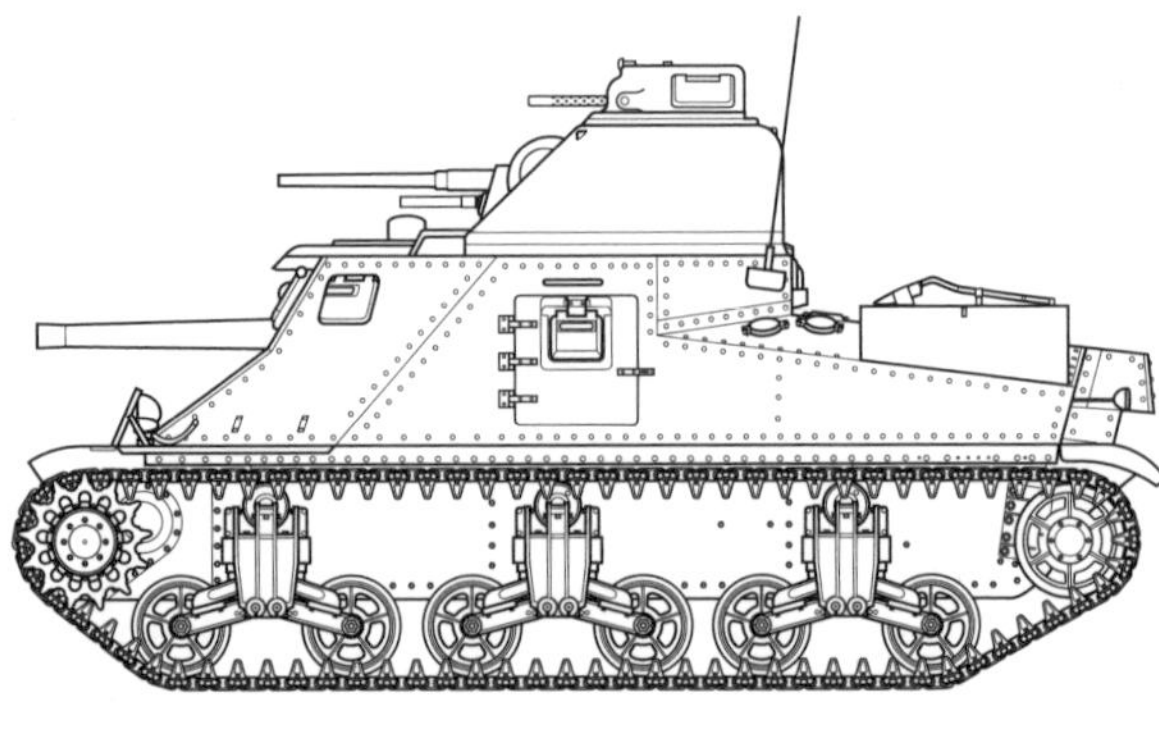

■M3中戦車

重量	27.9t(T48またはT51履帯装着時)		
全長	6.12m(75mm砲M3のオーバーハング含む)		
全幅	2.72m	全高	3.12m
乗員	7名		
主砲	75mm戦車砲M3		
副砲	37mm戦車砲M6		
副武装	7.62mm機関銃×2または×4		
エンジン	コンチネンタルR975E-C2空冷星型9気筒ガソリン		
出力	340hp	最大速度	39km/h
航続距離	193km		
装甲厚	13mm～51mm		

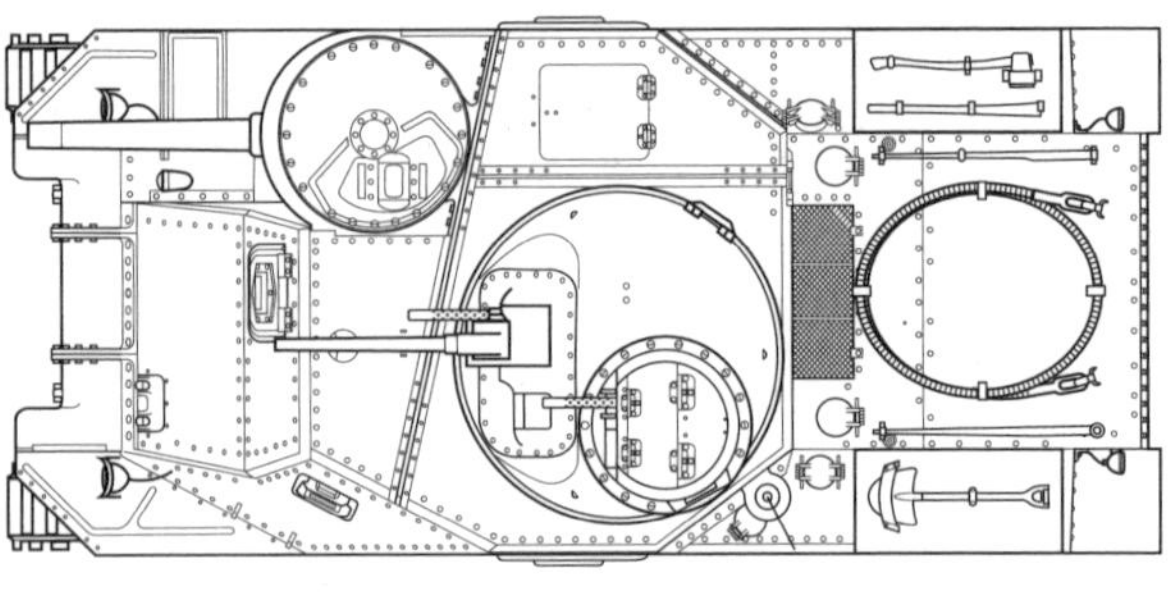

75mm戦車砲M2を搭載した初期型のM3中戦車

くして最初から開口していない装甲板が用いられるようになった。

主砲の75㎜砲は、左右15度ずつの限定旋回式で、当初は31・1口径の短砲身のM2、のちに40・1口径の長砲身のM3を搭載するようになった。副砲の37㎜砲は、当初はM3軽戦車の後期生産車などと同じ50口径の37㎜砲M5を搭載したが、ほとんどは53・5口径の37㎜砲M6を搭載している。装甲は、車体前面が最大51㎜、砲塔全周が51㎜で、前述の「2インチ」という要求に沿っている。

エンジンは、M2A1中戦車と同じ、出力が400㏋のR-975E-C2空冷星型9気筒ガソリン・エンジンを搭載。ダッシュ時の最大速度は39㎞/h、持続できる最大速度は34㎞/hとされており、M2中戦車やM2A1中戦車と比べるとやや低下している。航続力は、路上で193㎞(120マイル)とされている。

イギリス軍仕様の開発

一方、イギリスは、既存の戦車部隊がフランス戦などで消耗した戦車の補充や、新設の戦車部隊に必要な戦車の供給源として、潜在的に大きな生産能力を持つアメリカを考えていた。

そして1940年秋には、アメリカの大手ベアリング製造会社であるティムケン社のイギリス法人の会長で、第一次世界大戦に工兵として従軍した経験もあり技術者でもあるマイケル・ブルース・アーカート・デュワーを団長とする代表団をアメリカに送り込み、イギリスで設計された戦車のアメリカでの生産を持ちかけた(代表団には、イギリス陸軍の第1戦車旅団の旅団長としてフランス戦に参加したダグラス・プラット少将も加わっていた)。

ところが、アメリカの大手自動車メーカーであるGM社の社長であり、1940年5月にフランクリン・デラノ・ルーズヴェルト大統領によって、陸軍の戦車を含む軍需品の生産を監督する[*3]工業生産管理局議長として[*4]国防諮問委員会のメンバーに任命された[*5]ウィリアム・S・クヌーセンから「純粋にイギリスで設計された軍用資材はアメリカでの製造が許可されない」と明言されてしまった。

そこでイギリス側は、自国で設計した戦車からM3中戦車に切り替えて、ボールドウィン・ロコモーティブ・ワークス社(以下、ボールドウィン社と略す)に685両を発注。さらにプルマン・スタンダード・カー・マニファクチャリング社(以下、プルマン社と略する)に500両を発注し、プレスド・スティール・カー社(以下、プレスド・スティール社と略す)に戦闘用戦車500両に加えて軟鉄製の訓練用戦車も発注することになる。これらの

ソ連にも相当数のM3中戦車が供与されて、歩兵直協用戦車としてけっこう重宝されたんだよ。東部戦線でムキムキのドイツ戦車とやり合うのは無理があって、損害もかなり多かったみたいだけど…

イギリス軍仕様のグラント

【アメリカ軍仕様のM3(リー)中戦車との相違点】

砲塔後部に無線機用のバルジがついて、砲塔の前後が長くなっている

元のM3では右側面にしかなかった砲塔の視察装置付き小ハッチが左側にも付いた

砲塔がやや扁平で、車長用キューポラがない

いくらなんでも背が高すぎるから砲塔を低くしてもらったわ…

しかしグラントは、イギリス軍の巡航戦車クルセイダーや歩兵戦車マチルダⅡをはるかに上回る性能と信頼性で、

配備されてすぐ北アフリカ戦線の英連邦軍の主力戦車になりました

※3＝Commissioner of Industrial Production:コミッショナー・オブ・インダストリアル・プロダクション　※4＝National Defense Advisory Commission:ナショナル・ディフェンス・アドヴァイザリー・コミッション　※5＝クヌーセンは、アメリカ陸軍が完全に戦時体制に入ったのちの1942年1月に陸軍に中将として入隊する

会社は、いずれも有力な鉄道車両メーカーだ。

しかし、開発中のM3中戦車のモックアップを見たイギリス側は、全高が高すぎることに難色を示し、シルエットが低いイギリス軍仕様の砲塔が開発されることになった。この時点では、アメリカから友好国に軍需物資を供給するレンドリース法（いわゆる武器貸与法）がまだ成立しておらず、購入客であるイギリス側の要求が部分的に通ったわけだ。

この砲塔は、M3中戦車の砲塔と同じ鋳造だが、それよりも扁平な形状で後部に無線機を収める張り出し部（バルジ）を備えている（M3中戦車では無線機は車内左側側面の張り出し部に搭載）。M3中戦車のような車長用のキューポラ（展望塔）は無く、全周旋回式の観音開きハッチとなっている。

その一方で、M3中戦車の砲塔には右側面の1カ所しかなかった視察装置付小ハッチが左右2カ所に増やされており、前部右側には2インチ発煙弾発射機（口径40㎜）の発射口がある。また、イギリス軍仕様車では、主砲弾庫が変更されて携行数が増えるなど、砲塔以外にも改良が加えられている。このイギリス軍仕様の砲塔を搭載したM3中戦車系列には、南北戦争時の北軍の名将にちなんで「グラント」の名称が付けられた。

なお、1941年3月にはレンドリース法が成立し、やがてイギリス側にアメリカ軍仕様のM3中戦車系列がそのまま送り込まれることになる。そして、このアメリカ軍仕様のM3中戦車系列には、南北戦争時の南軍の名将にちなんで「リー」の名称が付けられることになる。

M3中戦車系列の生産

M3中戦車の生産は、1941年6月に鉄道車両メーカーのアメリカン・ロコモーティブ（以下、Alco社と略す）社とボールドウィン社で開始され、次いで同年7月にクライスラー社で、翌8月にプレスド・スティール社とプルマン社で、それぞれ始められた。この中で生産の主力となったのが、クライスラー社のデトロイト戦車工廠だ。M3の生産は1942年8月まで続けられ、生産数は3712両とされている。

M3A1中戦車は、M3中戦車をベースに鋳造車体を採用したもので、Alco社で1942年2月から同年8月まで300両が生産された。なお、M3A1にギバーソン社が開発したT-1400-2空冷星型9気筒ディーゼル・エンジンを搭載した車両も生産されたが、従来の2倍近い航続力を実現したものの信頼性に問題があると判断されて、28両で生産が打ち切られている。

M3A2中戦車は、M3中戦車をベースに溶接車体を採用したもので、ボールドウィン社で1942年1月から同年3月ま

M3A4は車体が大きく延長されてるから、転輪ボギーの前後の間隔も少し広くなってるよ。

M3中戦車の各タイプ

M3A1は丸っこい鋳造車体バージョン。主にアメリカ国内で訓練に使用されたわ

M3A4は鋲接車体に巨大な『マルチバンク』ディーゼルエンジンを搭載したバージョンで、車体後部の機関室が後ろに延長されています

M3A1

M3A3

M3A4

M3A3は角張ってリベットのない溶接車体で、6気筒ディーゼルエンジンを2基並列に連結したエンジンを搭載したのね

で12両（うち10両はグラント）が生産されただけに終わっている。これは、当初はM3A1と同じく前述のギバーソン社が開発したディーゼル・エンジンの搭載が考えられていたものの、信頼性の問題から実現せず、M3A3の生産に移行したことによる。

M3A3中戦車は、航空機の生産と競合する航空機用エンジンを避けて、GM社製の民生用の6-71液冷直列6気筒ディーゼル・エンジンを2基並列に連結した6046液冷並列12気筒ディーゼル・エンジンを搭載したもので、溶接車体のM3A2中戦車をベースに車体を延長している。このエンジンは出力410hp（グロス出力）で、航続力は路上で241km（150マイル）と大幅に伸びている。ボールドウィン社で1942年3月から同年12月まで322両（うち83両はグラント）が生産された。

M3A4中戦車は、クライスラー社製の民生用で排気量が250・6立方インチ（4・1リッター）の液冷直列6気筒ガソリン・エンジンを放射状に5基連結したA57液冷30気筒ガソリン・エンジン、すなわち「マルチバンク」エンジンを搭載したもので、鋲接のM3をベースに車体を大きく延長している。このエンジンの出力は425hpで、航続力は路上で161km（100マイル）とされている。クライスラー社で1942年6月から同年8月まで109両が生産された。

M3A5中戦車は、GM社製のディーゼル・エンジンを搭載するM3A3中戦車に準じるものだが、溶接車体よりも製造期間が短い鋲接車体を採用したものだ。ボールドウィン社で1942年1月から同年12月まで591両（うち381両はグラント）が生産された。

M3中戦車部隊の編制

M3中戦車は、1942年5月にイギリス軍仕様のグラントが北アフリカ戦で実戦にデビューした。そして、限定旋回式ながら75㎜砲の火力や信頼性の高さなどを活かして活躍し、次の全周旋回砲塔に75㎜砲を搭載するM4中戦車が大量に供給されるまでの「中継ぎ」としての役割を果たしたといえる（この頃のイギリス陸軍の機甲部隊の運用については第10講などを参照）。

一方、アメリカ陸軍では、1940年7月に最初に編成された第1機甲師団や第2機甲師団の演習の分析などから、翌1941年にはこれらの機甲師団や新編の第3、第4、第5機甲師団に新しい編制が導入されることになった。具体的には、最初の1940年型機甲師団では隷下の機甲歩兵連隊が機甲歩兵大隊2個（各大隊は機甲歩兵中隊3個基幹）を基幹としていたのに対して、新しい1941年型機甲師団では隷下の機甲歩兵連隊が機甲歩兵大隊3個を基幹とするものになった。また、1940年型機甲師団では隷下の機甲旅団に機甲工兵大隊が所属していたが、1941年型機甲師団では機甲工兵大隊が師団直轄となった。

戦車部隊に関しては大きな変化はなく、1941年型でも機甲師団隷下の機甲旅団は、機甲連隊（軽戦車）2個、機甲連隊（中戦車）1個、機甲野戦砲兵連隊1個を基幹として

北アフリカ戦線において、破壊されたドイツ軍のI号戦車の傍らを通り過ぎるイギリス軍のグラント

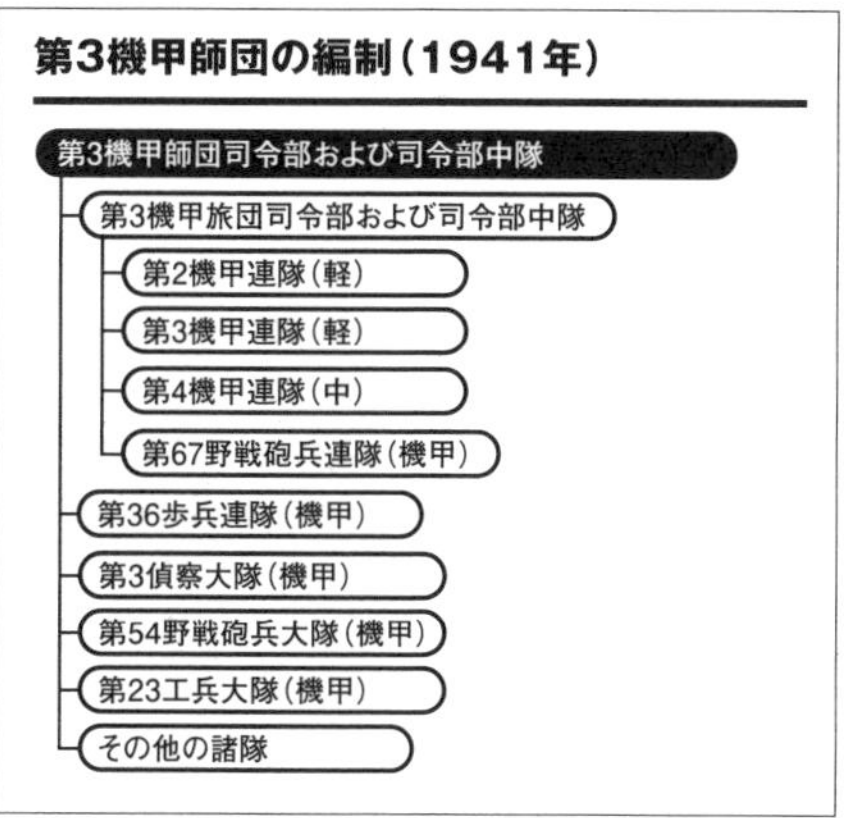

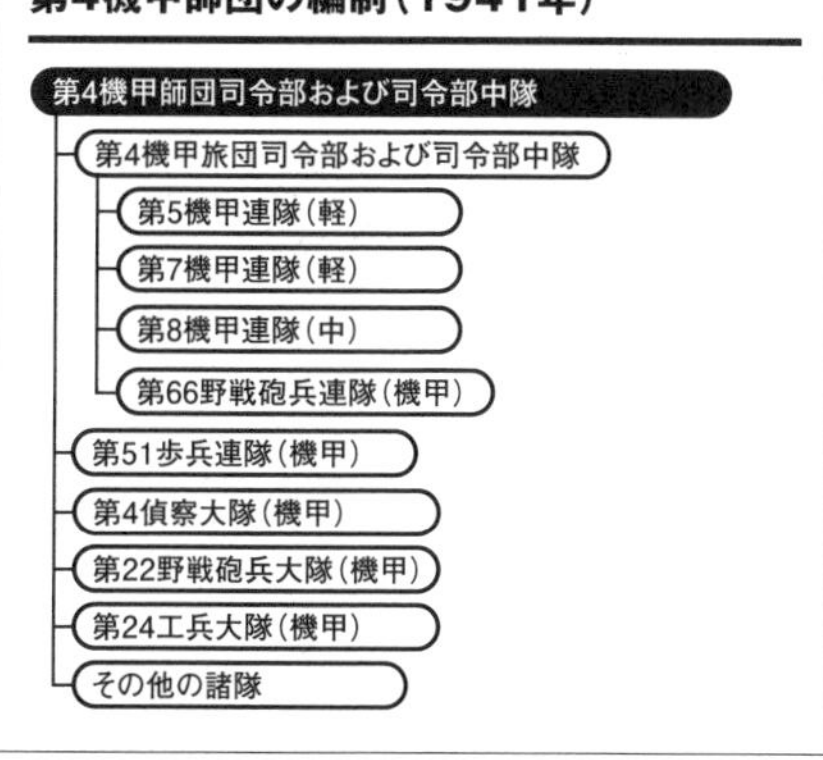

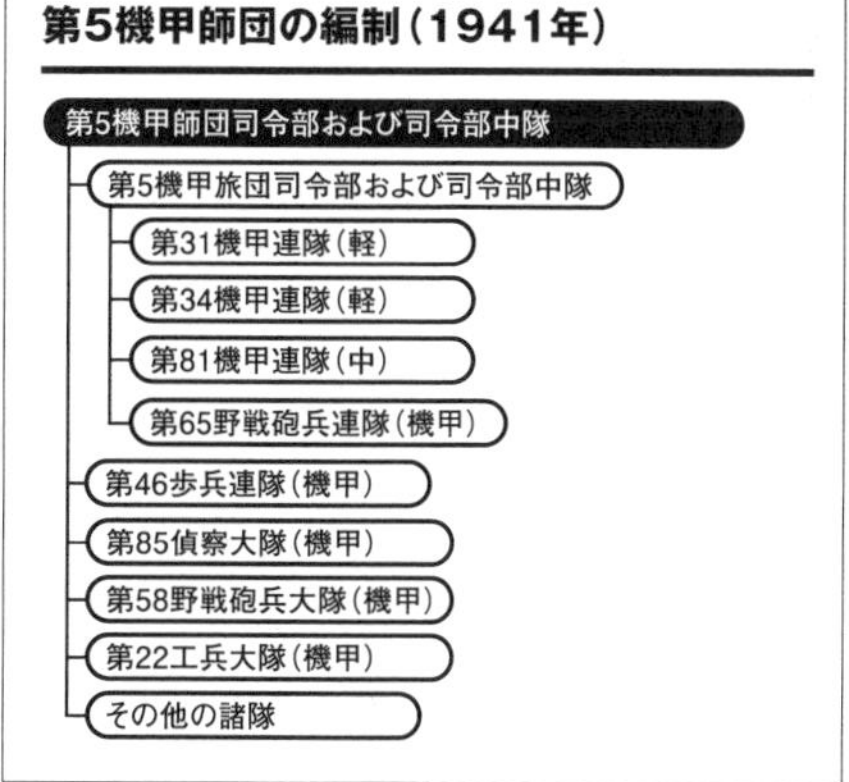

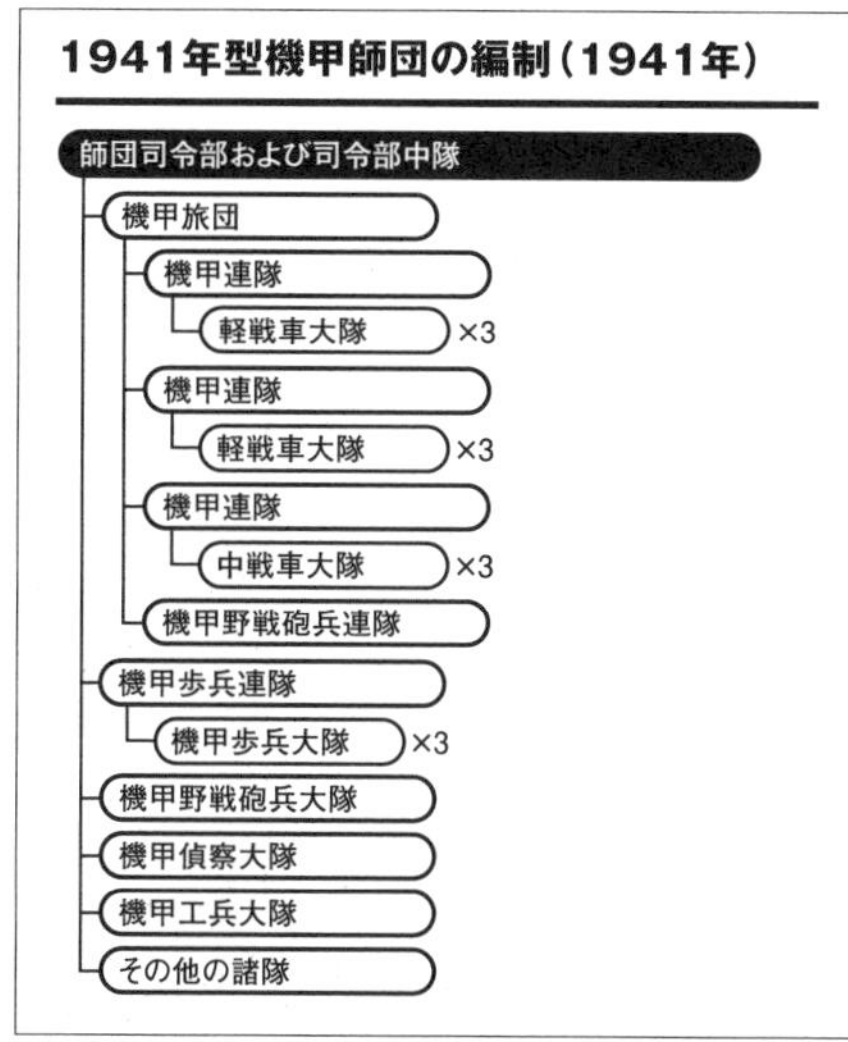

いた（1940年型機甲師団の編制に関しては前講を参照）。そして、このうちの機甲連隊（軽戦車）にはM3軽戦車系列が、機甲連隊（中戦車）には前述のように大量生産が中止されたM2中戦車系列に代わってM3中戦車系列が、それぞれ生産の進展とともに配備されていった。

もっとも、この1941年型機甲師団の編制は実験的な要素を含む暫定的なものであり、1942年3月には早くも新しい編制が決定されることになる。

今回はついにアメリカ中戦車の大本命！M4シャーマンだよ！
第15講 M4中戦車
ドゥッ
回転砲塔に75mm砲を搭載して、榴弾火力も対戦車火力も、防御力、機動力もそこそこという平均的な戦車ね
でも大戦後半の戦車戦では、より性能の高いパンターにもキルレシオで勝ってたみたい…
そんなM4は約5万両が生産されて大戦後半のアメリカ、イギリスの主力戦車になったのよ
ドーモ鋳造のM4A1デス
溶接のM4A3デス
コンポジット車体デス
76mm砲装備型デス
ジャンボデス
HVSS装備デス
いろいろな自動車会社や鉄道車両会社が作って段階的に改良したので、すごくバリエーションが多いんですね
タイプが多すぎて頭がこんがらがるよ～～！
祝5万輌

第15講 連合軍を勝利に導いた主力戦車 M4中戦車

新型中戦車の開発

最初は前講でも述べたことの繰り返しになるが、アメリカ陸軍で機甲師団や独立の戦車大隊などの指揮統制管理を担当する機甲軍は、M3中戦車の設計が本格的に始められる前の1940年8月末に、75㎜砲を全周旋回砲塔に搭載する新型中戦車の詳細な仕様を示していた。

しかし、陸軍の戦車などの兵器開発を担当する兵器局は、75㎜砲を搭載する大型で重量の大きい鋳造砲塔の製造や搭載は技術的なハードルが高いと見ていた。そのため、まず限定旋回式の75㎜砲を車体前部右側に搭載するM3中戦車、次いで全周旋回砲塔に75㎜砲を搭載する新型中戦車（のちのM4中戦車）、と段階を踏んで開発されることになったわけだ。

その兵器局は、1941年2月初めに、戦車の設計を担当しているアバディーン試験場に対して、M3中戦車の改良作業の完了に続いて新型戦車の設計を進めるよう求めた。また、兵器局長は、エンジンなどの動力系や懸架装置などの足回りの主要部分をM3中戦車と同じにするよう指示した。これによって、完全な新規の部品よりも不具合の発生するリスクが低い既存の部品を使って、生産体制の変更を最小限に抑えつつ、M3中戦車から新型中戦車に生産を切り替えることができるわけだ。

ちなみに（これも前講で述べたことだが）1940年8月には民間の自動車メーカーであるクライスラー社とM2A1中戦車を1000両生産する契約が結ばれており、陸軍の協力を得て新設されるデトロイト戦車工廠で製造されることになっていた。しかし、この契約は、新型のM3中戦車に振り替えられることになる。

そしてクライスラー社は、1941年4月中頃にM3中戦車の生産技術の習得のために2両を試作。M3中戦車の量産は、まず同年6月に鉄道車両メーカーのAlco社とボールドウィン社で始められ、次いで同年7月にクライスラー社で、翌8月に同じく鉄道車両メーカーのプレスド・スティール社とプルマン社で、それぞれ始められた。

このように、新型化が進められていく中戦車を、民間の異なる企業の複数の工場（大規模な新設工場を含む）で並行して生産するという初めての状況の中で、兵器局は、新型化にともなうリスクを最小限に抑えつつ段階的な発展を進めていくことにしたのだ（そしてM4中戦車ではM3中戦車を上回る数の民間企業でさらに大規模な生産が行われることになる）。

その新型中戦車に搭載される新設計の砲塔は、鋳造で動力旋回式。その前面は砲架を容易に取り外せる構造になっており、選択した武装の組み合わせを搭載できるようになっていた。そして、1941年4月にアバディーン試験場で開催された会議では5種類の異なる武装を組み合わせた設計案が検討された。

①75㎜砲1門と同軸の7.62㎜機関銃1挺
②37㎜砲2門と同軸の7.62㎜機関銃1挺
③105㎜榴弾砲1門と同軸の7.62㎜機関銃1挺
④12.7㎜機関銃3挺を対空射撃も可能な大仰角の銃架に装備
⑤イギリスの6ポンド砲(口径57㎜)と同軸の7.62㎜機関銃1挺

砲塔に75mm砲と37mm砲を搭載した新型中戦車のモックアップ

加えて、砲塔に75㎜砲と37㎜砲を各1門搭載したモックアップの写真(車体前部には中央付近の2連装機関銃しかなく、車体前部右側には銃座も視察装置も見当たらないので副操縦手が乗らない設計だった可能性が高い)も残されており、右記以外の武装案も検討されたことがわかる。

ちなみに、この頃の牽引式の対戦車砲に関しては、兵器局は、37㎜対戦車砲の生産を続ける一方で、旧式の75㎜野砲を対戦車砲として使うための徹甲弾の開発を進めようとしていた。また、中口径対戦車砲の開発は、弾薬の製造や補給が複雑になるという理由で却下された(ところが、1941年2月には、すでにアメリカでイギリス向けに6ポンド砲を製造する話が出ており、次いで製造契約が結ばれて、のちにアメリカ軍でも制式採用されることになるのだが)。

こうした状況の中で、75㎜砲1門と同軸の7.62㎜機関銃1挺を搭載する案が採用され、同年6月にはモックアップが発注された。そして、このモックアップの審査と設計の一部変更を経て、アバディーン試験場では鋳造車体を持つ試作車の製作が始められた。なお、車体上部と砲塔の鋳造は、ペンシルベニア州のエディストーンに本社を置いていたジェネラル・スティール・キャスティング・コーポレーションのイリノイ州グラニットシティの工場で行われている。また、ロックアイランド工廠では、溶接構造の車体を持つ試作車の製作が始められた。

T6中戦車の構造と機能

1941年9月、T6中戦車の名称を与えられた鋳造車体の試作車がアバディーン試験場で完成した。

戦闘重量は27・2tで、M3中戦車の27・9tと大差ない。乗員は5名で、砲塔内の右側に砲手、その後方に車長、左側に装填手、車体前部の左側に操縦手、右側に副操縦手が位置する。

装甲は最大76㎜(3インチ)で、M3中戦車の最大51㎜(2インチ)より強化された。砲塔リングの直径は、M3中戦車の1384㎜(54・5インチ)から1753㎜(69インチ)に増やされた。

このT6中戦車のT48砲架は、40・1口径の75㎜砲M3用に設計されていたが、この新型の長砲身砲を用意できなかったため、31・1口径の75㎜砲M2が搭載された。主砲の左側には同軸の7・62㎜機関銃が1挺装備されていた。

車体前部の中央付近には、操縦手が操作する2連装固定(厳密には若干俯仰できたようだ)の7・62㎜機関銃が装備されていた。また、車体前部右側の銃座(ただし「ボール・マウント」ではなく、M2中戦車の車体銃座と同じく「ローター・マウント」と呼ばれ

T6中戦車
アメリカ初の、全周旋回砲塔に75㎜クラスの砲を搭載した戦車。足回りとかエンジンなどはM3中戦車の流用だよ
このすぐあとに、砲塔上の銃塔を外して、主砲の砲身先端にカウンター・ウェイトを付けたんだね。
防御上の弱点になる、車体側面のドアはM3中戦車から受け継がれてるわね
もともとは航空機用の星型エンジンも受け継いでて背が高いのね

る)には、副操縦手が操作する7・62㎜機関銃が1挺装備されていた。この機関銃は、車体前部右側上部の照準視察装置(サイト・ローター)とリンクされており、ペリスコープ上部の反射鏡の角度を変える構造になっていた。

これらの車体機関銃に、前述の主砲の同軸機関銃と後述する砲塔上の機関銃塔装備の機関銃をあわせて、計5挺の7・62㎜機関銃が搭載されていたわけだ。

車体前部上面のハッチは、操縦手席のある左側にしかなかった。その一方で、車体上部の左右両側面にはドアが備えられており、敵の砲火の反対側のドアから脱出できるようになっていた。また、副操縦手席後方の底面にも脱出用のハッチが設けられていた。砲塔上面右側には、M3中戦車と同様に7・62㎜機関銃1挺を装備した銃塔が搭載されており、上面にハッチが備えられていた。

しかし、側面のドアは防御上の弱点であり、砲塔上の機関銃塔は車高が高くなるという欠点がある。結局、車体上部両側面ハッチと砲塔上の機関銃塔は廃止され、車体前部上面の右側にも副操縦手用のハッチが追加されることになった。

そして、同年10月にはM4中戦車として制式化され、シャーマンの愛称が与えられた。

M4中戦車のおもな形式

M4中戦車には、前述のようにM3中戦車の構成部品が数多く使われており、とくに車体下部は基本的にはM3中戦車を引き継いだものといえる。

一方、車体上部は、無印のM4が溶接構造、M4A1が鋳造だ。ただし、最初に量産が始められたのはM4A1で、無印のM4の量産開始は後述するM4A2やM4A3より遅い。

無印のM4とM4A1のエンジンは、M3中戦車やM3A1中戦車などにも搭載された、もともとは航空機用のR975E-C2空冷星型9気筒ガソリン・エンジンと同系列のR975C1で、出力は400hp。ダッシュ時の最大速度は39㎞/h、持続できる最大速度は34㎞/h、航続力は路上で193㎞(120マイル)とされており、M3中戦車と同じだ。

主砲は、40・1口径の75㎜砲M3が搭載された。同軸の7・62㎜機関銃は残されたが、前述のように砲塔上の機関銃塔は無く、代わりに回転式のペリスコープを備えた車長用ハッチの対空銃架に12・7㎜機関銃が1挺装備された。また、車体中央付近の2連装固定の7・62㎜機関銃は早い時期に廃止され、車体機関銃は前部右側の銃座(こちらは「ボール・マウント」と呼ばれる形式)の7・62㎜機関銃1挺のみとなった。

そしてM4中戦車の大量生産にともなって、M3中戦車と同

M4中戦車のおもな型式／M4＆M4A1

M4

M4とM4A1は、M3中戦車やT6中戦車と同じく、星型ガソリン・エンジンを搭載しているのよ

主砲は、非装甲目標用の榴弾の火力が大きく対戦車火力もそこそこある40・1口径75㎜砲M3よ

M4A1だけが鋳造車体で、丸っこいから見分けるのはカンタンね

M4A1

M4を大量に供与されたイギリスでは、M4をシャーマンⅠ、M4A1をシャーマンⅡ、M4A2をシャーマンⅢ、M4A3をシャーマンⅣ、M4A4をシャーマンⅤと呼んだのよ。

ちなみに「シャーマン」は南北戦争の北軍の将軍ウィリアム・シャーマンから取られてるの。でもシャーマン将軍は南部の都市を焼き討ちしたりしたから、南部出身の兵士には不評だったみたい…

様に、民間の自動車メーカーで開発、製造された各種のエンジンが搭載されていった。

M4A2は、M3A3中戦車やM3A5中戦車と同じく、自動車メーカーであるGM社製の民生用の6-71液冷直列6気筒ディーゼル・エンジンを2基並列に連結した6046液冷並列12気筒ディーゼル・エンジンを搭載した型で、1942年4月から生産が始められた。このエンジンの出力は410hpで、ダッシュ時の最大速度は48㎞／h、持続できる最大速度は40㎞／h、航続力は路上で240㎞（150マイル）とされており、他のガソリン・エンジンの搭載車より航続力が大きい。

M4A3は、同じく自動車メーカーであるフォード・モーター社製のGAA液冷V型8気筒ガソリン・エンジンを搭載した型で、1942年5月から生産が始められた。エンジン出力は500hpで、持続できる最大速度は42㎞／h、航続力は路上で210㎞（130マイル）とされている。M4中戦車に搭載された各種のエンジンの中で、このフォード製のV8エンジンがもっとも評価が高かった。

M4A4は、M3A4中戦車と同じく、クライスラー社製の民生用で排気量が250・6立方インチ（4・1リ

ッター）の液冷直列6気筒ガソリン・エンジンを放射状に5基連結したA57液冷30気筒ガソリン・エンジン、すなわち「マルチバンク」エンジンを搭載した型で、1942年6月から生産が始められた。エンジン出力は425hpで、ダッシュ時の最大速度は40km／h、持続できる最大速度は32km／h、航続力は路上で161km（100マイル）とされている。気筒数が多く、構造が複雑で、整備も面倒なため、ほとんどがイギリスに送り込まれたが、イギリス軍では整備面で大きな問題にはならなかった。

M4A6は、履帯式のトラクターで有名なキャタピラー・トラクター・カンパニー社製のRD-1820空冷星型9気筒ディーゼル・エンジンを搭載した型で、1943年10月から生産が始められた。エンジン出力は497hpで、ダッシュ時の最大速度は48km／h、持続できる最大速度は40km／h、航続力は路上で190km（120マイル）とされている。このエンジンは、もともと航空機用のライトR-1820をベースにディーゼル化したもので、メーカーではD-200Aと呼ばれていた。ガソリンを含む各種の燃料で動く多燃料軍用エンジンのさきがけのひとつで、期待の新型エンジンだったが、前述のフォード社製のV8エンジンが好評を得たこともあって、大量生産されずに終わっている。

M4A5は、アメリカ軍がカナダ製の車両に対して用意した管理上の形式だ。

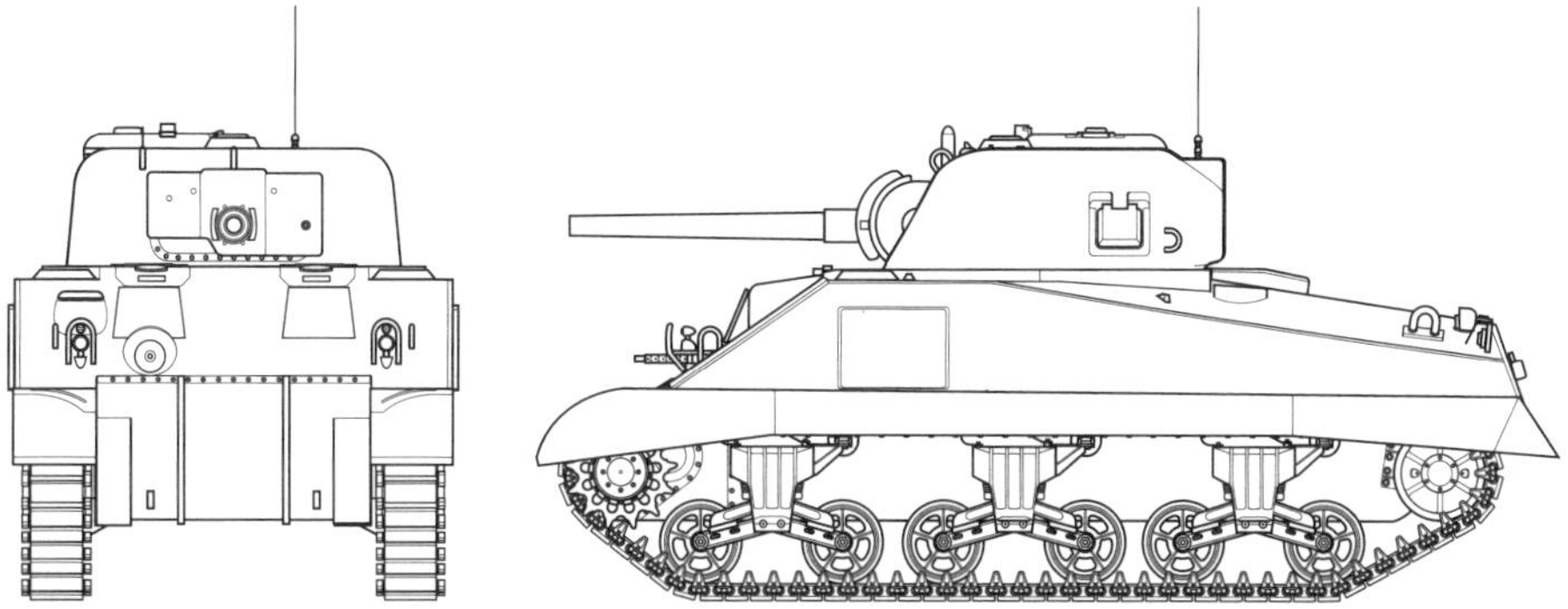

第15講 M4中戦車

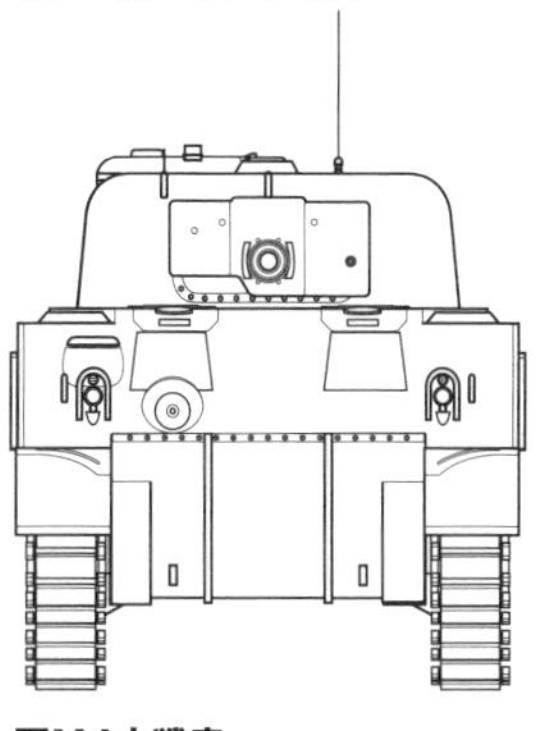

■M4中戦車

重量	30.3t		
全長	5.89m（主砲含む）		
全幅	2.62m	全高	2.74m
乗員	5名		
主武装	40.1口径75mm戦車砲M3		
副武装	12.7mm機関銃×1、 7.62mm機関銃×4		
エンジン	コンチネンタル・ライトR975 空冷星型9気筒ガソリン		
出力	400hp	最大速度	39km/h
航続距離	193km		
装甲厚	13mm〜89mm		

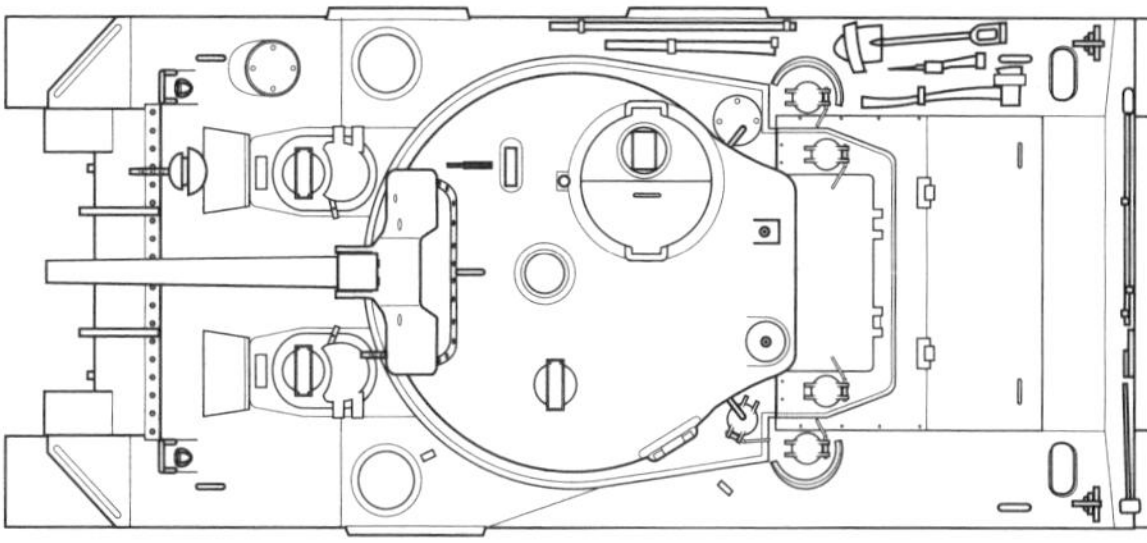

図は75mm砲搭載のM4中戦車の中期型車体

M4A4

M4A4のマルチバンク・エンジンは、トラック用の6気筒液冷エンジンを5基悪魔合体させた、モータライゼーション先進国アメリカならではの豪快なエンジンデスね。

1944年3月、カリフォルニア州サン・ルイス・オビスポで訓練中のM4A1ね。車体が丸みを帯びた鋳造装甲となっているのが特徴的よね。履帯はフラットな形状のT51よ。

ちなみに英連邦のカナダでは、まずM3中戦車の車台（シャシー）をベースに全周旋回砲塔を備えた巡航戦車ラムを開発（ただし、砲塔や車体上部の鋳造は前述のジェネラル・スティール・キャスティング・コーポレーションで行われている）。鉄道車両メーカーのモントリオール・ロコモーティブ・ワークス社が、親会社であるＡｌｃｏ社の援助を受けて新設した戦車工場で生産された。生産数は、1941年11月から1943年7月に、2ポンド砲（口径40㎜）搭載のラムMk.Iが50両、6ポンド砲搭載のラムMk.IIが1898両（加えて主砲を搭載しないラム指揮観測戦車が84両）とされている。

そして、1943年8月からM4A1のカナダ仕様である巡航戦車グリズリーの生産が始められた。しかし、アメリカでM4中戦車の生産が順調に進んだこともあって、188両で生産を終了。グリズリーの車台に25ポンド砲（口径87・6㎜＝3・45インチ）を搭載した自走砲セクストンMk.IIIの生産に移行した。

M4中戦車の改良

M4中戦車は、生産の途中に、かなり大掛かりなものを含む改良が逐次加えられている。

まず車体に関しては、たとえばM4A1の鋳造の車体上部は、生産の途中で、前面上部の防御上の弱点になっていた操縦手および副操縦手用の直接視察孔（ダイレクト・ビジョン・スロット略してDV）が廃止され、それぞれのハッチの前方に固定式のペリスコープが追加された。また、車体上部両側面の張り出し部（スポンソン）の主砲弾薬庫の外側に増加装甲（アップリケ・アーマー）が溶接されるようになり、一部は最初から厚みを増して鋳造された。さらに車体前部上面左右のハッチを大型化するなどの改良が加えられていった。

このM4A1の生産数は、ライマ・ロコモーティブ・ワークス社（以下、ライマ社と略す）で1942年2月から1943年9月に1655両、プレスド・スティール社で1942年3月から1943年12月に3700両、パシフィック・カー・アンド・ファウンドリ社（以下、パシフィック社と略す）で1942年5月から1943年11月に926両、合計6281両とされている。これらの会社はいずれも鉄道車両メーカーで、プレスド・スティール社ではM3中戦車（厳密にはイギリス軍仕様のグラントMk.I）から生産が切り替えられた。

これは中国国民党軍に供与され運用されていたM4A4ですね。ディファレンシャルカバーは初期の3分割式タイプで、履帯は山型の突起と丸い3つの突起がついたT62です。「先鋒」というスローガンが描かれています。

無印のM4の溶接構造の車体上部も、同様に直接視察孔がふさがれ、増加装甲が溶接され、ハッチ前方にペリスコープが追加されるなどの改良が加えられていった。さらに車体上部のうち前部だけが避弾経始のよい鋳造で溶接構造の後部と組み合わせたコンポジット（複合の意。イギリスではハイブリッドと呼ばれた）車体も製造されて、これにもすぐに大型ハッチが導入されている。

この無印のM4の生産数は、プレスド・スティール社で1942年7月から1943年8月に1000両、ボールドウィン社で1943年1月から1944年1月に1233両、Alco社で1943年2月から同年12月に2150両（うち最終発注分の300両の一部ないしすべてが大型ハッチのコンポジット車体）、プルマン社で1943年5月から同年12月に689両、クライスラー社で1943年8月から1944年1月に1676両（コンポジット車体のみ。初期の50両程度は小型ハッチ）、合計6748両（うち1676両＋300両以内がコンポジット車体）とされている。クライスラー社を除く各社は鉄道車両メーカーで、いずれのメーカーもM3中戦車（プルマン社も厳密には同じくグラントMk.Ⅰ）の生産を担当していた。

　M4A2やA3の車体上部も溶接構造で、これらも無印のM4と同様に、直接視察孔の閉鎖や増加装甲の溶接、ハッチ前方の潜望鏡の追加などの改良が加えられ、さらに車体前面上部を一枚板にして大型ハッチを導入するなどの改良が加えられていった。

　このうち、M4A2の生産数は、GM社のフィッシャー・ボディ事業部が運営するミシガン州のグランド・ブランクにある戦車工廠（以下、フィッシャー戦車工廠と略す）で1942年4月から1944年2月に4614両、プルマン社で前述の無印のM4に先行して1942年4月から同年9月頃までに2737両、Alco社で前述の無印のM4に先行して1942年9月から1943年4月に150両、ボールドウィン社で前述の無印のM4に先行して1942年10～11月に12両、溶接機器メーカーのフェデラル・マシーン&ウェルダー社で1942年12月から1943年12月まで540両、合計8053両とされている。

　一方、M4A3の生産数は、小型ハッチを備えたものがフォード社のみで1942年6月から1943年9月に1690両、

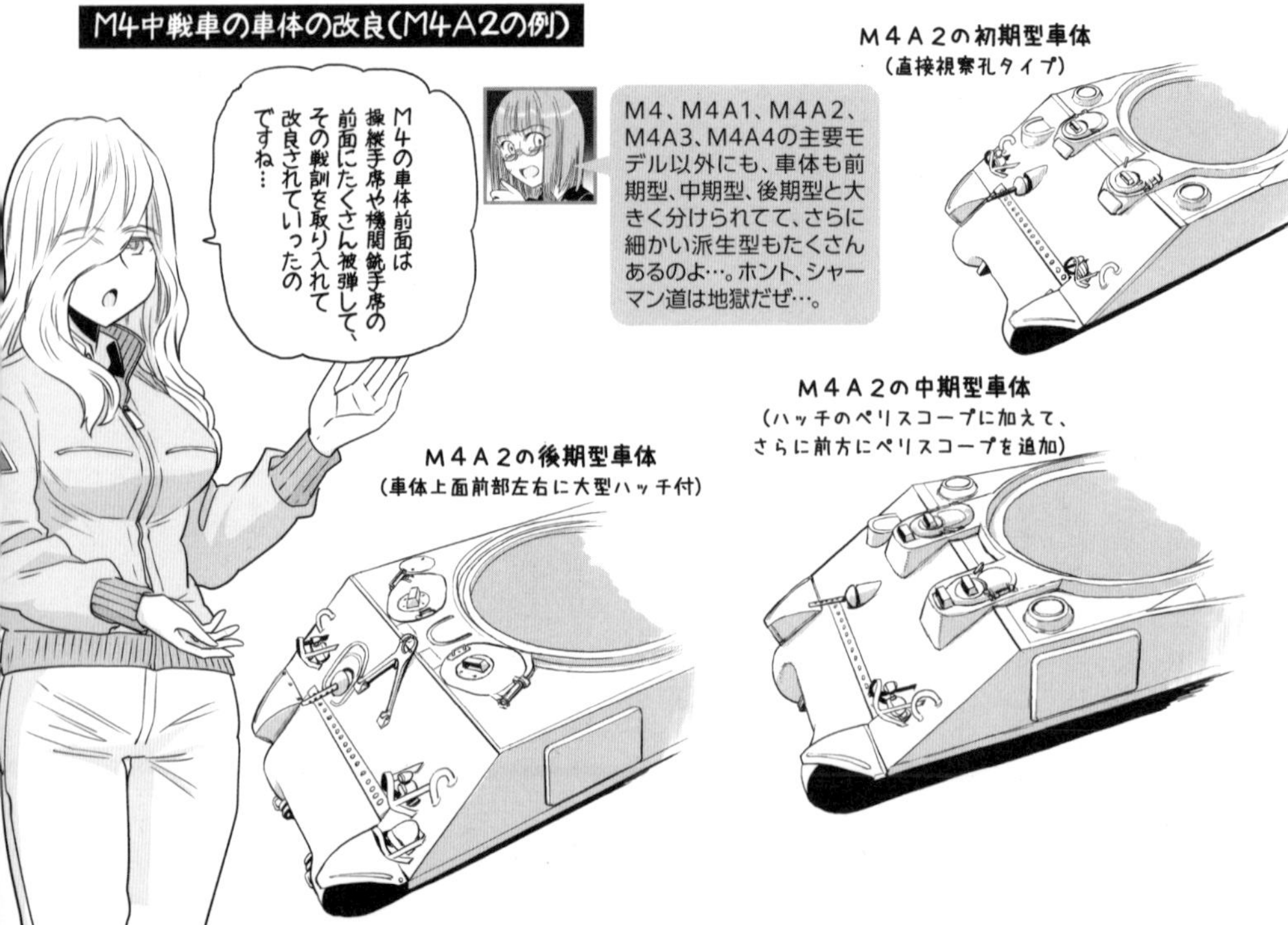

大型ハッチと後述する湿式弾薬庫を備えたもの（M4A3（75）Wですべて後述するVVSS装備車）がフィッシャー戦車工廠のみで1944年2月から1945年3月に3071両、合計4761両とされている。

M4A4の車体上部も、M4A2やA3と同様の溶接構造だが、「マルチバンク」エンジンの搭載に対応して延長されていた。

M4A6の車体はハイブリッド＋延長車体ね。搭載するRD-1820空冷星型9気筒ディーゼル・エンジンは、いろんな燃料が使える「マルチフュエル・エンジン」の先駆けだったけど、少数生産に終わったの。

こちらはM4A2の後期型車体ですね。車体前部の操縦手席および副操縦手席の上に大型ハッチを備えています。

クライスラー社だけで生産され、生産数は1942年7月から1943年11月に7499両とされている。なお、このA4では、車体前面上部を一枚板にして大型ハッチを導入した新型車体の導入前に生産が打ち切られている。

M4A6の車体上部は、無印のM4と同様に鋳造と溶接を組み合わせたコンポジット車体だが、M4A4と同様に延長されていた。こちらもクライスラー社だけで生産され、生産数は1943年10月から1944年2月に75両とされている。

一般に、M4シャーマンの車体は、DVを持つ車体を初期型、DVを廃止してハッチ前方にペリスコープを追加した車体を中期型、大型ハッチを備えた車体を後期型、と分類することが多い。無印のM4のコンポジット車体は、生産開始からまもなく大型ハッチが導入されており、中期型と後期型の橋渡しのような位置付けになる。

車体部と同様に、砲塔にも逐次改良が加えられている。大きなところでは、内部機器の関係で装甲がやや薄くなっていた前面右側から右側面前部にかけて増加装甲が溶接されるようになり、次いで最初から厚みを増して鋳造した、いわゆる「チーク・アーマー」砲塔が搭載されるようになった。そして、防御上の弱点である砲塔左側面後部の小ハッチが廃止され、さらに砲塔上面左側に装填手用ハッチが追加されるなどの改良が加えられた。

そして前述の大型ハッチの導入に対応して、砲塔後部の張り出し部（バッスル）下のスペースを大きくした、いわゆる「ハイ・バッスル」砲塔が搭載されるようになった。この砲塔では、前線部隊からの要望で砲塔側面後部の小ハッチが復活し、さらに従来の車長用ハッチに代わって全周に視察窓（ビジョン・ブロック）を持つ車長用キューポラが取り付けられるなどの改良が加えられた。

主砲の砲架も、当初の照準潜望鏡に直接照準眼鏡を追加するなどの改良を加えたものに変更され、主砲の基部や防盾の形状にも改良が加えられている。

こうした改良の中には、生産時だけでなく、前線の既存の車両に現地部隊で施されたものもある。加えて、1943年12月から1945年5月に、アメリカ本土で訓練に使われていた中古車両を分解整備し、新規パーツとの交換や既述の改良を改修のかたちで取り入れる再生作業が行われている。この作業は、生産工場のいくつかに加えて他社の工場や戦車補給廠などでも行われており、改修数は合計で5880両とされている。

このように、M4中戦車の改良は、車体前面上部の構造の変更など比較的大がかりなものも含めて、段階的かつ部分的に進められていったのだ。

M4中戦車のさらなる改良

さらにM4中戦車では、敵戦車の防御力の向上に対応して、従来の75㎜砲よりも大きな装甲貫徹力を発揮できる長砲身の3インチ砲（口径76・2㎜）が搭載されることになった。また、敵の対戦車砲の制圧などの火力支援用として、当初の武装案にも含まれていた榴弾威力の大きい105㎜榴弾砲が搭載されることになった。

このうち、まず3インチ砲に関して述べると、少数生産に終わるM6重戦車や戦車駆逐車（タンク・デストロイヤー）である3インチ自走砲（ガン・モーター・キャリッジ）M10に搭載された3インチ砲M7（試作時の名称はT12）と比べると、わずかに長砲身で細身の薬莢を使用する76㎜砲M1が搭載された。この砲の口径は3インチ砲M7と同じ76・2㎜だが、混同を避けるために「76㎜砲」の名称が与えられた。

M4中戦車の76㎜砲搭載型の開発当初は、従来の75㎜砲搭載の砲塔にもっと長砲身の試作砲を搭載して試験が行われたが、

砲塔の前後の重量バランスが悪く、砲尾後方のスペースも足りないなどの問題があった。そこで砲身を短縮して砲耳（砲身の上下動の軸となる支持部）を前に出すなどの改良が加えられた。それでも車体の傾斜が大きいと砲塔の旋回が困難だった。

1943年2月には、75㎜砲搭載のM4A1をベースに、砲塔後部の張り出し部に平衡錘（カウンター・ウェイト）を取り付けて76㎜砲を搭載したM4A1（76M1）と呼ばれる車両が12両生産された。これらの車両では砲塔のバランス問題がやや軽減されたものの完全な解消には至らず、スペース不足の問題もあって、3両以外は元の75㎜砲搭載型に戻されることになった。こうして76㎜砲搭載型の開発は暗礁に乗り上げてしまったのだ。

一方、次世代の新型中戦車の開発は、すでに1942年春から始められており、同年5月には76㎜砲を搭載するT20中戦車のモックアップが完成。機関系や駆動系などが異なる複数の型式を並行して開発していくことになった。そして1943年1月には、T20中戦車の機関系をガソリン・エンジンで発電して電動モーターを駆動する方式に変更したT23中戦車の試作1号車が完成した。

この試作1号車に搭載された砲塔は溶接構造だったが、これを鋳造に変更した新型の試作砲塔に76㎜砲M1（厳密には小改良を加えたM1A1）を装備してM4中戦車に搭載した試作車が

M4中戦車のさらなる改良その1

図は俗に“イージーエイト”と呼ばれるM4A3（76）W HVSS。大戦末期のM4シリーズは、重量増加に対応してサスペンションがHVSSに変更されていった

■M4A3（76）W中戦車 HVSS

項目	値	項目	値
重量	33.7t		
全長	7.54m（主砲含む）		
全幅	3.0m	全高	2.97m
乗員	5名		
主武装	52口径76mm戦車砲M1		
副武装	12.7mm機関銃×1、7.62mm機関銃×2		
エンジン	フォードGAA液冷V型8気筒ガソリン		
出力	500hp	最大速度	41.6km/h
航続距離	161km		
装甲厚	13mm〜89mm		

1943年7月に2両完成。各種の試験を経て、同年12月には最初の量産車1000両が発注された。

そして、1944年1月からM4A1の車体に、同年3月からM4A3の車体に、同年5月からM4A2の車体に、それぞれ76㎜砲装備の新型砲塔を搭載するかたちで量産が始められた。この76㎜砲装備の新型砲塔も、75㎜砲用砲塔の車長用ハッチと共通だった装填手ハッチが小判型の小型ハッチに変更されるなどの改良が加えられていった。

また、兵器局では、76㎜砲用の高速徹甲弾T4（1945年2

1945年春にドイツ本国内を進撃している第11機甲師団のM4A3（76）W HVSS。ディファレンシャルカバーは、シャープノーズと呼ばれる一体型の尖ったものになっている。履帯はHVSS用のT80

月にM93として制式化される）の開発を進めており、1944年6月の北フランスのノルマンディーへの上陸作戦後、パンターやティーガーIなど重装甲のドイツ戦車に対抗するため、同年8月には2000発がフランスに急遽空輸された。この高速徹甲弾（High Velocity Armor Piercing 略してHVAP）は、軽量のアルミ製の弾殻に硬くて重いタングステンの弾芯を組み合わせたもので、これを使えばパンターやティーガーIでも正面から撃破できた。しかし、対戦車戦闘を主任務とする戦車駆逐部隊に優先的に支給され、戦車部隊には1945年以前は1両あたり3～4発程度しか支給されなかった。そのため戦車部隊ではパンターやティーガーIへの切り札として温存されたのだ。

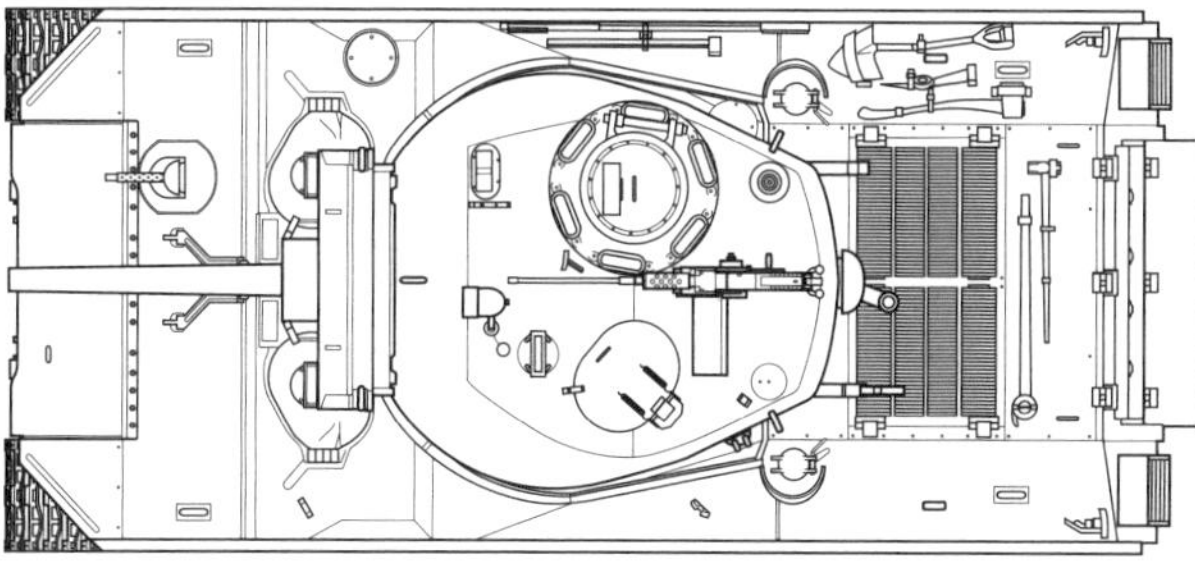

M4A3を元に各部の装甲を追加したM4A3E2“シャーマン・ジャンボ”

■M4A3E2突撃戦車

重量	38.0t		
全長	6.27m（主砲含む）		
全幅	2.94m	全高	2.95m
乗員	5名		
主武装	40.1口径75mm戦車砲M3		
最大速度	35km/h		
装甲厚	13mm～178mm		

（特記以外はM4A3(76)W中戦車に同じ）

なお、この76㎜砲は、榴弾の威力が従来の75㎜砲よりも小さかったので、76㎜砲搭載型の生産開始以後も75㎜砲搭載型の生産が前述のようにフィッシャー戦車工廠で並行して続けられている。

一方、105㎜榴弾砲に関しては、1944年2月から無印のM4の車体に、同年3月からM4A3の車体に、それぞれ105㎜榴弾砲M4を装備する砲塔を搭載するかたちで生産が始められた。砲塔は、基本的には75㎜砲用と変わらないものの、動力旋回装置やスタビライザーが取り外される一方で、換気装置（ベンチレーター）が追加されるなどの変更が加えられている。

防御面に関しては、大きな変化としては、前述の76㎜砲搭載型の試作車を先駆けとして、被弾時に炎上する大きな原因となっていた車内上部左右両側面の弾薬庫を廃止し、砲弾の周囲を水(不凍液や防錆剤も用意された）で満たして火災による誘爆を抑える構造の湿式弾薬庫を導入し、戦闘室の床面などに設置したことがあげられる。この湿式弾薬庫は、76㎜砲搭載型に加えて、75㎜砲搭載型で生産が継続されていたM4A3の一部にも導入された。

なお、後期型の車体では主砲の口径をカッコ付きで表示し、湿式弾薬庫を備えた車両は名称の末尾にW（Wet Stowage の略）を付けて分類するようになった。具体的には、M4A1(76)W、M4A2(76)W、M4A3(76)W、M4A3(75)W、M4(105)、M4A3(105)といった具合だ。

機動力に関係する面については、M3中戦車と同様のいわゆる竹の子バネを用いたVVSSに段階的に改良が加えられ、さらに水平弦巻バネ式懸架装置(Horizontal Volute Spring Suspension 略してHVSS)に変更された。また、履帯や下部転輪などにも改良が加えられている。

ここで76㎜砲搭載型の生産数をまとめると、M4A1(76)Wは、プレスド・スティール社で、VVSS装備車が1944年1月から12月に1955両、HVSS装備車が12月から1945年6月に1471両、合計3426両とされている。

M4A2(76)Wは、フィッシャー戦車工廠で、VVSS装備車が1944年5月から1945年1月に1600～2100両程度、HVSS装備車が1945年1月から6月に800～1300両程度、計2894両、加えてプレスド・スティール社でHVSS装備車が1945年5月に21両、合計2915両とされている。

M4A3(76)WはVVSS装備車がクライスラー社で1944年3月から8月に1400両、続いてフィッシャー戦車工廠で9月から12月まで525両、HVSS装備車がクライスラー社で9月から1945年4月まで2617両、合計4542両とされている。

105㎜砲搭載型は、クライスラー社のみで生産された。M4(105)の生産数は、VVSS装備車が1944年2月から9月に800両、HVSS装備車が9月から1945年3月に841両、合計1641両とされている。

M4A3(105)の生産数は、VVSS装備車が1944年5月から9月に500両、HVSS装備車が9月から1945年6

M4中戦車のさらなる改良その2

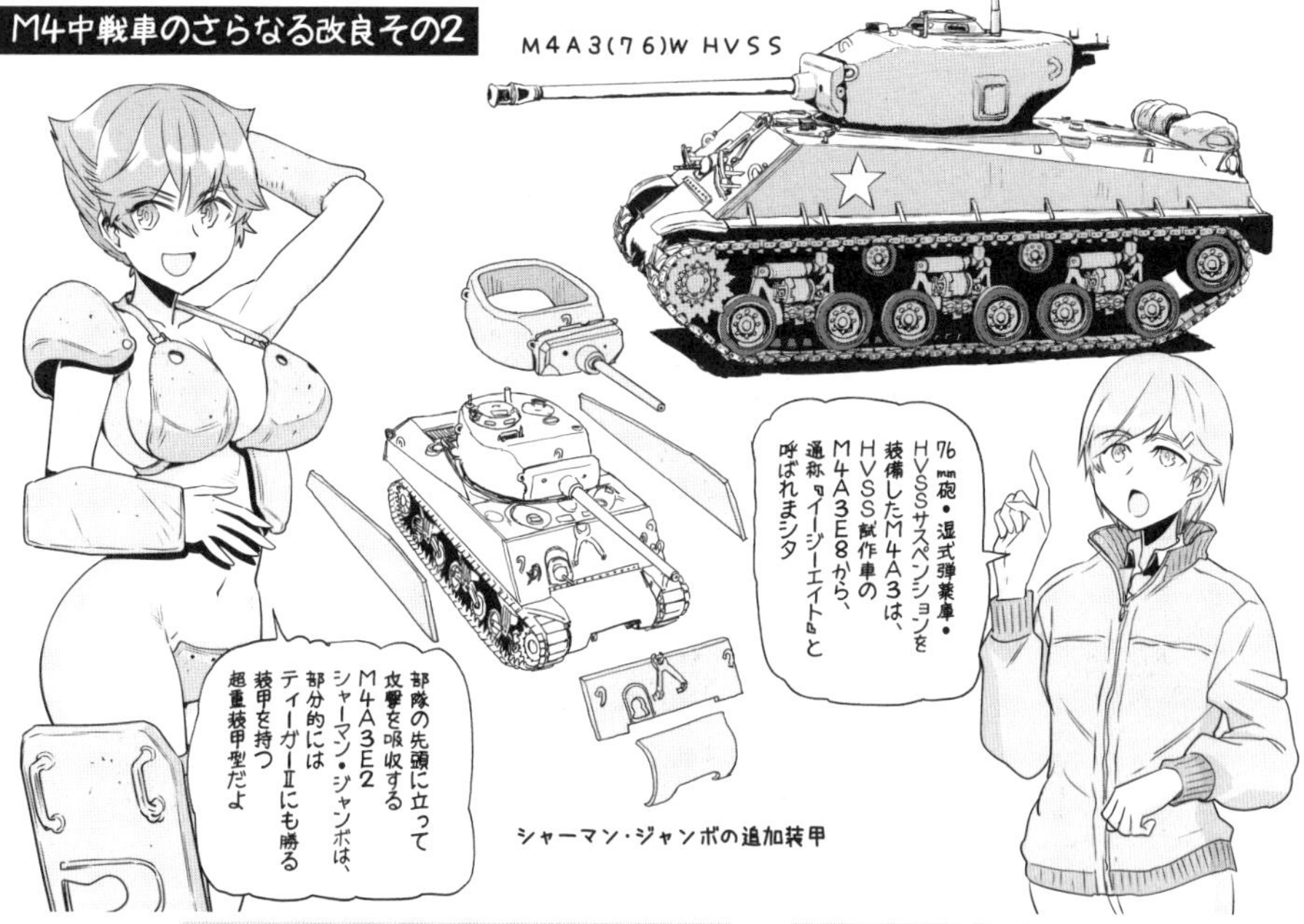

M4A3E2の装甲厚は、防盾が178mm、砲塔側面が152mm、車体側面が76mm（38mm+38mm）、車体前面上部が102mm（64mm+38mm）、デファレンシャルカバー（車体前面下部）が140mmと、ティーガーIより重装甲になってたんだね。

M4A3(76)W HVSSは、走攻守のバランスが高いレベルで取れた、第二次世界大戦中最強のシャーマンだね。朝鮮戦争にもたくさん投入されてるよ。

月に2539両、合計3039両とされている。

これ以外の派生型として、突撃の支援用に重装甲を備えたM4A3E2突撃戦車、通称シャーマン・ジャンボがある。これは、M4A3の車体上部の前面と側面に増加装甲を溶接し、車体下部前面や砲塔、防盾も重装甲の専用品にするなどの変更を加えたもので、フィッシャー戦車工廠で1944年4月から8月に254両が生産された。

M4中戦車のこれまで述べてきた各型の生産数の総計は4万9234両となる。なお、各型の生産数は、たとえばフィッシャー戦車工廠のM4A2(75)の生産数は契約発注数にもとづく推定値であり、異説も存在しており、生産時期も（おそらく工場からのラインアウト時や軍への引き渡し時など集計時期の差などによって）資料によって1〜2カ月ほどズレることがある。

まとめると、既述のように、M3中戦車からM4中戦車への切り替えは、動力系や足回りなどの主要部分をM3中戦車と同じにするなど、大型の全周旋回砲塔の導入以外の新型化にともなうリスクを最小限に抑えつつ進められていった。そして、M4中戦車の改良も、ここまで述べてきたように部分的かつ段階的に進められていったのだ（M4中戦車を装備する戦車部隊の編制や戦術などは次講で述べる）。

第16講
M24軽戦車と
M22軽戦車

今回はWWⅡ後半
アメリカ軽戦車
三銃士を連れてきたよ

WWⅡ後半
アメリカ軽戦車
三銃士？

T7軽戦車を強化したら
どんどん重くなってった
M7中戦車
うっす、
よろしく
けっきょく
中戦車に
なってる
じゃねーか！
砲塔を外さないと
アメリカ軍の輸送機に
載せられない
M22空挺戦車
がんばります、
よろしく
迅速な展開が必須の
空挺戦車なのに
降下してから
組み立てるんじゃ
存在意義が半減ね…
イギリスの
ハミルカーには
そのまま
乗るけど…

バルジの戦いに
ギリ間に合った
M24チャーフィー
軽戦車
よっす、
どうも
この子は75㎜砲を
装備して、重量も
18トンそこそこ
機動力も抜群の
名戦車ね
ということで
M24だけが
大量生産されて
戦後も活躍
したんだよ

第16講 大戦末期に登場したアメリカ軽戦車 M24軽戦車とM22軽戦車

1942年型機甲師団の編制

前講に続いてM4中戦車の部隊編制から話を始めたい。まずはアメリカ陸軍の機甲師団の編制からだ。

アメリカ陸軍では、第二次世界大戦参戦から間もない1942年3月から、機甲師団に画期的な編制が導入された。この1942年型機甲師団は、機甲連隊2個、機甲歩兵連隊1個を基幹とする編制で、各機甲連隊は、中戦車を装備する中機甲大隊(ミディアム・アーマード・バタリオン)2個と、軽戦車を装備する軽機甲大隊(ライト・アーマード・バタリオン)1個の計3個大隊基幹、機甲歩兵連隊は機甲歩兵3個大隊基幹だった。したがって、戦車大隊と歩兵大隊の比率は6対3で、1941年型機甲師団と変わらない。

機甲野戦砲兵連隊は廃止されたが、野戦砲兵大隊は計3個のままで、機甲野戦砲兵連隊本部に代わって、師団司令部内に砲兵部隊の指揮統制組織である師団砲兵コマンドが新設された。

画期的だったのは、機甲旅団司令部を廃止して、代わりに隷下に特定の所属部隊を持たない「コンバット・コマンド」と呼ばれ

る司令部組織を2個（コンバット・コマンドAとB）置いたことだ。作戦行動時には、このコンバット・コマンド司令部の下に、機甲連隊や機甲歩兵連隊、機甲野戦砲兵大隊など各兵種の任意の部隊を、その時々の状況に応じて配属させる、という柔軟なシステムを採用したのだ。

さかのぼるとアメリカ陸軍の、とくに機甲軍団や機甲師団、独立の戦車大隊などの指揮統制管理組織である機甲軍（アーマード・フォース）では、1940～41年に行われた演習の経験などを通じて、戦車、歩兵、砲兵、工兵など戦術的な機能がそれぞれ異なる兵種を組み合わせた諸兵種連合部隊の重要性が認められるようになっていた。

そして、1941年8月に癌で体調を崩したアドナ・R・チャーフィー少将に代わって、二代目の機甲軍司令官となったジェイコブ・L・デヴァース少将は、諸兵種の戦術的な機能の統合を新しい編制システムの導入によって促進しようとした。具体的には、まず同年12月に第4機甲師団で部隊実験を実施。同師団隷下の機甲旅団司令部をコンバット・コマンド司令部2個に改編し、戦車連隊を中心として歩兵、砲兵、工兵など各兵種の部隊を加えた諸兵種連合の戦闘チームが臨時に編成された。次いで、他の機甲師団でも、第4機甲師団にならって同様のコンバット・コマンドが編成されはじめた。これらの編成内容はさまざまだったが、通常は戦車連隊を中心とする諸兵種連合部隊が含まれていた。さらに、各コンバット・コマンドは、より小規模な諸兵種連合部隊である「タスク・フォース」（任務部隊）をいくつか臨時に編成した。このタスク・フォースは、通常は戦車大隊を含む諸兵種連合部隊だった。

このコンバット・コマンドとタスク・フォースの導入によって、アメリカ陸軍の機甲師団は、状況に応じて臨時に編成される諸兵種連合の戦闘チームの集合体へと進化した。作戦行動時には、たとえば攻勢初期にいずれかのチームが成功を収めたら、その成功を拡大するために師団が保有している戦力をチーム間で柔軟に再配分できるようになったのだ。

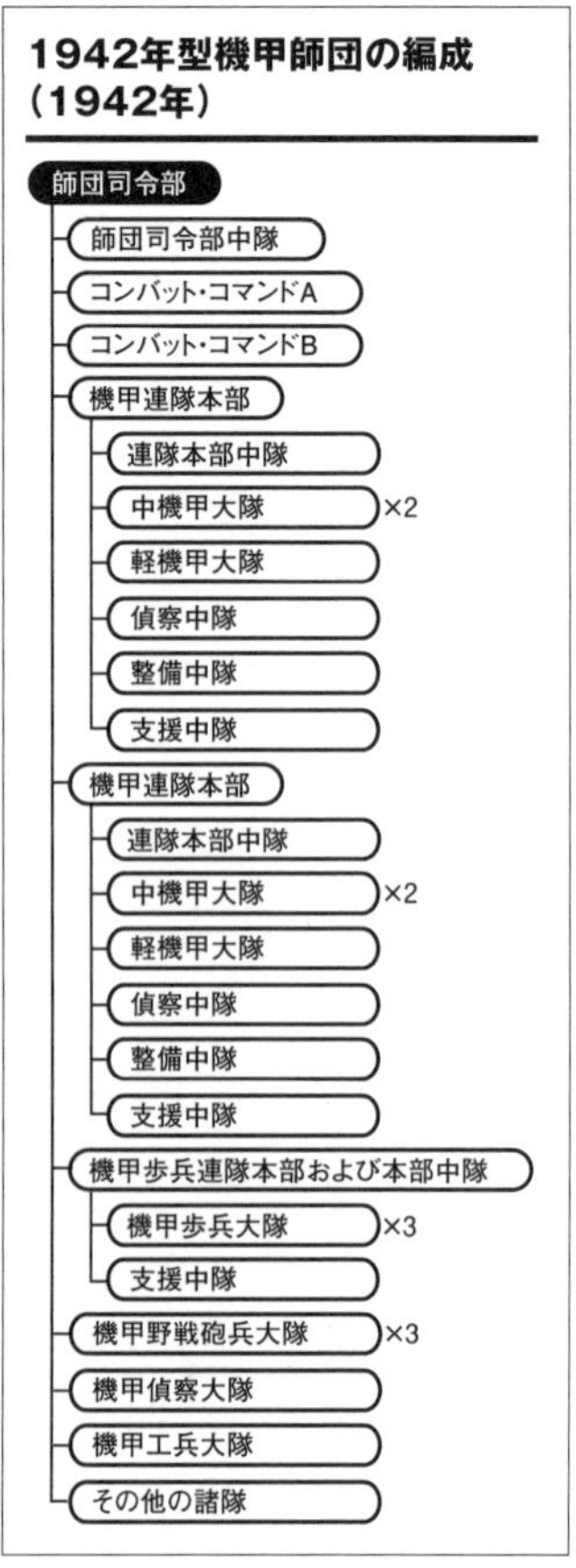

ちなみにドイツ軍の装甲師団では、その時々の状況に応じて、戦車連隊や装甲擲弾兵連隊（自動車化歩兵連隊を改称）を基幹として、砲兵大隊や工兵中隊など他の兵種の部隊を配属した「カンプグルッペ（戦闘団）」と呼ばれる諸兵種連合部隊を臨時に編成して戦った（装甲師団隷下の装甲偵察大隊を本来の編制のままで1個のカンプグルッペとして扱うこともあった）。ただし、ドイツ軍の装甲師団のカンプグルッペは、アメリカ軍のコンバット・コマンドのように特定の隷下部隊を持たない独立した指揮組織を置いていたわけではない。アメリカ軍のコンバット・コマンドは、ドイツ軍のカンプグルッペを制度化したもの、ともいえる。

このコンバット・コマンドの編制思想の源流は、第二次世界大戦前の第7騎兵旅団（機械化）にさかのぼることができる。同旅団の司令部は2つの指揮組織に分割できるような編制になっており、この指揮組織によって調整される戦闘チームの集合体として運用されていたのだ。

1943年型機甲師団の編制

前述のように画期的な編制システムを導入した1942年型機甲師団だったが、補給や整備などの後方支援面では問題をかかえていた。

機甲連隊や機甲歩兵連隊の連隊長には、戦術上の権限は与えられず、たとえばコンバット・コマンドの指揮下にあるタスク・フォースの編成や作戦に影響を与えることはできなかった。その一方で、コンバット・コマンドは、指揮下のタスク・フォースの補給や整備を支援する手段を持っていなかった。そのため、師団が保有している補給物資を、タスク・フォースを構成している各戦車大隊や機甲歩兵大隊に供給する役割は、その大隊が所属している機甲連隊や機甲歩兵連隊の支援中隊（サービス・カンパニー）が担当していた。また、タスク・フォースを構成している各戦車大隊の戦車の整備は、その戦車大隊が所属している機甲連隊の整備中隊がおもに担当していた。

しかし、それらの大隊はそれぞれ異なるタスク・フォースに所属して遠く離れて行動することも少なくなかったので、連隊本部はそれらの大隊を追いかけて補給や整備などを行なう必要があった。

この問題を解決するため、タスク・フォースを構成している各大隊に独自の補給能力や整備能力を与えて、それらの責任を連隊から大隊に移管することが考えられた。各大隊に必要な補給整備能力を与えて自己完結性を高めれば、連隊本部の支援は不要になる。

そして1943年9月に、機甲師団の編制表が大きく変更された。この1943年型機甲師団では、機甲連隊や機甲歩兵連隊の本部が廃止される一方で、戦車大隊（機甲大隊を改称）や機甲歩兵大隊に支援中隊が追加されたのだ。また、従来のコンバット・コマンドAとBに加えて、これらよりも規模の小さい「リザーブ・コマンド」が師団司令部中隊に追加されて、コンバット・コマンドA、B、R（リザーブの略）の計3つになった。

戦車大隊の数は従来の6個から半分の3個に減らされたが、機甲歩兵大隊は3個のままで、戦車大隊と歩兵大隊の比率は3対3とバランスのとれた編制になった。また、機甲野戦砲兵大隊も3個のままだった。つまり、コンバット・コマンドA、B、Rを司令部として、戦車、歩兵、砲兵がそれぞれ1個大隊ずつ所属する同じ戦力構成の諸兵種連合の戦闘チームを3個編成できる編制になったのだ。

1943年型機甲師団の編成（1943年）

- 師団司令部
  - 師団司令部中隊
    - リザーブ・コマンド（コンバット・コマンドR）
  - コンバット・コマンドA
  - コンバット・コマンドB
  - 戦車大隊 ×3
  - 機甲歩兵大隊 ×3
  - 機甲野戦砲兵大隊 ×3
  - 機甲偵察大隊
  - 機甲工兵大隊
  - その他の諸隊

※リザーブ・コマンドは、作戦時には配属された大隊の本部機能を用いて指揮統制を行なう。

ここで当時のアメリカ陸軍のドクトリン（教義）における攻撃方法をおおざっぱにまとめておくと、基本的には、まず独立の戦車大隊などに支援された歩兵師団が敵陣地を攻撃。敵戦線に突破口を作るとともに敵部隊を拘束して、機甲師団が戦果を拡張できる機会を作り出す。続いて、機甲師団が敵戦線の後方奥深くに突進し、敵の司令部などの重要施設、後方で集結中の敵部隊、重要な都市などの要地、といった目標を狙う。そして目標を確保し、敵部隊を包囲し、歩兵師団の支援を受けつつ残敵の抵抗を排除する、といったものだった。

その中で機甲師団が戦果を拡張する際に、コンバット・コマンドが3個あれば、たとえば重要目標付近で敵部隊が頑強に抵抗した場合には、コンバット・コマンドAで敵部隊を正面に拘束しつつコマンド・コマンドBを敵部隊の側背に回り込ませたり、コンバット・コマンドAとBで挟撃したりできるし、敵部隊の抵抗が弱い場合には、コンバット・コマンドAとBを並べて進撃して広い範囲を一気に占領することができるうえに、いずれの場合でもコンバット・コマンドRを予備兵力として控置し状況に応じて追加投入できる。つまり、1943年型機甲師団は、従来のコンバット・コマンドが2個しかない1942年型機甲師団をうわまわる戦術上の柔軟性を持つことができたのだ。

ただし、この改編によって、機甲師団の人員の定数は1万4620名から1万936名に、戦車の定数も390両から263両に、それぞれ削減された。これにともなって、臨時に編成されるコンバット・コマンドやタスク・フォースの規模も小さくなり、それぞれの耐久力や打撃力は大きく低下した。

こうした編制規模の縮小には、アメリカ陸軍の全部隊の装備や人員構成を縮小して海外への展開を容易にすることを目的として1942年11月から1943年6月にかけて開催された削減委員会と、地上軍（アーミー・グラウンド・フォース）司令官であるレスリー・J・マクネア中将の意向が働いていた。

マクネア中将は削減委員会の活動を支持しており、軍団司令部が統制しやすいスリムな師団編制を望んでいた。そのため、マクネア中将は、戦車駆逐大隊や高射自動火器大隊を師団の編制に組み入れようとする動きも阻止しており、必要に応じて上級司令部から一時的に配属されるかたちが続くことになった。

一方、機甲軍司令官のデヴァース中将（1942年9月に昇進）は、機甲師団の縮小改編に抵抗して、後述する北アフリカ戦での戦闘の経験が蓄積されるまで改編を延期することに成功した。

そして、この縮小された1943年型機甲師団が、1945年5月のドイツ降伏までアメリカ陸軍の機甲師団の標準的な編制となった。ただし、第2機甲師団と第3機甲師団は、ドイツの降伏後まで1942年型機甲師団の編制が維持され、強力な打撃力を保持しつづけている。

M4中戦車部隊の編制

M4中戦車は、1942年11月にアメリカ軍が北アフリカに上陸した「トーチ」作戦の少し前から、陸軍の戦闘部隊への配備が始まり、北アフリカ方面ではM3中戦車から徐々に入れ替わっていった。

1943年型機甲師団に所属する各戦車大隊は、中戦車中隊3個、軽戦車中隊1個を基幹とする編制だった。このうち、中戦車中隊の定数は戦車小隊(各5両)3個と中隊本部3両の計18両で、中隊本部配備の中戦車3両のうち1両は1944年7月から105㎜榴弾砲搭載のM4中戦車への置き換えが進められていった。

軽戦車中隊の定数は戦車小隊(各5両)3個と中隊本部2両の計17両で、105㎜榴弾砲搭載のM4中戦車は配備されなかった。加えて、戦車大隊の本部中隊に所属する突撃砲(アサルト・ガン)小隊にも、105㎜榴弾砲装備のM4中戦車6両が配備されるようになった。105㎜榴弾砲装備のM4中戦車のおもな任務

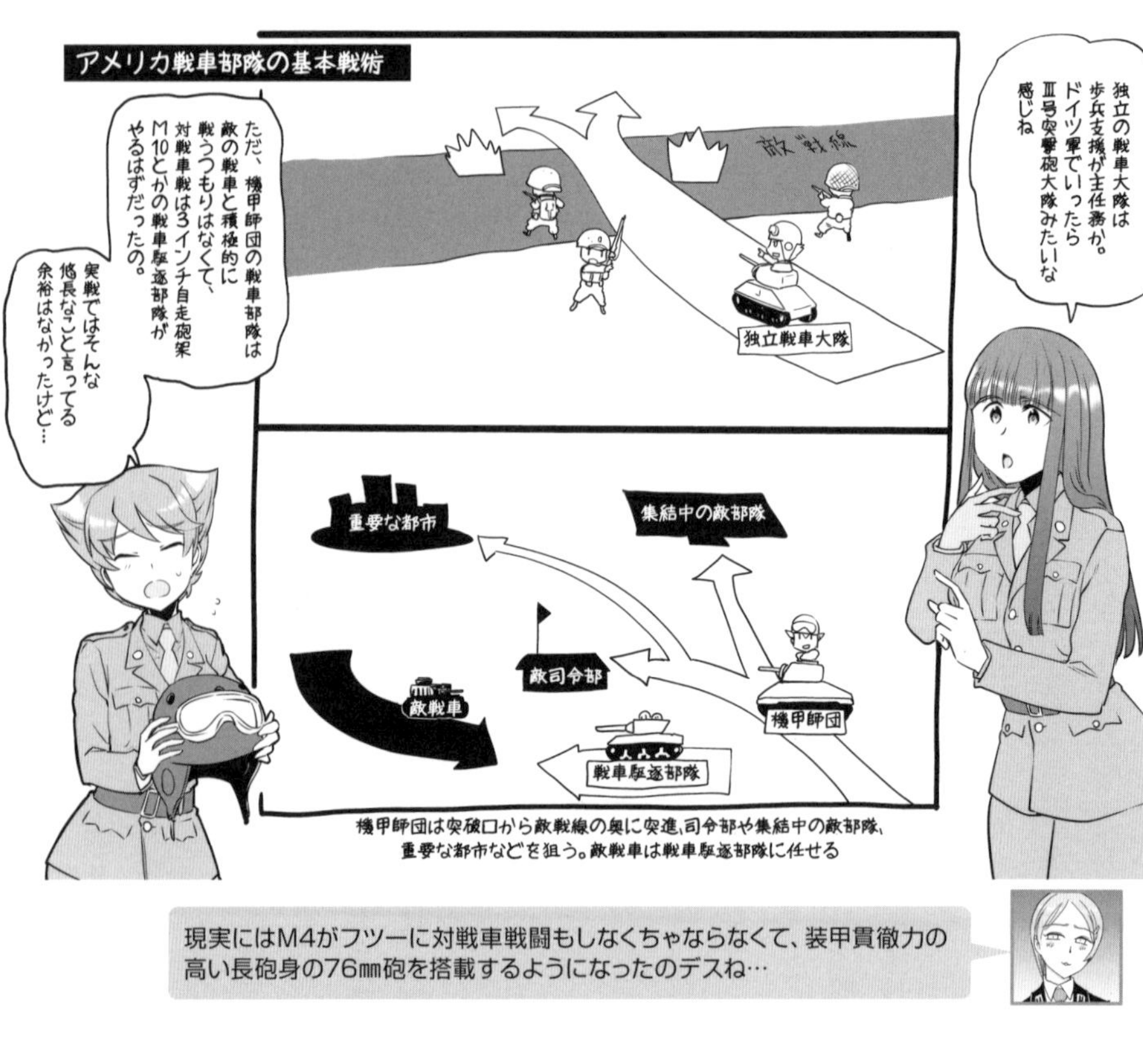

機甲師団は突破口から敵戦線の奥に突進、司令部や集結中の敵部隊、重要な都市などを狙う。敵戦車は戦車駆逐部隊に任せる

は、榴弾射撃による敵の対戦車砲の制圧や発煙弾の発射による味方戦車部隊の遮蔽など、味方の戦車部隊の支援だ。

　一方、機甲師団には所属していない独立の戦車大隊も、ほとんど同じ編制だった。こちらの戦車大隊は、おもに歩兵師団に配属されて、味方歩兵部隊の敵陣地の攻撃などを支援した。ドイツ軍では歩兵部隊の支援は突撃砲部隊の役目とされていたが、アメリカ軍では中戦車を主力とする独立の戦車部隊の役目だったのだ。

　話をM4中戦車に戻すと、M3中戦車やM3軽戦車などと同様に、アメリカ陸軍やアメリカ海兵隊に加えて、英連邦の各国軍や自由フランス軍などの戦車部隊にも配備された。また、ソ連にも援助物資として送られて、ソ連軍の戦車部隊にも配備された。

　M4中戦車が初めて実戦に投入されたのは、アメリカ軍による「トーチ」作戦の前月の1942年10月に始まった「第二次エ

自由フランス軍の105mm榴弾砲搭載M4“La Moskowa号”。大口径の榴弾砲を持つM4(105)は、大戦初期のドイツ軍における短砲身Ⅳ号戦車のように、味方主力戦車の支援を担当した

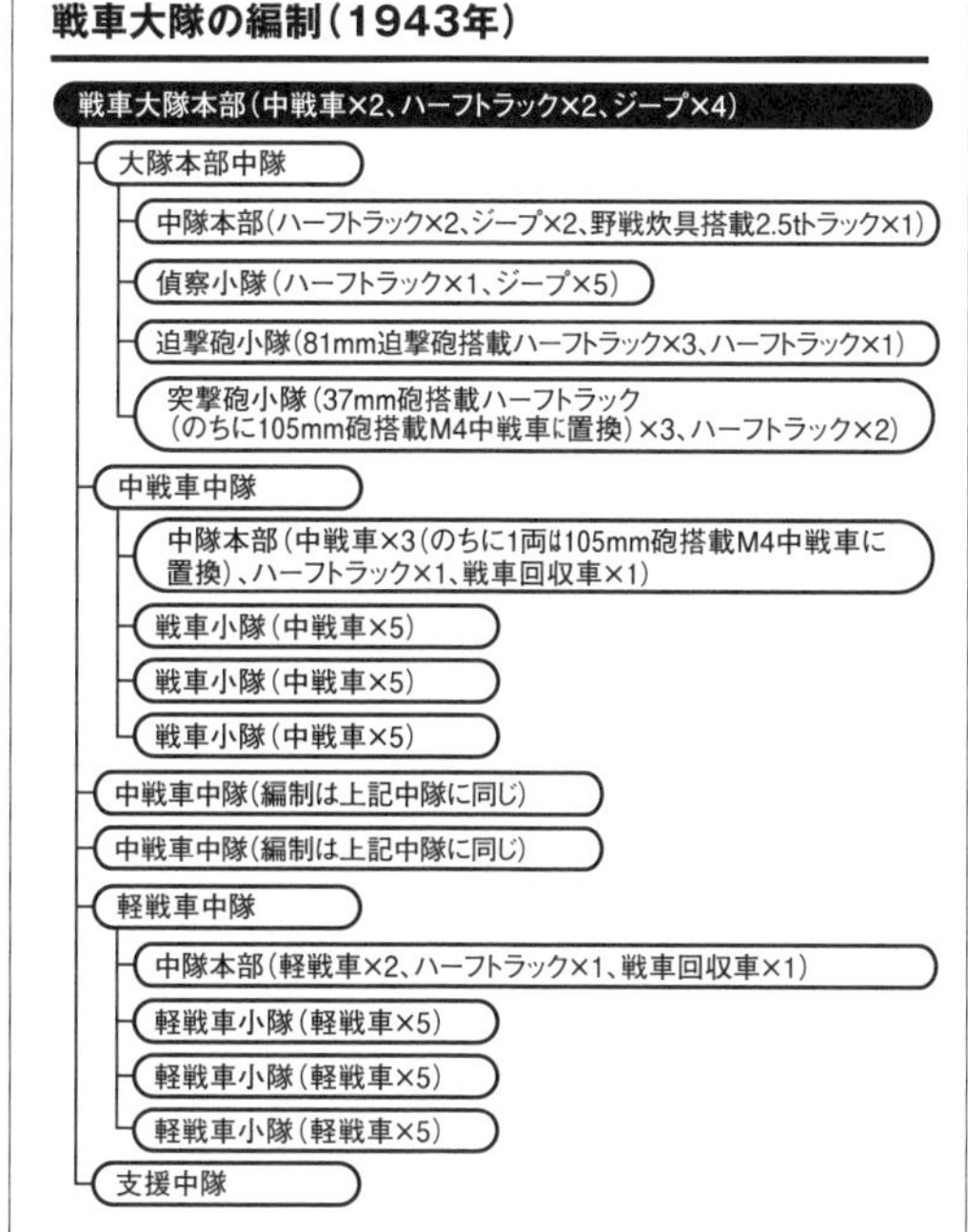

ル・アラメイン戦」で、イギリス軍の戦車部隊に配備された車両だった。その翌月の11月には、アメリカ軍が「トーチ」作戦で北アフリカに上陸し、アメリカ軍の戦車部隊に配備された車両も実戦に参加している。

その後、M4中戦車は連合国各国軍の戦車部隊で活躍し、事実上の連合国の主力戦車といえるほどになっている。

T7軽戦車の開発

アメリカ陸軍では、M3軽戦車の生産が開始される2カ月前の1941年1月に、機甲軍で新型軽戦車の要求仕様の検討が始められていた。そして、翌2月にはT7軽戦車の名称が与えられた試作車2両を、イリノイ州にあるロックアイランド工廠で製作することが決まった。

翌3月に陸軍省の承認を得たT7軽戦車の要求仕様は、車重が14ショートt(≒12・7メトリックt)以下で、装甲が最大1・5インチ(38㎜)。全周旋回砲塔に37㎜砲と同軸機関銃を、車体前面に2連装の固定機関銃と副操縦手が操作する可動式の機関銃1挺を、それぞれ装備し、加えて砲塔後部左側に対空用の機関銃1挺を装備するのが望ましい、といったものだった。

同年6月に完成したT7軽戦車のモックアップでは、鋳造の車体上部と砲塔が想定されており、この時点で車重は16ショー

Ttに増加していた。この戦車の特徴として、整備性の向上のために、車体前部のディファレンシャル（差動装置）と一体化されたトランスミッション（変速操向装置）や、車体後部のエンジンを車外に容易に引き出せるように、それぞれを前後にスライドさせるためのレールが備えられていたことがあげられる。

これに先立って、同年5月には前述の試作車2両の名称がT7軽戦車とT7E1軽戦車に改称されており、さらに同年8月には試作車3両、すなわちT7E2、T7E3、T7E4軽戦車が追加された。これらの試作車は、各種のエンジンや変速操向装置を搭載することに加えて、溶接や鋲接など異なる構造の車体や砲塔を採用することになっていた。これはM3中戦車やM4中戦車などと同様に、複数の工場で同時に生産することが考慮されていたため、と伝えられている。

この間の同年7月にはモックアップの審査が行なわれ、同年11月には車体の幅を広げて車高を低くすることが決まった。しかし、T7軽戦車とT7E1軽戦車の試作車は製作が進んでいたので変更せず、T7E2軽戦車以降の試作車に取り入れられることになった。

そして1942年1月に、T7軽戦車の試作車が完成した。軟鉄製で、砲塔や車体上部は鋳造だった。機甲軍は燃費のよいカミンズ社製のディーゼル・エンジンの搭載を望んでいたが、完成品が存在しておらず、コンチネンタル・モータース社で生産された既存のR－670空冷星型7気筒ガソリン・エンジンが搭載された。その一方で、M3軽戦車にも搭載された既存の手動変速機（ただしギアが入りやすいシンクロメッシュ付）ではなく、新型の油圧変速機が搭載された。

T7E1軽戦車には、機甲軍は同じく燃費のよいギバーソン社製のディーゼル・エンジンの搭載を望んでいたが、前述の低姿勢の新型車体を持つT7E2軽戦車の製作が優先されて、最終的に製作が中止されることになる。また、T7E3軽戦車とT7E4軽戦車も、エンジンなどに問題があったため、完成前にキャンセルされることになる。

M7中戦車の開発

一方、車体が一新されたT7E2軽戦車には、もともとイギリスで開発された6ポンド砲（口径57㎜）が搭載されることになった。陸軍の戦車などの兵器開発を担当する兵器局の研究開発室長であるグラデオン・M・バーンズ准将は、1941年7月に6ポンド砲用の試作砲架を発注しており、この頃から軽戦車の武装の強化を考えていたことがわかる。そして主砲の換装とともに砲塔が大型化されて3名用となり、乗員は計5名となった。

T7E2軽戦車の試作車は、1942年4月頃に完成し、翌5

月にはアバディーン試験場で各種の試験が始められた。この車両には、出力400hpのR-975E-C2空冷星型9気筒ガソリン・エンジンとスパイサー社製のトルク・コンバーター式自動変速機が搭載されていた。車重は当初の仕様から大幅に増加

T7E2軽戦車の左側面。軽戦車としては強力な6ポンド砲を搭載していた

上面からT7E2軽戦車を見た写真。砲塔は3人乗りで、ハッチを二つ備えていた

して26ショートtに達していた。

それにもかかわらず、さらなる武装の強化が求められて、75㎜砲を搭載することになり、同年8月には砲架とともに主砲の換装作業が行われて、名称もT7E5軽戦車に変更された。そして1942年8月には、このT7E5軽戦車に小改良を加えたものが、M7中戦車として制式化された。75㎜の搭載に加えて装甲の強化などによって車重が増大したため、軽戦車から中戦車に分類が変更されたのだ。

次いで同年10月には、有力なトラクター・メーカーであるインターナショナル・ハーベスター・カンパニー（以下、インターナショナル・ハーベスター社と略す）の工場から初期生産車の出荷が開始され、さらなる試験が行われた。そこで車重の増加による走行性能の悪化が見られたため、設計よりも厚くなり過ぎている鋳造部品の軽量化や最終減速比のギア比の変更などの改良が加えられた。しかし、思ったほどの効果はなく、これらの改良がほどこされた車両は6両のみに終わっている。

生産型のM7中戦車は、M4中戦車と同じ75㎜M3を搭載し

M7中戦車の開発

T7E2軽戦車に6ポンド砲を載せて砲塔を大きくしよう！
合体！
オードナンスQF6ポンド砲
T7E2
バーンズ准将
…やっぱりもっとデカい75㎜砲を載せよう。
装甲も厚くしよう
えー 仕様変更？
M7中戦車として制式化
まいっかー
あれ…？これはもはや軽戦車じゃないのでは…
できあがったのは24.5トン、75㎜砲搭載、前面装甲51㎜、時速50㎞の中戦車…
…って、M4と対して変わらないじゃん！
…ということでM7中戦車の生産は13両で打ち切りになったのね

ており、砲塔前面装甲が2インチ（51㎜）、防楯が2・5インチ(64㎜)と装甲が強化されたことなどにより、車重は27ショートt（24・5メトリックt）に増えていた。動力系は、出力400hpのR－975C1空冷星型9気筒ガソリン・エンジンと、スパイサー社製の前進3速後進1速のトルク・コンバーター式自動変速機の組み合わせで、最大速度は50㎞／h、航続力は路上で160㎞（100マイル）とされており、機動力に関してはM4中戦車よりも優れていた。

それでも、総合的に見ると車重の近いM4中戦車より劣っ

■M7中戦車

項目	値
重量	24.5t
全長	5.23m（主砲含む）
全幅	2.84m
全高	2.36m
乗員	5名
主武装	40.1口径75㎜戦車砲M3
副武装	7.62㎜機関銃×3
エンジン	コンチネンタル・ライトR975C1 空冷星型9気筒ガソリン
出力	400hp
最大速度	48km/h
航続距離	160km
装甲厚	13mm～64mm

T7E2軽戦車をベースに75mm砲を装備し、とうとう中戦車になってしまったM7。エンジンもM4/M4A1と同じR-975空冷星型エンジンである。ほぼ同性能で完成度のはるかに高いM4中戦車がすでに完成していたため、M7を量産するメリットがなかった

ており、インターナショナル・ハーベスター社での生産は前述の初期生産車6両を含む計13両のみで打ち切られることになった。

M24軽戦車の開発

T7軽戦車は、2000両の生産が予定されていた。ところが、前述のように武装や装甲の強化などによって車重が大幅に増えて、M7中戦車として制式化されたものの大量生産されずに終わった。また、T10、T11、T12、T13軽戦車は、紙上の研究や設計だけで試作車の製作には至らずに終わっている。

T14およびT16軽戦車は、トラックやバスの製造などを行なっていたマーモン・ヘリントン社が、もともと中国などへの輸出用戦車として開発したもので、1942年6月にはアメリカ軍に限定制式兵器として採用された。車重7・3t（8ショートt）、武装は7・62㎜機関銃3挺という2名乗りの豆戦車で、砲塔が左寄りで操縦手席が右寄りの型はT14軽戦車、逆に砲塔が右寄りで操縦手席が左寄りの型はT16軽戦車の名称が与えられた。いずれも砲塔は240度の限定旋回式で、2両をペアにした運用が考えられていたという。アメリカ軍には、1942年7月から240両が納入されて、大部分は訓練用戦車となり、一部はアラスカ州のダッチ・ハーバーのような遠隔地の飛行場警備任務などに用いられている。

一方、前述のM7中戦車の試験は1943年1月で打ち切られ、その翌々月の同年3月に、兵器局は新型軽戦車の開発に着手した。このT24軽戦車は、M7中戦車のような低姿勢の車体に75㎜を搭載するもので、M5軽戦車の機関系を流用することになっていた。

主砲に関しては、M4中戦車にも搭載された75㎜M3に同心式のT19駐退復座機を組み合わせたものが前述のT7E2軽戦車に搭載されて射撃試験も行われており、これをT24軽戦車に搭載することが考えられていた。しかし、これを搭載すると車

1942年夏、アラスカで撮影されたT-14軽戦車（左）とT16軽戦車（右）。マーモン・ヘリントンCTL（Combat Tank Light）とも呼ばれる

重が20ショートtを超えると見積もられ、M7中戦車の二の舞になることが危惧された。

一方、ロックアイランド工廠では、のちに陸軍のB-25H爆撃機（とその海軍仕様であるPBJ-1H哨戒爆撃機）に搭載される航空機用で軽量の75㎜T13E1に、同心式のT33駐退復座機を組み合わせることで発砲時の後座長を短縮し、砲塔の小さい車両にも搭載できるようにした新型の75㎜が開発された。この砲は1943年夏に試験が行われて、直径60インチ（1524㎜）以上の砲塔リングを持つ戦車なら搭載できることがわかった（ちなみにM4中戦車の砲塔リング径は69インチ＝1753㎜、M5軽戦車は46・75インチ＝1188㎜）。

この間の1943年5月にはT24軽戦車のモックアップの審査が行われており、同年9月には試作車の完成前にM5A1軽戦車から1000両分の発注が振り替えられることになった。次いで、翌10月にはT24軽戦車の最初の試作車が完成。各種の試験を経て、旋回式ペリスコープを備えた車長用ハッチから全周視察可能なキューポラへの変更、湿式弾薬庫の導入などの改良を加えたものが生産されることになった。

そして1944年4月からGM社のキャデラック事

M24軽戦車の開発

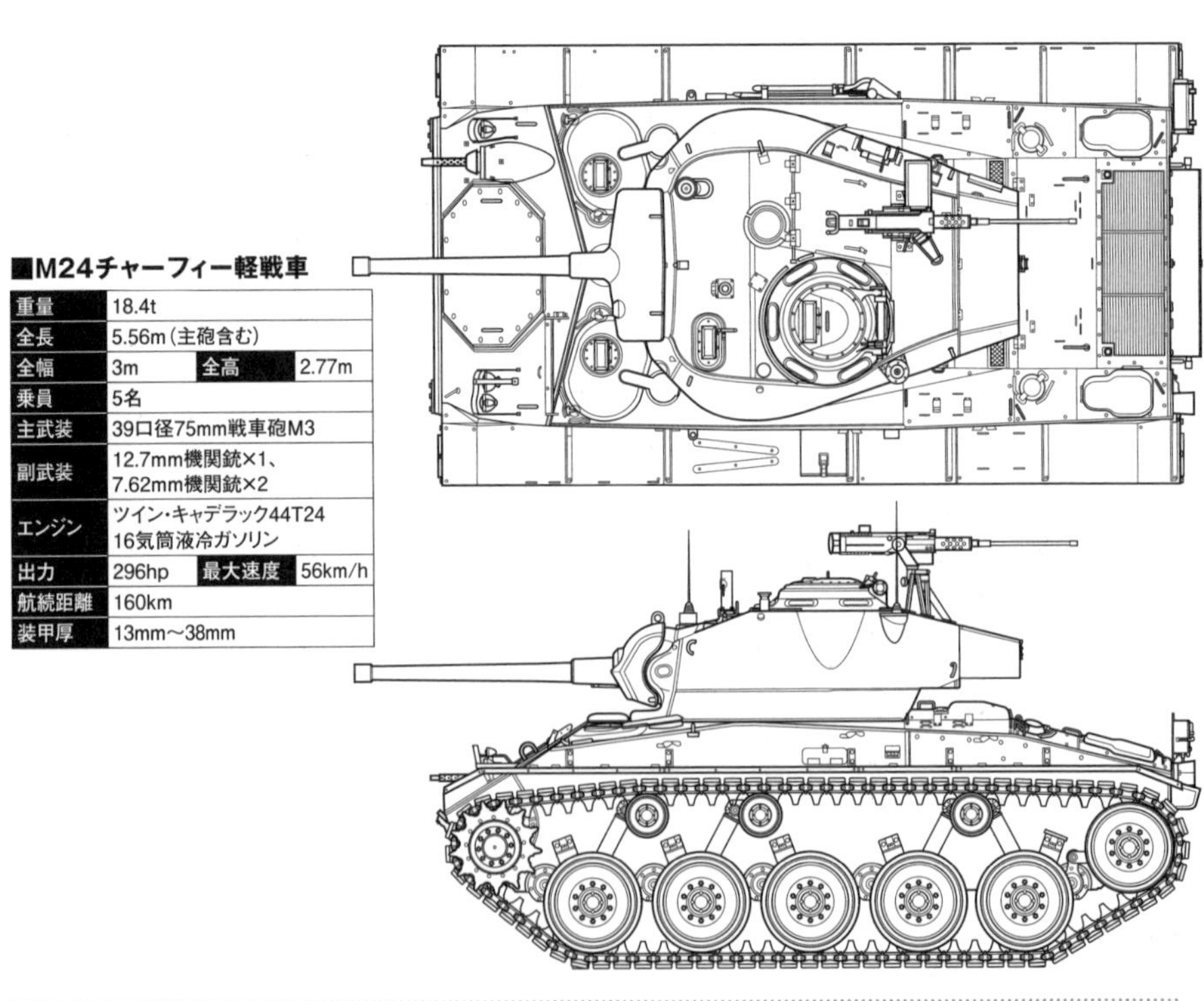

■M24チャーフィー軽戦車

重量	18.4t		
全長	5.56m（主砲含む）		
全幅	3m	全高	2.77m
乗員	5名		
主武装	39口径75mm戦車砲M3		
副武装	12.7mm機関銃×1、7.62mm機関銃×2		
エンジン	ツイン・キャデラック44T24 16気筒液冷ガソリン		
出力	296hp	最大速度	56km/h
航続距離	160km		
装甲厚	13mm〜38mm		

業部でT24軽戦車の名称のまま生産が始められ、同年6月にはM24軽戦車として制式化されて、機甲軍の初代司令官の名からチャーフィーの愛称が与えられた。加えて、翌7月からマッセイ・ハリス社も生産に加わり、合計で4731両が生産された。

M24軽戦車は、車重18・4t（20・3ショートt）で、M7中戦車より6tほど軽かった。車体も砲塔も溶接構造で、装甲は最大1・5インチ（38㎜）に抑えられたが、各部が傾斜した避弾経始のよい形状をしている。主砲は、前述の75㎜T13E1を制式化した75㎜M6を搭載していた。

エンジンは、M5軽戦車に搭載されたキャデラック製のV型8気筒水冷ガソリン・エンジンを2基連結した「ツイン・キャデラック」シリーズ42と同系列で、出力296hpのシリーズ44T24が搭載された。変速操向装置は、M5軽戦車にも搭載された「ツイン・ハイドラマチック」と呼ばれるGM社製の油圧式自動変速機が搭載された。ただし、M5軽戦車では前進4速、後進1速だったが、M24軽戦車は前進8速、後進4速の新型に変更されている。懸架装置は、アメリカ軍の軽戦車に長年受け継がれてきたVVSSを離れて、近代的なトーションバー式が採用された。

最大速度は56㎞／h、航続力は路上で160㎞（100マイル）とされており、優れた機動力を備えていた。

M24軽戦車の前線部隊への配備は、1944年12月に独立の

軽戦車大隊（ごく少数が編成された）から始められ、機甲師団に所属する戦車大隊隷下の軽戦車中隊、軍団直轄の騎兵グループ（機械化）に所属する騎兵偵察大隊（機械化）隷下の軽戦車中隊などに配備が進められていった。そして、1944年12月に始まった「バルジの戦い」で初めて実戦に参加している。

1945年2月、ベルギーのプティ＝ティエで撮影された、第18騎兵偵察大隊のM24と兵士たち

1945年、ドイツ領内に進撃したアメリカ第9機甲師団のM24。車体前面装甲や防盾に大きな傾斜が加えられているのが分かる

M22軽戦車の開発

アメリカが第二次世界大戦に参戦する前から、アメリカ陸軍では空挺用の軽戦車の開発に動きはじめていた。1941年2月、アメリカ陸軍の機甲軍、航空軍団（アーミー・エアー・コーズ）、兵器局の協議の場で、航空機に搭載可能な軽戦車が求められたのだ。次いで、1940年秋にイギリスが戦車などの調達のためにアメリカに送り込んだ代表団（第14講を参照）にも加わっていたイギリス陸軍のダグラス・H・プラット少将から、この戦車に大きな興味を持っているとの書簡が届いた。

これを受けて1941年3月には、T9軽戦車として空輸可能な軽戦車の要求仕様がまとめられた。その中身は、乗員や取り外し可能な装備品などを除いた車重が7・5ショートt（6・

M22空挺戦車の開発

M22はイギリス軍では『ローカスト（ワタリバッタ）』と呼ばれたのよ。スペックはイギリスのテトラークに似てるけど、サスペンションはアメリカ伝統のVVSSね
グライダーに乗って飛んでくるイメージですネ
1948年の第一次中東戦争では、エジプト軍によってごく少数のM22が実戦投入されたみたい。

8メトリックt）、全長3・51m、全幅2・13m、高さ1・68m以内で、動力旋回式の全周旋回砲塔に37㎜砲もしくは57㎜砲と同軸の7・62㎜機関銃を装備し、乗員は2〜3名、といったものだった。次いで、同年8月には兵器局、航空軍団、そしてのちに4発の大型輸送機C－54を生産することになるダグラス・エアクラフト社によってT9軽戦車のモックアップの審査が行われた。

そして試作車の発注では、マーモン・ヘリントン社、GM社のポンティアック事業部、そしてジョン・W・クリスティー技師（第13講を参照）から基本案が提出された。このうち、前述の要求仕様から大きく外れていたクリスティー案（同年11月には改良案を再度提出しているが）は相手にされず、ポンティアック案よりも低価格のマーモン・ヘリントン案が採用されることになった。

1942年4月、T9軽戦車の軟鉄製の試作車が完成した。主砲は37㎜砲で、乗員は車長兼装填手、砲手、操縦手の3名。主砲の同軸機関銃に加えて、車体前部右寄りに2連装の固定機関銃を装備していた。装甲は最大1インチ（25㎜）と薄かったが、車重は7・9ショートtで要求仕様を超過しており、試験では重量増による走行性能の低さが指摘された。また、C－54輸送機のモックアップを用いた搭載試験では全高が高すぎて荷室に入らず、砲塔を取り外して機内に収容するとともに車体を輸送機の胴体下面に吊り下げて空輸することになった。

■M22軽戦車

重量	7.4t		
全長	3.94m(主砲含む)		
全幅	2.25m	全高	1.84m
乗員	3名		
主武装	35.5口径37mm戦車砲M6		
副武装	7.62mm機関銃×1		
エンジン	ライカミングO-435T 水平対向6気筒空冷ガソリン		
出力	192hp		
最大速度	56km/h		
航続距離	180km		
装甲厚	9.5mm～25mm		

操縦手用ハッチ部に、操縦手が頭を出して操縦する際に風雨などを防ぐ運転用カバーが取り付けられているM22軽戦車。37mm主砲と同軸機関銃の形状も良く分かる

こうした試験と並行して、マーモン・ヘリントン社では、T9軽戦車の車体前面の形状などに改良を加えたT9E1軽戦車の設計が進められていった。そして2両発注された試作車のうち、最初の試作車が1942年11月に完成。次いで完成した試作2号車は、イギリスに送られて試験に供された。

T9E1軽戦車は、車重7・4t(8・2ショートt)で、乗員は3名。車体は溶接構造、砲塔は鋳造で、装甲は最大1インチ(25㎜)だった。武装は、M5軽戦車と同じ長砲身の37㎜砲M6と同軸の7・62㎜機関銃のみで、T9軽戦車にあった固定機関銃は廃止された。ライカミング・エンジン社製で出力192㏋のO-435T水平対向6気筒空冷ガソリン・エンジンと、前進4速、後進1速の手動変速機(シンクロメッシュは3速と4速のみ)を搭載しており、懸架装置は使い慣れたVVSSだった。最大速度は56㎞/h、航続力は路上で180㎞(110マイル)とされている。

マーモン・ヘリントン社で1943年4月から1944年2月にかけて830両が生産され、このうち260両がイギリスに供給された。アメリカ軍では1944年9月にM22軽戦車として限定制式化され、イギリス軍ではローカストの名称が与えられている。

M22軽戦車はC-54輸送機による空輸では砲塔の再取り付けの手間がかかることもあって、アメリカ軍では実戦には投入されずに終わった。これに対してイギリス軍では、荷室の全高が大きいハミルカー・グライダーにそのまま搭載可能であり、1945年3月に始められたライン河を渡河する「プランダー」作戦の一部である空挺作戦の「ヴァーシティー」作戦で、第6空挺師団に所属する第6空挺機甲偵察連隊のローカスト8両が実戦に投入された。しかし、降着時に損傷した車両が多く、大した活躍はできずに終わっている。そして、これが第二次世界大戦におけるローカストの唯一の実戦参加となった。

第17講 M6重戦車とT23中戦車

今回のテーマはアメリカのM6重戦車とT20系の試作中戦車です

第17講 M26重戦車につながる戦車たち M6重戦車とT23中戦車

第二次世界大戦前のアメリカ軍の重戦車

第二次世界大戦前の1930年代初め、世界の軍隊の中でもっとも多くの重戦車を運用していたのは、アメリカ陸軍だった。その一方でアメリカ陸軍は、1920年に菱形重戦車系列のMk.Ⅷ戦車の生産を終了して以降、新型重戦車の開発をまったく行なっていなかった。

当時のアメリカ陸軍では、戦車は歩兵科の管轄下にあり、1932年にMk.Ⅷ戦車が退役を始めると、これを装備していた唯一の部隊である第67歩兵連隊(重戦車)は、第67歩兵連隊(中戦車)に改称された。

とはいうものの、この時点でアメリカ陸軍の制式装備には中戦車が存在しておらず(1928年に制式化されたM1中戦車は量産されずに制式装備から外された)、同連隊には各種の試作車両が配備されることになる。

こうしてアメリカ陸軍では、第二次世界大戦前に重戦車部隊が消滅してしまったのだ。

その後、1940年7月に、機甲軍団や機甲師団、歩兵部隊の支援を主任務とする独立の戦車大隊の指揮統制管理組織として、機甲軍(アーマード・フォース)が創設され、その下で歩兵科の「戦車」(タンク)と騎兵科の「戦闘車」(コンバット・カー)が「戦車」(タンク)に一本化されることになるが、それはまだ先の話だ(第13講を参照)。

新型重戦車の研究

1939年9月1日、ドイツ軍がポーランドへの進攻を開始し、第二次世界大戦が勃発。これを受けて、アメリカ陸軍の兵器開発などを担当していた兵器局は、同月27日にようやく重戦車の研究に着手した。

次いで1940年5月10日、ドイツ軍が西方進攻作戦を開始

1930年代前半までアメリカ陸軍が運用していたMk.Ⅷ重戦車

し、6月22日にはフランスを屈服させて世界を驚かせた。そして、この間の5月20日に、アメリカ陸軍の歩兵科のトップである歩兵総監のエイサ・L・シングルトン准将が、重戦車の開発を提言。その2日後の5月22日には、早くも兵器局で以下のような重戦車の必要性が認められている。

車重はおよそ50ショートtで、約250度をカバーする主砲塔2基と、360度をカバーする副砲塔2基を搭載する多砲塔重戦車だ。筆者が参照した資料は文字情報のみで、概念図などは見当たらず、各砲塔の具体的な配置はよく分からない。武装は、主砲塔に75mm砲T6（のちに75mm砲M2に発展してM3中戦車に搭載される）を各1門装備。副砲塔のひとつには37mm砲および7・62mm機関銃をコンビネーション・マウント（組み合わせ砲架）に装備し、もうひとつには20mm砲をコンビネーション・マウントに装備することになっていた。[*1]

大戦間期の多砲塔重戦車は、1926年にイギリスで開発されたA1E1インディペンデント重戦車のように、1基の主砲塔と、いくつかの副砲塔ないし銃塔を組み合わせることが多く、このように2基の主砲塔を持つ多砲塔重戦車はめずらしい。

加えて、この兵器局の多砲塔重戦車案では、ボール・マウント（球形銃座）装備の7・62mm機関銃を、車体前面に2挺、車体後部の角に2挺、計4挺を装備。このうちの車体前面の機関銃は、必

要に応じて操縦手が操作する固定機関銃としても使えるように、電気式の撃発機構を備えることになっていた。

乗員は、少なくとも6名。装甲は、前面の垂直ないし垂直に近い部分が76㎜(3インチ)、側面および後面が64㎜(2・5インチ)、懸架装置のカバーや上面および底面が25㎜(1インチ)とされており、のちのM3中戦車を上回る防御力が求められていた。

最高速度は32～40㎞/h(20～25ｍｐｈ)と、かなり幅のある想定になっていた。その理由としては、これだけの大きな車重に対応した戦車用のエンジンやトランスミッション(変速操向装置)が、この時点ではアメリカ国内に存在していなかったことなどがあげられる。

しかし、この多砲塔重戦車案は採用されず、最終的には後述するように単一の砲塔を備える設計案が採用されることになる。

Ｔ１重戦車の開発

機甲軍が発足した翌日の１９４０年7月11日、兵器局ではＴ１重戦車の名称で新型重戦車の開発と生産が承認され、翌月にはボールドウィン社と試作車1両および(先行)量産車50両の製造契約が結ばれた。

そして、同年10月4日までに以下のように単一の砲塔を備えたモックアップが完成して機甲軍に報告書が送られており、同月24日にはその詳細が承認された。

武装は、全周旋回式の砲塔に3インチ砲(口径76・2㎜)と37㎜砲を、また砲塔後部右側の装填手が操作する対空射撃が可能な銃座に12・7㎜機関銃を、砲塔上面左側の車長用キューポラに7・62㎜機関銃を、それぞれ装備。加えて、車体前部右側の副操縦手が操作する銃座に双連の12・7㎜機関銃を、さらに車体前部左右に操縦手が操作する固定式(ただし若干の俯仰が可能)の7・62㎜機関銃2挺を、それぞれ装備することになった。ただし、この時点では、搭載されるエンジンはまだ決まっていない。

兵器局は、新型車両の開発における技術的な諸問題に対処するため、民間向け自動車を中心とする乗り物の技術者団体であるオートモーティブ技術協会(Society of Automotive Engineers略してＳＡＥ)に対して、軍側に助言を行なう委員会の設置を要請していた。

これを受けて設置されたＳＡＥ委員会内のエンジン小委員会は、ライト社製でもともとは航空機用のＲ－１８２０サイクロン９空冷星型9気筒エンジンの搭載を推奨。このサイクロン９のバリエーションのひとつである出力９６０hpのＧ－２００エンジンが搭載されることになった。

一方、トランスミッションは、GM社で「ハイドラマチック」と呼ばれる新型の油圧式トランスミッションが開発されることに

*1＝残された書類の原文では「……a 20mm gun in combination mount.」とだけ記されており、20mm機関砲と7.62mm機関銃の組み合わせを意味していると思われる。

なった。またSAE委員会は、ハイドラマチックの開発失敗に備えて、トルク・コンバーターの開発も推奨した。

加えて、ジェネラル・エレクトリック社（以下、GE社と略す）からの提案で、1941年2月にはエンジンで発電機を回して左右の電動モーターを駆動する型も開発されることになり、T1E1重戦車の名称が与えられた。電気駆動方式ならば、大出力のエンジンに対応したトランスミッション（とくにクラッチ）を搭載する必要がそもそも無い。

その後、GM社のハイドラマチックはなかなか完成せず、T1重戦車の最初の試作車は、ツイン・ディスク社製のトルク・コンバーターとハイコン社製の油圧装置が付いたティムケン社製の機械式トランスミッションを搭載して、1941年8月に完成した。なお、この車両には、完成前の同年4月にT1E2重戦車の名称が与えられていた。

そしてボールドウィン社では、試作車の予備試験を進めて、アメリカが大戦に参戦した1941年12月8日には、同社で生産中のM3中戦車とともに、兵器局の関係者などを前にデモンストレーションが行われている。

また、試作車の試験や改修と並行して、量産の準備も進められていった。具体的にいうと、複数の工場での大量生産に備えて車体は鋳造と溶接構造の2種類が用意され、各種のエンジンとト

T1重戦車
主砲塔の後面に機関銃、というと日本軍の九七式中戦車みたいね。こっちは主に対空用、九七式は対歩兵用で用途は違うけど…
T1重戦車はM6重戦車の原型で、主砲は装甲貫徹力の高い76.2mm砲。主砲の左横に37mm副砲を装備しています
スケールは違うけど、超重戦車マウスみたいな砲の配置ね
あとは砲塔右後ろに12.7mm機関銃座が付いてたり、車長用キューポラに7.62mm機関銃が付いてたり。この辺はまだ多砲塔重戦車のコンセプトを引きずってるような…

ランスミッションの搭載が計画された。そして1942年2月には（既述の型を含めて）以下のように名称が整理されることになる。

T1重戦車：鋳造車体にG－200エンジンとハイドラマチックを搭載する型。

T1E1重戦車：鋳造車体にG－200エンジンと電気駆動システムを搭載する型。

T1E2重戦車：鋳造車体にG－200エンジンとトルク・コンバーターを搭載する型。

T1E3重戦車：溶接車体にG－200エンジンとトルク・コンバーターを搭載する型。

T1E4重戦車：溶接車体にGM社製の民間向けの6－71液冷直列6気筒ディーゼル・エンジン4基とハイドラマチック2基を搭載する型。

その後、1942年5月には、鋳造車体のT1E2重戦車がM6重戦車として、溶接車体のT1E3重戦車がM6A1重戦車として、それぞれ制式化されることになる。

また、電気駆動システムを搭載するT1E1重戦車の試作車は、1942年4月に武装無しの状態で組み立てられ、その後の試験でも良好な成績を収めて、同年8月には限定調達する方針が打ち出されることになる。ただし、最終的には制式化されず、非公式にM6A2重戦車と呼ばれている。

その一方で、T1重戦車とT1E4重戦車は、ハイドラマチックが完成しないまま、1942年6月に開発がキャンセルされることになる。

M6重戦車の構造と機能

量産車の車重は、M6重戦車が57・4t、M6A1重戦車が57・3t、T1E1重戦車が57・6tと若干の差がある。

乗員は、砲塔内左側の車長、同右側の砲手、その後方の装填手、車体前部左側の操縦手、同右側の副操縦手、それに操縦手の後方に位置する弾薬運搬手（アミュニション・パッサー。補助装填手）の6名。

主砲は、口径76・2㎜の3インチ砲M7（試作時の名称はT12）が搭載された。この砲は、のちに戦車駆逐車（タンクデストロイヤー）である3インチ自走砲架（ガン・モーター・キャリッジ略してGMC）M10の主砲にも採用されることになる。また、主砲の同軸に、M3軽戦車のいわゆる中期型以降にも搭載される37㎜砲M6が装備された。なお、砲塔リングの直径は、M4中戦車などと同じ1753㎜（69インチ）だ。

試作車と量産車では、砲塔の形状や武装、操縦手用ハッチや前方機関銃座の形状などが若干異なる。具体的には、量産型の砲塔

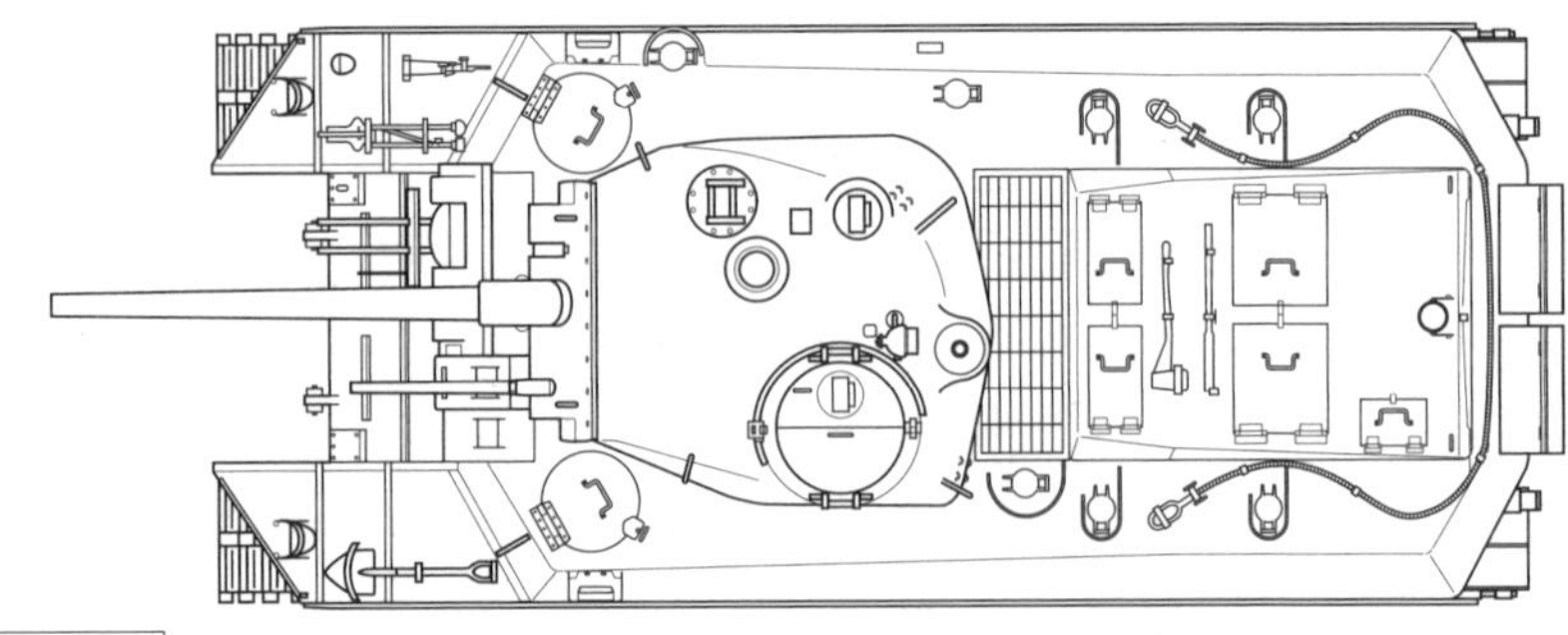

■M6重戦車

重量	57.4t
全長	8.43m（主砲含む）
全幅	3.12m
全高	2.38m
乗員	6名
主武装	50口径76.2mm 戦車砲M7
副武装	37mm戦車砲M6、12.7mm機関銃×2、7.62mm機関銃×2
エンジン	コンチネンタル・ライトG-200 星型9気筒空冷ガソリン
出力	960hp
最大速度	35km/h
航続距離	160km
装甲厚	25mm～102mm

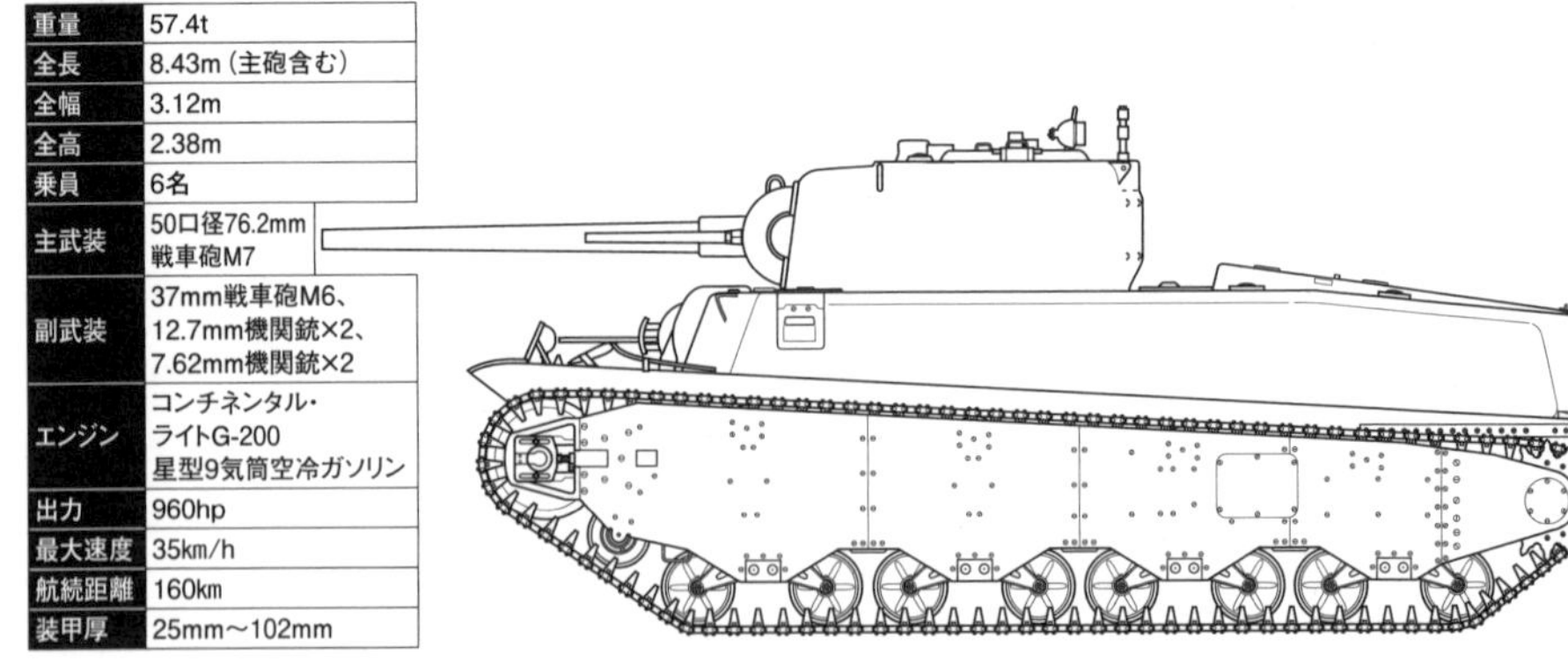

M6重戦車

鋳造車体のT1E2がM6重戦車、溶接車体のT1E3がM6A1として制式化されたのね。

T1の時にあった砲塔後ろの銃座や、キューポラ上の機関銃は撤去されたわ

ヨーロッパにM6重戦車×1両を送るよりM4中戦車×2両を送った方が効率がいい、と判断され結局少数生産に…

これは車体が少し丸みを帯びている、鋳造車体のM6ね。

では後部右側の銃座が廃止された。また、機関銃を装備する車長用キューポラは搭載されず、M4中戦車と同様の車長用ハッチ(対空銃架に12・7㎜機関銃を装備可能)が設けられた。また、車体前部の固定式機関銃2挺のうち、左側の1挺が廃止されて装甲栓で塞がれた。

装甲は、防盾が102㎜(4インチ)、車体前面上部が83㎜(3・25インチ)、車体側面上部が44㎜(1・75インチ)と、M4中戦車よりやや厚かった。

鋳造車体のT1E2重戦車を制式化したM6重戦車

溶接車体のT1E3重戦車を制式化したM6A1重戦車

トランスミッションは車体後部に搭載されており、後輪起動となっている。足回りには、いわゆる竹の子バネを用いたHVSSが採用されている。

持続できる最高速度は、M6重戦車とM6A1重戦車が35㎞/h、T1E1重戦車が32㎞/hとされており、電気駆動式はやや遅かったものの操縦性は良好だったようだ。航続力は、いずれも路上で160㎞(100マイル)とされている。

M6重戦車の生産

当初、M6重戦車はボールドウィン社で、M6A1重戦車はGM社のフィッシャー・ボディ事業部で、それぞれ量産される予定だった。

しかし、ユーザー側である機甲軍では、重戦車は戦術的な用途が限られる上に中戦車よりも重量が大きく輸送や移動がより困難で必要性が低い、と判断された。

簡単にいうと、当時のアメリカ陸軍では、独立の戦車大隊に支援された歩兵師団が敵戦線を突破し、機動力に優れた機甲師団が敵戦線の突破後に戦果を拡張することが考えられていた。その一方で、敵戦車との戦闘は、独立の戦車大隊や機甲師団などの機甲部隊ではなく、専門の戦車駆逐部隊(タンクデストロイヤー)がおもに担当することになっていた。したがって、機動力の低い重戦車の主な任務は、敵の戦車（とくに重戦車）との戦闘ではなく、敵の堅固な陣地の突破支援などになる。またアメリカ陸軍は、大西洋や太平洋を越えて遠征する必要がある。そのため、60t級の重戦車1両よりも30t級の中戦車2両の方が火力や防御力が多少劣っていても有用、と考えられたのだ。

結局、M6重戦車とM6A1重戦車の生産は1941年12月にほぼ同時に始められたものの、M6重戦車は8両、M6A1重戦車は12両、計20両のみの生産に終わった。また、電気駆動式のT1E1重戦車は、1944年2月にかけて20両が生産された。

これらの量産車計40両は、すべてボールドウィン社で組み立てられている。GM社のフィッシャー・ボディ事業部では、量産型のM6A1重戦車が1両だけ試験的に製作されたものの、量産契約はキャンセルされた。したがって、T1/M6重戦車系列の総生産数は、試作車であるT1E1重戦車とT1E2重戦車各1両、前述のボールドウィン社製の量産車計40両、フィッシャー製のM6A1重戦車1両、合計43両となる。

M6A2E1重戦車の開発計画

連合軍によるノルマンディー上陸作戦後の1944年8月、兵器局は、ドイツ軍の重戦車との戦闘などを考慮して、電気駆動式のT1E1重戦車の車体をベースに、長砲身の105㎜砲T5E1を装備する新型の鋳造砲塔を搭載し、車体前面上部の装甲を191㎜(7・5インチ）に強化するなどの改造を施す案を提案。電気駆動式のT1E1重戦車の量産車20両のうち15両が改造されることになった

巨大なT29重戦車の砲塔をT1E1重戦車の車体に載せたM6A2E1

が、最終的に取り止めとなった。

その後、1945年半ばに、同じ105㎜砲T5E1を搭載するT29重戦車の開発において、T1E1重戦車2両にT29重戦車の砲塔が搭載されてアバディーン試験場で射撃試験が行われた。この試験車両はもちろん制式化されなかったが、非公式にM6A2E1重戦車と呼ばれている。

そして、この間の1944年12月には、M6重戦車およびM6A1重戦車が制式装備から外されている。

T20中戦車の開発

M4中戦車の回でも述べたように、兵器局は、1942年春からM4中戦車の後継となる次世代の中戦車の開発に着手していた。それがT20中戦車で、同年5月にはGM社のフィッシャー・ボディ事業部によってモックアップが製作された。

このT20中戦車は、76㎜砲T1（のちにM4中戦車にも搭載される76㎜砲M1A1に発展する）を搭載するが、砲塔リングをM4中戦車と同径にして、可能な限りM4中戦車の構成部品を使用するなど、M3中戦車からM4中戦車への発展と同様に、新規開発のリスクを可能な限り抑える方針がとられた。

その一方で、兵器局の研究開発室長のグラデオン・M・バーンズ准将は、以前からトランスミッションを車体後部に搭載する

ことを望んでいた。このレイアウトを最初に実現したのは既述のT1重戦車系列だが、T20中戦車でも同様のレイアウトが採用されることになった。これによって戦闘室の下部を通るプロペラ・シャフト（推進軸）がなくなるので、車体の全高を大きく下げることができる。

また、前講で述べたT7軽戦車（のちにM7中戦車に発展する）では、車体前部のトランスミッションや車体後部のエンジンを車外に容易に引き出せるようにレールが備えられていたが、T20中戦車ではトランスミッションとエンジンが一体化されて車体後部に搭載されることになった。現代の戦車ではトランスミッションとエンジンや補機類などを一体化したパワーパック形式が当たり前になっているが、それは一足飛びに実現したわけではなく、このように段階的に発展していったのだ。

その結果、T20中戦車では、M3中戦車やM4中戦車のような車体前面下部のディファレンシャル（差動装置）・カバーは無くなり、前面装甲は大きく傾斜したくさび形になった。

そしてエンジンは、フォード社製でM4A3中戦車などに搭載されたGAA液冷V型8気筒ガソリン・エンジンの発展型で、出力500hpのGANエンジンが搭載されることになった。またトランスミッションは、GM社製の「トルクマチック」と呼ばれるトルク・コンバーター付トランスミッションが搭載される

M4中戦車とT20中戦車の車高の違い

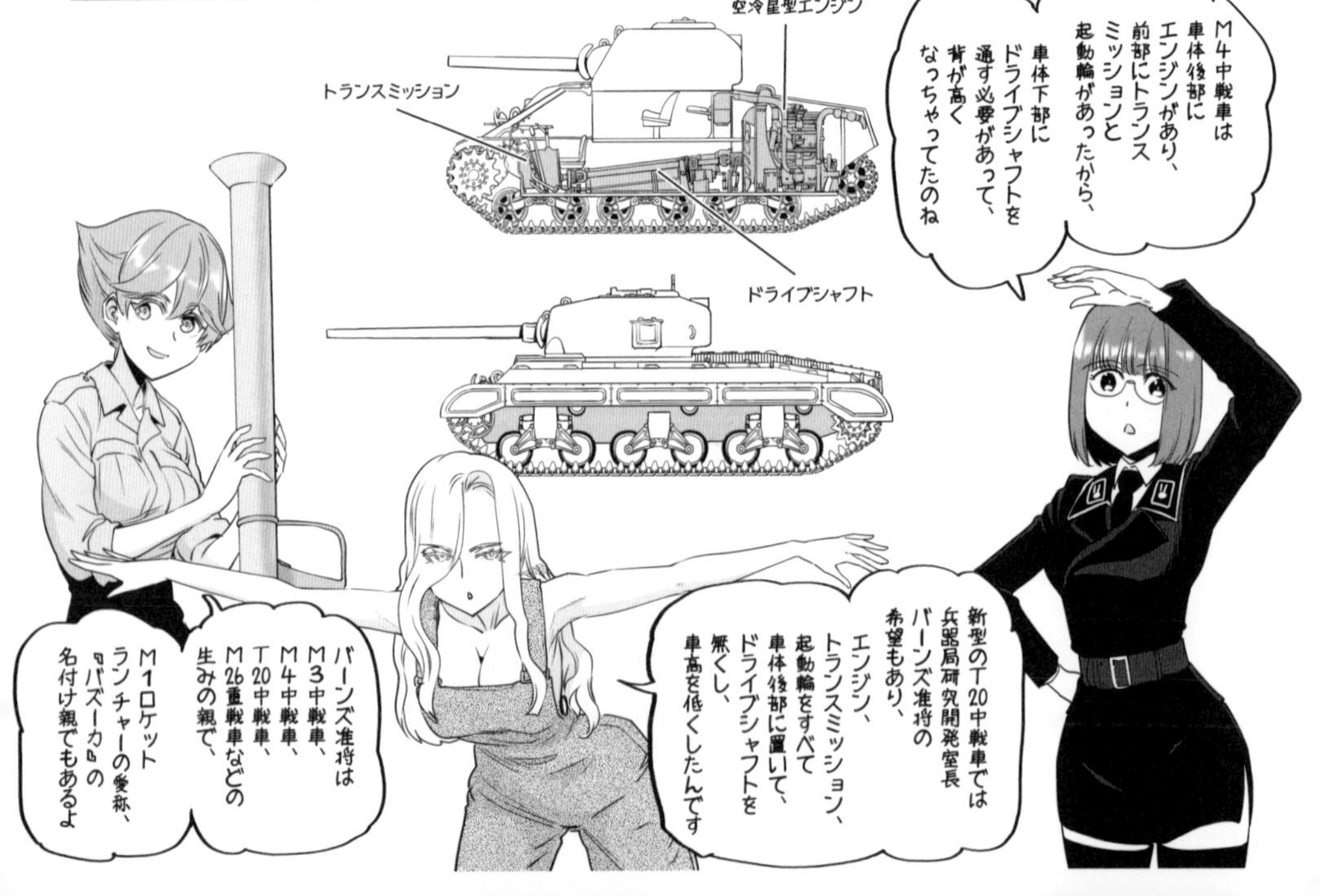

ことになった。

また、主砲や懸架装置などが異なる型も計画され、その一部はM4中戦車の改良にも取り入れられることになる。

1943年5月末には、HVSSを備えたT20中戦車の試作1号車が完成した。このHVSSは初期のもので、のちにM4中戦車に導入されるものとは少し異なる。

T20E1中戦車は、M4中戦車にも搭載された75㎜M3にユナイテッド・シュー・マシーナリー・コーポレーション社製の油圧式自動装填装置を組み合わせて搭載する型だが、試作車は製作されずに終わっている。

T20E2中戦車は、M6重戦車にも搭載された3インチ砲M7の搭載型だが、こちらも試作車は製作されずに終わっている。

T20E3中戦車は、T20中戦車のHVSSを近代的なトーションバー式懸架装置に変更した型で、1943年7月にフィッシャー・ボディ事業部によってT20中戦車の試作2号車を改造した試作車が完成した。

T22中戦車の開発

T20中戦車の開発と並行して、既述のT1/M6重戦車と同様に、動力系統が異なるT22中戦車とT23中戦車も開発が進められることになった(ちなみにT21はT20中戦車をベースにした20t級の軽戦車で、1942年8月に開発が決まったものの、設計段階で車重の大幅な増加が見込まれたために開発中止となった)。また、T20中戦車と同様に、T22中戦車やT23中戦車でも主砲や懸架装置などが異なる型が計画され、その一部はM4中戦車の改良にも取り入れられることになる。

T22中戦車は、T20中戦車と同じフォード社製のGANエンジンを搭載しHVSSを備えるが、M4中戦車と同じクライスラー社製の機械式トランスミッションを搭載する型だ。1943年6月にクライスラー社のデトロイト戦車工廠で試作車が完成したものの、補助発電機やバッテリーなども含めて後輪起動用に変更された機関系に不具合が多く、量産はされなかった。

T22E1中戦車は、T20E1中戦車と同様に、

75mm砲に自動装填装置を搭載したT22E1中戦車

75㎜M3に自動装填装置を組み合わせて搭載する型だ。1943年8月に、もともとT20E1中戦車用に開発された自動装填装置付の砲塔をT22中戦車の試作車の車体に搭載するかたちで、T22E1中戦車の試作車が製作された。砲塔は2名用で、左側に車長、右側に砲手が位置し、対空銃架の付いた車長用ハッチも左側になっている。

この自動装填装置付の75㎜M3の発射速度は毎分20発とされており、試作車を用いて射撃試験も行なわれた。しかし、兵器局は弾薬を装填手が装填する76㎜砲の搭載を選択したため、これも量産されずに終わる。

T22E2中戦車は、T20E2中戦車と同様に、3インチ砲M7を搭載する型だが、試作車も製作されずに終わっている。

T23中戦車の開発

一方、T23中戦車は、GANエンジンとGE社製の電気駆動システムを搭載する型で、1943年1月にGE社のペンシルベニア州にあるエリー工場で試作1号車が完成した。つまり、次世代の中戦車であるT20、T22、T23中戦車の中で最初に試作車が完成したのは、このT23中戦車なのだ。

この試作1号車は、M4中戦車の初期型と同じVVSSを備えており、57口径の76㎜砲T1を装備する溶接構造の砲塔を搭

載していた。次いで同年3月には、新型の鋳造砲塔を搭載し、車体に改良が加えた試作2号車が完成した。

　そして1943年5月には、クライスラー社とT23中戦車250両の生産契約が結ばれた。その後、このうち50両は後述するようにT25E1中戦車とT26E1中戦車に振り替えられることになるが、さらにT23中戦車50両が追加発注されたため、最終的にはデトロイト戦車工廠で1943年10月から1944年12月にかけて計250両が生産された（このうちの2両は後述するT25中戦車となる）。

　このT23中戦車の量産車には、試作2号車とは異なる鋳造砲塔が搭載され、76㎜砲T1を制式化した76㎜砲M1に小改良を加えた76㎜砲M1A1が装備された。そして、この新型砲塔がM4中戦車の76㎜砲型に導入されるわけだ。

　T23E1中戦車は、T20E1中戦車やT22E1中戦車と同様に、75㎜M3に自動装填装置を組み合わせて搭載する型だが、試作車は製作されずに終わっている。

　T23E2中戦車は、T20E2中戦車やT22E2中戦車と同様に、3インチ砲M7を搭載する型だが、これも試作車は製作されずに終わっている。

　T23E3中戦車は、T22中戦車のVVSSをT20E3中戦車と同様のトーションバー式懸架装置に変更した型で、デト

■T20中戦車系列の開発の時系列

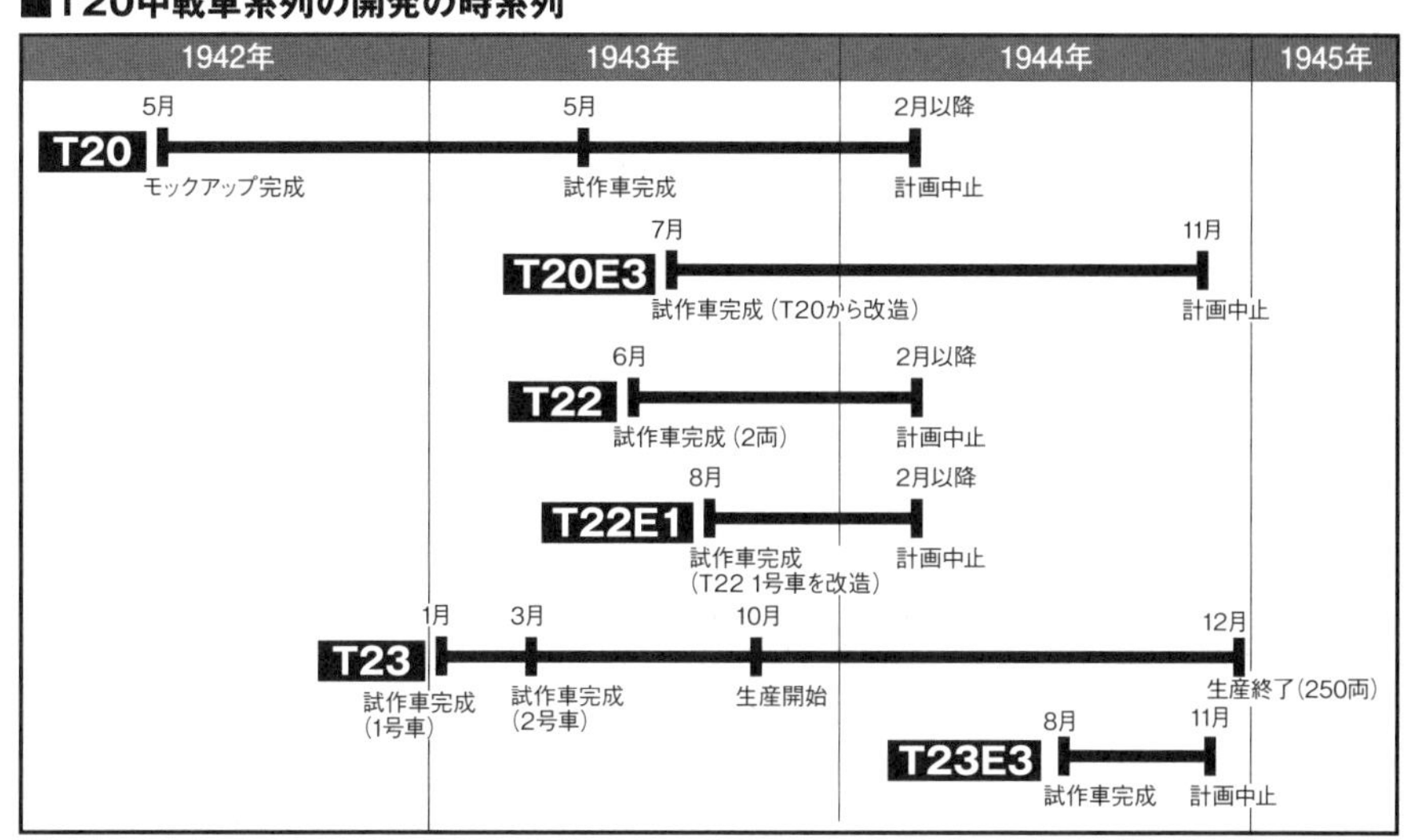

■T20中戦車系列の主な特徴

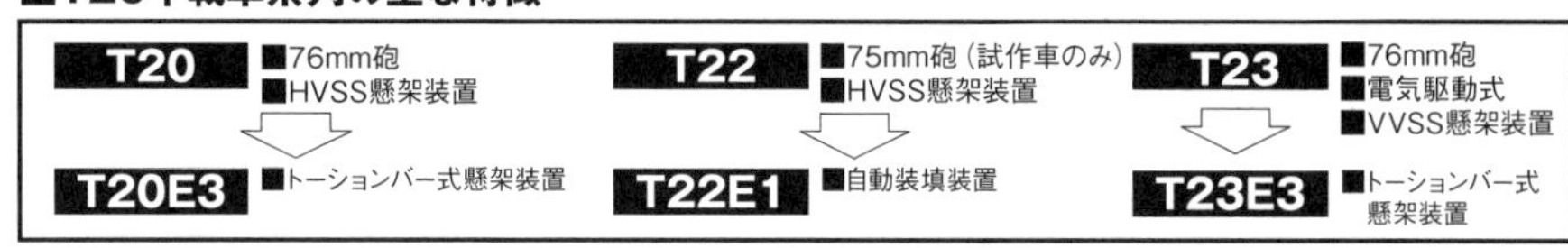

ロイト戦車工廠で試作車が製作され、1944年8月にはアバディーン試験場に送られて試験が行われた。T23E4中戦車の名称はHVSSを備えた型に予定されており、実際に試作車が4両製作されたにもかかわらず、この名称はなぜか与えられずに終わっている。

ここで話はやや前後するが、1943年7月に、兵器局は、M4中戦車の76㎜型と同じ76㎜M1A1を搭載し新しいトーションバー式懸架装置を備えたT23E3中戦車とT20E3中戦車を、それぞれM27中戦車とM27B1中戦車として制式化するよう求めた。

しかし、いずれも量産化されることなく、T23中戦車の武装強化型であるT25中戦車と武装と装甲の両方の強化型であるT26中戦車からM26重戦車へと発展していくことになる。つまり、アメリカ陸軍では、M6重戦車の次の重戦車は、このT23中戦車から発展していくのだ(もっとも、そのM26重戦車は第二次世界大戦後に中戦車に区分が変更されるのだが)。

T23中戦車の構造と機能

話をT23中戦車に戻すと、車重は34・2tで、乗員は5名。主砲は、既述のようにM4中戦車の76㎜と同じ76㎜M1A1だ。装甲は最大76㎜(3インチ)で、初期のM4中戦車と変わらない。懸

T23中戦車
T23は制式化はされなかったけど、砲塔が76mm砲搭載タイプのM4中戦車に流用され、車体はM26の母体になるなど、実は重要な戦車だったのよ。
注:ヒルダ
T23中戦車の最も大きな特徴は電気駆動システムね。これはエンジンで発電して、その電気で左右の起動輪を回すモーターを動かす方式
ドイツのポルシェ博士も大好きだったのよ
複雑なトランスミッションを搭載する必要がないけど、従来の駆動システムとまったく違うから、操縦方法や整備の教育を一からやり直す必要があったの…
めんどくせー…
つーことでT23中戦車はボツになりまシタが、砲塔はM4中戦車の76㎜砲搭載タイプの砲塔に流用されたのデスな

M4中戦車と比べると車高が低くなり、動力が電気駆動に変更されて機動力が大幅に向上したT23中戦車

T23を真横から見た写真。M4とは異なり起動輪が車体後部に位置している

架装置もＶＶＳＳで初期のＭ４中戦車と同じだ。瞬間的な最高速度は56㎞／h（35ｍｐｈ）とされており、航続力は路上で１６１㎞（１００マイル）とされている。要するに、Ｔ23中戦車は、初期のＭ４中戦車の武装を76㎜に強化し動力系統を電気駆動式に変更したものといえる。

だが、この従来の車両と大きく異なる動力系統を持つＴ23中戦車を維持整備するには、乗員や整備員の教育訓練課程などに大きな変更が必要になる。

結局、Ｔ23中戦車の前線部隊への配備は見送られ、もっぱら訓練に用いられることになった。

■T23中戦車

重量	34.2t	全長	7.55m（主砲含む）
全幅	3.11m	全高	2.5m
乗員	5名		
主武装	52口径76.2mm戦車砲M1A1		
副武装	12.7mm機関銃×1、7.62mm機関銃×2		
エンジン	フォードGAN V型8気筒液冷ガソリン		
出力	500hp	最大速度	56km/h
航続距離	160km	装甲厚	13mm〜89mm

第18講 M26重戦車

今回のテーマはアメリカ軍の重戦車・M26パーシングだね！
T20系の中戦車をベースに主砲を90㎜砲にしたり動力系や懸架装置を変えたり装甲を厚くしたりこねくり回して作られた重戦車ね
あーでもない
T26E3
T26E1
T-26
T-23
こーでもない
元々は中戦車だったのがどんどん強化されてって重戦車になったのか～
第二次世界大戦にはほとんど間に合わなかったけど…
M26、M46、M47、M48と続く大戦後のアメリカ戦車のベースとなった名戦車なの！
イギリスのセンチュリオンとちょっと似た経緯をたどったのね…

第18講 大戦末期に登場した重戦車 M26重戦車

T25中戦車とT26中戦車の開発

アメリカ陸軍の兵器開発などを担当していた兵器局では、装甲戦闘車両の対戦車能力の向上を目指して、1942年9月から90㎜高射砲M1を車載砲に転用する計画に着手。同年12月には、ニューヨーク州にあるウォーターヴリート兵器廠で車載用の90㎜砲T7の設計が完了した。この兵器廠は、米西戦争中の1813年に建設されたもので、アメリカ陸軍の大砲の多くを生産している。

そして、1943年5月に電気駆動式のT23中戦車(前講を参照のこと)250両の生産が決まった少しあと、このうちの50両の主砲を、この90㎜砲T7(同年9月に90㎜砲M3として制式化される)に変更する武装強化型が提案された。加えて、装甲強化型も提案され、それぞれT25中戦車とT26中戦車の名称で開発されることになった。このT26中戦車が、のちにM26重戦車へと発展していく。

まず武装強化型のT25中戦車の試作車は、1943年10月からクライスラー社のデトロイト戦車工廠で、T23中戦車の量産2号

T25中戦車とT26中戦車の開発

T20からT23まで主砲は75mm砲か76mm砲だったけど、T25から主砲が90mm砲に変わって、重戦車っぽくなってきたね〜!

T25はT23の主砲を52.5口径90㎜戦車砲に変更した型、T26は90㎜砲に加えて装甲が増えて、サスペンションもトーションバー式に変わってる型かな

さらなる改良型のT25E1とT26E1は、変速操向装置が新型の『トルクマチック』に変更されてます

T23

T25

T26

車と3号車をベースに、90㎜砲M3を搭載するとともに、HVSSを装着して製作された。そして、1944年1月から試作1号車の試験が、同年4月から試作2号車の試験が、それぞれ始められている。

一方、武装および装甲強化型のT26中戦車は、車体や砲塔を新規に開発して装甲を抜本的に強化することになり、1944年10月から新規に製作された試作車の試験が開始されている。

これらの試作車の車重(正確には戦闘重量)は、武装を強化したT25中戦車の試作1号車が37・3t、細部の異なる同2号車が38・2t、武装に加えて装甲も強化したT26中戦車が43・1tにも達した。そのため、T23中戦車と同じ電気駆動方式ではパワーが不足しており、量産化は見送られることになった。

その一方で兵器局は、これに先立ってT25中戦車とT26中戦車の電気駆動方式を変更し、フォード社製で出力500hpのGAF液冷V型8気筒ガソリン・エンジンとGM社製の「トルクマチック」と呼ばれるトルク・コンバーター付トランスミッションを搭載する型に、それぞれT25E1中戦車とT26E1中戦車の名称を与えて開発に着手していた。そして、どちらも試作車の完成を待たずに量産化が決まり、1944年2月から5月にかけてT25E1中戦車が40両、同年5月から8月にかけてT26E1中戦車が10両、それぞれ生産された。つまり、同年6月に連合軍が実施するノルマンディー上陸作戦の直前に量産が開始されたのだ。

だが、これらの新型戦車は、無理を押してノルマンディー上陸作戦に投入されるようなことはなく、試験に用いられたのちに一部が訓練に使われている。

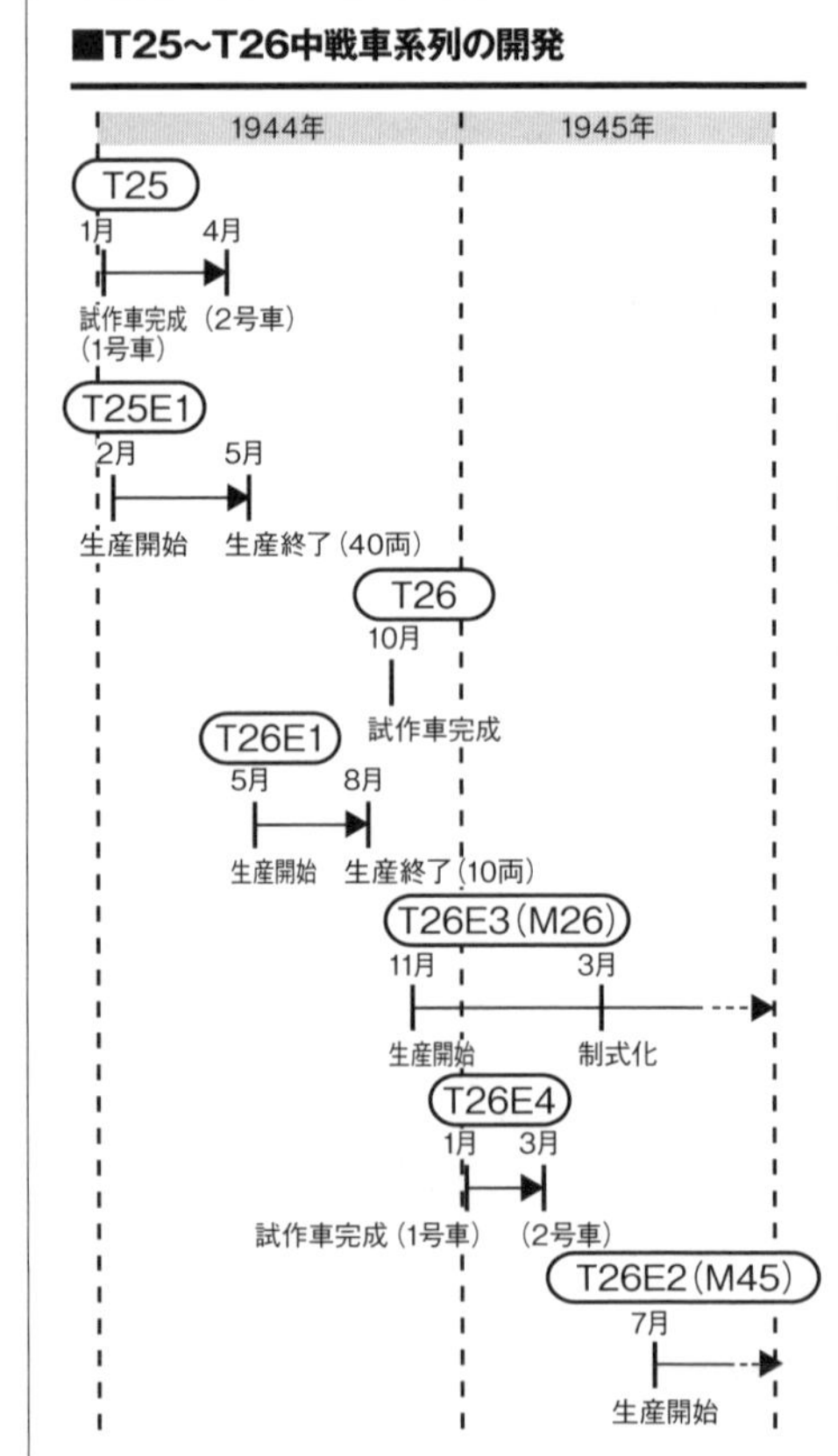

T26E3重戦車からM26重戦車へ

T26E1中戦車は、その後も試験と改良が続けられて、1944年秋には試作5号車を改造するかたちで改善点を盛り込んだT26E3重戦車が製作された（T26中戦車系列は車重が増加し、1944年6月29日には重戦車に区分が変更されたので、これ以降は重戦車と記す）。

そして、このT26E3重戦車は、1944年11月からGM社のフィッシャー戦車工廠で、また1945年3月からクライスラー社のデトロイト戦車工廠で、それぞれ量産が始められて、1945年末まで続けられた。総生産数は2202両（ほかに戦闘力の無い軟鉄製の試作車10両）とされている。そして、その間の1945年3月にはM26重戦車として制式化され、第一次世界大戦中にアメリカ遠征軍司令官を務めたジョン・J・パーシング元帥にちなんでパーシングの愛称が与えられている。

このM26重戦車は、車重41・9tで、乗員は5名。主砲は、前述のように53口径の90㎜砲M3を搭載していた。装甲は、防盾が114㎜（4・5インチ）と、従来の中戦車（M4A3E2突撃戦車などの特別な重装甲型を除く）より格段に厚い。エンジンとトランスミッションは前述のようにフォード製のGAFエンジンとGM社製の「トルクマチック」を搭載しており、懸架装置は、近代的なトーシ

ヨンバー式を採用している。速度は、ダッシュ時が最大48km／h、持続できるのは40km／h。航続力は、路上で160km（100マイル）とされている。

端的にまとめると、M26重戦車は、電気駆動式のT23中戦車の動力系を変更して、武装や装甲を重戦車並みに強化したもの、といえる。言い方を変えると、アメリカ陸軍は、完全に新規の重戦車を開発したのではなく、中戦車の発展型を重戦車に区分して、これから述べるように実戦に投入したのだ。

ゼブラ・ミッション

M26重戦車は、制式化前の段階で、実戦における運用評価試験が行われることになった。この試験には、（前講でも触れた）グラデオン・M・バーンズ少将以下、兵器局や民間企業の関係者などで構成される評価チームが派遣されることになり、「ゼブラ・ミッション」と呼ばれた。

1945年1月末、T26E3重戦車の最初の20両が、西ヨーロッパの連合軍の主要な補給港となっていたベルギーのアントワープ港に海路で送り込まれた。そして、2月9日にはM25戦車輸送車に搭載されてまずベルギーの首都ブリュッセルに向かい、同月17日には連合軍がすでに占領していたドイツの街アーヘンに最初の10両が到着した。

■M26重戦車

項目	値	項目	値
重量	41.9t		
全長	8.65m(主砲含む)		
全幅	3.51m		
全幅	2.78m(展望塔含む)		
乗員	5名		
主武装	53口径90mm戦車砲M3		
副武装	12.7mm機関銃×1、 7.62mm機関銃×2		
エンジン	フォードGAF V型8気筒液冷ガソリン		
出力	500hp	最大速度	48km/h
航続距離	160km	装甲厚	13mm～114mm

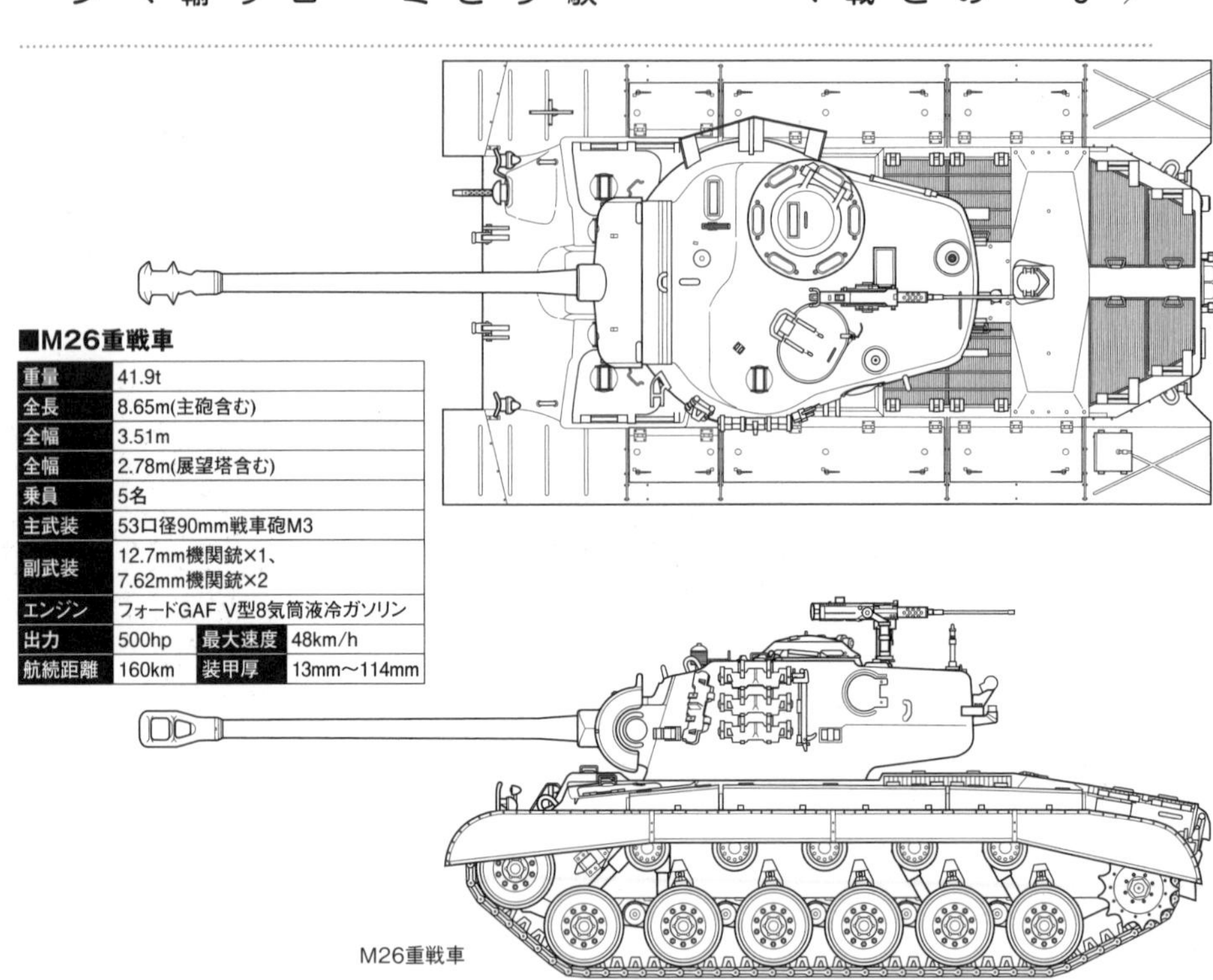

M26重戦車

この10両は、同方面に展開していた第3機甲師団隷下の第32および第33機甲連隊の各戦車中隊に配備されるとともに、乗員の慣熟訓練が開始された（第3機甲師団は1942年型機甲師団のため隷下に機甲連隊が2個あった）。そして、同月25日からアーヘン東方を流れるルール川の渡河作戦に投入され、すぐにドイツ軍の戦車と交戦している。

残りの10両は、やや遅れて近くの第9機甲師団隷下の第14戦車大隊A中隊および第19戦車大隊の各戦車中隊に配備され、3月1日から実戦に参加している（この第9機甲師団は、1943年型機甲師団なので隷下に戦車連隊が無く、代わりに戦車大隊が3個置かれており、残る第2戦車大隊にはM26重戦車は配備されなかった）。

その後、M26重戦車は、ドイツ政府の代表

ゼブラ・ミッションで第9機甲師団に配備されたT26E3

ゼブラ・ミッション

制式化前の新型戦車が実戦テストに投入されて、自軍を苦しめてきた宿敵と戦う…アニメみたいで熱い展開だね！

M26は1945年2月から西部戦線で『ゼブラ・ミッション』という名で実戦テストをして、ドイツ戦車と交戦したのデス

2月25日にはエルスドルフの町でティーガーIと交戦、1両が撃破されたけど、他のM26がもう1両のティーガーIを撃破。パーシングとティーガーIの初対決は引き分けに終わったのよ

が降伏文書にサインした5月9日までに310両が搬入されて200両程度が前線部隊に引き渡されたと見られている。ただし、この中でドイツ軍との戦車戦の機会があったのは「ゼブラ・ミッション」の20両だけ、とされている。

一方、太平洋戦線では、1945年6月30日に最初のM26重戦車が沖縄の那覇港に到着し、7月21日までに計12両が陸揚げされて、独立の第193戦車大隊と第711戦車大隊にそれぞれ6両ずつ配備された。しかし、日本軍との実戦に参加する機会は無く、第二次世界大戦の終結を迎えている。

そして1946年5月には、M26重戦車からM26中戦車に区分が変更されることになる。

M45重戦車の開発

M4中戦車では、敵の対戦車砲の制圧などを行なう火力支援用の戦車として、105㎜榴弾砲を搭載する型が開発された（第15講参照）。これと同様に、M4中戦車の後継と考えられていたT23中戦車でも、火力支援用に105㎜榴弾砲搭載型の生産が予定されていた。

その後、既述のようにT23中戦車の発展型であるT26E1中戦車が開発されたため、同様に105㎜榴弾砲を搭載した型が、（着手時期は不明確だが）T26E2中戦車（時期によっては重戦車に区分されていた可能性もある）の名称で開発されることになった。

試作1号車の車体はデトロイト戦車工廠で、砲塔はフィッシャー戦車工廠で、それぞれ製作されることになった。ところが、M26重戦車の生産に

■M45重戦車

重量	42t		
全長	6.52m（主砲含む）		
全幅	3.51m		
全幅	2.82m（展望塔含む）		
乗員	5名		
主武装	24.5口径105mm榴弾砲M4		
副武装	12.7mm機関銃×1、7.62mm機関銃×2		
エンジン	フォードGAF V型8気筒液冷ガソリン		
出力	500hp	最大速度	48km/h
航続距離	160km	装甲厚	13mm～203mm

手をとられたこともあって、試作車の完成は1945年5月のドイツの降伏後になり、同年7月からアバディーン試験場で試験が始められている。

このT26E2重戦車の車体は、弾薬庫などの細部を除いてM26重戦車と同じだった。その一方で砲塔は、105㎜榴弾砲M4の搭載に加えて、装甲が防盾203㎜(8インチ)、砲塔前面127㎜(5インチ)になるなど、一段と強化されている。

T26E2重戦車の生産は、ドイツの降伏もあり、フィッシャー戦車工廠への発注がキャンセルされたため、デトロイト戦車工廠だけで1945年7月から1945年末にかけて185両が生産された。

そして、第二次世界大戦終結後にM45重戦車として制式化されるが、M26重戦車と同じく、1946年5月には中戦車に区分が戻されることになる。

T26E4重戦車の開発とスーパー・パーシング

M26重戦車は、既述のように53口径の90㎜砲M3を搭載しており、たとえばドイツ軍の56口径8・8㎝戦車砲KwK36を搭載している重装甲のティーガーⅠにも対抗可能だった。だが、ドイツ軍は超長砲身の71口径8・8㎝戦車砲KwK43を搭載している上にさらに重装甲のティーガーⅡを開発しており、アメリカ軍も北フランスでこれに遭遇することになった。

こうした状況の中、アメリカ軍は、T1E1重戦車20両のうち15両を改造して105㎜砲T5E1を搭載する案(前講参照)を検討するとともに、超長砲身の73口径90㎜砲T15の開発をウォーターヴリート兵器廠で進めていった。

そして、この超長砲身の90㎜砲T15に小改良を加えたT15E1を、M26E1重戦車の試作1号車に改造を加えて搭載することになり、1945年1月には改造作業を終えて試験が始められた。次いで、同年3月にはT26E4重戦車の名称が与えられて、さらに2両を改造するとともに1000両の生産が予定された。少なくともこの時点では、アメリカ陸軍はT26E4重戦車を次期

長大な90mm砲と増加装甲を装着したスーパー・パーシング。防盾上の2つの円筒状の部品は平衡器

重戦車の本命と考えていたのだ。

その後、90㎜砲T15E1を搭載したM26E1重戦車の試作1号車は、1945年3月に前述の「ゼブラ・ミッション」にも関わった第3機甲師団に送り込まれた。そして現地の整備大隊によって、ドイツ軍のV号戦車パンターの前面装甲板を切断して防盾に溶接し、車体前面にもクサビ型の装甲板を溶接するなど、独自の改造が施された。この車両は、いわゆる「スーパー・パーシング」としてよく知られており、敵の装甲車両と2度ほど交戦したようだが詳細はハッキリしない。

一方、量産型のT26E4重戦車は、90㎜砲T15E1用の弾薬が全長1・27mと長くて扱いにくかったため、装薬の入った薬莢と弾丸を分けた分離弾薬を使用する小改良型の90㎜砲T15E2が搭載されることになった。

だが、第二次世界大戦の終結により、T26E4重戦車の生産数は大幅に削減されて、フィッシャー戦車工廠で25両だけ生産された。そして、量産1号車は1947年初めからアバディーン試験場で試験が行われたものの、部隊配備は行われずに終わっている。

T26E5重戦車の開発

前述のスーパー・パーシングは現地改造による重装甲型だが、これとは別にM26重戦車として制式化される前のT26E3重戦車の段階で、正規の重装甲型の開発が決まっていた。具体的には、1945年1月に生産途中のT26E3重戦車10両の装甲を強化して完成させることになり、同年2月にはT26E5重戦車の名称が与えられている。

ところが、同年3月には各部の装甲を大幅に強化することが決まり、車体や砲塔を新規に製造して27両が生産されることになった。そして、同年6月からクライスラー社で生産が開始され、同年7月からアバディーン試験場で1号車の試験が始められた。

このT26E5重戦車は、装甲が防盾279㎜(11インチ)、砲塔前面191㎜(7・5インチ)、車体前面上部152㎜(6インチ)と、大幅に強化された。そのため、車重は46・4tに増加し、速度は、ダッシュ時が最大40㎞/h、持続できるのは32㎞/hに低下している。

フォート・ノックスで試験されていた3両目のT26E5(シリアルナンバー10009)。防盾の分厚さがうかがい知れる

その後、同年8月に大戦が終結したこともあり、T26E5重戦車の生産は27両で終了し、部隊配備も行われずに終わっている。

M26重戦車(中戦車)の改良

前述のT26E4重戦車に搭載された90㎜砲T15E2は、分離弾薬を使用するため、装填に時間がかかった。そこで薬莢と弾丸が一体の固定弾に戻して薬莢を短くした新型弾薬を使用する68・4口径の90㎜砲T54が開発された。

そして1945年6月には、M26重戦車2両を改造して90㎜砲T54を搭載することが求められ、M26E1重戦車の名称が与えられた。改造作業は、鋼管などの製造で知られていたブラウ・ノックス社で、対空砲の砲架の製造などを担当していたマーチン・フェリー事業所で行なわれ、大戦終結後の1947年初めまでに完了。同年2月からアバディーン試験場で試験が行なわれ、この時点でアメリカ戦車が搭載していたすべての火砲の中で最優秀、という非常に高い評価が与えられている。

しかし、この90㎜砲T54は、M26中戦車に搭載されることはなく、これから述べるように、従来の90㎜砲M3に垂直方向のスタビライザーを追加するなどの小改良を加えた90㎜砲M3A1が搭載されることになる。

その少し前の1948年、M26中戦車に、コンチネンタル・モーターズ社製で出力810hpのAV-1790V型12気筒空冷ガソリン・エンジンと、GM社のアリソン事業部製の「クロスドライブ」と呼ばれる変速操向装置を搭載し、機動力を改善したM26E2中戦車が開発された。これに前述の90㎜砲M3A1を搭載したT40中戦車が試作され、さらに小改良を加えたものがM46中戦車として制式採用されることになる。

このM46中戦車の生産は、1949年から既存のM26中戦車を改造するかたちで進められた。しかし、1950年に朝鮮戦争が勃発すると、M46中戦車への改造は319両で打ち切られて、M26中戦車の主砲だけを90㎜砲M3A1に換装するM26A1中戦車の改造に移行し、420両が生産された。そして、このM46中戦

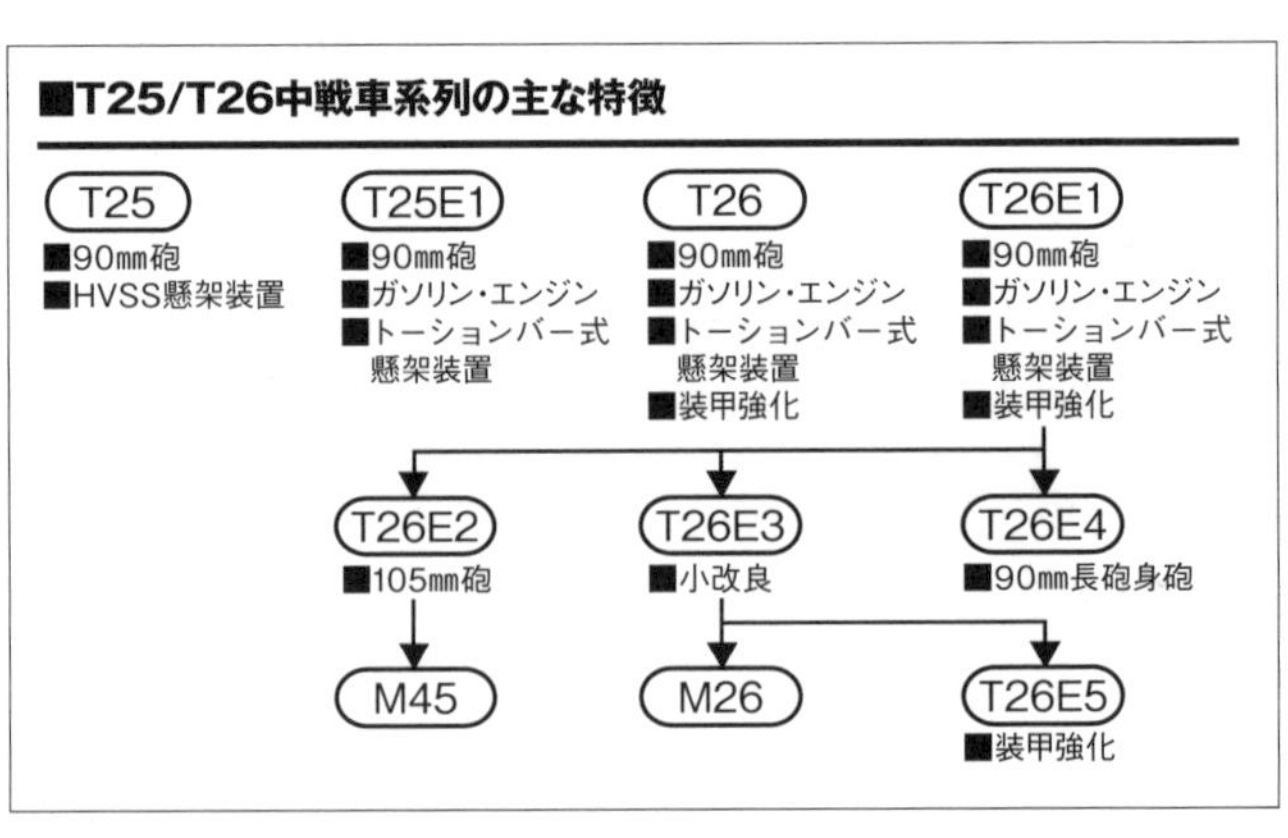

M26重戦車（中戦車）の改良

M46中戦車

機動力が弱点だったM26中戦車に、新型のガソリン・エンジンと変速操向装置を搭載し、新型の90㎜砲を搭載したタイプがM46中戦車として採用されたのよ

外見はM26とほとんど変わらないけど、起動輪の前に小さな転輪が付いているのが違うところだね

車とM26A1中戦車は、朝鮮戦争で実戦を経験することになる。

さて、ここでM26重戦車の開発過程を振り返ってみると、電気駆動式のT23中戦車→武装強化型のT25中戦車と武装および装甲強化型のT26中戦車→機関系を変更したT26E1重戦車→小改良型のT26E3重戦車＝M26重戦車（→機関系を変更したM46中戦車）と、どこかで一挙にまとめて大幅な進化を遂げたのではなく、既存の戦車に一つ一つの改良を積み重ねるように段階的に発展していったことがよく分かる。

1945年型機甲師団の導入

ここで第二次世界大戦末期から大戦後にかけてのアメリカ陸軍の機甲師団の編制に触れておこう。

アメリカ陸軍では、大戦中の1943年9月に戦車や人員の定数を大きく削減する一方で戦術上の柔軟性を高めた1943年型機甲師団(人員1万936名、戦車263両)が導入された。ただし、第2機甲師団と第3機甲師団だけは、突破作戦の先鋒に用いることなどを考慮して、戦車や人員の定数が多くて打撃力が大きい1942年型機甲師団(人員1万4620名、戦車390両)の編制が維持された(第16講を参照のこと)。

しかし、ドイツ降伏後の1945年6月15日には、機甲師団の新しい編制表が導入されて、これが第2機甲師団と第3機甲師

団に適用されることになった。この1945年型機甲師団は、人員1万670名と1943年型機甲師団よりもさらに小型化されたが、戦車に関しては105㎜榴弾砲搭載のM4中戦車が9両だけ増やされて師団全体で272両になった。つまり、アメリカ陸軍の機甲師団は、ドイツの降伏後で日本の降伏前に、ほぼ同一の小型の編制に統一されたのだ。

1947年型機甲師団とM26中戦車

第二次世界大戦時のアメリカ陸軍では、（前講でも述べたが）独立の戦車大隊に支援された歩兵師団が敵戦線を突破し、機動力に優れた機甲師団が敵戦線の突破後に戦果を拡張することが考えられていた。その一方で、敵戦車との戦闘は、独立の戦車大隊や機甲師団などの機甲部隊ではなく、おもに専門の戦車駆逐部隊が担当することになっていた。

ところが、大戦中の実戦では、こうした運用構想はうまくいかず、戦車による対戦車戦闘が多発することになった。そしてアメリカ陸軍は、こうした戦訓から「最良の対戦車兵器は戦車である」と考えるようになり、大戦後の1946年に戦車駆逐部隊は消滅することになる。また、機甲師団や歩兵師団の編制も、1946年末から大きく変化することになる。

まず、大戦中の1943年型や1945年型の機甲師団は、A、B、Rの3個のコンバット・コマンド司令部に、戦車大隊や機甲歩兵大隊、機甲野戦砲兵大隊など、いくつかの部隊を状況に応じて柔軟に配属する編制システムを採用していた。

そして、新しい機甲師団の編制も、同様のコンバット・コマンドを採用していた。ただし、大戦中は状況に応じて機甲師団にしばしば増強されていた戦車駆逐車を装備する独立の戦車駆逐大隊(自走)に代わって、師団の固有の編制内にM26中戦車を装備する戦車大隊が追加された。つまり、強力な対戦車火力を備えたM26中戦車は、従来の戦車駆逐車の役割も担うことになったのだ。

また、機甲歩兵大隊が従来の3個大隊(各3個中隊編制)から4個大隊(各4個中隊編制)に増強され、さらに師団砲兵本部の下に155㎜自走砲を装備する機甲野戦砲兵大隊と自走対空砲を装備する高射自動火器大隊(自走)が追加された。

一方、歩兵師団では、大戦中は各歩兵師団に増強されていた独立の戦車大隊や高射自動火器大隊(自走)に代わって、師団の固有の編制内に師団直轄で基本的にはM26中戦車を装備する戦車大隊と高射自動火器大隊(自走)が追加された。

そして師団隷下の各歩兵連隊では、威力不足が目立っていた57㎜対戦車砲を装備する対戦車中隊が廃止され、代わりに基本的にはM4中戦車を装備する戦車中隊が置かれた上に所属する各歩兵大隊に無反動砲が配備されて、対戦車火力が大幅に強化された。また、105㎜榴弾砲を装備する火砲中隊に代わって、発射速度が大きい4・2インチ(107㎜)迫撃砲を装備する重迫撃砲中隊が置かれるようになった。こうした改編によって、歩兵師団の戦車の定数は計141両にものぼり、強力な対戦車火力を持つことになったのだ。

繰り返しになるが、アメリカ陸軍は、第二次世界大戦中の戦訓から「最良の対戦車兵器は戦車である」と考えるようになり、戦後の機甲師団や歩兵師団の編制にもこうした認識が反映されるようになった。そして、その認識を具現化したアメリカ戦車の代表例といえるのが、このM26パーシングなのだ。

朝鮮戦争時の中戦車大隊の編制

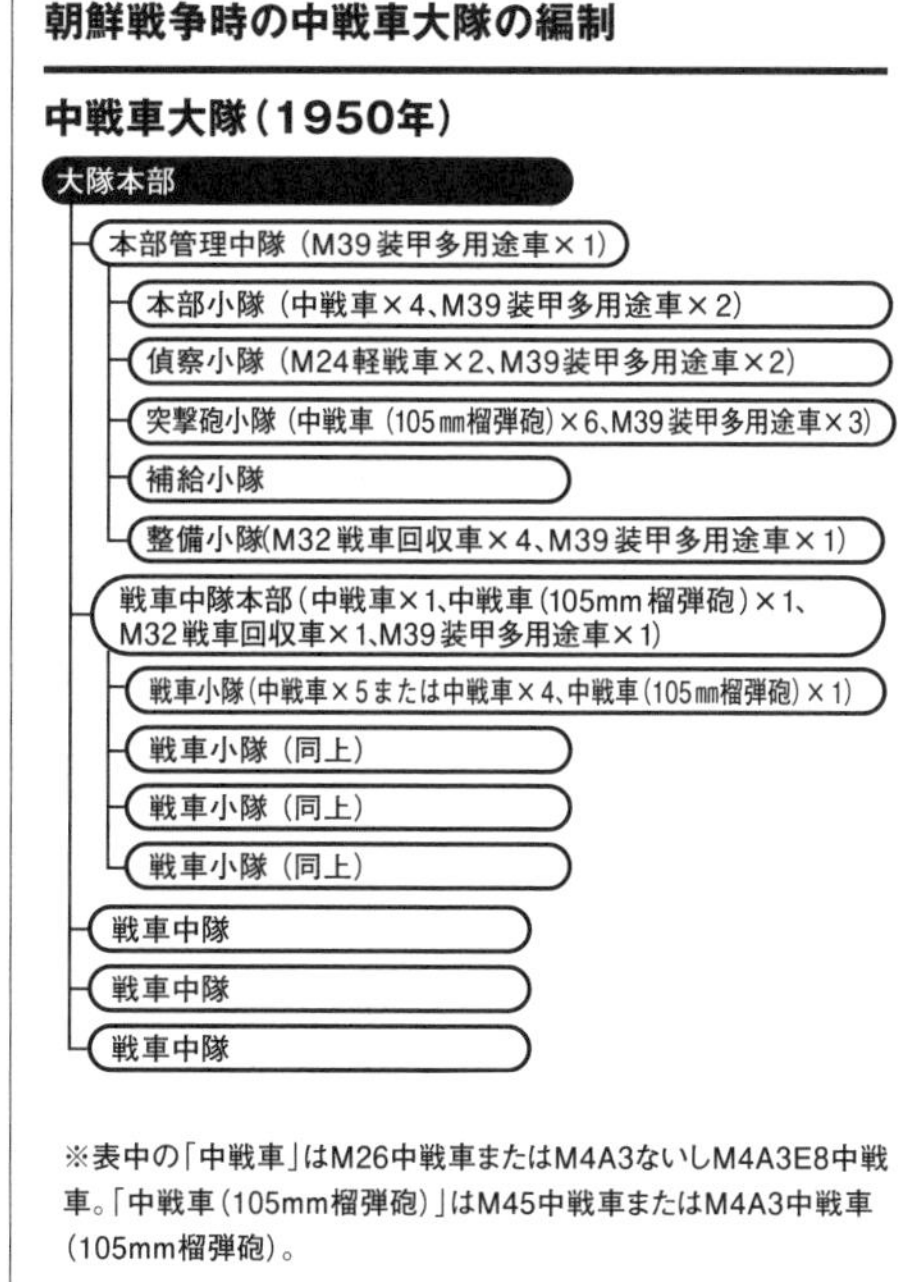

※表中の「中戦車」はM26中戦車またはM4A3ないしM4A3E8中戦車。「中戦車(105mm榴弾砲)」はM45中戦車またはM4A3中戦車(105mm榴弾砲)。

今回はアメリカ軍の戦車駆逐車だね！

第19講 アメリカの戦車駆逐車（タンク・デストロイヤー）

アメリカ軍は第二次大戦まで、敵の戦車は、自軍の戦車じゃなく、対戦車部隊（タンクデストロイヤー）が迎え撃つという考えを持っていて…
M10のあだ名はウルヴァリン、デス

自走砲架に載せられた対戦車砲である戦車駆逐車もたくさん開発されたのデスね

ただ、実際には予定通りいかなくて…味方の戦車が敵の戦車を相手にすることも多く
逆に戦車駆逐車が歩兵支援をすることもけっこうあったのね
戦争だし、相手はこっちの都合に合わせて戦ってくれないわよね…

第19講 戦車狩りのスペシャリスト アメリカの戦車駆逐車（タンク・デストロイヤー）

アメリカ軍騎兵部隊の対戦車戦術

第一次世界大戦直後のアメリカ陸軍は、対戦車戦闘にあまり関心を持たなかった。

１９３０年代に入っても、対戦車戦闘の詳細に関しては、陸軍省の方針によって各兵科に任せられており、おもに歩兵科と野砲兵科が分担していた。実態としては、アメリカ陸軍の主力である歩兵師団は隷下の野砲兵連隊に配備されていた牽引式野砲の対戦車射撃に頼ることが多く、第一次世界大戦中のドイツ軍と大差無かったといえる。

ただし、その中でも騎兵科は、１９３０年代前半から他の主要各国軍が機械化部隊を増強していく中で、馬に乗る騎兵部隊の戦闘力をどうやって維持していくのか、を考えはじめた。この頃の騎兵科では、機械化部隊は対戦車装備が不十分な部隊（その中には乗馬の騎兵部隊も含まれる）の行動を妨げることができる、と見られていたのだ。

当時のアメリカ陸軍の代表的な対戦車火器は、12・7㎜重機関銃だった。原型となった機関銃は、もともと第一次世界大戦中に

アメリカ軍騎兵部隊の対戦車戦術

観測気球の撃墜などを考慮して開発されたが、1930年代前半の戦車の多くは装甲が薄かったので（たとえばM1軽戦車の装甲は最大10㎜）十分に撃破可能だった。また、野砲兵連隊に配備されていた牽引式の75㎜野砲よりはるかに軽量で、三脚架とともに馬に載せて運搬することができた。そのため、この対戦車火器は、歩兵部隊よりも騎兵部隊で活用されることになる。

騎兵の教育や戦術の研究などを担当していた騎兵学校は、この12・7㎜重機関銃を装備する乗馬の対戦車チームによる機動的な対戦車戦術を採用した。敵の機械化部隊が接近してきたら、対戦車チームの機関銃を馬からおろして相互に支援できる射撃位置に据え付け、敵の装甲車両を射撃。続いて後方の射撃位置に移動して射撃することを繰り返し、大きな縦深を活用して敵部隊を撃破する、といった戦術だ。

こうした乗馬騎兵部隊の対戦車戦術は、十分な対戦車火力と高い機動力を積極的に活用するという点で、のちの戦車駆逐部隊（タンク・デストロイヤー）の戦術を先取りしていたといえるだろう。

37㎜対戦車砲と75㎜野砲用徹甲弾の開発

1930年代後半になるとアメリカ陸軍でも、諸外国の新型戦車の開発に対応して、従来の12・7㎜重機関銃よりも装甲貫徹力が大きい対戦車火器が求められるようになった。

アメリカ陸軍で兵器の開発などを担当していた兵器局は、ドイツのラインメタル社製の37㎜対戦車砲やフランスのホチキス社製の25㎜対戦車などを少数ながら輸入し、入念なテストを実施。それらを参考にして37㎜対戦車砲M3を開発した。この37㎜対戦車砲M3は、1939年11月から生産が開始され、1940年初めから実戦部隊への配備が始められている。

兵器局は、この37㎜対戦車砲を火力と重量のバランスがとれた理想的な対戦車砲と考えており、口径57㎜程度の中口径対戦車砲の開発は弾薬の製造や補給が複雑になるという理由で却下した。実は、1941年2月にはイギリスで開発された6ポンド砲

1941年、マニラ近郊のフォート・ウィリアム・マッキンリーで撮影された、37㎜対戦車砲M3を使用するフィリピン・スカウト

*1=ファーゴ・モーターは、ダッジのブランドで販売されていたトラックと基本的には同一モデルで、ブランドのバッチと内装などの一部が異なるだけのトラックも販売していた。

（口径57㎜）をアメリカで製造する話が出て、次いで6ポンド砲の製造契約が結ばれて、のちにアメリカ軍でも57㎜対戦車砲M1として制式採用されることになる。しかし、この時点では、兵器局は、37㎜対戦車砲の生産を継続する一方で、旧式化した75㎜野砲を対戦車兵器として活用するための徹甲弾の開発を進めようとしていたのだ。

75㎜自走砲架M3と37㎜自走砲架M6の開発

1939年9月に第二次世界大戦が勃発すると、アメリカ陸軍では、牽引式の対戦車砲だけでなく、自走式の対戦車砲への関心も徐々に高まっていった。

そして兵器局は、クライスラー社のダッジ事業部製の非装甲の3／4tトラックに、37㎜対戦車砲M3を搭載した37㎜自走砲架(ガン・モーター・キャリッジ略してGMC以下同じ)T21を開発。アメリカが大戦に参戦した1941年12月に37㎜自走砲架M4として制式化されたが、M4中戦車との混同を避けるため、1942年2月に37㎜自走砲架M6に改称された。そして同年4月から、同じくクライスラー社傘下のファーゴ・モーター社で5380両が生産され、非公式に[*1]「ファーゴ」の愛称で呼ばれた。しかし、その頃になると37㎜対戦車砲では威力不足と見られるようになっており、1943年9月には限定制式に区分が変更されて同年11月までに100両を残してトラックに戻された上に、1945年1月には旧式兵器に分類が変更されることになる。

また兵器局は、前が車輪で後ろが履帯という半装軌式の足回りを持つM3ハーフトラックに、もともとフランスで開発された75㎜野砲M1897に独自の改良を加えた75㎜砲M1897A4を搭載した75㎜自走砲架T12を開発。1941年10月に75㎜自走砲架M3として制式化され、1941年8月からオートカー社で、砲架などが異なる75㎜自走砲架M3A1と合わせて計2202両が生産された（のちに1360両がM3A1ハーフトラックに戻されることになる）。搭載された75㎜砲M1897A4が使用する砲弾は、75㎜砲

3/4tトラックに37mm対戦車砲M3を搭載した37mm自走砲架M6

M2（M3中戦車に搭載）や75㎜砲M3（M3中戦車およびM4中戦車に搭載）と共通だった。

　加えて、兵器局は、おもにレンドリースによるイギリスへの武器援助用として、M3ハーフトラックに57㎜対戦車砲M1（実質は6ポンド砲のアメリカ版）を搭載した57㎜自走砲架T48も開発している。アメリカ軍では制式化されなかったが、トラックの製造で有名なダイヤモンドT自動車会社で、1942年12月から962両が生産された（のちに281両がM3A1ハーフトラックに戻されることになる）

3インチ自走砲架M5と3インチ自走砲架M9の開発

　兵器局は、前述のような装輪式や半装軌式の対戦車車両に加えて、全装軌式の対戦車車両の開発も進めていた。

　まず、クリーブランド・トラクター社（クレトラックと呼ばれた）製の非装甲の7t高速牽引車MG-2をベースに、口径76.2㎜の3インチ対空砲T9を対戦車用に改造して（のちに3インチ砲M6として制式化される）搭載した3インチ自走砲架T1を開発。1942年1月に3インチ自走砲架M5として制式化された。この車両は、制式化前から1580両の生産が計画されており、工場の建設も始められていたが、開発の長期化と車重の大

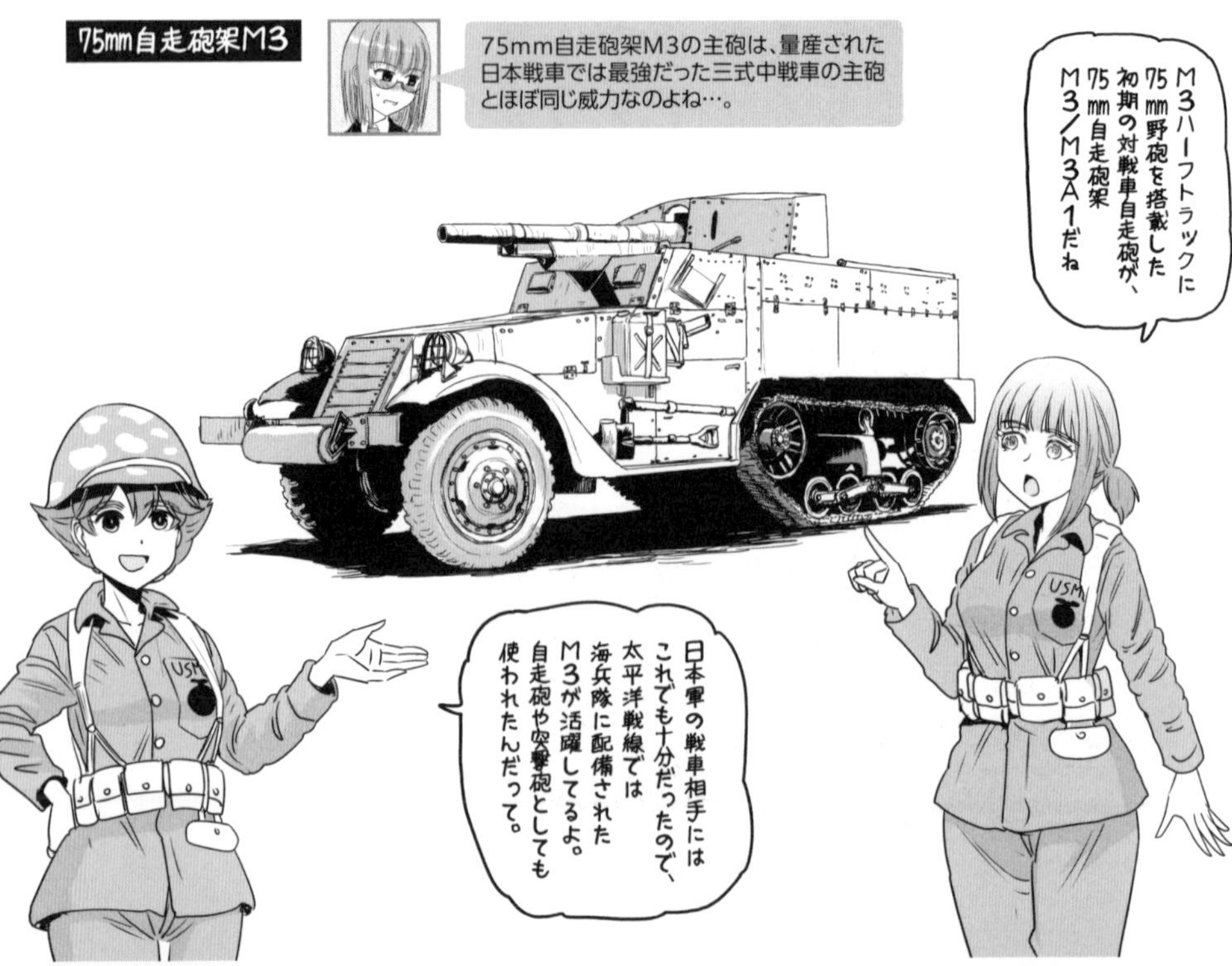

幅な増加、足回りの不具合と信頼性の低下、搭載弾薬数の少なさなどが問題となり、量産開始前の１９４２年８月に計画中止となった。

次いで兵器局は、Ｍ３中戦車の車台に上部開放式（オープントップ）の固定戦闘室を設けて、３インチ対空砲Ｍ１９１８を搭載した３インチ自走砲架T24を開発。さらに砲架などに改良を加えた３インチ自走砲架T40を開発し、１９４２年４月に３インチ自走砲架M9として限定制式化された。しかし、Ｍ３中戦車ベースで機動力が低いこと、主砲が旧式であること、これから述べる３インチ自走砲架M10の開発が進んだこともあって、１９４２年８月に計画中止となった。

装軌式牽引車に元々高射砲だった3インチ砲を搭載した、3インチ自走砲架M5

M3中戦車の車台に3インチ対空砲M1918を搭載した3インチ自走砲架M9

３インチ自走砲架M10の開発

兵器局は、固定戦闘室ではなく、全周旋回式の砲塔に、Ｍ６重戦車と同じ３インチ砲Ｍ７（試作時の名称はＴ12）を搭載する対戦車車両の開発も進めていた。１９４２年１月には、ＧＭ社製のディーゼル・エンジンを搭載するＭ４Ａ２中戦車の車台に、上部開放式ながら全周旋回式の砲塔を搭載した３インチ自走砲架T35が、ＧＭ社のフィッシャー戦車工廠で完成した。

続いて、傾斜装甲を本格的に導入するとともに装甲を薄くして軽量化した専用車体が開発され、これにT35と同じ砲塔を搭載した３インチ自走砲架T35Ｅ１が、フィッシャー戦車工廠で製作された。このT35Ｅ１が、１９４２年６月に３インチ自走砲架M10として制式化されて、１９４２年

3インチ自走砲架M10

念のためだけど、アキリーズはギリシャ神話のアキレスのことよ。

M6重戦車の主砲をオープントップ式の砲塔に装備して、傾斜装甲の車体に載せたのがM10とM10A1なんだね。

エンジンはM10がディーゼル、M10A1はガソリンなのか〜

イギリスでは3インチ砲を17ポンド砲に換装した車両も作られたのよ。『アキリーズ』と呼ばれるけど、これは戦後につけられた愛称みたい

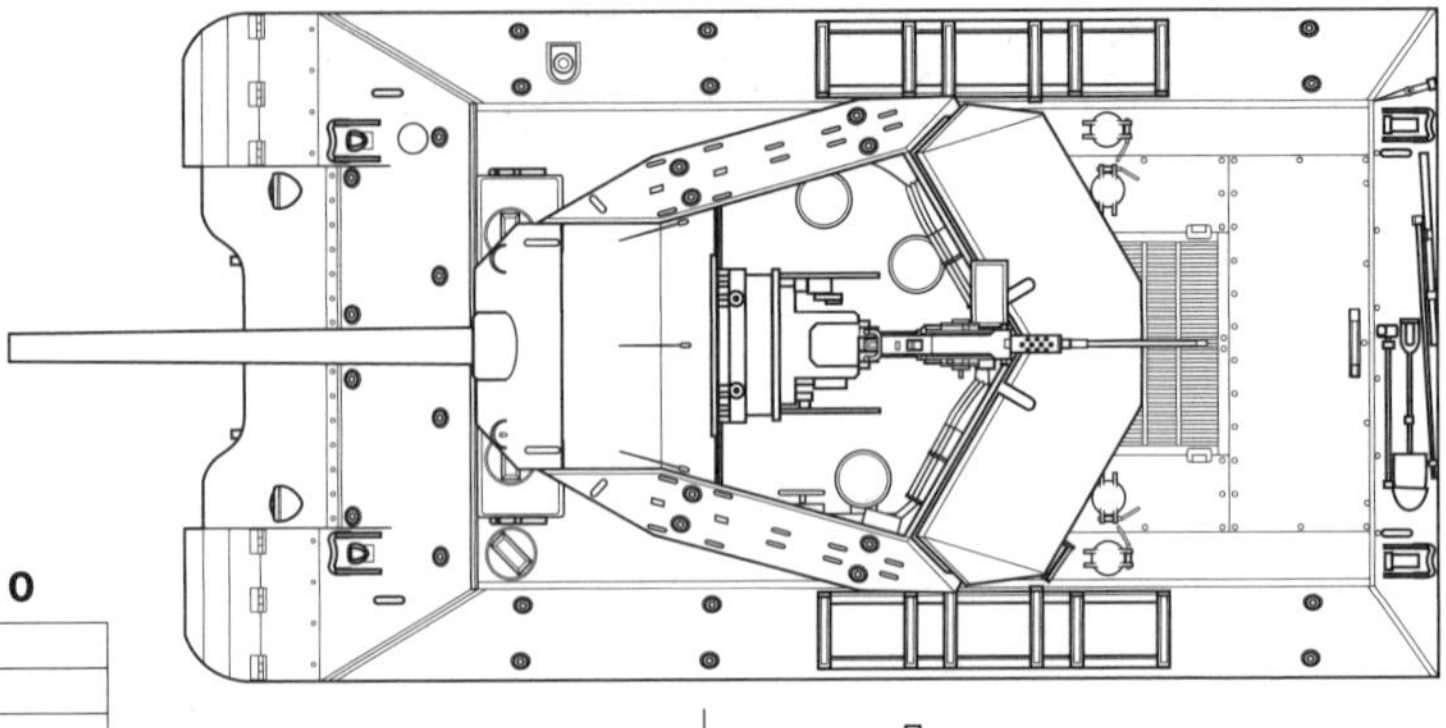

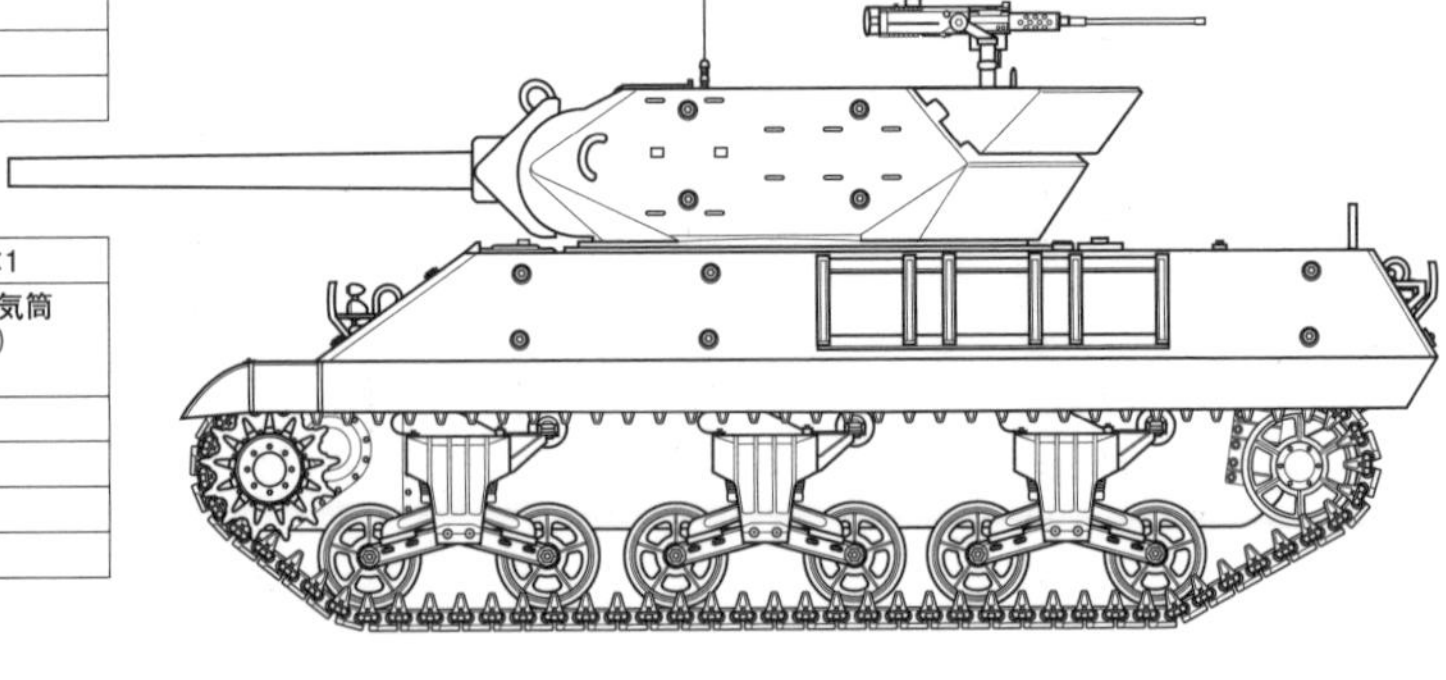

■3インチGMC M10

重量	29.6t
全長	6.83m
全幅	3.05m
全高	2.90m
乗員	5名
主武装	50口径3インチ（76.2mm）戦車砲M7
副武装	12.7mm機関銃×1
エンジン	GM6046直列6気筒並列（計12気筒）液冷ディーゼル
出力	410hp
最大速度	48km/h
航続距離	320km
装甲厚	9mm〜57mm

9月からフィッシャー戦車工廠で4993両が生産された。

次いで、M4A3中戦車と同じフォード・モーター社製のガソリン・エンジンを搭載する3インチ自走砲架M10A1が開発され、1942年10月からフォード社で、次いでフィッシャー戦車工廠で、合わせて1413両が生産された。したがって、M10とM10A1を合わせた総生産数は計6406両となる。

M10の車重(正確には戦闘重量)は約29・6tで、M4中戦車よりやや軽い程度。搭載された3インチ砲M7は、M4中戦車に搭載された75mm砲M3をやや上回る対戦車火力を発揮できた。その一方で装甲は、防盾が57mm(2・25インチ)、砲塔の前面、側面、後面が25mm(1インチ)、車体の前面上部が38mm(1・5インチ)、側面上部が19mm(0・75インチ)と、M4中戦車よりも薄かった。初期の生産車には、車体の前面と側面の上部に加えて砲塔側面に増加装甲を装着するためのボス(台座)が備えられていた。だが、増加装甲キットは正式に量産されず、1943年7月には車体側面上部と砲塔側面のボスの廃止が通達されている。

機動力に関しては、ダッシュ時の最高速度は48km/h、持続できる最高速度は40km/h、航続力は路上で320km(200マイル)とされており、燃料タンクの容量が増えて航続力以外はベースとなった同じくディーゼル・エンジン搭載のM4A2中戦車と代わり映えしないものだった。

37mm自走砲架T42と57mm自走砲架T49の開発

実は、兵器局は、機動力に優れた全装軌式の対戦車車両の開発も進めていた。具体的には、1941年秋に37mm砲を搭載する37mm自走砲架T42の開発が、空挺用のT9軽戦車(のちにM22軽戦車に発展する)などを手掛けていたマーモン・ヘリントン社の担当でスタート。当初はT9軽戦車とほぼ同じ車体に37mm砲M5を装備する上部開放式の砲塔を搭載したものだったが、1942年1月には高速の発揮に適した大直径の転輪とクリスティー式懸架装置に改良を加えた足まわりを持つ新しい車体が採用されることになったのだ(クリスティー式懸架装置については第13講を参照)。

だが、この頃になると37mm砲M5では威力不足と見られるようになっており、1942年4月には、T9軽戦車の開発に忙殺されていたマーモン・ヘリントン社に代わって、GM社のビュイック事業部に、57mm砲M1を搭載する57mm自走砲架T49の開発が発注された。

そして、ビュイック製で出力165hpの60シリーズ直列8気筒液冷ガソリン・エンジンを2基並べて連結した「ツイン・ビュイック」と呼ばれるエンジンを搭載し、クリスティー式とちがってコイル・スプリングを車体の外側に置く懸架装置を備えた車体に、57mm砲M1を装備する密閉式砲塔を搭載した試作車が2

両製作された。

このT49は、88㎞/hの高速を狙っていたが、変速操向装置に組み込まれたトルク・コンバーターの伝達効率が悪く、1942年7月にGM社の試験場で行われた走行テストでは61㎞/hしか発揮できなかった。加えて、57㎜砲でも威力が不足気味と見られ始めており、さらに威力の大きい75㎜砲の搭載が望まれた。

57mm砲M1を搭載し、88km/hの発揮を予定していたT49自走砲架。アメリカの戦車駆逐車としては珍しく、密閉式砲塔を搭載していた

75㎜自走砲架T67と76㎜自走砲架M18の開発

次いで兵器局は、M3中戦車の後期型やM4中戦車に搭載された75㎜砲M3を搭載する75㎜自走砲架T67を開発。1942年

76㎜自走砲架M18

■76㎜ GMC M18

重量	17t	全長	6.68m
全幅	2.87m	全高	2.57m
乗員	5名	主武装	52口径76mm戦車砲M1A1
副武装	12.7mm機関銃1挺	エンジン	コンチネンタルR-975-C1星型9気筒液冷ガソリン
出力	460hp	最大速度	80km/h
航続距離	160km	装甲厚	13mm～25mm

長砲身の76㎜砲T1をオープントップ式の砲塔に装備し、それを専用の軽量車台に搭載したのが76㎜自走砲架M18よ。
有名な『ヘルキャット』はあだ名で、公式の愛称じゃないわ。
装甲は薄いけど17tと軽くて、最大速度はなんと80㎞/h。
"先頭の景色は譲らない"的な超スピードGMCデス…

■76mm自走砲架M18

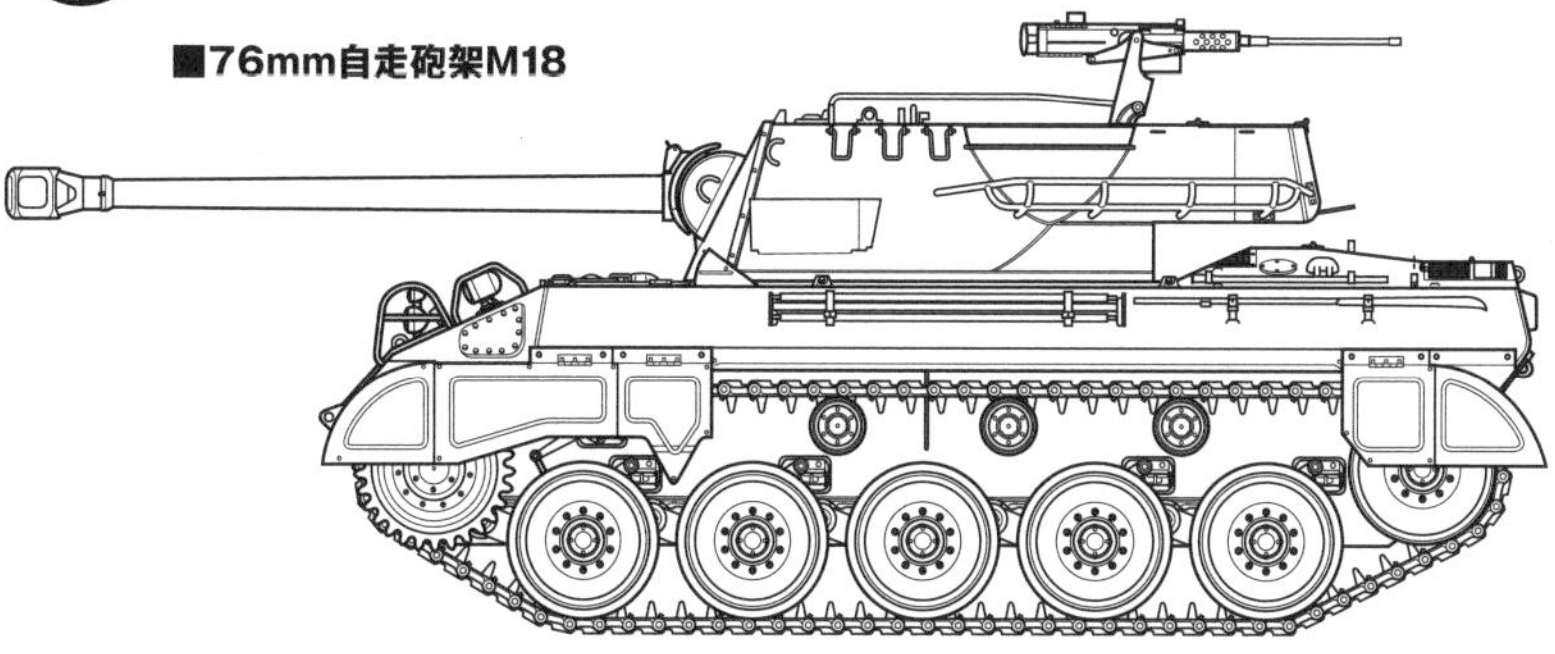

11月には、ビュイック製の試作車の試験がアバディーン試験場で始められた。

そして、この頃に76㎜砲T1（のちにM4中戦車の76㎜砲型にも搭載される76㎜砲M1A1に発展する）の実用化のメドが立ったので、これを上部開放式の砲塔に搭載する76㎜自走砲架T70の開発に移行。1943年4月にはビュイック製の試作1号車が完成し、制式化決定前の同年6月に量産が決定されて、同年7月から1944年10月にかけてビュイック事業部で2507両が生産された（のちに685両が無砲塔のM39装甲多用途車に改造される）。その間の1943年10月に76㎜自走砲架M18として制式化されている。このM18は「ヘルキャット」の愛称で知られているが、これは戦車駆逐部隊の部隊章に描かれた戦車を噛み潰している黒豹にちなんだもので、宣伝用の非公式の愛称だった。

76㎜自走砲架M18は車重約17tで、3インチ自走砲架M10の約29.6tに比べるとかなり軽い。76㎜砲M1A1（または小改良型のM1A1CないしM1A2）を装備する上部解放式の砲塔を備えており、M4中戦車の76㎜砲型と同等の火力を発揮できた。その一方で装甲は、防盾が19㎜（3／4インチ）、砲塔の前面が25㎜（1インチ）、砲塔の側面や後面、車体の前面、側面、後面ともに13㎜（0.5インチ）と、M10よりさらに薄かった。

動力系は、コンチネンタル・モータース社で生産された出力460hpのR-975-C1（のちに-C4も搭載）空冷星型9気筒ガソリン・エンジンに、GM社製の「トルクマチック」と呼ばれるトルク・コンバーター付トランスミッションを組み合わせたものが搭載された。前述のT49やT67は後輪起動だったが、M18では前輪起動に変更されて、エンジンから変速操向装置に伸びるプロペラ・シャフト（推進軸）を戦闘室の床面ぎりぎりまで下げることで低姿勢を実現している。懸架装置は近代的なトーションバー式になり、最高速度は80㎞／hという超高速を実現。航続力は、路上で160㎞（100マイル）とされている。

なお、1943年3月には、3インチ自走砲架M10を軽量化して機動力を向上させる計画が始まり、のちにM4中戦車の76㎜砲型にも搭載される76㎜砲M1A1を装備した上部解放式でより小型の砲塔が搭載されることになった。しかし、76㎜自走砲架M18が前述のように優れた機動力を実現したため、1944年2月に計画は中止された。

90㎜自走砲架M36の開発

兵器局では、戦車や戦車駆逐車の対戦車能力の向上を目指して、1942年9月から90㎜高射砲M1を車載砲に転用する計画に着手した。そして、同年12月にはウォーターヴリート兵器廠で車載用の90㎜砲T7の設計が完了し、1943年9月に90㎜砲M3として制式化されることになる。

この制式化に先立って、試作砲である90㎜砲T7を3インチ自走砲架M10やT1E1重戦車に搭載して試験が行なわれた。とくに大きな問題は生じなかったが、90㎜砲T7搭載のT1E1重戦車に関しては、そもそもベースとなったT1E1重戦車が制式化されずに終わる(第17講を参照)。

一方、M10に関しては、戦線後方の補給処などで主砲を90㎜砲に換装する現地改造も考えられたが、最終的に新型砲塔の開発を決定。1943年6月にはフォード社で軟鉄製の試作砲塔が完成し、アバディーン試験場に送られた。そして同年12月には、90㎜砲M3を装備する新型砲塔を、ガソリン・エンジン搭載のM10A1の車体に搭載した車両にT71、ディーゼル・エンジン搭載

90㎜自走砲架M36

オープントップ
高射砲を改造した90㎜砲を、オープントップ式にM10A1の車台に載せたのがM36、M4A3の車台にそのまま載せたのがM36B1です。砲塔上面には装甲カバーで覆うこともできます
高射砲から改造されたドイツ軍の8・8㎝戦車砲と同じような主砲ね。M36はよく『ジャクソン』と呼ばれるけど、これも戦後に付けられたようね…(汗)
これは
マイケル…

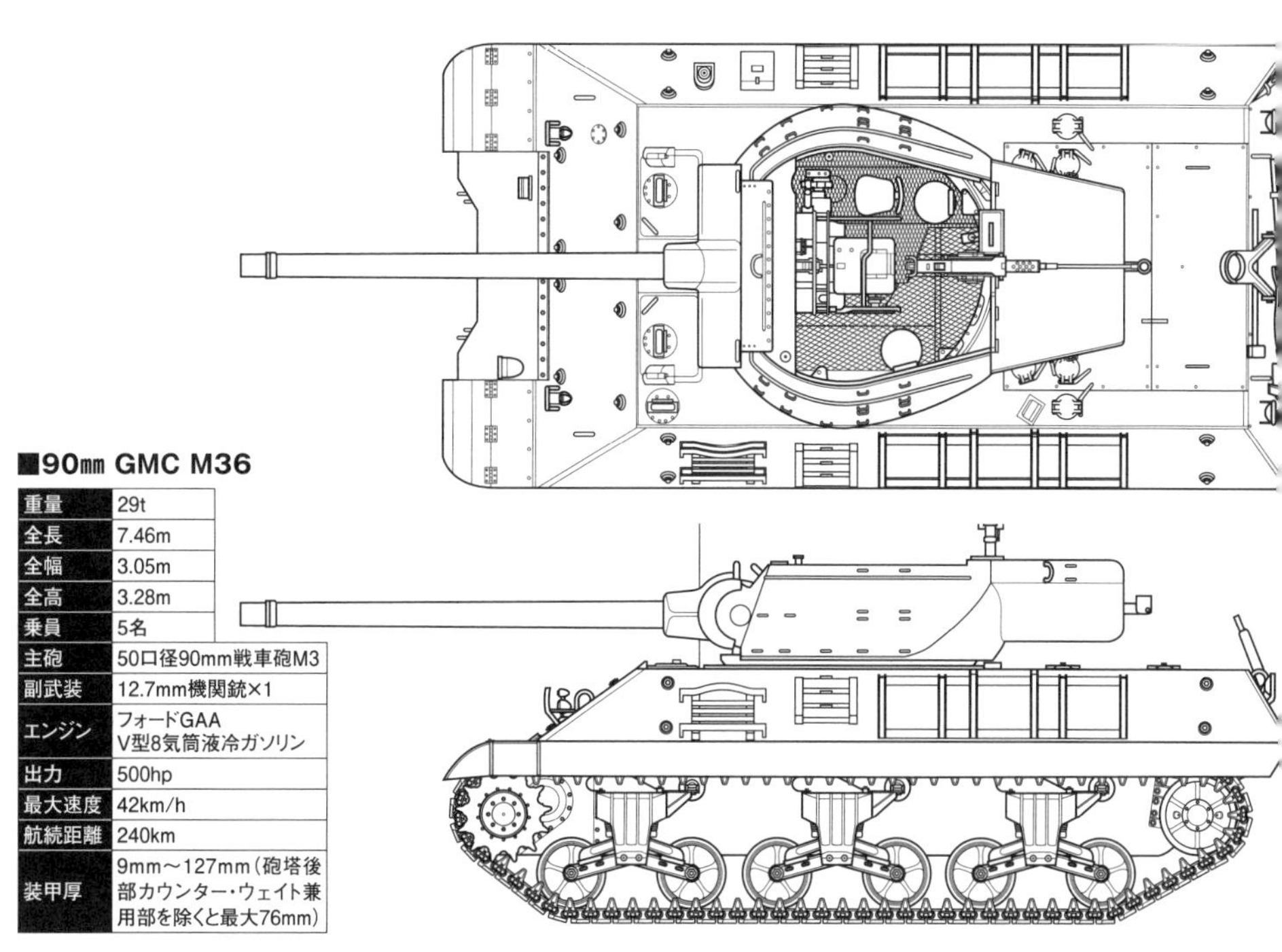

■90㎜ GMC M36

重量	29t
全長	7.46m
全幅	3.05m
全高	3.28m
乗員	5名
主砲	50口径90mm戦車砲M3
副武装	12.7mm機関銃×1
エンジン	フォードGAA V型8気筒液冷ガソリン
出力	500hp
最大速度	42km/h
航続距離	240km
装甲厚	9mm～127mm（砲塔後部カウンター・ウェイト兼用部を除くと最大76mm）

のM10の車体に搭載した車両にT71E1の試作名称が与えられることになる。

これに先立って、同年11月には試作砲塔に小改良を加えた量産型砲塔の設計が完了し、フィッシャー戦車工廠で生産途中のM10A1のうち500両を、この量産型砲塔を搭載するT71として完成させる指示が出された。ところが、量産型砲塔が揃った時には200両がすでに完成間近だったため、そのままM10A1として完成させるとともに、300両だけが量産型砲塔を搭載してT71として1944年4月から7月にかけて生産が行われた。不足の200両分は、補給処などから引き上げられた中古のM10A1に、新造された量産型砲塔を組み合わせるかたちで、第二次世界大戦後まで改修が続けられることになる。

加えて、中古のM10A1に、フィッシャー戦車工廠製の量産型砲塔を組み合わせるかたちで、マッセイ・ハリス社で同年6月から1944年末までに500両、アメリカン・ロコモーティブ社と同社傘下のモントリオール・ロコモーティブ・ワークス社で1944年10月から12月までに413両が改修された。そして、この間の1944年7月には90㎜自走砲架M36として制式化されている。

90㎜自走砲架M36の車重は約29t。主砲は、M26重戦車（1946年5月に中戦車に区分が変更される）と同じ90㎜砲M3で、強力な対戦車火力を発揮できた。装甲は、砲塔前面の防盾が76㎜（3インチ）、砲塔側面が32㎜（1・25インチ）で、M10の砲塔よりやや厚い。最高速度は42㎞／h、航続力は路上で240㎞（150マイル）とされており、ベースとなったM10A1より若干低下している。

加えて、M36への改修のベースとなるM10A1の不足から、フォード社製のガソリン・エンジンを搭載するM4A3中戦車の車体にM36の砲塔を組み合わせた90㎜自走砲架M36B1が、フィッシャー戦車工廠で1944年10月から12月にかけて187両生産された。

また、同様の理由で、ディーゼル・エンジンを搭載するM10の車体にM36の砲塔を組み合わせた90㎜自走砲架M36B2が、Alco社で1945年5月から戦後にかけて672両、同社傘下のモントリオール・ロコモーティブ・ワークス社で1942年5月に52両、計724両が改修されている。

戦車駆逐部隊の創設

では、これらの対戦車車両が配備された戦車駆逐部隊について見ていこう。

話は第二次世界大戦勃発までさかのぼる。1939年9月1日、ドイツ軍はポーランドに進攻を開始。同月29日には首都ワル

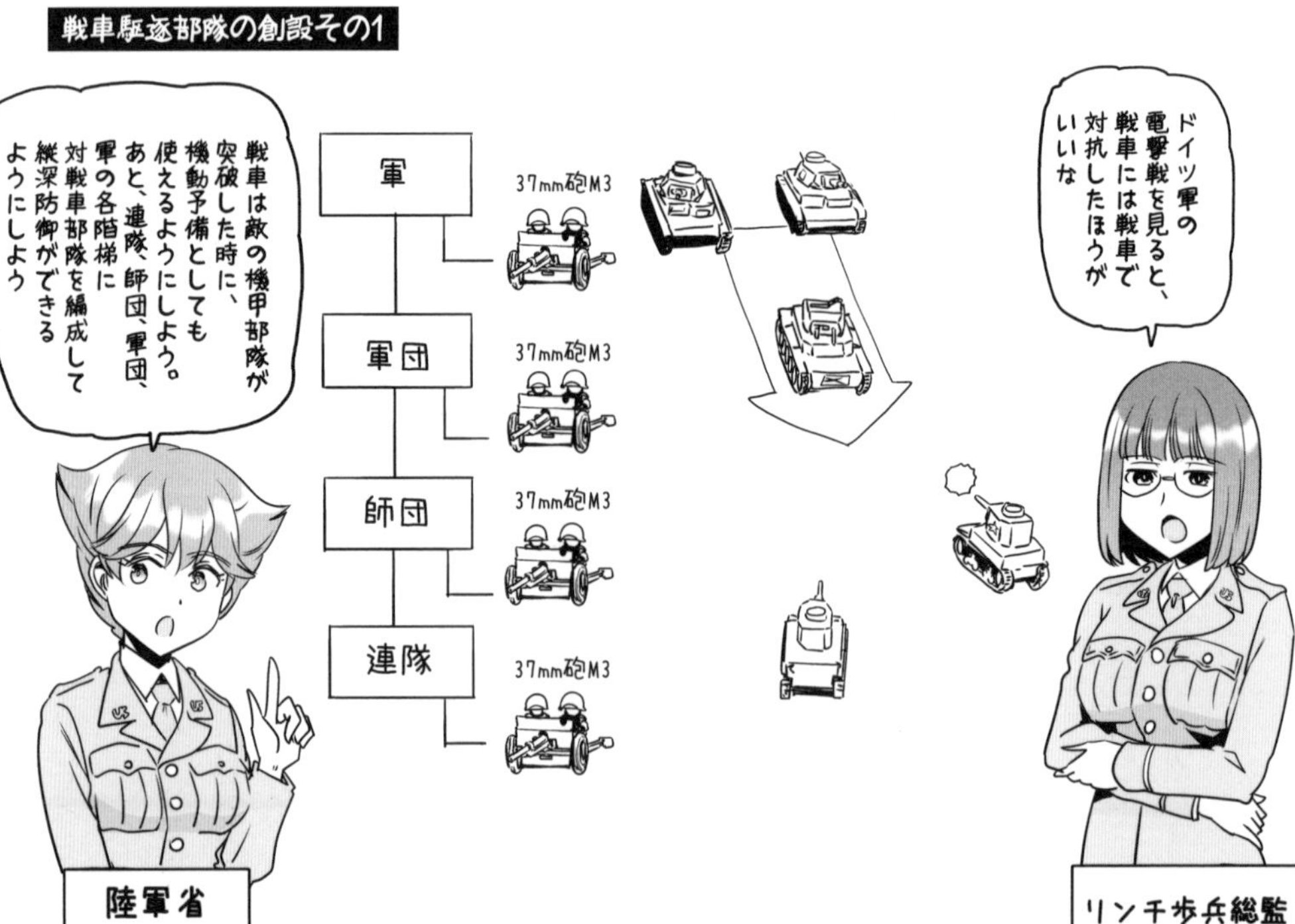

シャワを占領した。次いでドイツ軍は、１９４０年5月10日に西方進攻作戦を開始。ドイツ軍が保有している全戦車のおよそ半数を集中した巨大なクライスト装甲集団が、仏英連合軍の主力を迅速に包囲し、6月25日には早くもフランスを屈服させた。

これを見たアメリカ陸軍のリンチ歩兵総監は、フランス軍の敗因は機甲部隊の突破に対抗できる機動兵器が欠如していたことにある、と見て対戦車戦闘への戦車の投入を主張した(この時点のアメリカ陸軍では戦車は歩兵科が管轄していた)。要するに、戦車には戦車で対抗する、という考え方だ。

一方、陸軍省は、同年9月に対戦車作戦のための訓練要綱を発布した。この中では、対戦車砲は、障害物の援護(敵の工兵などに容易に処理されないように妨害する)と機械化部隊に対する防御の第一線への配置は最小限にして、後方の機動予備に最大限を割り振ることが基本とされていた。そして戦闘時には、敵の機械化部隊の情報を集めて、機動予備を迅速に移動させて適切に配置し、敵に最大限の射撃を浴びせて対処するとともに味方の反撃のための機動軸を提供する。味方の機甲部隊は、敵の側面や後方への奇襲を狙って機動するとともに、敵の装甲車両が突破に成功した場合に対処する予備兵力も保持しておく、というものだった。

また陸軍省は、各連隊に加えて、師団、軍団、軍の各階梯にも対戦車部隊を編成することを考えた。そして、もっとも前方に各連隊所属の対戦車部隊、その後ろに師団直轄の対戦車部隊、さらに後方に軍団および軍直轄の対戦車部隊、と縦深に配置。各階梯の対戦車部隊は、当初は予備として控置され、機械化部隊の攻撃の方向や強度が明らかになったら移動して集中砲火を浴びせる、というものだ。

これに対して、１９４０年7月に新編されて陸軍の戦力造成を担当することになった陸軍総司令部（ＧＨＱ）の参謀長であるレスリー・Ｊ・マクネア准将(同年9月には少将に昇進する)は、陸軍省の方針では対戦車砲が分散して決定的なポイントに集中できない、と批判した。またリンチ歩兵総監の意見に対しても、敵の戦車部隊には対戦車砲で対抗することによって、味方の戦車部隊が敵戦線の突破や戦果拡張など本来の任務に専念できる、として反対した。

そしてマクネア准将は、すべての対戦車部隊を総司令部のもとにプールしておき、戦場のどこにでも大量に投入できるようにする、また必要に応じて任意の部隊に配属できるようにすることを考えて、総司令部が統括する対戦車部隊の創設を提案した。

陸軍省は、こうした対立を解決するため、対戦車部隊を大量に編成することにした。具体的な数字をあげると、新編が計画されている歩兵師団55個に1個大隊ずつ、軍団司令部レベルに45個大隊、軍司令部レベルに10個大隊、そして総司令部に１１０個大

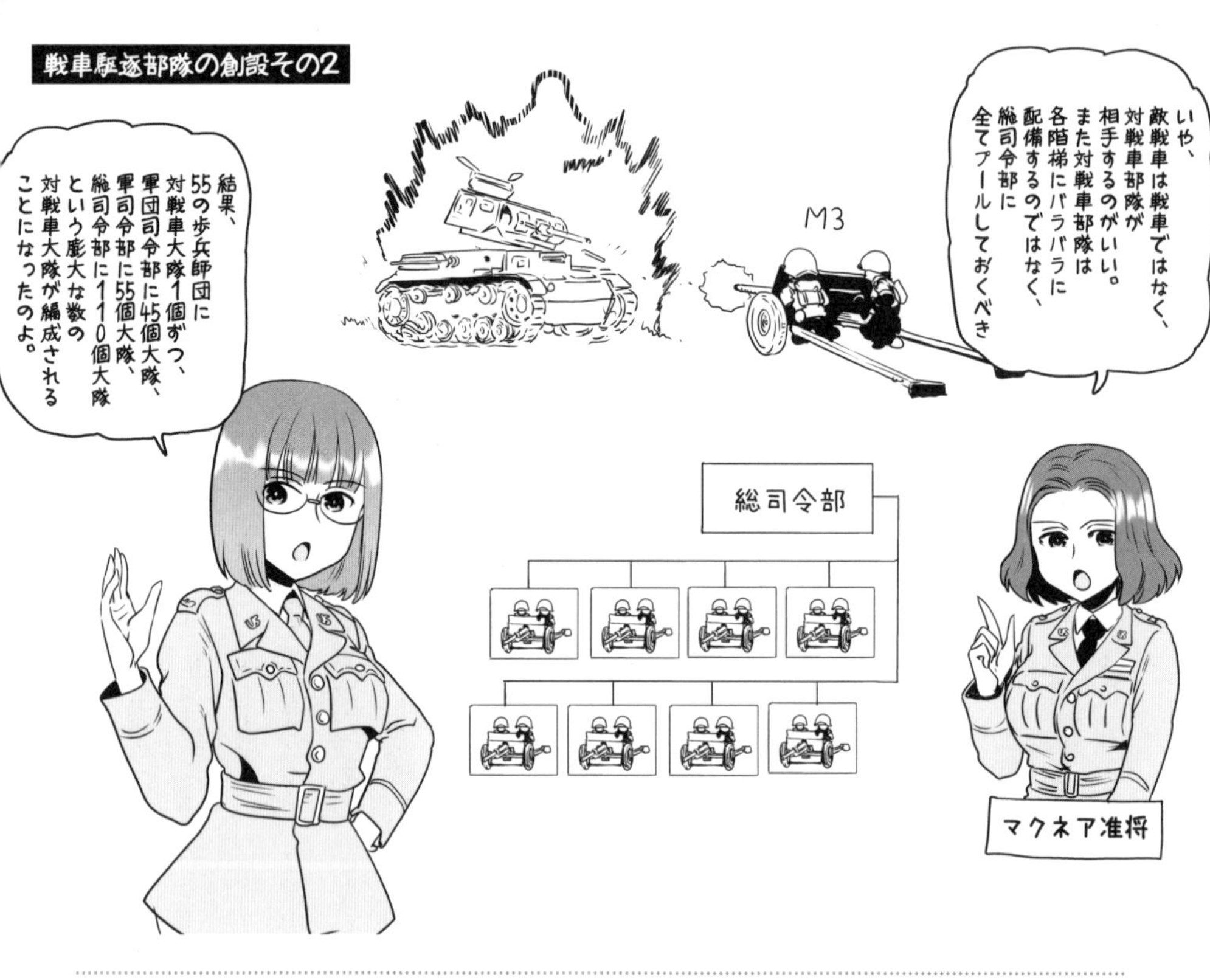

隊、合計で220個大隊にのぼる。つまり、陸軍省が考えていた縦深防御と、マクネア准将の対戦車部隊プール構想を、両方同時に実現できる量の対戦車部隊を新編することにしたのだ。

1940年10月、アメリカ陸軍参謀総長のジョージ・C・マーシャル大将は、第一次世界大戦中に設立された機関銃訓練センターをモデルにして、陸軍省直属の戦車駆逐戦術射撃センター（タンクデストロイヤー・タクティカル・アンド・ファイアリング・センター）の設立を決定。同センターの司令官には、陸軍省の計画課長で戦車駆逐部隊の構想を推進してきたアンドリュー・D・ブルース大佐（1942年2月に准将に昇進する）が任命された。そのブルース大佐には、戦車駆逐部隊の編成と訓練、ドクトリンの作成、必要な資材の提案などについて責任と権限が与えられることになり、実質的には新しい兵科／兵種の創設に近いものになった。「戦車駆逐部隊（タンクデストロイヤー）」とは、各師団隷下の対戦車部隊をのぞく、すべての対戦車部隊（牽引式の対戦車砲部隊を含む）を指しており、従来の「対戦車部隊（アンチタンク・ユニット）」よりも攻撃的な運用思想を反映した名称だった。

1942年3月には、アメリカ陸軍で抜本的な再編成が行なわれて、陸軍地上軍（アーミー・グランド・フォース）、陸軍航空隊（アーミー・エア・フォース）、陸軍支援軍（アーミー・サービス・フォース）の3つに大きく分けられた。そして陸軍地上軍の司令官には、前述のGHQの参謀長だったマクネア中将（1941年6月に昇進）が任命されている。

この改編にともに、駆逐戦車部隊は陸軍地上軍の下部組織となり、戦車駆逐コマンドに改称された。この戦車駆逐コマンドには、戦車駆逐部隊を指揮する司令部としての権限は与えられず、もっぱら訓練機関として機能した。その後、1942年7月には戦車駆逐センターに改称されて、他の従来の兵科学校とともに補充および学校コマンド（リプレースメント・アンド・スクール・コマンド）のもとに置かれることになった。ただし、司令官のブルース少将は、訓練やドクトリンの均一性を確保するため、駆逐戦車部隊を査閲する権限を得ている。

そして1943年1月、北アフリカ戦線に戦車駆逐大隊3個が到着。戦車駆逐部隊が初めて本格的に実戦投入されることになった。

北アフリカ戦線に投入された戦車駆逐大隊

- 第601戦車駆逐大隊（75mm自走砲架M3、37mm自走砲架M6）
- 第701戦車駆逐大隊（75mm自走砲架M3、37mm自走砲架M6）
- 第776戦車駆逐大隊（3インチ自走砲架M10）
- 第805戦車駆逐大隊（75mm自走砲架M3）→牽引式戦車駆逐大隊に改編
- 第813戦車駆逐大隊（75mm自走砲架M3）
- 第894戦車駆逐大隊（75mm自走砲架M3、37mm自走砲架M6）
- 第899戦車駆逐大隊（3インチ自走砲架M10）

戦車駆逐部隊の編制と戦術

戦車駆逐部隊の基本単位は、戦車駆逐大隊だった。当初は、37㎜または75㎜自走砲架を主力とする自走式の戦車駆逐大隊だけだったが、途中から半数を牽引式の戦車駆逐大隊とする方針が打ち出されて、どちらも戦車駆逐大隊（タンク・デストロイヤー・バタリオン）と呼ばれた。しかし、最終的には大部分が自走式戦車駆逐大隊として編成され、牽引式から自走式に改編された大隊もあった。

1944年6月6日に始まった連合軍のノルマンディー上陸作戦の頃、アメリカ陸軍の自走式戦車駆逐大隊は、本部中隊、偵察中隊、戦車駆逐中隊3個からなり、本部中隊には整備小隊や輸送小隊が所属するなど、各大隊はある程度自力で偵察や整備、補給を行える能力を備えていた。各戦車駆逐中隊は戦車駆逐小隊3個を基幹としており、各戦車駆逐小隊は自走砲架2両を装備する戦車駆逐分隊2個を基幹としていた。したがって、大隊全体での自走砲架の装備数は36両となる。

戦車駆逐大隊数個を基幹とする戦車駆逐群や、戦車駆逐群2個以上を基幹とする

戦車駆逐部隊の編制と戦術

戦車駆逐旅団も存在した。だが、それらの指揮下で集中的に運用されるはずの戦車駆逐大隊は、機甲師団や歩兵師団などに配属され、さらに中隊単位などに分割されて戦車大隊や歩兵大隊に配属されるなど、もっぱら分散して運用された。そして戦車駆逐部隊は、対戦車戦闘だけでなく、砲兵部隊の代わりに火力支援を行なうことも多かった。また、味方の主力部隊の側面の警戒や、高速のM18を装備していた部隊は輸送トラックの車列の護衛まで行なっている。

1944年12月16日、バルジの戦い（ドイツ側呼称「ラインの守り」作戦）で、雪の積もる森林地帯を移動する第703戦車駆逐大隊のM36 GMC

　このように戦車駆逐大隊は分散して運用されることが多かったため、上級部隊である戦車駆逐群や戦車駆逐旅団は、大規模な

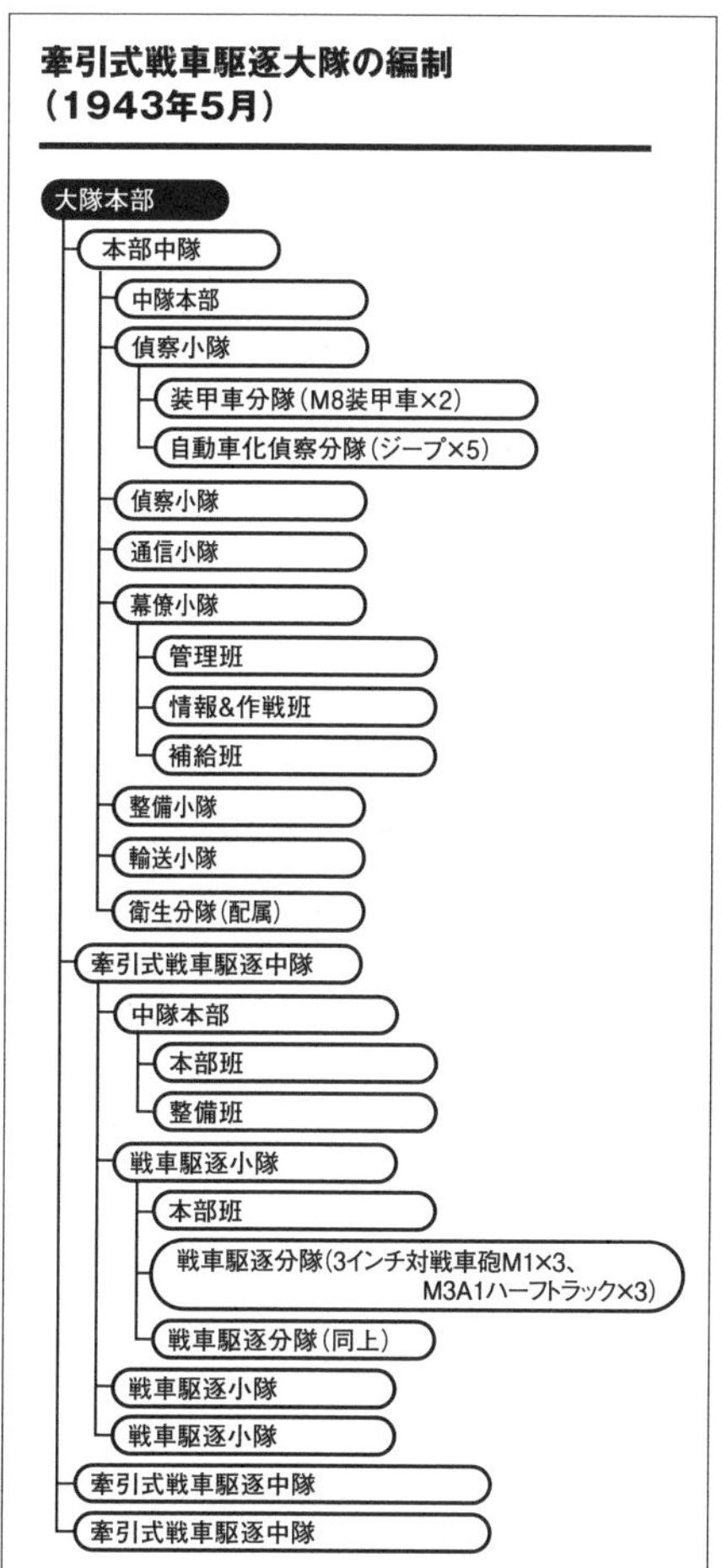

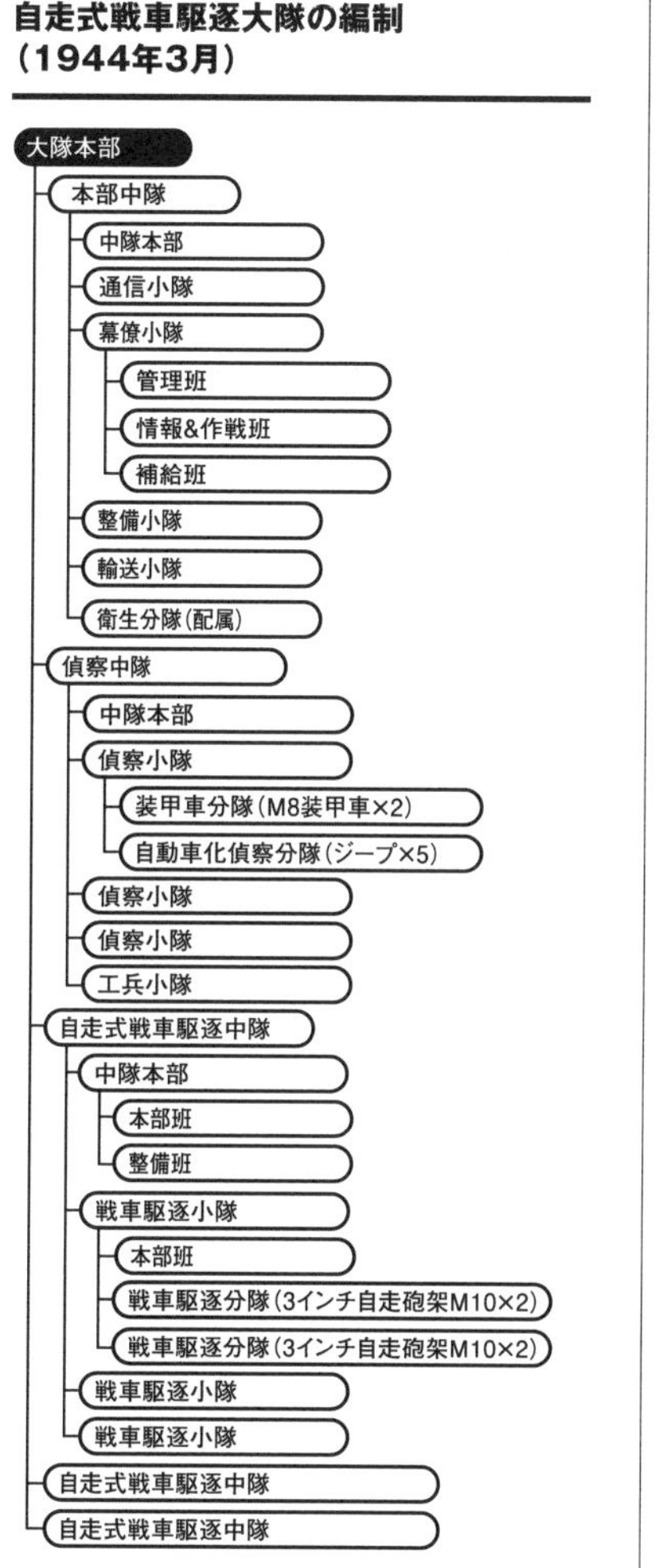

戦車駆逐部隊を指揮する司令部としての戦術的な役割を果たすことはほとんどなかった。その代わり、その管理能力を活かして、戦場に散在する戦車駆逐中隊や小隊の補給や整備の支援などの後方支援活動を行なったのだ。

第二次世界大戦末期の1945年になると、とくにドイツ軍の戦車が減少して対戦車戦闘の機会が減るとともに、戦車駆逐部隊は存在意義が不明瞭になり対戦車戦闘以外の任務が増加。大戦の終結前から戦車駆逐部隊の増設は陸軍の優先事項ではなくなっていた。そして大戦後ほどなくして戦車駆逐部隊は廃止されることになる。

あとがき

本書は、冒頭の「心得」にも記したように、雑誌連載を1冊にまとめたものです。当初は「JグランドEX」誌の創刊にあわせて連載の依頼を受け、途中から掲載誌が「ミリタリー・クラシックス」誌に変更されることになりました。

筆者自身は、当初は「JグランドEX」誌が軌道に乗るまでの短期連載を想定していましたが、のちに担当編集者から掲載候補の車両を多数列挙したものが送られてきて想定を大きく変えることになりました。また、掲載誌の変更にともなう読者層の変化に応じて、記事の方向性も変えたので、1冊にまとめるといささかまとまりを欠くものになってしまったかもしれません。あらためて、雑誌連載のむずかしさと、安定した長期連載のありがたさを痛感することになりました。

そんな1冊ですが、筆者なりにできる限りのことをしたつもりですので、温かい目で見ていただければ幸いです。

田村尚也

2023年3月5日発行

文　田村尚也
イラスト　野上武志
図版　田村紀雄
装丁&本文DTP　くまくま団
編集　浅井太輔
発行人　山手章弘
発行所　イカロス出版株式会社
〒101-0051
東京都千代田区神田神保町1-105
編集部　mc@ikaros.co.jp
出版営業部　sales@ikaros.co.jp
TEL 03-6837-4661

印刷　図書印刷

Printed in Japan